《中国稀土科学与技术丛书》

编辑委员会

序

稀土元素由于其结构的特殊性而具有诸多其他元素所不具备的光、电、磁、热等特性，是国内外科学家最为关注的一组元素。稀土元素可用来制备许多用于高新技术的新材料，被世界各国科学家称为“21世纪新材料的宝库”。稀土元素被广泛应用于国民经济和国防工业的各个领域。稀土对改造和提升石化、冶金、玻璃陶瓷、纺织等传统产业，以及培育发展新能源、新材料、新能源汽车、节能环保、高端装备、新一代信息技术、生物等战略新兴产业起着至关重要的作用。美国、日本等发达国家都将稀土列为发展高新技术产业的关键元素和战略物资，并进行大量储备。

经过多年发展，我国在稀土开采、冶炼分离和应用技术等方面取得了较大进步，产业规模不断扩大。我国稀土产业已取得了四个“世界第一”：一是资源量世界第一，二是生产规模世界第一，三是消费量世界第一，四是出口量世界第一。综合来看，目前我国已是稀土大国，但还不是稀土强国，在核心专利拥有量、高端装备、高附加值产品、高新技术领域应用等方面尚有差距。

国务院于2015年5月发布的《中国制造2025》规划纲要提出力争通过三个十年的努力，到新中国成立一百年时，把我国建设成为引领世界制造业发展的制造强国。规划明确了十个重点领域的突破发展，即新一代信息技术产业、高档数控机床和机器人、航空航天装备、海洋工程装备及高技术船舶、先进轨道交通装备、节能与新能源汽车、电力装备、农机装备、新材料、生物医药及高性能医疗器械。稀土在这十个重点领域中都有十分重要而不可替代的应用。稀土产业链从矿石到原材料，再到新材料，最后到零部件、器件和整机，具有几倍，甚至百倍的倍增效应，给下游产业链带来明显的经济效益，并带来巨大的节能减排方面的社会效益。稀土应用对高新技术产业和先进制造业具有重要的支撑作用，稀土原材料应用与《中国制造2025》具有很高的关联度。

长期以来，发达国家对稀土的基础研究及前沿技术开发高度重视，并投入很多，以期保持在相关领域的领先地位。我国从新中国成立初开始，就高度重视稀土资源的开发、研究和应用。国家的各个五年计划的科技攻关项目、国家自然科学基金、国家“863计划”及“973计划”项目，以及相关的其他国家及地方的科技项目，都对稀土研发给予了长期持续的支持。我国稀土研发水平，从跟踪到并跑，再到领跑，有的学科方向已经处于领先水平。我国在稀土基础研究、前沿技术、工程化开发方面取得了举世瞩目的成就。

系统地总结、整理国内外重大稀土科技进展，出版有关稀土基础科学与工程技术的系列丛书，有助于促进我国稀土关键应用技术研发和产业化。目前国内外尚无在内容上涵盖稀土开采、冶炼分离以及应用技术领域，尤其是稀土在高新技术应用的系统性、综合性丛书。为配合实施国家稀土产业发展策略，加快产业调整升级，并为其提供决策参考和智力支持，中国稀土学会决定组织全国各领域著名专家、学者，整理、总结在稀土基础科学和工程技术上取得的重大进展、科技成果及国内外的研发动态，系统撰写稀土科学与技术方面的丛书。

在国家对稀土科学技术研究的大力支持和稀土科技工作者的不断努力下，我国在稀土研发和工程化技术方面获得了突出进展，并取得了不少具有自主知识产权的科技成果，为这套丛书的编写提供了充分的依据和丰富的素材。我相信这套丛书的出版对推动我国稀土科技理论体系的不断完善，总结稀土工程技术方面的进展，培养稀土科技人才，加快稀土科学技术学科建设与发展有重大而深远的意义。

中国稀土学会理事长
中国工程院院士 干勇

2016年1月

编 者 的 话

稀土元素被誉为工业维生素和新材料的宝库，在传统产业转型升级和发展战略新兴产业中都大显身手。发达国家把稀土作为重要的战略元素，长期以来投入大量财力和科研资源用于稀土基础研究和工程化技术开发。多种稀土功能材料的问世和推广应用，对以航空航天、新能源、新材料、信息技术、先进制造业等为代表的高新技术产业发展起到了巨大的推动作用。

我国稀土科研及产品开发始于20世纪50年代。60年代开始了系统的稀土采、选、冶技术的研发，同时启动了稀土在钢铁中的推广应用，以及其他领域的应用研究。70~80年代紧跟国外稀土功能材料的研究步伐，我国在稀土钐钴、稀土钕铁硼等研发方面卓有成效地开展工作，同时陆续在催化、发光、储氢、晶体等方面加大了稀土功能材料研发及应用的力度。

经过半个多世纪几代稀土科技工作者的不懈努力，我国在稀土基础研究和产品开发上取得了举世瞩目的重大进展，在稀土开采、选冶领域，形成和确立了具有我国特色的稀土学科优势，如徐光宪院士创建了稀土串级萃取理论并成功应用，体现了中国稀土提取分离技术的特色和先进性。稀土采、选、冶方面的重大技术进步，使我国成为全球最大的稀土生产国，能够生产高质量和优良性价比的全谱系产品，满足国内外日益增长的需求。同时，我国在稀土功能材料的基础研究和工程化技术开发方面已跻身国际先进水平，成为全球最大的稀土功能材料生产国。

科技部于2016年2月17日公布了重点支持的高新技术领域，其中与稀土有关的研究包括：半导体照明用长寿命高效率的荧光粉材料、半导体器件、敏感元器件与传感器、稀有稀土金属精深产品制备技术，超导材料、镁合金、结构陶瓷、功能陶瓷制备技术，功能玻璃制备技术，新型催化剂制备及应用技术，燃料电池技术，煤燃烧污染防治技术，机动车排放控制技术，工业炉窑污染防治技术，工业有害废气控制技术，节能与新能源汽车技术。这些技术涉及电子信息、新材料、新能源与节能、资源与环境等较多的领域。由此可见稀土应用的重要性和应用范围之广。

稀土学科是涉及矿山、冶金、化学、材料、环境、能源、电子等的多专业的交叉学科。国内各出版社在不同时期出版了大量稀土方面的专著，涉及稀土地质、稀土采选冶、稀土功能材料及应用的各个方向和领域。有代表性的是1995年由徐光宪院士主编、冶金工业出版社出版的《稀土（上、中、下）》。国外有代表性的是由爱思唯尔（Elsevier）出版集团出版的“Handbook on the Physics and Chemistry of Rare Earths”（《稀土物理化学手册》）等，该书从1978年至今持续出版。总的来说，目前在内容上涵盖稀土开采、冶炼分离以及材料应用技术领域，尤其是高新技术应用的系统性、综合性丛书较少。

为此，中国稀土学会决定组织全国稀土各领域内著名专家、学者，编写《中国稀土科学与技术丛书》。中国稀土学会成立于1979年11月，是国家民政部登记注册的社团组织，是中国科协所属全国一级学会，2011年被民政部评为4A级社会组织。组织编写出版稀土科技书刊是学会的重要工作内容之一。出版这套丛书的目的，是为了较系统地总结、整理国内外稀土基础研究和工程化技术开发的重大进展，以利于相关理论和知识的传播，为稀土学界和产业界以及相关产业的有关人员提供参考和借鉴。

参与本丛书编写的作者，都是在稀土行业内有多年经验的资深专家学者，他们在百忙中参与了丛书的编写，为稀土学科的繁荣与发展付出了辛勤的劳动，对此中国稀土学会表示诚挚的感谢。

中国稀土学会

2016年3月

前　　言

稀土元素因具有优异的磁、光、电特性，被广泛应用于冶金、军事、石油化工、玻璃陶瓷、农业和新材料等领域，成为世界公认的发展高新技术、国防尖端技术、改造传统产业不可或缺的战略资源，是信息技术、生物技术和能源技术等高技术领域和国防建设的重要基础材料，是21世纪新材料的宝库。

我国稀土资源较为丰富，稀土工业在20世纪80~90年代得到快速发展，21世纪初跃身为世界最大的稀土生产国、供应国和消费国，稀土工业为我国国民经济和国防建设做出了重要贡献，也为世界高新技术产业的发展发挥了重要的促进作用。随着稀土新材料应用范围不断扩大，稀土产业成为我国在国际具有一定话语权和重大影响力的产业之一。

随着稀土行业的快速发展，也带来了资源过度开发、生态环境破坏严重等问题，与此同时，部分落后的稀土开采、选冶、分离工艺和技术也严重破坏了地表植被，造成水土流失和土壤污染、酸化等。近年来，国家通过加强稀土行业的科学管理、淘汰落后生产工艺、加大环境治理力度等措施，环境污染问题已得到有效改善。

在本书编写过程中，查阅了大量资料，并对其进行了认真的整理和分析，对国内外稀土资源、采选状况、重点矿床及矿物性质进行了系统的概括与介绍。国内出版的涉及稀土资源采选与环境保护系统性论述和对国外资源状况全面介绍的书目较少，读者可通过本书对国内外稀土资源的采选状况进行详细的了解，这是本书不同于其他工具书的特色之一。

我国稀土资源呈现“南重北轻”的特点，其中北方轻稀土资源以白云鄂博铁稀土铌矿为代表。众所周知，白云鄂博矿是以铁、稀土、铌为主的多金属共（伴）生超大型矿床，多年以来一直是我国轻稀土资源的重点开发区域，但是对白云鄂博的中重稀土资源尚未给予足够的重视。充分、高效利用其中大量共（伴）生有用元素对我国稀土产业具有重要意义。几十年来，包头稀土研究院在白云鄂博矿资源的综合利用领域做了大量工作。新引进了先进的分析检测设备，系统地对白云鄂博主、东矿代表性矿样中的主要矿物进行了分析研究，重新测定了矿物组成和矿物的元素成分，采集各矿物的能谱谱图，对按矿床成因划分的不同类型的稀土矿物进行了较为全面的岩矿鉴定检测分析，取得了一些新的成果，通过分析、归纳和总结，形成了最新的第一手宝贵资料。同时，在查阅和总结历史资料的基础上，对白云鄂博矿床铁、稀土、铌资源赋存情况进行了充分调研，现场采集白云鄂博主、东矿采矿、选铁、选稀土、稀土冶炼流程各生产工序的产品和废水、废渣，检测各样品中总铁、磁性铁、亚铁、硫、氟、磷、钛、钍、铌、钪及稀土等元素含量，尤其是中重稀土元素的含量，理清了它们的分布规律，对重新认识白云鄂博矿稀土资源提出了一些新的观点。这些成果对白云鄂博矿铁、轻稀土以外资源的综合开发利用和延长产业链具有重要的指导意义，因此白云鄂博铁稀土铌矿最新研究工作成果的新颖性成为本书不同于其他书籍的第二个特色。

绿色生产是产业健康持续发展的关键因素，也是稀土行业亟待解决的问题。包头稀土研究院近年来在稀土绿色生产及环境保护方面做了大量的研究工作，并取得了一些研究成果。本书对稀土上游产业链生产过程中存在的环境问题进行了分析，通过对我国白云鄂博矿、赣州离子型稀土矿、四川氟碳铈矿等典型稀土资源的开采、选冶分离工艺的介绍，进行了产排污节点分析，列出了污染物排放清单，详细介绍了废气、废水和废渣的种类、成分、产生量等基本特征及治理现状，提出了采、选、冶各工艺污染物（废气、废水、废渣）治理措施。此外，本书还介绍了我国各典型稀土资源尾矿的处置现状，提出了尾矿治理措施。稀土采选及冶炼分离的绿色生产为稀土企业提供了重要的参考，成为本书的第三个特色。

作为《中国稀土科学与技术丛书》之一，编者集合了国内外稀土产业发展的大量基础资料和技术进步的最新科研成果，涵盖了国内外稀土资源、采选以及环境保护、生态修复等内容。本书主要内容包括资源概论、采选工艺技术以及环境保护三部分，介绍了稀土矿床类型及主要稀土矿物、稀土工业指标、世界稀土矿地理分布、国内外主要稀土矿地质情况实例；国内采矿和选矿工业及稀土采选工艺技术进步；同时介绍了稀土采、选及冶炼分离过程中的环保问题和稀土尾矿的处置现状、存在的问题和生态修复技术，尤其对世界最大的白云鄂博铁稀土铌矿床地质、采矿、选矿科研突破和创新发展进行了详细解析，全面反映了稀土地质、采矿、选矿和环境保护领域国内外研究的最新成果。本书不仅可作为相关领域的科研人员、生产技术人员的重要参考资料，也可作为大专院校相关专业师生的教学参考用书。

本书第1、3、4章由王彦编写；第2、5、7、8、9、10章由杨占峰、高海洲、马莹、王振江、洪梅、包呈敏、李强编写；第6、11、18、19章由杨占峰编写；第12、13、14、15、16、17章由马莹编写；全书由杨占峰、高海洲审校定稿。

本书在编写过程中得到白云鄂博铁矿等诸多单位和张安文高级工程师、袁长林高级工程师、丁嘉榆高级工程师、杨主明研究员、郭咏梅高级工程师、王其伟高级工程师、秦玉芳工程师、赵文静工程师、康泰伟工程师、程晖等同志的支持和帮助，特别是国土资源部矿产资源储量评审中心资深专家汪汉雨对本书稿进行审阅并提出诸多修改意见，在此一并致谢。

由于编者水平所限，书中不妥之处恳请读者和专家批评指正。

作 者

2017年8月

目　　录

第 1 篇　稀土资源概论

第2篇　稀土采矿和选矿工业

第3篇　环境保护

第1篇

稀土资源概论

1 稀土矿床类型及主要稀土矿物

1.1 概况

稀土是元素周期表中镧系元素镧（La）、铈（Ce）、镨（Pr）、钕（Nd）、钷（Pm）、钐（Sm）、铕（Eu）、钆（Gd）、铽（Tb）、镝（Dy）、钬（Ho）、铒（Er）、铥（Tm）、镱（Yb）、镥（Lu）加上与其同族的钪（Sc）和钇（Y）共17个元素的总称。根据元素物理化学性质的相似性和差异性，通常可划分为三组：其中镧（La）、铈（Ce）、镨（Pr）、钕（Nd）为轻稀土，钐（Sm）、铕（Eu）、钆（Gd）为中稀土，铽（Tb）、镝（Dy）、钬（Ho）、铒（Er）、铥（Tm）、镱（Yb）、镥（Lu）、钇（Y）为重稀土，钷（Pm）产于铀、钍和钚裂变产物中，在自然界中尚未发现存在，钪（Sc）可归类为稀散元素，与其他稀土元素共生。

稀土在地壳中总丰度为0.0236%，铜、铅、锌在地壳中的丰度分别为0.01%、0.005%和0.0016%[1]，稀土比铜、铅、锌等元素高2~15倍。

稀土在国民经济和国防军工等领域得到广泛的应用，对战略性新兴产业发展和传统产业转型升级起到十分重要的作用。由于稀土元素具有特殊的4f电子结构，使得稀土家族呈现出与其他元素迥异的性质。稀土元素具有原子磁矩大、各向异性、丰富的电子能级跃迁和独特的镧系收缩等性质，赋予了稀土元素及其化合物独特的不可替代的电、光、磁、热等性能，被人们称为“新材料的维生素”，被国家列为战略资源和发展高新技术的关键性元素。

稀土金属主要物理性质见表1-1[2]。

表1-1 稀土金属主要物理性质

元素名称	熔点/℃	沸点/℃	密度（24℃）/$g \cdot cm^{-3}$	电阻率/$\Omega \cdot cm$	布氏硬度	其他性质	
						颜色与光泽	刚柔性
镧	918	3464	6.146	30~61	20~30	灰色	有延展性
铈	798	3433	6.770	30~70	20~30	灰色	有延展性
镨	931	3520	6.773	68	20~30	灰色	有延展性
钕	1021	3074	7.008	65	20~30	灰色	有延展性
钷	1042	3000	7.264	—	20~30		

续表 1-1

元素名称	熔点/℃	沸点/℃	密度（24℃）/g·cm^{-3}	电阻率/Ω·cm	布氏硬度	其他性质	
						颜色与光泽	刚柔性
钐	1074	1794	7.520	91	20~30	灰色	有延展性
铕	822	1529	5.244	91	20~30	灰色	
钆	1313	3273	7.901	127	20~30	灰色	有延展性
铽	1365	3230	8.230	114	20~30	灰色	有延展性
镝	1412	2567	8.551	100	20~30	灰色	有延展性
钬	1474	2700	8.795	88	20~30	灰色	有延展性
铒	1529	2868	9.006	71	20~30	灰色	有延展性
铥	1545	1950	9.321	74	20~30	灰色	有延展性
镱	819	1196	6.966	28	20~30	灰色	有延展性
镥	1663	3402	9.841	60	20~30	灰色	有延展性
钇	1522	3338	4.469	59	20~30	灰色、银白色光泽	有延展性

1.2 稀土矿床类型

稀土矿床有多种分类方法。按成矿地质作用可分为内生矿床和外生矿床两大类型，又可进一步细分为：稀土-磁铁矿矿床（白云鄂博式）、含稀土碳酸岩矿床、含稀土伟晶岩矿床、花岗岩风化壳型稀土矿床、含稀土的磷块岩矿床以及独居石砂矿床、海底洋结壳或淤泥型稀土矿床等6类。其中与超基性岩、碱性岩、碳酸岩和火山岩有关的矿床主要为铈族稀土（轻稀土）矿床；与花岗岩和花岗伟晶岩有关的矿床主要为钇族稀土（重稀土）矿床[2]。

按稀土元素的存在形式划分，稀土矿又可分为矿物型稀土矿和风化型稀土矿。矿物型稀土矿中的稀土矿物主要是氟碳铈矿和独居石，属轻稀土配分型矿床，轻稀土配分值达到86%以上。我国白云鄂博铁稀土铌矿是典型的矿物型稀土矿，矿石中稀土矿物主要是氟碳铈矿和独居石，两种矿物都已达到工业利用要求，故又称为混合稀土矿。典型的单一氟碳铈矿包括我国山东微山稀土矿、四川冕宁稀土矿、美国芒廷帕斯稀土矿及越南都巴奥稀土矿等。典型的独居石矿主要有印度海滨砂矿、澳大利亚韦尔德稀土矿等，独联体稀土矿物主要是独居石和稀土磷灰石。

风化型稀土矿主要是风化壳淋积型稀土矿（又称为离子吸附型稀土矿），稀土配分可以是轻稀土配分型（寻乌矿）、中重稀土配分型和重稀土配分型（龙南矿）三种典型配分类型；我国南方七省区（江西、广东、广西、湖南、云南、福建、贵州）稀土矿主要是中重稀土配分型。

稀土矿床分类及典型矿床如图1-1[1]所示。

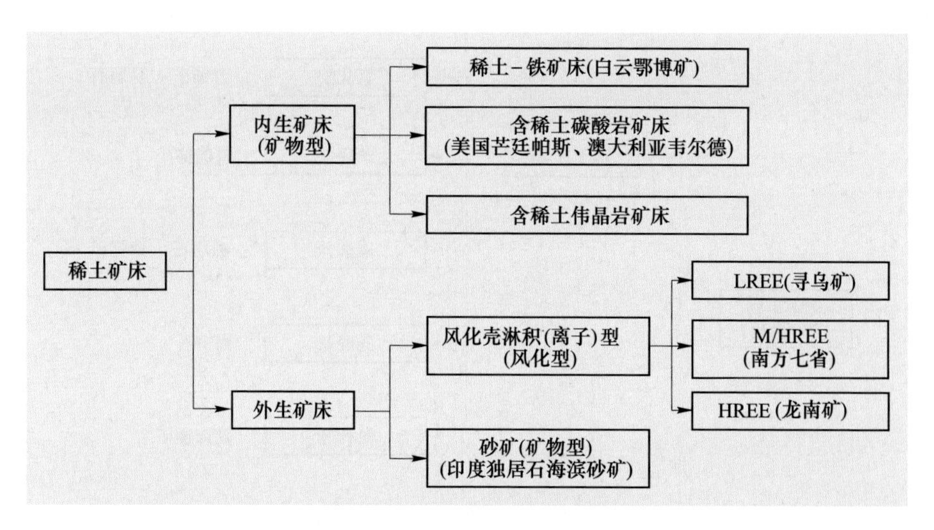

图 1-1 稀土矿床分类示意图

1.3 主要稀土矿物

1.3.1 稀土矿物类型

稀土在地壳中含量相对丰富，且含稀土的矿物很多，归纳稀土元素在自然界的存在形式主要有三种：独立矿物、类质同象和离子状态（通常离子状态的稀土元素多以离子吸附形式存在，不形成独立矿物）。目前，世界上已知的稀土矿物及含有稀土元素的矿物有 250 多种；稀土元素含量较高的矿物有 60 多种，其中主要稀土矿物有 20 余种。

最常见的稀土矿物有氟碳铈矿、独居石、磷钇矿、铈铌钙钛矿等，矿物中稀土含量随矿体和矿物类型的不同而不同。目前世界上开发程度最高的稀土矿物主要源自中国和美国的氟碳铈矿，独居石其次。其他主要有磷灰石、磷钇矿、褐钇铌矿、富钍独居石、易解石、铈铌钙钛矿、磷矿、离子吸附型稀土矿。

具有工业利用价值的矿物主要有三种：氟碳铈矿、独居石和磷钇矿。磷钇矿储量较其他稀土矿物少，开采磷钇矿是为了获得高价值的重稀土元素和钇。

主要稀土矿物分类如图 1-2 所示。

1.3.2 主要稀土矿物性质及开发利用[3]

1.3.2.1 氟碳铈矿

氟碳酸盐矿物，颜色由浅黄色到棕色，莫氏硬度为 4~4.5，密度为 5g/cm^3。通常含稀土氧化物（REO）约 75%，仅含少量钇（<0.5%）。

最大的氟碳铈矿矿床位于中国内蒙古白云鄂博，该矿以开采铁矿为主，稀土

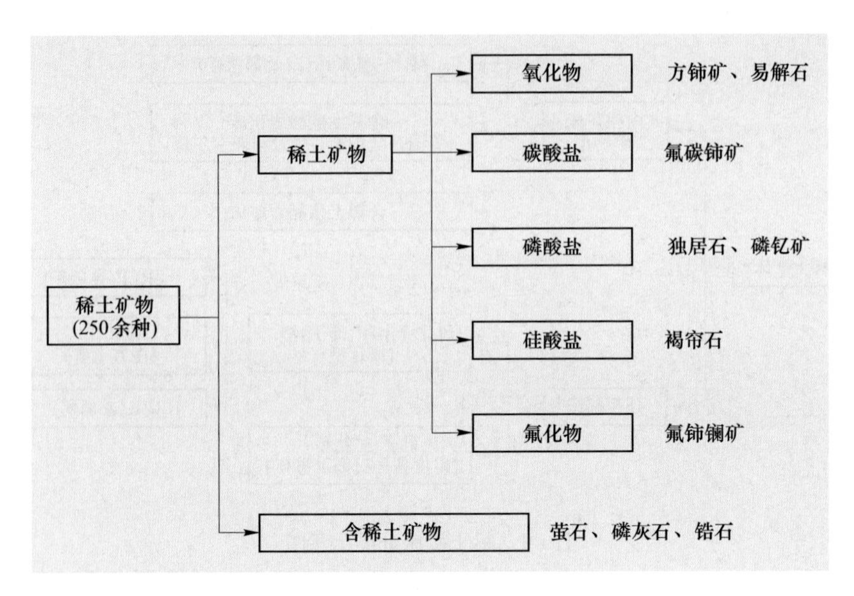

图1-2 主要稀土矿物分类示意图

作为副产品回收。四川冕宁有我国最大的单一氟碳铈矿稀土矿。美国加利福尼亚州氟碳铈矿是全球大型、高品位稀土矿床之一。

正在开发的澳大利亚达博稀土矿是含氟碳铈矿、碳酸锶铈矿及其他稀土矿物的复合矿。越南都巴奥稀土矿也以氟碳铈矿为主。

1.3.2.2 独居石

独居石是磷酸盐矿物，呈黄色到棕色，莫氏硬度为5，密度为5g/cm^3，不易风化。稀土氧化物含量高达70%，氧化钇含量5%。独居石精矿的品位（REO）大多在55%~65%。

目前，独居石的开采量不大，原因之一是独居石副产品中放射性元素钍的处理成本高。

目前正在开发的澳大利亚韦尔德山稀土矿是风化的碳酸岩型独居石，钍含量远低于原生独居石。韦尔德山独居石二氧化钍含量约0.035%，而砂矿生产副产品独居石的二氧化钍含量高达6%~7%。韦尔德山稀土矿中的钕含量比中国、美国的氟碳铈矿高。南非的斯廷坎普斯克拉尔矿和赞克普斯瑞福特矿也正在考虑开发。独居石早先作为砂矿选矿副产品而回收。具有开采价值的次生独居石资源主要来源于冲积矿和海滨砂矿，常与其他重矿物伴生，受水流冲积作用而富集。目前开采的重砂矿中稀土平均品位很低，从0.04%（澳大利亚）到0.43%（巴西）。

世界上有许多含独居石的海滨砂矿床，知名的海滨砂矿床分布在印度、澳大利亚、南非、美国、泰国、马来西亚和斯里兰卡。印度稀土公司经营三个砂矿项目，这些砂矿沿印度东南沿海分布。据估计，独居石储量达1000万吨。美国的砂矿独居石分布在佛罗里达州、乔治亚州、爱达荷州、南北卡罗来纳州。美国地质调查局估计，以前佛罗里达州、乔治亚州开采过的海滨砂矿床的独居石中稀土储量仍高达22万吨（REO），美国地质调查局关于全球稀土总储量的评估将该储量纳入其中，但未包括其他大型独居石矿床资源，如澳大利亚的砂矿独居石资源。

1.3.2.3 氟菱铈钙矿

氟菱铈钙矿分子结构与氟碳铈矿类似，稀土离子被钙离子置换，其成矿地质条件也与氟碳铈矿相同，因此，这两种矿物往往共生。氟碳钙铈矿分子结构也与菱铈钙矿类似，从而，氟碳钙铈矿常与菱铈钙矿、氟碳铈矿共生。

1.3.2.4 磷灰石

稀土部分取代磷酸盐中的钙而成为含稀土的磷灰石。磷灰石常分布于碳酸岩、碱性岩中，偶尔也见于海底矿床。目前，为回收稀土，位于芬兰和俄罗斯边界的科拉半岛磷灰石矿处于勘探之中。该矿含1%的稀土氧化物，矿体巨大。澳大利亚诺兰稀土矿也属磷酸盐型，目前正由阿拉富拉资源公司进行研究。

1.3.2.5 褐帘石

褐帘石作为潜在的稀土来源，绝大多数情况下以含轻稀土为主，产于伟晶岩、花岗岩及热液矿床中。澳大利亚的玛利凯瑟林铀矿中发现的褐帘石平均含5%（REO），但20世纪70~80年代已开采完。

加拿大汇达斯湖项目正处于研究中。汇达斯湖资源有用矿物为氟碳铈矿、磷灰石和褐帘石，呈脉状分布，其成因与地下碱性岩侵入有关。

1.3.2.6 黄绿石

黄绿石主要产于霞石-正长岩、伟晶岩和碳酸岩等贫硅侵入体，砂矿中亦有黄绿石富集。黄绿石中稀土（以轻稀土为主）含量可达6%（REO）。世界上最大的黄绿石矿床是巴西的阿拉克斯矿，铌矿石储量达450万吨，铌品位2.5%（Nb_2O_5），稀土品位4.4%（REO），由巴西CBMM公司开采。虽然黄绿石中稀土含量低，但储量大，因此稀土可以作为提取铌的副产品来回收。

1.3.2.7 异性石

异性石是一种产自碱性火成岩的硅酸盐矿物。异性石的中重稀土含量较高，但尚未进行过工业开采。Matamec公司正在对位于加拿大魁北克宙斯矿产地（该公司拥有勘探权）的基帕瓦矿床（含异性石）进行可行性研究，该公司可能会开采该矿床。瑞典Tasman Metals公司的Norra Kärr项目，异性石推测储量为60.5t，REO含量为0.54%。

1.3.2.8 铈铌钙钛矿

铈铌钙钛矿是含稀土、碱式钛酸盐、铌酸盐、钽酸盐的复合物，呈钙钛矿结构。目前正在开采的铈铌钙钛矿有俄罗斯科拉半岛的 Karnasurt 矿，其赋存状态是在正长岩中与磷灰石共生，REO 含量达 25%。

1.3.2.9 碳酸锶铈矿

碳酸锶铈矿是一种含水的锶-稀土碳酸盐，产自霞石-正长岩与碳酸岩，含量低。碳酸锶铈矿稀土含量 50%左右，一般以轻稀土为主。美国怀俄明州的 Bear Lodge 矿床含碳酸锶铈矿，呈原生矿脉分布，占目前该矿床资源量的 80%左右。

1.3.2.10 褐钇铌矿

褐钇铌矿是铌-钇复合氧化物，产于伟晶岩侵入体中，某些矿砂矿床也含少量褐钇铌矿。令人关注的是褐钇铌矿的化学组成，虽然在矿物结晶过程中少量稀土可能被钍、铀置换，但稀土含量仍可达到 46%（REO）。加拿大西北地区的 Nechalacho 矿与美国阿拉斯加 Bokan Mountain 矿含有褐钇铌矿，但到目前为止，尚未发现达到工业开采规模的褐钇铌矿矿床。

1.3.2.11 褐硅铈矿

褐硅铈矿产于某些碱性侵入体，重稀土含量高。加拿大魁北克 Matamec 公司所属宙斯勘探区的基帕瓦矿床含异性石、褐硅铈矿、钇屑石和铈磷灰石等稀土矿物，俄罗斯科拉半岛也有这种产状的褐硅铈矿。

1.3.2.12 磷钇矿

磷钇矿含钇磷酸盐，广泛分布于火成岩、变质岩和伟晶岩中，含铀和钍。在马来西亚、印度尼西亚和泰国，磷钇矿常作为冲积型锡矿的副产品回收。由于环境和职业保障问题的困扰，磷钇矿的开采受限。为回收重稀土和钇，某些含磷钇矿的矿山仍维持生产。巴西皮廷哥有一家生产锡的矿山，正在开展从含磷钇矿的尾矿中回收稀土的研究。

主要稀土矿物化学式及其配分见表 1-2 和表 1-3。

表 1-2 主要稀土矿物及化学式

稀土矿	分子式	矿物类型	REO 最大含量/%
易解石	$(REE,Ca,Fe,Th)(Ti,Nb)_2(O,OH)_6$	氧化物	32
褐帘石	$(Ce,Ca,Y)_2(Al,Fe)_3(SiO_4)_3OH$	硅酸盐	28
碳酸锶铈矿	$SrREE(CO_3)_2(OH)\cdot H_2O$	碳酸盐	46
磷灰石	$(Ca,Ce)_5\{(P,Si)O_4\}_3(F,Cl,OH)$	磷酸盐	12
氟碳铈矿	$(Ce,La,Y)(CO_3)F$	碳酸盐	75
钛铀矿	$(U,Ca,Y,Ce)(Ti,Fe)_2O_6$	氧化物	6
磷灰石	$(Ce,Ca)_5(SiO_4,PO_4)_3(OH,F)$	硅酸盐	62
方铈矿	$(Ce,Th)O_2$	氧化物	81
铈硅石	$(Ce,La,Ca)_9(Mg,Fe)(SiO_4)_6(SiO_3OH)(OH)_3$	硅酸盐	65

续表 1-2

稀土矿	分　子　式	矿物类型	REO 最大含量/%
针磷钇铒矿	$YPO_4 \cdot 2H_2O$	磷酸盐	44
异性石	$Na_{15}Ca_6(Fe,Mn)_3Zr_3(Si,Nb)Si_{25}O_{73}(OH,Cl,H_2O)_5$	硅酸盐	10
黑稀金矿	$(Y,Ca,Ce,U,Th)(Nb,Ta,Ti)_2O_6$	氧化物	30
褐钇铌矿	$(Y,Er,U,Th)(Nb,Ta,Ti)O_4$	氧化物	46
磷铝铈矿	$CeAl_3(PO_4)_2(OH)_6$	磷酸盐	32
氟铈镧矿	$(La,Ce)F_3$	氟化物	70
硅铍钇矿	$(La,Nd,Y,Ce)_2FeBe_2Si_2O_{10}$	硅酸盐	52
黄河矿	$BaCe(CO_3)_2F$	碳酸盐	38
水氟碳铈矿	$REECO_3(OH,F)$	碳酸盐	75
钙钇铈矿	$Ca_2(Y,REE)_2Si_4O_{12}CO_3 \cdot H_2O$	硅酸盐	38
铈铌钙钛矿	$(Na,Ca,Y,Ce)(Nb,Ti)O_3$	氧化物	34
独居石	$(Ce,La,Pr,Nd,Th,Y)PO_4$	磷酸盐	71
褐硅铈矿	$(Ca,Na,REE)_{12}(Ti,Zr)_2Si_7O_{31}H_6F_4$	硅酸盐	33
氟菱钙铈矿	$CaREE_2(CO_3)_3F_2$	碳酸盐	64
黄绿石	$(Na,Ca,Ce)_2Nb_2O_6F$	氧化物	6
铌钇矿	$(Y,Ce,Fe,U,Th,Ca)(Nb,Ta,Ti)O_4$	氧化物	22
菱黑稀土矿	$Na_{14}Ce_6Mn_2Fe_2(Zr,Th)(Si_6O_{18})_2(PO_4)_7 \cdot 3H_2O$	硅酸盐	31
氟碳钙铈矿	$Ca(Ce,La)(CO_3)_2F$	碳酸盐	51
红钇石	$Y_3Si_3O_{10}(OH)$	硅酸盐	63
磷钇矿	YPO_4	磷酸盐	62
钇菱铈钙矿	$(Ce,Y)FCO_3$	碳酸盐	50
锆　石	$(Zr,Th,Y,Ce)SiO_4$	硅酸盐	4

表 1-3　主要稀土矿物的稀土配分（REO）　(%)

稀土矿	独　居　石					
	澳大利亚韦尔德矿 (Lynas)	南非斯廷坎普斯克拉尔矿 (GWM/Rareco)	南非赞克普斯瑞福特矿 (Frontier Minerals)	马来西亚拉哈特皮拉克 (Lynas)	中国广东	印度
La_2O_3	25.50	21.65	28.30	29.80	23.00	22.50
CeO_2	46.74	46.65	45.32	49.70	42.70	48.50
Pr_6O_{11}	5.32	5.00	4.71	4.70	4.10	5.60
Nd_2O_3	18.50	16.66	15.27	14.00	17.00	18.50
Sm_2O_3	2.27	2.50	2.30	1.05	3.00	2.70
Eu_2O_3	0.44	0.08	0.62	0.19	0.10	—

续表 1-3

稀土矿	独居石					
	澳大利亚韦尔德矿 (Lynas)	南非斯廷坎普斯克拉尔矿 (GWM/Rareco)	南非赞克普斯瑞福特矿 (Frontier Minerals)	马来西亚拉哈特皮拉克 (Lynas)	中国广东	印度
Gd_2O_3	0.75	1.55	1.63	0.36	2.00	1.20
Tb_4O_7	0.07	0.08	0.18	0.07	0.70	—
Dy_2O_3	0.12	0.55	0.90	0.08	0.80	—
Ho_2O_3	—	0.05	—	—	—	—
Er_2O_3	—	0.08	—	—	—	—
Tm_2O_3	—	0.07	—	—	—	—
Yb_2O_3	—	0.07	—	—	—	—
Lu_2O_3	—	0.01	—	—	—	—
Y_2O_3	0.25	5.00	—	—	2.40	—
其他	—	—	—	0.04	—	1.00
总计	96.96	100.00	99.23	99.99	95.80	100.00

稀土矿	磷钇矿			褐钇钽矿	异性石
	巴西普廷格矿 (NMT/Mitsubishi)	马来西亚拉哈特皮拉克	中国广东	加拿大查拉口矿 (Avalon)	加拿大宙斯矿 (Matamec)
La_2O_3	1.60	1.20	1.20	0.30	14.22
CeO_2	8.00	3.10	3.00	4.40	27.52
Pr_6O_{11}	0.80	0.50	0.60	1.70	3.67
Nd_2O_3	4.30	1.60	3.50	15.60	13.76
Sm_2O_3	1.50	1.10	2.20	10.40	3.21
Eu_2O_3	0.04	痕量	0.20	1.60	0.46
Gd_2O_3	2.20	3.50	5.00	14.30	3.21
Tb_4O_7	0.90	0.90	1.20	1.80	0.46
Dy_2O_3	8.50	8.30	9.10	9.80	3.67
Ho_2O_3	—	—	—	1.20	0.92
Er_2O_3	9.10	—	—	4.10	2.29
Tm_2O_3	—	—	—	0.70	0.46
Yb_2O_3	—	—	—	4.40	2.75
Lu_2O_3	—	—	—	0.70	0.46
Y_2O_3	42.80	61.00	59.30	29.00	22.94
其他	20.20	—	—	—	—
总计	99.94	81.20	85.30	100.00	100.00

续表 1-3

稀土矿	离子型稀土矿					铈铌钙钛矿
	格陵兰斯廷楚培恩矿（GME）	中国广东（富钕型）	中国江西寻乌	中国江西龙南（富钇型）	中国信丰	俄罗斯罗沃兹斯基卡亚矿（SMW）
La_2O_3	27.50	30.40	43.40	1.82	26.20	28.00
CeO_2	42.00	1.90	2.40	0.40	1.90	57.50
Pr_6O_{11}	4.20	6.60	9.00	0.70	6.00	3.80
Nd_2O_3	12.90	24.40	31.70	3.00	21.10	8.80
Sm_2O_3	1.60	5.20	3.90	2.80	4.50	0.96
Eu_2O_3	0.10	0.70	0.51	0.10	0.71	0.13
Gd_2O_3	1.10	4.80	3.00	6.90	4.80	0.21
Tb_4O_7	0.20	0.60	痕量	1.30	0.77	0.07
Dy_2O_3	1.10	3.60	痕量	6.70	4.10	0.09
Ho_2O_3	0.20	痕量	痕量	1.60	0.80	0.03
Er_2O_3	0.60	1.80	痕量	4.90	2.00	0.07
Tm_2O_3	0.10	痕量	痕量	0.70	痕量	痕量
Yb_2O_3	0.50	痕量	0.30	2.50	1.60	0.29
Lu_2O_3	—	痕量	0.10	0.40	0.20	0.05
Y_2O_3	7.70	20.00	8.00	65.00	25.10	痕量
其他	—	—	—	—	—	—
总计	99.80	100.00	102.31	98.82	99.78	100.00

稀土矿	磷灰石			氟碳铈矿				
	中国广东南岗	澳大利亚诺兰（Arafura）	加拿大海尔达斯湖（GWM）	中国白云鄂博	中国四川	美国芒廷帕斯	越南都巴奥（Sojitz/Toyota）	澳大利亚达博（Alkane）
La_2O_3	23.00	20.00	19.80	23.00	29.20	33.20	32.40	19.50
CeO_2	42.70	48.20	45.60	50.00	50.30	49.10	50.40	36.70
Pr_6O_{11}	4.10	5.90	5.80	6.20	4.60	4.34	4.03	4.00
Nd_2O_3	17.00	21.50	21.90	18.50	13.00	12.00	10.74	14.10
Sm_2O_3	3.00	2.40	2.90	0.80	1.50	0.80	0.91	2.50
Eu_2O_3	0.10	0.41	0.60	0.20	0.20	0.10	—	0.10
Gd_2O_3	2.00	1.00	1.30	0.70	0.50	0.17	—	2.10
Tb_4O_7	0.70	0.08	0.10	0.10	—	0.02	—	0.30
Dy_2O_3	0.80	0.34	0.40	0.10	—	0.03	—	2.00
Ho_2O_3	0.12	—	—	—	—	痕量	—	0.40

续表 1-3

稀土矿	磷灰石			氟碳铈矿				
	中国广东南岗	澳大利亚诺兰(Arafura)	加拿大海尔达斯湖(GWM)	中国白云鄂博	中国四川	美国芒廷帕斯	越南都巴奥(Sojitz/Toyota)	澳大利亚达博(Alkane)
Er_2O_3	0.30	—	—	—	—	痕量	—	1.20
Tm_2O_3	痕量	—	—	—	—	痕量	—	0.20
Yb_2O_3	2.40	—	—	—	—	痕量	—	1.00
Lu_2O_3	0.14	—	—	—	—	痕量	—	0.10
Y_2O_3	2.40	—	1.3	痕量	0.50	0.10	0.70	15.80
其他	—	0.17	—	—	—	—	—	—
总计	98.76	100.00	99.70	99.60	99.80	99.86	99.18	100.00

2 我国稀土矿床一般工业指标

2.1 稀土矿床一般工业指标

据《稀土矿产地质勘查规范》（DZ/T 0204—2002），稀土矿床一般工业指标[2]见表2-1。

表2-1 稀土矿床一般工业指标

工业指标	原生矿	离子吸附型矿	
		重稀土	轻稀土
边界品位（REO）/%	0.5~1.0	0.03~0.05	0.05~0.1
最低工业品位（REO）/%	1.5~2.0	0.06~0.1	0.08~0.15
最小可采厚度/m	1~2	1~2	1~2
夹石剔除厚度/m	2~4	2~4	2~4

注：1. 稀土元素常共生在一起，分离困难，可按稀土元素总量估算储量和资源量。

2. 对矿床规模大，开采条件、可选性等较好的矿床，品位指标采用“下限值”，反之采用“上限值”，对离子吸附型矿，还应视矿石浸取率和其计价元素的含量而定。当计价元素比例高时，取“下限值”，比例低时取“上限值”；当易选、浸取率高时，可采取“下限值”，反之采用“上限值”。

3. 最小可采厚度和夹石剔除厚度；一般是缓倾斜、低品位、大规模采矿方法，可采用“上限值”，反之采用“下限值”，小于可采厚度的富矿体采用百分值。

2.2 按稀土元素总量评价的一般工业指标

据《稀土矿产地质勘查规范》（DZ/T 0204—2002），对稀土元素分离困难，按稀土元素总量评价的一般工业指标[2]见表2-2。

表2-2 按稀土元素总量评价的一般工业指标

项目	矿石类型	边界品位/%	最低工业品位/%	最小可采厚度/m	夹石剔除厚度/m
轻稀土	含氟碳铈矿、独居石的原生矿床（Ce_2O_3）	1	2	≥2	≥2
	独居石砂矿（矿物）	100~200g/m^3	300~500g/m^3	≥1	≥1
	风化壳型稀土矿（REO）	0.07	0.10	1	≥1

续表 2-2

项目	矿石类型	边界品位/%	最低工业品位/%	最小可采厚度/m	夹石剔除厚度/m
重稀土	含钇（磷钇矿、硅铍钇矿）伟晶岩和碳酸岩矿床（Y_2O_3）	—	0.05~0.1	≥1~2	≥2
	磷钇矿砂矿（矿物）	30g/m³	50~70g/m³	≥0.5	≥2
	风化壳型稀土矿	0.05	0.08	1	≥1

2.3 矿床实例

2.3.1 内蒙古某稀土-铌-铁矿床一般工业指标

内蒙古某稀土-铌-铁矿床一般工业指标[2]见表 2-3。

表 2-3 内蒙古某稀土-铌-铁矿床一般工业指标

矿石分层	边界品位/%	最低工业品位/%	最小可采厚度/m	夹石剔除厚度/m
铁矿体内夹层（REO）	≥1	≥2	3	3
铁矿上下盘稀土白云岩（即围岩）（REO）	≥1	≥2	8	4
铁矿体中（含铌）稀土矿	按铁矿中的稀土含量计算储量，不单独圈定稀土矿体			

2.3.2 江西某风化壳型稀土矿床一般工业指标

江西某风化壳型稀土矿床一般工业指标[2]见表 2-4。

表 2-4 江西某风化壳型稀土矿床一般工业指标

矿石类型		边界品位/%	最低工业品位/%	富矿品位/%	最小可采厚度/m	夹石剔除厚度/m
轻稀土（REO）	花岗斑岩型	0.07	0.1	—	1	4
	熔岩型	0.05	0.08	—	1	4
重稀土（REO）		0.03	0.05	0.1	1	—

2.3.3 广东某海滨独居石砂矿床一般工业指标

广东某海滨独居石砂矿床一般工业指标[2]见表 2-5。

表 2-5 广东某海滨独居石砂矿床一般工业指标

项 目	边界品位（矿物）/g·m^{-3}	矿区平均品位（矿物）/g·m^{-3}	块段平均品位（矿物）/g·m^{-3}	可采厚度/m	夹石剔除厚度/m
经济的	250	500	300	1	1~2
边际经济的	100				

注：1. 稀土矿石或矿砂一般均含多种工业矿物，如独居石、磷钇矿等稀土矿物，往往与钛铁矿、锆英石、金红石、锡石和黑钨矿等有用矿物富集在一起，应注意综合评价。

2. 铌-稀土-铁矿床是一种富含许多种有用矿物的矿床，不仅含有大量的稀土矿物，还含有多种铁矿物和铌矿物，要综合评价。

3. 稀土矿床中有锰、钍、钛、锆等，也要注意综合利用。

3 世界稀土资源概述

3.1 地理分布

美国地质局2002年公布的《稀土矿及赋存状态报告》列出了当时全球稀土矿的情况，包括具有经济开采价值以及尚不具备经济开采价值在内的稀土矿共有800多个[4]。世界稀土资源广泛分布在亚、欧、非、大洋、北美、南美六大洲。2009年以来，全球出现了稀土探矿热潮，除了中国、美国和澳大利亚外，格陵兰、巴西、加拿大、越南、缅甸、老挝、挪威以及非洲国家也发现大量稀土资源。据不完全统计，国外37个国家的261家公司开发了共计429个稀土项目。国外一家公司对全球稀土项目进行了初步统计，根据该公司2015年11月9日的数据，列举出58个稀土资源，涉及53个进展程度较高的稀土项目。这些稀土资源或者稀土项目由49家公司所有或者承担，分布于16个国家35个不同地区，涉及57个稀土矿山，资源总量1.02亿吨（REO），品位大于2%的稀土矿山资源总量合计1680万吨（REO）[5]。随着各国新稀土资源的发现和开采，世界稀土资源储量格局正在发生改变。

3.2 稀土资源储量

稀土在地壳中含量相对丰富，但已发现的具有经济开采价值的稀土矿比其他矿种相对少。美国和其他国家稀土矿主要是氟碳铈矿和独居石。世界大部分具有经济开采价值的稀土资源主要源自中国和美国的氟碳铈矿，其次为独居石[6]。随着科学技术的进步，目前不具备经济开采条件的矿床将逐步得到开发利用。

全球稀土资源并不稀缺，但世界各国对稀土储量的数据说法不一，世界各国并没有完全公布所拥有的稀土储量，有些地质普查的详查工作还未开展，国外储量的真实数据并没有体现出来。

根据美国地质调查局2017年1月公布的数据，全球稀土储量约为1.2亿吨（REO），中国稀土储量为4400万吨（REO），占世界资源量的近37%，巴西稀土储量仅次于中国，为2200万吨（REO），独联体储量位居第三，为1800万吨（REO）[6]。

美国、澳大利亚、印度和马来西亚等国也拥有大量的稀土资源。美国地质调查局报告中稀土储量数据来源于各国政府公开的报道信息，近年来有些国家公布稀土储量发生大幅变化，如2012年之前巴西稀土储量为4.8万吨，但是2014年后巴西政府数据陡增至 2200 万吨；2013 年之前澳大利亚稀土储量为 160 万吨，2014 年增加至 210 万吨，2016 年增长至 320 万吨；美国稀土储量一直为 1300 万吨，但是 2015 年后美国稀土储量仅包括几个符合标准的储量数据，因此储量骤减至 180 万吨；2013 年后，独联体储量合并入其他国家中，不再单独公布。2017 年报告中，加拿大、美国、印度、俄罗斯、南非、越南以及中国的储量再次进行了增加或者修改，并将往年合并入其他国家稀土储量进行细分。

美国地质调查局（USGS）公布的 2009～2016 年世界稀土资源储量见表 3-1，2016 年世界各国稀土储量见表 3-2。

表 3-1 2009～2016 年世界稀土资源储量（REO） （万吨）

年份	中国	美国	澳大利亚	印度	巴西	马来西亚	独联体	其他国家	合计（取整）
2009[7]	3600	1300	540	310	4.8	3	1900	2200	9900
2010[8]	5500	1300	160	310	4.8	3	1900	2200	11000
2011[9]	5500	1300	160	310	4.8	3	1900	2200	11000
2012[10]	5500	1300	160	310	3.6	3	—	4100	11000
2013[11]	5500	1300	210	310	2200	3	—	4100	14000
2014[12]	5500	180	320	310	2200	3	—	4100	13000
2015[13]	5500	180	320	310	2200	3	—	4100	13000
2016[14]	4400	140	340	690	2200	3	1800	(见表 3-2)	12000

注：数据来源于历年美国地质调查局年评资料。

表 3-2 2016 年世界各国稀土储量（REO）[14] （万吨）

中国	美国	澳大利亚	印度	巴西	加拿大	马来西亚	独联体	格陵兰	南非	越南	马拉维	合计（取整）
4400	140	340	690	2200	83	3	1800	150	86	2200	13.6	12000

上述统计的稀土储量数据中不包括钇的储量，钇的储量单独进行统计。美国地质调查局多年来未对钇的储量进行更新，2014 年最后一次公布了钇储量的详细数据。2014 年报告统计的 2013 年的全球钇储量为 54 万吨氧化钇，2015 年后均报道为 50 万吨以上。2013 年世界钇储量见表 3-3。

表 3-3 2013 年世界钇储量（Y_2O_3）[11] （万吨）

中国	美国	澳大利亚	印度	巴西	马来西亚	斯里兰卡	其他国家	合计（取整）
22	12	10	7.2	0.22	1.3	0.024	1.7	54

有关中国稀土储量的数据，数出多门，说法不一，国际上也有不同的看法，美国地质调查局公布的中国储量数据与我国公布数据有较大差异。2012 年前我们主要引用中国稀土学会地采选专业委员会主任侯宗林教授在 2001 年发表的

《中国稀土资源知多少》一文的中国稀土储量5200万吨（REO）。2012年后，国务院新闻办发布《中国的稀土状况与政策》白皮书显示，我国稀土储量为1859万吨，约占全球储量的23%。按照我国稀土储量1859万吨，其他国家根据美国地质调查局历年公布的各国最高储量数据（表3-1）进行修正计算的各国储量见表3-4。

表3-4 修正的世界稀土储量（REO）

项　目	中国	美国	澳大利亚	印度	巴西	马来西亚	独联体	其他国家	合计（取整）
储量/万吨	1859	1300	540	690	2200	3	1900	2533	11025
占比/%	16.86	11.79	4.9	6.26	19.95	0.03	17.23	22.98	100

注：中国资源储量引自中国稀土白皮书；其余国家数据引自2010~2017年美国地质调查局公布的各国的历年最高储量数据；其他国家数据包括2017年美国地质调查局报告中公布的加拿大、格陵兰、南非、越南、马拉维储量之和。

美国能源政策分析家Marc. Humphries曾于2010年7月向美国国会提交了一份名为《稀土元素：全球供应链条》的报告，详细列举了各国2011年的稀土相关数据。2011年中国稀土储量为5500万吨，占世界的50%；矿产产量则为10.5万吨，占世界产量的95%。与中国形成鲜明对比的是美国2011年的稀土储量为1300万吨，占世界的13%，产量为零；俄罗斯储量为1900万吨，占世界的17%，产量为零；澳大利亚储量为160万吨，产量为2200t，占世界的2.0%；印度储量为310万吨，占世界的2.8%，产量为2800t，占世界的2.5%。日本经济产业省的数据显示，日本由于没有稀土资源，稀土完全需要进口，但日本的稀土应用技术世界领先。2011年稀土相关数据见表3-5。2011年世界稀土矿产量、储量及远景储量如图3-1~图3-3所示[15]。

表3-5 2011年稀土相关数据（REO）

国　家	矿产量/t	占总数的百分比/%	储量/万吨	占总数的百分比/%	远景储量/万吨	占总数的百分比/%
美国	—	—	1300	11.4	1400	9.1
中国	105000	95	5500	48.3	8900	57.8
俄罗斯（及苏联国家）	—	—	1900	16.7	2100	13.6
澳大利亚	2200	2.0	160	1.4	580	3.7
印度	2800	2.5	310	2.7	130	0.8

续表 3-5

国　家	矿产量/t	占总数的百分比/%	储量/万吨	占总数的百分比/%	远景储量/万吨	占总数的百分比/%
巴西	250	0.22	少量	—	—	—
马来西亚	280	0.25	少量	—	—	—
其他	NA	—	2200	19.3	2300	15
总计	110530	—	11370	—	15410	—

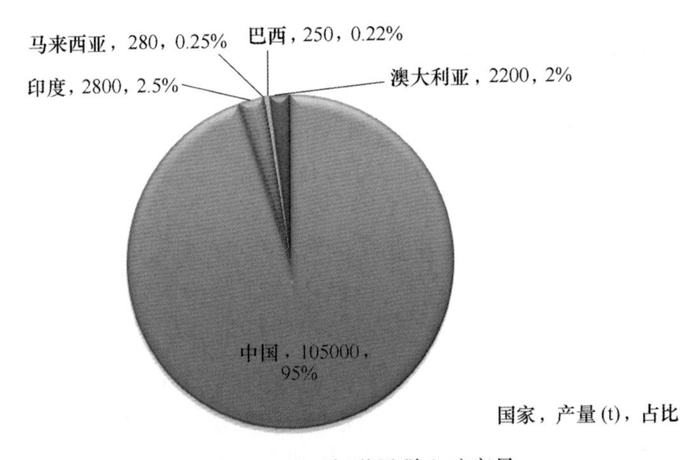

图 3-1　2011 年世界稀土矿产量

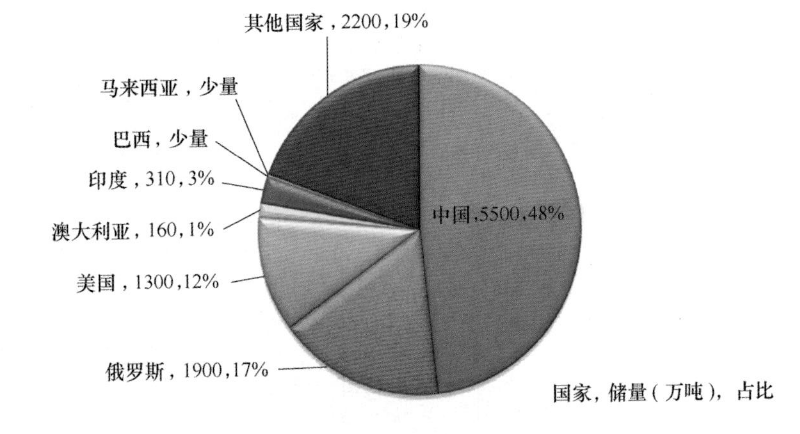

图 3-2　2011 年世界稀土储量分布

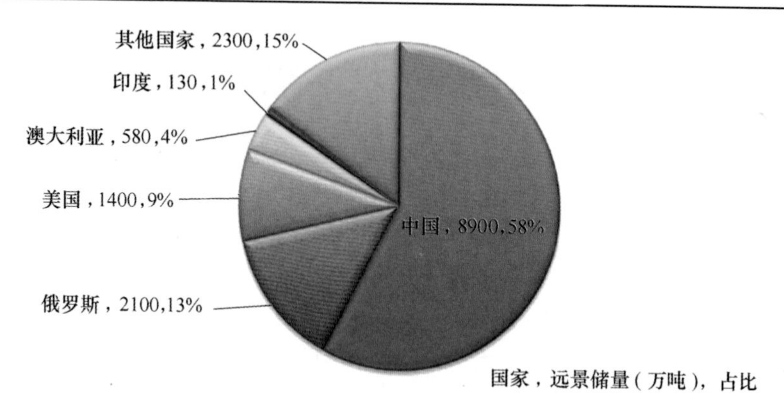

图 3-3 2011 年各国稀土远景储量

3.3 国外主要稀土资源现状

美国地质调查局 1993 年出版了《国际战略矿物目录概要报告——稀土氧化物》，该报告中包括了 123 个稀土矿，分布在 20 个国家。这些矿床大部分位于美国（40 个），其次为澳大利亚（35 个）、巴西（16 个）、加拿大（5 个）、印度（5 个）、中国（4 个），剩余 18 个矿床分布在其余 14 个国家。为了简化，仅将这些矿床粗略地分为砂矿床及硬岩矿，123 个稀土矿中，71 个矿（58%）为砂矿床，其余 52 个（42%）为硬岩矿。砂矿床中含稀土氧化物的矿物主要为独居石。马来西亚的砂矿床是特例，稀土氧化物主要赋存在磷钇矿中。但是美国地质调查局的报告中没有统计马来西亚的矿床。硬岩矿主要由岩浆活动产生[16]。

美国地质调查局统计的 20 世纪 90 年代初全球稀土氧化物矿床及矿物类型情况见表 3-6。

表 3-6 20 世纪 90 年代初稀土氧化物矿床及矿物类型[16]

国 家	矿床数目	矿床类型		矿物类型		
		砂矿床	硬岩矿	独居石	氟碳铈矿	其他①
阿根廷	1	1	0	1	—	—
澳大利亚	35	28	7	30	2	3
巴西	16	14	2	14	1	1
布隆迪	2	0	2	0	2	0
加拿大	5	0	5	0	1	4
中国②	4	3	1	3	1	0
埃及	1	1	0	1	0	0
加蓬	1	0	1	0	0	1

续表 3-6

国　家	矿床数目	矿床类型		矿物类型		
		砂矿床	硬岩矿	独居石	氟碳铈矿	其他①
格陵兰	1	0	1	0	0	1
印度	5	5	0	5	0	0
马拉维	1	0	1	1	0	0
毛里塔尼亚	1	0	1	1	0	0
莫桑比克	1	1	0	1	0	0
纳米比亚	1	0	1	0	1	0
新西兰	2	2	0	2	0	0
南非	3	1	2	2	0	1
斯里兰卡	1	1	0	1	0	0
美国	40	13	27	32	3	5
乌拉圭	1	1	0	1	0	0
总　计	123	71	52	96	11	16

①包括褐帘石、锐钛矿、磷灰石、钛铀矿、铈铀钛铁矿、异性石、磷铝铈矿、硅铍钇矿、钙钛矿及磷钇矿。

②中国稀土矿数量远远超过 4 个。报道的 4 个矿床属于世界资源量最大的矿体，它们的产量对全球稀土供应有重要的影响。

3.3.1　美国

美国稀土资源主要赋存在氟碳铈矿、独居石、磷钇矿、黑稀金矿以及褐帘石矿床中。此外，美国也发现了铌钇矿、易解石、褐钇铌矿、氟菱钙铈矿、氟菱铈钙矿、水菱钇矿、碳酸锶铈矿、磷铝铈矿、铈磷灰石、钙钇铈矿及淡红硅酸钇等矿物[17]。

美国地质调查局 2010 年报告中公布了当时美国稀土矿的情况，表 3-7 列出了除重砂矿及磷酸盐矿外的稀土矿。表中所列探明储量、可能储量以及推测储量总计约 150 万吨（REO），总资源量大约 1177 万吨（REO）。

表 3-7　美国稀土储量及资源量[18]

矿　床		矿石储量/万吨	品位（REO）/%	含 REO/万吨
名　称	位　置			
探明及可能储量				
芒廷帕斯	加利福尼亚	1358.8	8.24	112
推测储量				
Bear Lodge	怀俄明州	1067.8	3.60	38.4

续表 3-7

矿床		矿石储量/万吨	品位（REO）/%	含 REO /万吨
名称	位置			
未分类储量				
Bald Mountain	怀俄明州	1800	0.08	1.44
Bokan Mountain	阿拉斯加州	3410	0.48	16.4
Diamond Creek	爱达荷州	580	1.22	7.08
Elk Creek	内布拉斯加州	3940		
Gallinas Mtns.	新墨西哥州	4.6	2.95	0.14
Hall Mountain	爱达荷州	10	0.05	0.005
Hick's Dome	伊利诺斯州	1470	0.42	6.2
Iron Hill	科罗拉多州	242400	0.40	969.6
Lemhi Pass	爱达荷州	50	0.33	0.165
Mineville	纽约	900	0.9	8
Music Valley	加利福尼亚	5	8.6	0.43
Pajarito	新墨西哥州	240	0.18	0.4
Pea Ridge	密苏里州	60	12	7.2
Scrub Oaks	新泽西州	1000	0.38	3.8
Wet Mountains	科罗拉多州	1395.7	0.42	5.9
资源量总计	—	259691.5	—	1177.16

注：本表为2010年美国稀土储量及资源量，不包括重砂矿床及磷酸盐矿床。

美国的磷酸盐矿床主要位于美国东南部，沿大西洋沿岸平原分布，从北卡罗来州至佛罗里达半岛中心，弗吉尼亚州和田纳西州也发现了磷灰岩矿。美国没有估算过东南部磷酸岩矿床的潜在稀土资源量[19]。

砂矿床也称冲积矿，是沉积在溪流、河流及海滩的沙子、淤泥以及鹅卵石大小的沉淀物。独居石沉积物是一种有价值的含稀土元素钍的矿床。美国的独居石冲积矿主要分布在北卡罗来纳州和南卡罗来纳州的卡罗来纳山麓地带、佛罗里达东北部到佐治亚州东南的海滩矿床以及爱达荷州山谷三个区域，这三个区域的稀土钍冲积矿储量最大。

爱达荷州山谷至少分布着11个独居石沉积矿。美国地质调查局的地质学家查看了大量50年代美国政府挖泥规划后确认了其中的五个最重要的独居石地带。对爱达荷州沉积矿中独居石所含稀土元素的分析显示，这些独居石的总稀土氧化物含量为63%。地质学家分别计算了五个矿床中每个矿床的氧化钍储量，五个矿床的钍总储量大约为10060t氧化钍。据推测，五个矿床稀土储量至少为钍储量的几十倍，因为典型的独居石含大约63%的总稀土氧化物以及2.2%~6.24%的氧化钍。

北卡罗来纳州和南卡罗来纳州山麓地带分布着高品位独居石矿床，地质学家估算了该地区其中13个最大的冲积矿储量。13个矿的氧化钍总储量大约为5300t，潜在钍资源量是该储量的7倍。按照这些冲积矿平均含60%~63%稀土氧化物以及5.67%氧化钍进行推算，稀土储量大约为58400t稀土氧化物[20]。

佛罗里达州东北部到佐治亚州东南海滩也分布着独居石矿。地质学家估算这些海滨砂矿的独居石储量大约为36.4万吨，其中含21.8万吨稀土氧化物、1.62万吨氧化钍以及1640t氧化铀。

3.3.2 澳大利亚

澳大利亚地球科学局发布的《2016年澳大利亚确认矿物资源报告》公布澳大利亚具有经济开采价值的稀土资源量（EDR）为344万吨（REO+Y_2O_3），2013年为319万吨，资源量的增加主要是位于西澳的Yangibana矿（隶属Hastings技术金属有限公司）与Browns Range矿（隶属北部矿业有限公司）以及位于北省的Nolans Bore矿（隶属Arafura资源公司）的储量数据得到更新。目前澳大利亚尚无经济开采价值的资源量为2957万吨，另外还有2619万吨的推测资源量[21]。上述尚无经济开采价值及推测储量大部分源自（主要为镧和铈）奥林匹克坝矿体（氧化铁-铜-金矿，位于南澳大利亚），该矿的总资源量超过20亿吨，稀土品位0.5%（REO），总稀土氧化物含量1000万吨以上[22]，大约含0.17%（质量分数）镧和0.25%（质量分数）铈[23]。该矿的稀土氧化物目前没有回收，储存在矿山的尾矿库。2012年报告中提到澳大利亚的钪储量大约为10250t，目前列为不具有经济开采价值以及推测储量[23]。

澳大利亚大量的稀土资源赋存在含有独居石成分的重矿砂矿床中，澳大利亚的独居石是一种稀土-钍-磷酸盐矿物，开采重矿砂是为了获得钛铁矿、金红石、白钛石及锆石。澳大利亚地球科学局估计澳大利亚的独居石资源大约为780万吨。假设独居石中稀土氧化物含量约为60%，澳大利亚重矿砂矿床的稀土氧化物资源量大约为468万吨（REO）。由于处理与独居石伴生的钍和铀的成本问题，目前在澳大利亚从独居石中提取稀土并不可行[24]。

澳大利亚地球科学局网站公布了15个公司旗下的15个稀土项目，其中包括莱纳公司拥有的韦尔德稀土矿，位于西澳，该矿体为碱性碳酸岩杂岩；Arafura资源公司拥有的Nolans Bore稀土-磷酸盐-铀-钍矿，位于北领地距离爱丽丝泉西北135km处；Alkane资源公司拥有的Dubbo氧化锆项目，位于新南威尔士30km处；Crossland战略金属有限公司拥有的Charley Creek矿，是一种新型的砂矿床，含有锆石、独居石和磷钇矿；Hastings技术金属有限公司拥有两个稀土矿。

Brockman 稀土矿，位于西澳霍尔斯克里克东南 16km 处。Yangibana 位于西澳卡那封东北偏东 270km 处[25]；Navigator 资源公司拥有的 Cummins Range 碳酸岩矿，位于西澳金伯利东南部；Capital Mining Limited（首都矿业公司）拥有的过碱花岗岩侵入岩矿床，位于堪培拉西北 177km 处，含锆、稀土氧化物及低量的钍。GBM 资源公司拥有的 Milo 多金属矿，位于昆士兰西北处；北部矿业公司拥有的 Browns Range 项目，位于北领地爱丽丝泉西北大约 655km 处；BHP Billiton 有限公司拥有奥林匹克大坝氧化铁-铜-金矿位于南澳；Metallica 矿物有限公司拥有的钪资源，位于北昆士兰汤斯维尔西北偏西大约 190km 处的红土层镍-钴矿体内；EMC 金属公司拥有的 Nyngan 红土镍-钴-钪-铂矿，位于新南威尔士；Krucible 金属公司拥有 Korella 磷酸盐-钇矿；Marathon 资源公司拥有 Mount Gee 铀矿，矿体含有镧和铈，位于南澳阿德莱德东北偏北大约 520km 处。

上述 15 个稀土项目中有一个由中铝云铜开发。该公司已在澳洲 ASX 上市，主要在澳洲、智利和中国进行矿产勘探和开发。公司拥有的 Elaine 1 矿在钻孔过程中发现稀土元素。中铝已经报道了该矿床的铜和金资源量，但未公布稀土氧化物资源量。

3.3.3 巴西

巴西稀土资源的公开资料较少。据美国地质调查局公布的数据，巴西稀土储量很大。2017 年 1 月，美国稀土工业年评报告中公布巴西稀土储量为 2200 万吨（REO）[6]。

巴西铌矿含有独居石，其中稀土储量达到 2200 万吨（REO）。2012 年巴西稀土矿产品产量为 206t（REO），2013 年为 600t（REO）[26]。

美国地质调查局早在 1993 年的调查报告中提出巴西稀土矿数量为 16 个，包括 14 个砂矿床及 2 个硬岩矿。美国地质调查局 2010 年报告中列出的国外主要稀土矿中（不包括重砂矿及磷酸盐矿），巴西占有 6 个，均属于未分类资源，包括 Araxa（品位 1.8% REO、资源量 810 万吨 REO）、Catalao Ⅰ（品位 0.9% REO、资源量 9 万吨 REO）、Pitinga（品位 0.15% REO、资源量 24.6 万吨 REO）、Pocos de Caldas（资源量 11.5 万吨 REO）、Seis Lagos（品位 1.5% REO、资源量 4350 万吨 REO）以及 Tapira（品位 10.5% REO、资源量 14.6 万吨 REO）[27]。

3.3.4 独联体

2012 年前，美国地质调查局公布的各国稀土储量数据中，独联体稀土储量作为整体数据进行公布，为 1900 万吨（REO）。据推测，俄罗斯稀土储量占独联体的主体。2013 年，独联体储量并入“其他国家”类别，没有单独公布。2014 年后，美国地质调查局报告中将独联体变更为俄罗斯，并且计入“其他国家”

类别，没有单独公布。2017 年 1 月报告公布俄罗斯储量为 1800 万吨（REO）[6]。2009 年，俄罗斯官方报道稀土储量为 2790 万吨[28]。

独联体主要稀土矿床见表 3-8。

表 3-8 独联体主要稀土矿

国 家	矿 名	矿床（矿物）类型
俄罗斯	Lovozerskoe	铈铌钙钛矿
	Alluaiv	异性石
	Tomtorskoe	黄绿石-独居石
	Apatitovy Cirk	磷灰石-霞石
	Koashvinskoe	磷灰石-霞石
	Yukspor	磷灰石-霞石
	Plato Rasvumchorr	磷灰石-霞石
	Niorkpakh	磷灰石-霞石
	Oleny Ruchey	磷灰石-霞石
	Partomchorr	磷灰石-霞石
	Katuginskoe	黄绿石-软煤-钇萤石
	Beloziminskoe	独居石-磷灰石-黄绿石
	Seligdarskoe	磷灰石
	Ulug-Tanzek	锆-钶铁矿
	Verknemakarovskoe	离子吸附矿
	Tenyakskoe	离子吸附矿
	Pavlovskoe	褐煤-碳钙钇矿（$CaY_2(CO_3)_4 \cdot 6H_2O$[29]）
吉尔吉斯斯坦	Kutessay-2	钇氟菱铈钙矿-氟碳铈矿
哈萨克斯坦	Kundybai	Rabdofanite-针磷钇铒矿、离子吸附矿
	Melovoe	含铀磷灰石矿
	Mayatas	针磷钇铒矿
	Shokash	钛铁矿-锆石-独居石
	Obukhovka	钛铁矿-锆石-独居石
	Zhanatas	磷灰石
	Aksu	磷灰石
	Sholaktau	磷灰石
	Kokzhon	磷灰石

独联体的 Solikamsk 镁工厂成立于 1936 年，处理铈铌钙钛矿，生产镁、镁合金、铌、钽、钛及稀土等产品。该工厂 2010 年生产了 1495t（REO）的混合碳酸

稀土，2011年计划产量为1700t（REO）。目前独联体工厂处理铈铌钙钛矿的能力有限，预计每年可以生产3800t（REO）产品，产能可以提高至4400t（REO）。除了铈铌钙钛矿资源外，独联体还有大量的磷灰石，主要用于生产化肥，磷酸盐精矿中稀土含量大约为0.9%~1.1%。苏联自1929年开始开采磷灰石，到2010年时已经生产了6亿吨磷灰石精矿，约含7万~8万吨稀土（REO），但是目前生产化肥时还未回收稀土。20世纪50年代独联体已经开始研究从磷灰石中回收稀土的技术，目前有5~6个项目正在研究从磷灰石中回收稀土的工艺，有些处于试验阶段。如果这些项目成功，可以从磷灰石中回收大量的稀土产品。此外，独联体留存有20世纪40年代的独居石，约8.2万吨（4.4万吨REO）[30]。

据报道，俄罗斯稀土矿超过35个，但是大部分稀土矿稀土含量较低。俄罗斯多数稀土资源富集在磷灰岩中，如磷灰石和独居石。该国的铈铌钙钛矿还含有大量的钛、铌和钽。俄罗斯Lovozero矿生产铈铌钙钛矿和异性石，2014年生产了不足5000t铈铌钙钛矿精矿。表3-9列出了部分俄罗斯稀土矿[31]。

表3-9 2015年俄罗斯主要稀土矿

矿名称	位置	矿床（矿物）类型	备注
Lovozerskoe	科拉半岛，摩尔曼斯克	铈铌钙钛矿-异性石	1951年开始在Karnasurt矿和Umbozero矿开采稀土；（A+B+C1）储量为270万吨（REO），C2储量为440万吨（REO）；每年生产大约5000~8000t铈铌钙钛矿精矿
Koashvnskoe Partomchorr Oleny Ruchey P. Rasvumchor Yukspor Niokpakh Apatitovy Cirk Verkhnemakarovskoe Tenyakskoe	希比内山 科拉半岛（卡累利阿地区/摩尔曼斯克）	磷灰石-霞石	矿群形成了世界上最大的火成磷灰石矿床，矿体覆盖1300km^{2}的区域；大量的矿石品位介于0.25%~0.45%（REO），稀土配分以轻稀土为主，估计资源量为900万吨（REO）
Sakhariokskii	卡累利阿共和国 科拉半岛，摩尔曼斯克地区	褐帘石、铈磷灰石、氟碳铈矿	交代变质正长岩赋存稀土矿化带
Alluaiv	—	铈铌钙钛矿-异性石，锆石	估计含8000万吨富含异性石的矿石，品位介于0.2%~0.5%（REO）；由于锆含量高，矿山具有吸引力
Zashikhinskoe	伊尔库茨克地区	软煤、钇萤石、独居石、氟碳铈矿、磷钇矿	矿物赋存在石英-钠长石-微斜长石交代地幔中，稀土品位介于0.06%~0.1%，主要是重稀土和钇

续表 3-9

矿名称	位　置	矿床（矿物）类型	备　注
Beloziminskoe	伊尔库茨克地区	独居石-磷灰石-黄绿石	铁白云石碳酸岩残余矿床，磷灰石矿化带稀土元素含量为0.7%~0.9%
Aryskanskoe	图瓦共和国	—	稀土氧化物品位为0.5%（REO），主要是重稀土元素和钇
Ulug-Tanzek	图瓦共和国	稀土主要赋存在褐钇钽矿、氟钙钠钇石以及氟碳铈矿中	—
Chuktukon	克拉斯诺亚尔斯克边疆区	黄绿石、独居石、磷铝铈矿、方铈矿	含有稀土元素的风化碳酸岩赋存在残余矿物中，含有铌-钽矿化带；储量大约40万吨，品位约7%（REO）
Kiiskoe	克拉斯诺亚尔斯克边疆区	磷镧镨矿、氟碳铈矿、独居石、磷钇矿、针磷钇铒矿	估计资源量为300万吨，品位介于0.5%~1.7%（REO）；最初准备开采矿床，是矿物无法实现经济提取与处理后，又放弃了开采计划
Katuginskoe	外贝加尔边疆区	黄绿石、软煤、钇萤石	约含40万吨稀土氧化物，稀土矿化带出现在两个交代矿脉中，总稀土氧化物大约0.25%
Pavlovskoe	滨海边区	褐煤赋存稀土	稀土矿化带赋存在褐煤矿中，没有潜在稀土总量或者品位的数据
Seligdarskoe	萨哈共和国	磷灰石、独居石、褐帘石	稀土主要赋存于磷灰石中，主要为磷酸盐资源，储量3亿吨，品位（P_2O_5）6%~8%
Tomtorskoe	萨哈共和国北西伯利亚	磷铝铈矿、独居石、磷镧镨矿、磷钇矿、氟碳铈矿	矿化带赋存在碳酸岩和残余矿床中，矿体占地大约300km²；残余矿床厚度达320m，上部3~25m区域的稀土品位为11%~30%（REO），较深的区域品位为4%~6%（REO）；矿床还有钪和铌矿化带，稀土配分主要为轻稀土元素（~90%）和氧化钇（6.3%）

注：1954年12月中国矿产储量委员会引进并转发了1953年1月苏联的“固体矿产储量分类”。这个方案首先将储量分为平衡表内储量和平衡表外储量两类，然后根据对矿床的研究程度将储量分为A1、A2、B、C1、C2五个等级。

3.3.5 印度

印度有大量的重矿砂矿床，其中独居石和少量的磷钇矿含有稀土资源。独居石是印度主要稀土来源，含大约58%稀土氧化物，印度独居石主要产自安得拉邦、奥里萨邦和泰米尔纳德邦的重矿砂矿床。印度国家海洋学院确认，沿着印度7000km长的海岸线也有重矿砂矿床[31]。

2012年10月印度原子矿物勘探与研究理事会报告，印度独居石储量约为1193万吨。按照独居石约含58%（REO）计算，印度独居石中稀土储量约为692万吨（REO）。其磷钇矿分布在中央邦，但未开发。Amba Dongar碳酸岩碱性杂岩是印度于1963年首个被确认的碳酸岩杂岩，靠近纳尔默达裂谷地带的北部。曾经对该矿体进行小范围勘探钻孔（300m×100m），钻孔结果表明，该区域大约含930万吨原矿，稀土平均品位为1.247%，大约含11.5万吨（REO）。而整个Amba Dongar矿体的稀土储量大概是上述储量的100倍，近1000万吨[32]。

3.3.6 加拿大

加拿大拥有许多稀土矿，大多是在20世纪60年代和70年代进行最初的铀勘探后首次确认的。2011年以后稀土的勘探进程加速，加拿大许多新勘探公司加入了寻找稀土的队伍。2015年初已经达到预可行性研究阶段或者确定可行性研究阶段，2020年可能投产的项目包括：阿瓦隆稀有金属的Nechalacho重稀土项目、Matamec勘探公司的Kipawa重稀土与锆项目、Quest稀有矿物的Strange Lake以及Misery Lake稀土项目。

过去，加拿大仅在采铀作业后将稀土精矿作为副产品生产。2014年开发的项目标志着加拿大首次涉足稀土矿的开发。2011年美国地质调查局报告的加拿大稀土储量为90万吨（REO）。2011年以后加拿大进行了大量的勘探工作，认为这一数字很可能被低估。2013年加拿大议会对国家稀土产业进行了一项新的研究，一家与加拿大国家资源公司合作成立的称作加拿大稀土元素网络的产业集团发起运动，要求政府设立研发基金。据报道，2015年1月国家资源联邦议会委员会对2015年的稀土产业状况举行了听证会[31]。

3.3.7 越南

越南稀土储量丰富。2017年1月，美国地质调查局报告越南稀土储量为2200万吨（REO）。

越南有许多稀土矿，集中在越南西北部，沿东海岸线靠近中国边境的地带。越南已经确认的稀土矿列于表3-10[31]。

表 3-10 越南确认的稀土矿

矿名称	所在省	矿床（矿物）类型	估计储量/万吨
North Nam Xe	莱州	氟碳铈矿、氟菱钙铈矿	770
South Nam Xe	莱州	氟碳铈矿、氟菱钙铈矿	310
Dong Pao	莱州	氟碳铈矿、氟菱钙铈矿	1100
Muong Hum	老街	褐帘石	9.4
Yen Phu	安沛	磷钇矿	1.8
Ky Ninh	河静	独居石、磷钇矿	0.02
Quang Ngag	承天	独居石、磷钇矿	0.3
Ke Sung	承天	独居石、磷钇矿	0.06
Vinh My	承天	独居石、磷钇矿	0.2
My Tho	平定	独居石、磷钇矿	0.65
Cat Khanh	平定	独居石、磷钇矿	2.37
Dong Xuan	扶安	独居石、磷钇矿	0.04

越南稀土资源集中分布在莱州（Nam Xe 矿、都巴奥矿）、安沛（Yen Phu 矿）以及从清化到 Ba Ria-Vung Tau 沿海岸的省份（钛矿砂）。越南稀土工业未形成产业规模，目前只有莱州稀土合资公司（Lai Chau Rare Earth JSC）进行一些小规模、非系统性、季节性、非专业性的铁作业。海岸矿场钛浮选作业收集了上万吨独居石稀土矿，但是仍堆积在库房，未进行加工或使用。根据越南专家的评论，稀土的开采与加工过程会产生放射性危险物质，因此，不符合技术程序的稀土开采及加工可能会造成严重的环境污染，对矿区环境以及人民的健康造成严重后果。按照众多科学家的意见，开发越南稀土工业并不容易，尤其是技术投资领域，寻找合适的现代技术是帮助越南有效开发稀土资源的关键。

自 2010 年起，越南与日本政府就开发稀土工业的问题签署了合作协议。日本石油、天然气及金属国家公司（JOGMEC）以及越南原子能委员会放射性及稀有元素技术所实施了稀土技术研究与转让中心建设项目。该项目计划在越南建设配备现代化设施的工厂，涉及浮选、湿法冶金、分步结晶和检测；都巴奥稀土矿的高纯稀土产品的深加工技术的研发；对稀土从业人员进行技术研究及技术转化的专业培训。

在河内召开的项目检查会上，专家对项目进行了评估。专家认为，项目经过 2011~2015 年的五年建设后，越南首次建设与稀土矿深加工生产设备相同的研究装置，包括稀土浮选、湿法冶金、分步结晶到废物的处理及分析，研究投入大约 300 万美元。

该项目成功开发了具有高收率的稀土浮选技术，掌握了中试规模的矿物分解技术、高纯单一稀土元素的分步结晶技术及包括天然放射性在内的废物处理技术，为越南稀土矿的研究以及深加工迈出重要一步。

越南获得了日本赠与的设备，同时日本专家传授了许多工业实践经验，大幅提高了越南技术人员的技术水平。基于该项目的成果，越南放射性与稀有元素技术所将推动稀土产业化进程，并希望与日本继续合作[33]。

3.3.8 格陵兰

格陵兰于2009年自治后，矿产资源的开发成为其财政收入的重要组成部分。目前，在该地区进行勘探和研究工作的公司包括格陵兰矿物和能源公司与澳大利亚 Tanbreez 矿业公司。

格陵兰发现的许多稀土矿正处于勘探中。位于格陵兰岛西南部可凡湾（Kvanefjeld）的伊犁马萨克杂岩体（Ilimaussaq complex）稀土矿探明资源量为2.15亿吨，且重稀土所占比例较大。据 GMEL 的最新研究结果，可凡湾稀土矿的远景资源量达6.19亿吨，该杂岩体已探明的另外2个矿床的储量和品位均相当可观[34]。

3.3.9 南非

南非稀土资源主要赋存在富集磷钙土（独居石和磷灰石）的重矿砂矿床（夸祖鲁-纳塔尔省的 Richards 湾和豪登省的 Witwatersrand）以及碳酸岩侵入岩（林波波省 Palabora 以及西北省 Nooitgedacht）中。

美国地质调查局估计位于南非林波波省东部的 Palabora 碳酸岩矿床含6.52亿吨矿石，品位为0.15%（REO）。Palabora 矿床目前为 Rio Tinto 集团所有，主要进行铜和磁铁矿的生产。

4 国外主要稀土矿实例

4.1 已建成项目

4.1.1 美国芒廷帕斯碳酸岩型稀土矿

4.1.1.1 地理位置

美国芒廷帕斯稀土矿（属轻稀土配分型），位于加州南部圣贝纳迪诺市的东北角，靠近莫哈维沙漠东部边缘，纬度35.47812N，经度115.53068W，距离拉斯维加斯西南96km。

4.1.1.2 矿产地质描述

芒廷帕斯矿为大型碳酸岩矿体，整体长度为730m，平均宽度为120m。典型的矿体含有大约10%~15%氟碳铈矿、65%的方解石或白云石（或者两者都有）、20%~25%的重晶石，以及少量其他矿物[35]。

该矿床是美国已知最大的高品位稀土矿，钼公司代表在2012年8月包头召开的国际稀土会议上介绍了芒廷帕斯资源情况。芒廷帕斯稀土探明及可能储量为1840万吨，品位为7.98%（REO）；测定及指示资源量共计2434.1万吨，品位为6.68%（REO）；推测储量为1044.6万吨，品位为6.32%；资源总量为3478.7万吨。芒廷帕斯稀土储量情况见表4-1[36]。根据钼公司2010年公布的一份报告，按照估计储量及预计19050t（REO）的年产量计算，矿山预计寿命超过30年。

表4-1 芒廷帕斯储量及资源量

资源类别	品位（REO）/%	万吨	亿磅
SEC 指导7：探明储量	7.98	1840	29.93
NI 43-101：测定及指示资源量	6.68	2434.1	32.51
NI 43-101：推断资源量	6.32	1044.6	13.2
NI 43-101：总计	—	3478.7	45.71

注：对于矿物资源分类方法有几个不同体系，加拿大CIM分类（见NI 43-101）、澳大利亚联合矿石储量委员会规范（JORC Code）、南非矿物资源及矿物储量保量报告规范（SAMREC）以及矿床的“chessboard”（棋盘）分类法是通用标准。这些规范中将矿床分为矿物资源及矿物（或矿石）储量。矿物资源指的是具有潜在价值、最终可以实现经济开采的潜在矿床。矿物（或矿石）储量指的是具有价值的，从法律、经济及技术角度可以进行开采的资源。在常用采矿技术领域，对于“矿山”的定义，矿山必须具有“矿石储量”，但是可以具有也可以没有其他资源量。

美国芒廷帕斯稀土矿影像如图4-1~图4-3所示。

图4-1 芒廷帕斯矿

图4-2 芒廷帕斯矿区的谷歌地图影像

4.1.1.3 芒廷帕斯矿开发历程

1949年4月，铀勘探工作者发现芒廷帕斯具有一定的放射性异常后，首次发现芒廷帕斯含有稀土元素。1949年11月，美国地质调查局对芒廷帕斯地区进行了现场勘探，详细绘制该地区地图，详细描述并进行取样，该工作最终发现了大型碳酸岩矿体。地图绘制者收集了59块露出地表的岩石样本，样本显示平均稀土含量为6.9%（REO）。1950年2月，美国钼公司（即后来的钼公司）从勘探者手中购买了芒廷帕斯所有权，计划开采该氟碳铈矿。

图 4-3　芒廷帕斯矿区稀土厂分布图

1952 年，钼公司开始开采地表岩石并且在芒廷帕斯建立了小型加工厂[35]。1965 年，用于彩电的红色荧光粉的开发极大地拉动了对氧化铕的需求，钼公司开始建设铕生产厂，同时钼公司氧化铈和富镧精矿的产量也逐步增加。1981 年，钼公司建设新的分离厂，并且开始生产氧化钐和其他重稀土。1990 年钼公司供应了全球 40% 的稀土。1998 年，由于市场环境恶劣，再加上处理水管线破裂，稀土分离车间暂停生产。2002 年，由于达到尾矿坝的排放容量，采矿作业暂停。2004 年，钼公司获得了重要的 30 年采矿许可。

2007 年，镨钕萃取线在 1998 年停产后再次重新启动，第 4 季度开始生产。由于市场行情好转，2010 年底钼公司恢复了芒廷帕斯的开采。2010 年，钼公司启动被称为“凤凰项目”的芒廷帕斯稀土厂扩建及现代化建设工程。“凤凰项目”一期可以实现产能 1.9 万吨 REO；二期完成后，年产能可以达到 4 万吨 REO。

2015 年 6 月 25 日，钼公司申请破产保护[37]。

2015 年 8 月 26 日，多伦多矿业周刊公布，钼公司将于 10 月 20 日关闭其芒廷帕斯稀土厂。在此之前，钼公司及其北美分公司已于 6 月 25 日申请破产保护，重组其美国及加拿大公司的 17 亿美元债务。据钼公司代表介绍，稀土价格连续四年急剧下滑是导致公司决定暂时关闭其芒廷帕斯稀土厂的关键因素，但是钼公司的稀土磁性材料以及稀土基水处理产品不会受到影响，而且公司计划将通过其爱沙尼亚和中国的分公司向客户供应稀土氧化物产品[38]。

2017 年 5 月，盛和资源控股股份有限公司发布公告，公司控股子公司乐山盛和稀土股份有限公司拟通过其在新加坡设立的子公司盛和资源（新加坡）国际贸易有限公司与境外机构合作，联合投标美国 Mountain Pass 稀土矿山项目。2017 年 6 月，项目公司 MP MINE OPERATIONS LLC 与海外稀土矿山（Mountain

Pass）项目的资产管理人签订了相关资产购买协议，并提交法院审查。美国特拉华州破产法庭已按时召开了听证会，批准了相关的资产购买协议。

4.1.1.4 生产情况

2013年1月10日，钼公司的现代化稀土厂开始向其“第一阶段”的达产规模扩产，按照其有序生产扩产计划，2013年中期达到第一阶段19050吨/年（REO）的产量。按照设计，芒廷帕斯第二阶段产能可以提高至4万吨/年（REO）。公司第二阶段工程所需的大部分设备早已运至工厂，但只有市场需求、产品价格、资金及财务报告状况表明需要在第一阶段的产量以外再增加额外产量时，才能决定进行第二阶段的建设及启动工作。钼公司设计产量及产能见表4-2。

表4-2 钼公司设计产量及产能（REO） （t）

2011年（产量）	2012年（产量）	2013年中期（产能）	二期扩产（产能）
3516	8000~10000	19050	40000

芒廷帕斯新建工厂外观图如图4-4~图4-7所示。

图4-4 芒廷帕斯新分离厂

钼公司最初的商业计划是重建美国从矿山到磁体完整稀土供应链，钼公司以前的业务领域包括稀土萃取、氧化物生产及稀土金属和合金的生产。钼公司启动“凤凰项目”后，不断收购下游企业，延伸产业链。

2011年，钼公司采取一系列重要举措，收购钼金属与合金公司（原三德美国公司）、钼塞尔麦特公司（原AS Silmet），并且与日本大同特殊钢和三菱公司组建合资企业而将其产业链迅速延伸至烧结钕铁硼磁体。2012年，钼公司又迈出了具有战略意义的一步。2012年6月11日，钼公司宣布对加拿大Neo材料技术公司的收购完成，至此钼公司创建了全球领先的稀土企业，集世界级稀土资源、超高纯稀土加工及“矿山到磁体”的完整产业链于一身。

图 4-5 芒廷帕斯磨矿、分解及重稀土精矿厂

图 4-6 芒廷帕斯混合供热及发电厂

图 4-7 芒廷帕斯氯碱厂

2011年4月，钼公司收购爱沙尼亚稀土氧化物及稀有金属公司——赛尔麦特公司，使得钼公司产品范围延伸至高纯稀土氧化物以及稀有金属铌和钽。2011年底，产品范围又扩展到金属钕[39]。

2011年4月，钼公司收购了位于亚利桑那州托尔森的日本三德公司美国分公司——三德美国公司，使钼公司获得了钕铁硼合金生产的重要知识产权，自此公司可以生产稀土合金及稀土金属[39]。

2011年9月，钼公司投资Boulder风力发电公司，设计由稀土永磁体驱动的风力发电机。Boulder风电公司是一家新兴公司，拥有突破性新风力发电技术，用不含镝的稀土磁体驱动，使风力发电成本可与矿物燃料发电成本竞争[40]。

2011年11月28日，钼公司、日本大同特殊钢以及三菱公司宣布成立合资企业，生产和销售烧结钕铁硼磁体。公司使用Intermetallic Inc. 公司许可的新技术，无需其他磁体公司的专利，在降低镝用量的基础上获得较高性能的稀土磁体。在该合资企业中，钼公司占有30%的股份、大同持股35.5%，其余34.5%股份由三菱公司所有。工厂建在日本中津川，计划最初产能为年产500吨磁体[41]。

2012年6月11日，钼公司宣布对加拿大Neo材料技术公司的收购完成[42]。

2012年8月27日，钼公司启动新项目凤凰重稀土精矿厂，利用芒廷帕斯开采的矿石生产重稀土精矿，然后加工成高纯重稀土产品，满足钼公司全球分布的工厂需求[43]。

4.1.2 澳大利亚韦尔德山碳酸岩及风化壳型铌稀土矿床

4.1.2.1 地理位置

澳大利亚韦尔德稀土矿（属轻稀土配分型）位于西澳，距拉沃顿（Laverton）南部大约30km[44]。该矿稀土品位高，矿体直径3km，系碳酸岩侵入体。碳酸岩长时间深度风化，使稀土、铌和钽富集在覆盖层。

4.1.2.2 矿产地质描述

韦尔德稀土矿坐落在20亿年前生成的火山口上，据推测，大约1.8km的火山口风化形成了高品位浅生稀土矿，如图4-8所示[44]。稀土赋存在次生稀土磷酸盐矿物中，稀土品位高达60%~70%（REO），微细地弥散在不同的铁氧化物中，如针铁矿与褐铁矿。主要矿体位于土壤及风化层，覆盖在碳酸岩矿体表面，形成距地表不到60m厚的薄扁豆状矿体[44]。韦尔德山矿为露天矿，目前挖掘深度为51m稀土品位最高的矿体为中央镧系矿体，位于碳酸岩矿体的中央位置。中央镧系矿体的稀土磷酸盐富含轻稀土。除了中央镧系矿体外，韦尔德碳酸岩矿脉还有许多其他的矿体分布在边缘地带，包括未开发的Duncan（邓肯）矿、Crown（王冠）矿及 Swan（天鹅）矿，除稀土资源外，还有铌、钽等矿物[44,45]。邓肯矿体含重稀土，以纤磷钙铝石及磷钇矿形式存在。韦尔德山矿体分布示意图如图 4-9 所示。中央镧系矿体外貌如图 4-10 所示。

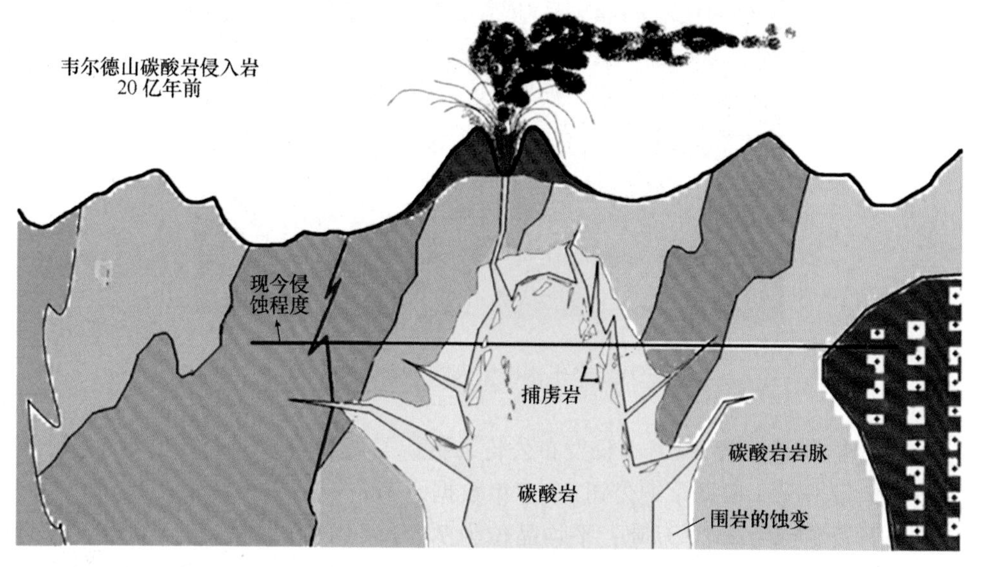

图 4-8　韦尔德山碳酸岩侵入岩

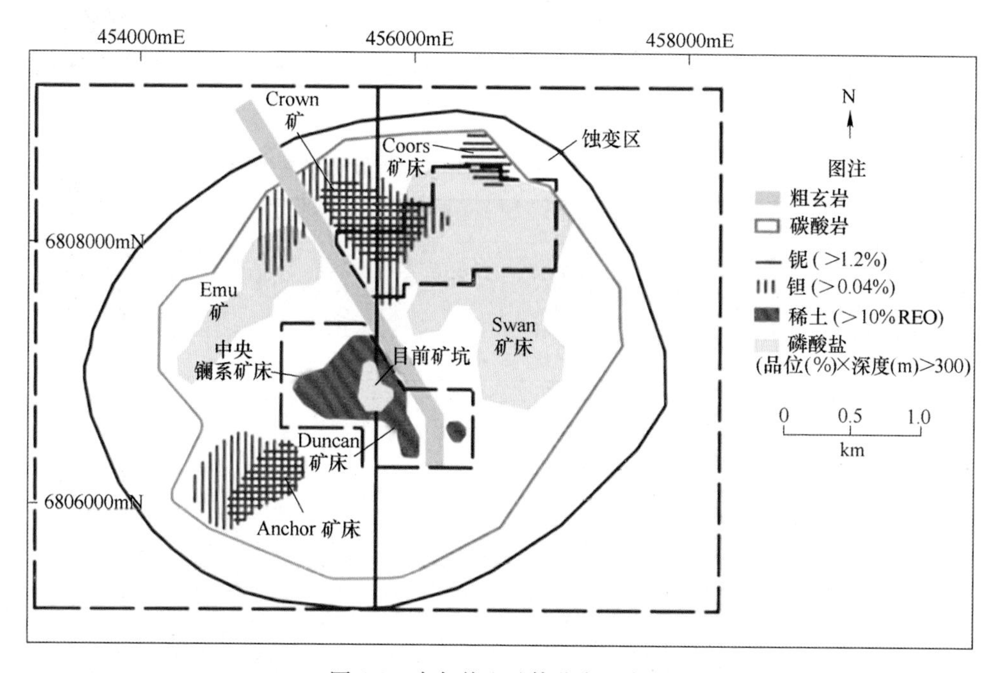

图 4-9　韦尔德山矿体分布示意图

图 4-10 韦尔德山中央镧系矿体外貌图

莱纳公司 2015 年 10 月 5 日发布公告，更新了 2012 年 9 月公布的韦尔德山矿石资源储量情况。根据莱纳公司 2015 年数据，韦尔德山中央镧系矿体及邓肯矿体的矿石资源量为 2320 万吨，平均品位为 7.5%（REO），含 173 万吨稀土氧化物。矿石储量数据仅包括中央镧系矿体数据，为 990 万吨，平均品位为 10.8%（REO），含 107 万吨稀土氧化物。中央镧系矿体的矿石储量表明，按照年产 2.2 万吨（REO）产品计算，中央镧系矿体的矿石储量可以支持 25 年以上连续经济开采。莱纳公司公布的 2012 年与 2015 年韦尔德山中央镧系矿体矿石储量对比情况见表 4-3[46]。

表 4-3 2012 年与 2015 年韦尔德山中央镧系矿体矿石储量对比

储 量	2012 年			2015 年		
	矿石量/万吨	品位（REO）/%	含 REO/万吨	矿石量/万吨	品位（REO）/%	含 REO/万吨
矿坑内矿石储量						
已探明储量	490	12.7	62	520	11.7	60.8
可能储量	410	10.0	41	420	9.3	39.1
矿坑储量总计	900	11.5	103	940	10.6	99.9
结存矿石储量						
已探明储量	70	15.2	10	50	14.4	7.2
可能储量	—	—	—	—	—	—
结存矿石储量总计	70	15.2	10	50	14.4	7.2

续表 4-3

储 量	2012 年			2015 年		
	矿石量/万吨	品位（REO）/%	含 REO/万吨	矿石量/万吨	品位（REO）/%	含 REO/万吨
矿石储量总计						
已探明储量	560	13.0	73	530	11.9	66
可能储量	410	10.0	40	410	9.3	39.1
总 计	970	11.7	113	990	10.8	107.1

注：1. 包括所有的镧系元素及钇。
2. 由于取整，表中数字相加结果可能有误差。
3. 矿石储量仅包括中央镧系矿体，不包括邓肯或富铌稀有金属矿物资源。
4. 对于矿物资源分类方法有几个不同体系，加拿大 CIM 分类（见 NI 43-101）、澳大利亚联合矿石储量委员会规范（JORC Code）、南非矿物资源及矿物储量保量报告规范（SAMREC）以及矿床的“chessboard”（棋盘）分类法是通用标准。这些规范中将矿床分为矿物资源及矿物（或矿石）储量[47]。

表 4-4~表 4-6 列出了韦尔德山中央镧系矿体、邓肯矿体及富铌稀有金属矿的矿物资源量。

表 4-4 韦尔德山中央镧系矿体矿石资源量

分 类	矿石量/万吨	品位（REO）/%	含 REO/万吨
测定资源量	630	11.5	74
指示资源量	540	8.6	47
推测资源量	340	4.1	14
总 计	1510	8.8	135

注：1. 包括所有的镧系元素及钇。
2. 由于取整，表中数字相加结果可能有误差。

表 4-5 韦尔德山邓肯矿体矿石资源量

分 类	矿石量/万吨	品位（REO）/%	含 REO/万吨
测定资源量	380	5.2	20
指示资源量	330	4.6	15
推测资源量	110	3.6	4
总 计	820	4.7	39

注：1. 包括所有的镧系元素及钇。
2. 由于取整，表中数字相加结果可能有误差。

表 4-6 韦尔德山富铌稀有金属矿床矿石资源量

分类	矿石量/万吨	Ta_2O_5	Nb_2O_5	REO	ZrO	P_2O_5	Y_2O_3	TiO_2
测定资源量	0	0	0	0	0	0	0	0
指示资源量	150	0.037	1.40	1.65	0.32	8.90	0.10	5.80
推测资源量	3620	0.024	1.06	1.14	0.3	7.96	0.09	3.94
总计	3770	0.024	1.07	1.16	0.30	7.99	0.09	4.01

注：1. 稀有金属部分的所有数字为百分比。
2. 富铌稀有金属的矿物资源量估算是按照2004年10月6日澳洲证券交易所公布数据（经莱纳公司确认），支撑矿物资源估算的所有材料推断及技术参数仍适用，无重大变化。

4.1.2.3 韦尔德山矿开采历史

1968年，航空磁测异常首次确认韦尔德山碳酸岩中赋存稀土，此后韦尔德山的不同所有者花费2000多万美金不断进行矿山勘探、工艺开发及可行性研究。其中工艺测试工作的花费达上千万美元，主要用于开发将独居石从脉石磷灰石及针铁矿中有效分离的选矿工艺。

2000年11月，莱纳公司第一次获得了韦尔德山项目，命名为韦尔德山稀土。

2002年4月，收购韦尔德矿业公司后获得了该项目100%的所有权。

4.1.2.4 生产情况

莱纳公司在西澳韦尔德山建有选矿厂，距离矿山大约1.5km。选矿厂采用浮选工艺，生产出的精矿利用集装箱，海运至位于马来西亚彭亨州关丹市戈邦(Gebeng)工业园区的莱纳新材料厂（LAMP）。莱纳新材料厂将精矿分离为稀土氧化物产品销往日本、欧洲、中国及北美客户。莱纳新材料厂的建设分为两期，二期总产能可以实现年产2.2万吨分离稀土氧化物产品的能力。目前，该工厂价值最高的产品为镨钕[48]。

2007年6月，莱纳公司完成了韦尔德山中央镧系矿体的表层土剥离和首次采矿作业，开采出77.33万吨、品位为15.4%（REO）的矿石储存在矿山，根据矿石的品位及矿物学特性分别堆放，等待矿山选矿厂的建设[49]。在2007年首次采矿作业后，韦尔德山选矿厂一直处理库存矿石生产稀土精矿。2017年1月26日，莱纳公司开始进行韦尔德山第二次采矿作业。第二次采矿作业是在第一次矿坑基础上向下挖掘10m，无需移除表土层，且矿坑底部为高品位矿石。第二次采矿作业耗时4个月，于2017年5月完成，开采出大约24万吨矿石，品位为17.6%(REO)，相当于1年的选矿原料量，此次开采的矿石将与第一次采矿作业开采出的剩余的中品位原矿混合使用[50]。

2011年5月14日，韦尔德山选矿厂实现首次进料，这是莱纳公司的重要里程碑[48]。

2012年8月28日，莱纳公司完成马来西亚新材料厂一期建设[51]。2012年9

月 5 日，莱纳公司新材料厂获得马来西亚原子能执照局（AELB）签发的临时生产许可[52]。2012 年 11 月 30 日，莱纳公司实现回转窑的首次进料，向规模化生产迈出坚实的步伐[53]。2013 年 2 月 27 日，莱纳公司马来西亚新材料厂生产出首批稀土产品[54]。

4.1.2.5　莱纳新材料厂工艺

A　精矿的分解及浸出

韦尔德山稀土精矿基本成分为稀土磷酸盐矿物。将精矿与浓硫酸混合，进行高温分解，将稀土磷酸盐矿物转化为硫酸稀土，经水浸去除杂质，中和后的硫酸稀土作为溶剂萃取的原料。新材料厂回转窑如图 4-11 所示。

图 4-11　四条 60m 燃气回转窑中的其中两条

B　萃取分离

萃取分离采取两相（有机相及水相），在液-液反萃槽中将稀土元素分组，并分离为单一稀土产品。主要产品为轻稀土（包括镨钕、铈、镧及镧铈溶液）、中重稀土溶液（钐铕钆及其他重稀土）。萃取槽如图 4-12 所示。

图 4-12　萃取分离线混合澄清槽的一部分

将镨钕与镧铈分离。每条萃取分离线有110级（四段）。共有四条萃取线，目前投入使用三条。

C　生产产品

工艺的最后一个阶段，将稀土沉淀为固态碳酸盐或者草酸盐，有些盐类被焙烧为相应的氧化物。新材料厂生产镨钕氧化物、碳酸铈、氧化铈、碳酸镧铈及氧化镧铈和钐铕钆氧化物。焙烧炉如图4-13所示。

图4-13　镨钕草酸盐进入8条焙烧炉中的一条焙烧为镨钕氧化物

4.1.3　俄罗斯科拉半岛Lovozerskoye稀土矿

4.1.3.1　地理位置

Lovozerskoye矿目前是独联体唯一进行稀土开采的矿山。该矿位于俄罗斯科拉半岛，矿物类型为铈铌钙钛矿[28]。

4.1.3.2　矿产地质描述

Lovozerskoye矿的探明储量（A+B+C1）为270万吨（REO），初步评价储量（C2）为440万吨（REO）。其他资料中也提及Lovozero矿储量，但公开数据较少，而且不尽相同。Lovozero矿物组分中总稀土氧化物含量为29%~33%，此外还含有37%~40%氧化钛、7%~9%氧化铌、0.5%~0.8%氧化钽及0.5%氧化钍。铈铌钙钛矿的稀土配分见表4-7[28]。Lovozerskoye矿如图4-14所示。

表4-7　俄罗斯铈铌钙钛矿的稀土配分

稀土氧化物	含量/%
氧化铈	53.8~54.3
氧化镧	25.8~26.3

续表 4-7

稀土氧化物	含量/%
氧化钕	13~13.5
氧化镨	5.0~5.1
氧化钐	0.96~0.99
氧化铕	0.15~0.17
氧化钆	0.19~0.21
总稀土氧化物	100

图 4-14 Lovozerskoye 矿外貌

4.1.3.3 生产情况

Lovozerskoye 矿的开采工作由 Lovozerskiy GOK 采矿公司进行，最大开采能力为每年 2.5 万吨的铈铌钙钛矿精矿，目前产量为年产 5000~8000t 铈铌钙钛精矿[28]。

Lovozerskiy GOK 公司生产的铈铌钙钛矿精矿由 Solikamsk Magnesium Works（索利卡姆斯克镁工厂，SMW）进行加工。根据 SMW 2015 年年评报告，2015 年 SMW 公司的铈铌钙钛矿全部来源于 Lovozerskiy GOK 公司[55]。SMW 位于俄罗斯索利卡姆斯克，成立于 1936 年，目前生产三种系列产品，包括镁产品、化工产品及稀土在内的稀有金属。工厂生产的稀土产品包括碳酸稀土；铈、镧、钕、镨的碳酸盐及氧化物；碳酸钕镨及氧化物；钐、铕、钆碳酸盐及氧化物。SMW 稀土化合物年产能最高达到 3600t（REO）[55]，其生产的碳酸稀土产品由 Irtysh 稀土公司以及钼公司塞尔麦特进行进一步的加工[56]。

4.1.4 印度稀土公司

4.1.4.1 地理位置

印度稀土公司成立于1950年8月18日，目前是印度政府企业，是印度唯一经过许可处理稀土矿的企业。印度稀土公司共有四个工厂，稀土厂位于喀拉拉邦，有三个分离厂，分别为位于喀拉拉邦的Chavara工厂、泰米尔纳德邦的Manavalakurichi工厂以及奥里萨邦的奥里萨邦砂厂。印度稀土公司总部位于孟买，公司开采海滨矿砂，生产六种重矿砂，包括钛铁矿、金红石、锆石、独居石、硅线石、石榴石及各种附加值产品。公司处理独居石生产钍化合物、稀土化合物及磷酸三钠[57,58]。

4.1.4.2 矿产地质描述[57]

印度稀土矿物主要产自海滨砂矿，来自于印度海岸线的沉积矿或者沙丘矿。印度喀拉拉邦、泰米尔纳德邦、安得拉邦以及奥里萨邦富产海滨砂矿。沉积矿及沙丘矿如图4-15和图4-16所示。

图4-15 印度沉积矿[57]

印度稀土矿物主要含轻稀土，稀土配分包括45%~48%氧化铈、22%氧化镧、18%~22%氧化钕、5%~6%氧化镨，其余为重稀土。

4.1.4.3 生产情况[57]

印度稀土公司的稀土厂位于喀拉拉邦的Aluva，1952年投产，技术来自于法国M/s Societie de Produzits Chimiques Des Terres Rares公司（稀土化工产品公

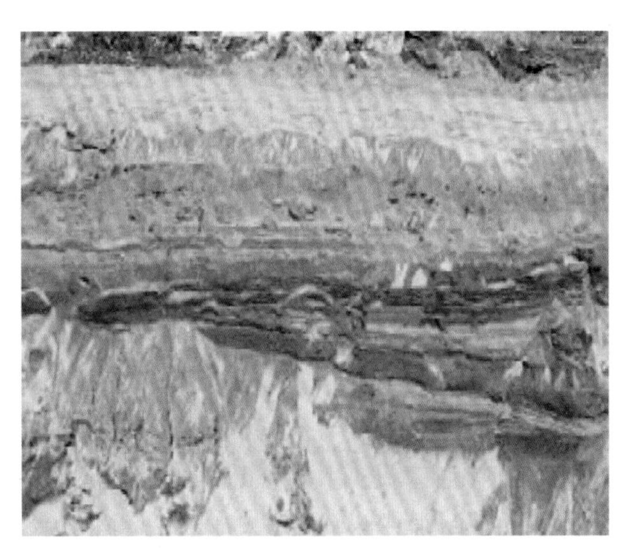

图 4-16 印度沙丘矿[57]

司)，但由于缺乏市场需求，直至 20 世纪 60 年代末至 70 年代初才开始生产稀土产品。又由于放射性废料处理问题、中国产品的激烈竞争、国际市场稀土用量低以及仓库损坏等各种因素影响，2004 年稀土厂停产。

稀土厂曾生产稀土化合物，包括混合氯化稀土、混合氟化稀土、碳酸稀土。20 世纪 80 年代至 90 年代期间，稀土厂成立了重稀土及轻稀土分离车间。

2010 年以后，印度稀土公司采取了许多措施不断改进稀土厂的工厂设施，以满足印度国内以及国际市场对稀土化合物的需求。

2015 年，印度稀土公司开启了全新的篇章。按照稀土厂的工艺，2015 年建设了稀土矿加工厂，年处理 1 万吨稀土矿。稀土厂产品包括混合氯化稀土，年产能为 1.1 万吨；磷酸三钠年产能为 1.35 万吨；硝酸钍年产能为 150t。

2016 年，恢复生产高纯稀土产品。稀土厂 50%的混合氯化稀土将用于生产高纯稀土化合物。目前，印度稀土公司已经开始生产碳酸铈、碳酸镧以及草酸镨和草酸钕。印度稀土公司稀土厂如图 4-17 所示。

印度稀土公司稀土生产计划见表 4-8。

表 4-8 印度稀土公司稀土生产计划

指 标	2015~2016 年	2024~2025 年
处理矿量/万吨	1	2.75
氯化稀土产能/万吨	1.12	3.08

图4-17 印度稀土公司稀土厂混料及沉淀车间[59]

4.2 正在开发项目

4.2.1 巴西CBMM公司

4.2.1.1 地理位置

巴西CBMM公司成立于1955年，拥有Araxa矿，1961年开始开采Araxa矿，是一家传统的铌加工企业[60]。

Araxa矿位于巴西米纳斯吉拉斯州，是世界最大的铌矿。除铌资源外，还富含稀土。稀土赋存在独居石及磷铝锶石矿物中。Araxa矿铌矿超过4.5亿吨，品位为2.5%（Nb_2O_5），勘探中发现4.4%的矿石为稀土氧化物。除该资源外，矿脉中还含有80万吨浅生红土，含13.5%稀土氧化物，主要以磷酸盐矿物形式存在，估计稀土含量大约为12万吨（REO）。Araxa矿稀土总资源量估计为2200万吨（REO），平均品位3.02%。Araxa碳酸岩项目是巴西进展最好的稀土项目[61]。

4.2.1.2 矿产地质描述

Araxa矿的稀土矿物赋存在覆盖在深度风化的Barrairo do Araxa碳酸岩矿脉表面上的残余土壤中。该矿脉形成于晚白垩纪、科尼亚克期，距今大约8720(±440)万年，由风化的碳酸岩构成。矿体为圆形，由三个独立矿体构成，总直径大约4.5km[61]。

4.2.1.3 生产情况[26]

巴西CBMM公司正在开发从铌尾矿中提取稀土的工艺。

2012年开发出工业生产稀土精矿的工艺，年产量为1000t（REO），年产能可以提高至3000t（REO）。2014年开始开发中试规模分离萃取工艺，产品包括氧化铈、氧化镧、氧化镨钕以及混合重稀土氧化物，年产量为15~20t。正在与巴西技术研究院（IPT）开发镨钕金属生产工艺。

CBMM公司一期混合重稀土分离生产线如图4-18所示。

图4-18 CBMM公司一期混合重稀土分离生产线

4.2.2 巴西Itafos化肥公司

巴西Itafos化肥公司（原MBAC化肥公司）获得了Araxa项目[62]。

Itafos化肥公司的项目名称为Araxa稀土/铌/磷酸盐项目，该项目紧邻CBMM公司全球最大的Araxa铌矿（见上述4.2.1节介绍）以及Vale公司拥有的磷酸盐矿。铌矿以及磷酸盐矿早已投产，因此Itafos化肥公司的Araxa稀土项目拥有当地已经建成基础设施的便利条件。

2012年6月进行了该矿的资源估算，该项目的测定及指示总稀土氧化物资源量为630万吨，品位为5.01%（使用2% REO边际品位），推断矿物资源量为2190万吨，平均品位3.99%（使用2% REO边际品位）。该公司报道矿床开采年限为40年[61]。

4.2.3 巴西Mineração Taboca公司Pitinga矿

巴西Mineração Taboca公司成立于1969年，涉足锡的开采、冶金及工业矿物生产。公司拥有Pitinga矿，位于亚马逊地带，是全球最富的锡矿之一[63]。

20世纪70年代，亚马逊雷达项目在Waimiri Atroari原住民保留地发现锡石矿。1979年，Mineração Taboca公司——Paranapanema大型土木工程建筑公司的子公司，在Pitinga河的分支河流发现了痕量锡石。在巴西政府印第安基金会及巴西国家矿物生产部的协助下，1981年Paranapanema公司设法将保留地降级为临时限制区，以吸引和安抚 Waimiri Atroari 印第安人，限制区的面积缩小，将锡矿划出保留地。1981 年 11 月 23 日颁布的 86.630 总统法令，从保留地划出 $526800\times10^4m^2$ 土地，用于锡的采矿作业。1982 年，美国矿业局估计巴西锡的总储量为 6.7 万吨。1986 年，估算仅 Pitinga 矿的储量就达到 57.5 万吨。Mineração Taboca 公司的许可采矿区覆盖 $13\times10^4m^2$。Pitinga 矿 1982 年开始生产，2014 年 Pitinga 矿生产 5532t 锡精矿，2015 年上半年生产 3256t 锡精矿[64]。

2009 年 4 月 15 日，Neo 材料技术公司宣布，该公司已与巴西 Mineração Taboca 公司签署协议。根据协议条款，Neo 拥有对 Pitinga 锡矿两年的独家使用权，研究商业化生产重稀土精矿的可能性。Pitinga 主要生产锡精矿，以及铌/钽（锡石/钽铁矿）铁合金。Taboca 及 Neo 公司已经开展的工作表明，Pitinga 矿堆积的尾矿及矿山待开采资源中重稀土的分布、含量及数量相当可观。除了进行取样，该项目将确定商业化生产稀土精矿的最佳工艺，适合于标准稀土分离厂进一步加工。取样及钻孔工作将为大量的选矿及湿法冶金试验工作提供原料。初期结果表明，Pitinga 尾矿以及原矿中含有大量可能进行工业化生产规模含量的重稀土，以磷钇矿以及其他可能的矿物形式存在[65]。

2009 年 7 月 21 日，Neo 材料技术公司与日本三菱公司签署谅解备忘录。Neo 与三菱就中国以外稀土资源的确认、开发以及商业化生产建立战略合作伙伴关系。根据协议条款，三菱公司将资助 250 万美金，用于 Neo 公司开发巴西 Mineração Taboca 公司拥有的 Pitinga 锡矿中的重稀土资源相关的所有费用。作为协议的部分内容，Neo 承诺将尽可能使三菱参与 Taboca 公司的 Pitinga 项目的商业化生产阶段，并且将 Pitinga 项目生产的部分混合稀土精矿供应给三菱公司使用。如果 Neo 决定在中国以外的地区建设稀土加工厂，三菱承诺将在新厂至少投资 20%，作为回馈，三菱将有权购买该工厂不低于年产量 20% 的分离稀土产品[66]。

4.2.4 巴西 Serra Verde 稀土项目[67]

Mineração Serra Verde（以下简称为 Serra Verde）是一家采矿开发公司，大部分股份被全球天然资源及能源专业公司——Denham Capital Management LP（Denham 资本管理公司）持有，少部分股份由一家关注巴西的瑞士房地产及天然资源投资集团 Arsago Mining Capital Ltd.（Arsago 矿业资本公司）持有。

4.2.4.1 地理位置

Serra Verde 项目位于巴西中部，戈亚斯州 Minacu 西部 25km 处，地处已建成的采矿区。该矿 40km 内有便捷的交通、水、电供应。

4.2.4.2 矿产地质描述

矿床为离子吸附型地质特征，与中国南方离子矿相似，但稀土品位是中国离子矿的2~5倍，该矿的钍及铀含量极低，因此没有放射物存储问题。由于稀土矿物呈完全解离状态，因此项目的资本性支出以及生产成本低，利用卡车及挖掘机可以进行简单的露天开采。利用简单的已设定流程可以进行成本较低的后续加工。

2015年2月，公司公布该项目更新后的预可行性研究报告以及NI 43-101储量估算，测定及指示资源量以及回收率均有提高。根据NI 43-101，资源量为9.11亿吨，品位为0.12%（REO），矿体潜在寿命超过50年。矿山资源量见表4-9。

表4-9 Serra Verde矿的资源量

资源量类型	资源量/万吨	品位（REO）/%
测定资源量	2200	0.21
指示资源量	36800	0.15
推断资源量	52100	0.10
总资源量	91100	0.12

注：边界品位为0.10%。

4.2.4.3 项目开发情况

2013年9月，公司公布初步经济评估报告，确认该项目是一个有潜力的项目。2014年10月，公司公布预可行性研究报告，确认工艺流程，成功试制精矿及分离产品的实验结果。2015年2月，更新预可行性研究报告以及NI 43-101储量估算，测定及指示资源量以及回收率均有所提高。2015年5月，巴西国家核管理机构将该项目列为2级放射性防护计划。2015年6月，巴西国家核管理机构批准该项目的初步放射性防护计划。

项目计划于2017年开始建设，2018年年底能够向市场供应稀土分离产品。

4.2.4.4 设计工艺流程

目前测试工作表明，Serra Verde主要是黏土矿物类型，可以用堆浸方式回收稀土。破碎后的矿石用桶包装，运输至堆浸区。矿石堆积成3m高的堆，用58g/L、pH=2氯化钠溶液浸出。浸出过程完成后，用酸化后清水（利用纳米过滤及反渗透法从浸出母液中获得）漂洗矿石。水洗后，用前端装载机将浸出垫上的矿渣回收，运输至尾矿坝。堆浸过程生成的浸出母液在纳米过滤和反渗透工厂进行过滤及预浓缩，生成堆浸用的水洗液，并浓缩液体。浓缩后的液体在湿法冶金厂除杂、沉淀，生成中间混合碳酸稀土。Serra Verde生产流程如图4-19所示。

加拿大一家私人公司——Innovation Metals Corp.（创新金属公司）开发出快速溶剂萃取工艺，用于低成本分离稀土、镍、钴以及其他金属，目前该技术正在申请专利。2016年8月11日，利用Serra Verde矿的原料成功完成生产具有商业

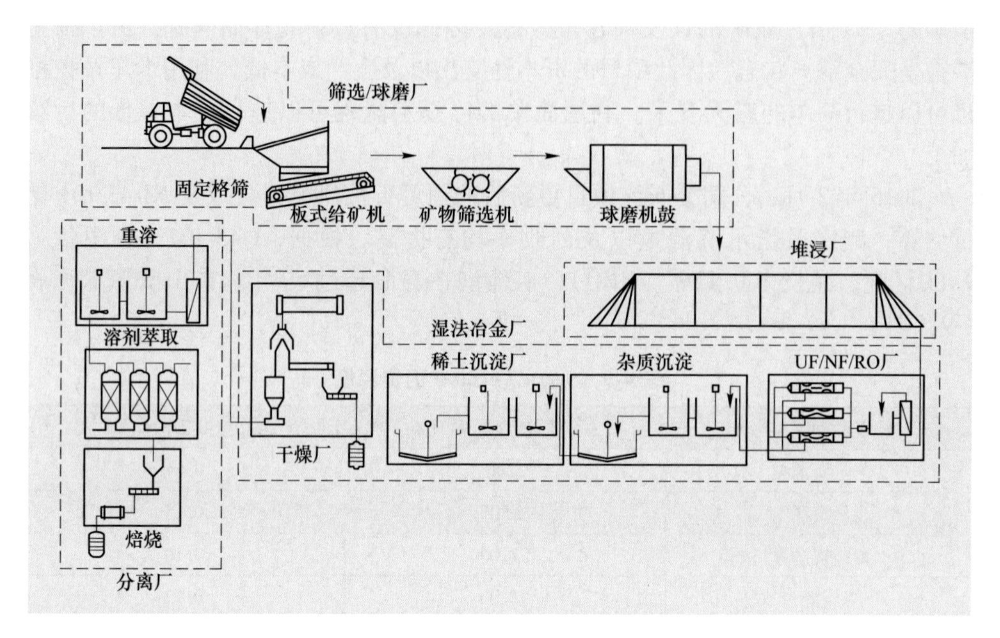

图 4-19 Serra Verde 项目生产流程

化纯度的镨钕氧化物的示范项目。示范项目在创新金属公司位于加拿大米西索加的中试厂完成，该工厂每月可以生产 2t 稀土产品。快速溶剂萃取工艺由美国军队研究实验室（隶属美国国防部）资助开发。与传统分离萃取工艺相比，该工艺大幅降低了溶剂萃取工艺阶段的稀土分离级数，降低幅度达到 90%，明显减少工厂占地空间以及相关的资本支出。该工艺降低了生产成本、减少了生产时间，将每种稀土元素的分离时间从几周减少至仅仅几天。

4.2.5 澳大利亚 Alkane 资源公司达博氧化锆项目[68,69]

澳大利亚 Alkane 资源公司是一家多产品采矿及勘探公司，致力于开发黄金、铜、锆、铪、铌及稀土项目。公司在澳大利亚 ASX 以及美国 OTCQX 交易所上市，公司的其中一个项目为达博项目（原名为达博氧化锆项目）。

达博项目是目前澳大利亚进展最好的稀有金属/稀土项目，Alkane 资源公司的全资子公司——澳大利亚战略材料公司正在开发达博项目。

4.2.5.1 地理位置

该项目位于 Toongi，在新南威尔士中西部，位于达博南 25km、悉尼西北 400km 处，地处大型农业及采矿区域。该地区拥有包括公路、铁路、电力、天然气、轻型工程等在内的完善基础设施，人口约 10 万人。

4.2.5.2 矿产地质描述

达博项目拥有的大型多金属矿山，含锆、铪、铌、钇、稀土等。主体矿床为碱性侵入杂岩，是罕见的火山岩层序，含有钍和铀。该矿的矿物资源量及矿石储量见表 4-10 与表 4-11。

表 4-10　达博项目矿物资源量　（%）

Toongi 矿	资源量/万吨	ZrO_2	HfO_2	Nb_2O_5	Ta_2O_5	Y_2O_3	REO
测定资源量	3570	1.96	0.04	0.46	0.03	0.14	0.75
推断资源量	3750	1.96	0.04	0.46	0.03	0.14	0.75
总计	7320	1.96	0.04	0.46	0.03	0.14	0.75

表 4-11　达博项目矿石储量　（%）

Toongi 矿	储量/万吨	ZrO_2	HfO_2	Nb_2O_5	Ta_2O_5	Y_2O_3	REO
探明储量	807	1.91	0.04	0.46	0.03	0.14	0.75
可能储量	2786	1.93	0.04	0.46	0.03	0.14	0.74
总计	3593	1.93	0.04	0.46	0.03	0.14	0.74

4.2.5.3　项目开发情况

Alkane 资源公司自 1999 年起开始开发达博项目，2000～2001 年确认该矿床是一个大型多金属矿，含锆、铪、铌（钽）、钇和稀土。2000～2007 年设计了生产流程，开始进行各类小型试验。2008 年开始在 ANSTO（澳大利亚国家核研究与开发机构）建设并运行示范型中试线，进行了多种优化及降低工艺风险试验，生产出评估用产品。2008 年开始聘请专业顾问不断开发市场，向客户提供样品，客户经常给予反馈，通过示范中试线调整工艺。2015 年 5 月获得了新南威尔士计划及评估委员会颁发的项目开发许可，8 月迅速获得了联邦许可。2016 年 5 月获得了包括州及联邦政府颁发的全部环境许可。Alkane 资源公司也获得了采矿权证与环保许可证。澳大利亚战略材料公司（Alkane 资源公司全资子公司）拥有 Toongi $3441\times10^4m^2$ 的土地，包括生产区、大面积的生物补偿区以及农田。

计划在 2017～2019 年进一步完善配套基础设施，并开始项目一期建设，计划于 2019 年投产。预计一期项目资本性支出大约 4.8 亿美元，营运资本大约 8000 万美元，费用包括全部的现场基础设施建设、电力及水供应以及一半规模的硫酸厂。2022 年开始二期建设，2023 年投产，资本性支出大约为 3.6 亿美元。二期全部达产后，每年可以处理 100 万吨矿石。按照示范中试线收率，达博项目所有产品设计年总产量大约为 25050t，见表 4-12。投产初期，视市场需求情况，铪年产量可以提高至 200t。

表 4-12 达博项目所有产品产量

产 品	品位/%	年产能/t
稀土化学精矿	95（REO）	6667（REO）
氧化锆及锆化工产品	99	16374（ZrO_2）
铪（以 HfO_2 精矿形式）	HfO_2 精矿	50
铌（以铌铁形式）	65（Nb）	1967

达博项目稀土设计产能依据示范中试线收率推算，包括萃取分离段的产能。年产量见表 4-13。

表 4-13 达博项目稀土产品产量

稀土产品	年产量/t
La_2O_3	1441
Ce_2O_3	2367
Pr_6O_{11}	237
Nd_2O_3	921
Sm_2O_3	112
Eu_2O_3	3
Gd_2O_3	107
Tb_4O_7	14
Dy_2O_3	122
Ho_2O_3	22
Er_2O_3	75
Tm_2O_3	6
Yb_2O_3	61
Lu_2O_3	6
Y_2O_3	1031

生产出的锆、铪、铌以及轻重稀土等产品将供应全球市场。以该矿山计划每年处理 100 万吨矿石计算，矿山的资源量可以支撑 70 年以上露天开采。

达博项目设计的工艺流程如图 4-20 所示。

4.2.6 澳大利亚北部矿业 Browns Range 项目[70]

澳大利亚 Northern Minerals（北部矿业）公司于 2006 年 11 月在澳大利亚证券交易所上市，上市时原名为 Northern Uranium（北部铀业）。公司由两家专注于铀勘探的股东（华盛顿资源及北极星金属）组成。2009 年，勘探结果显示该地区含有大量的稀土，尤其是重稀土。由于勘探结果理想，再加上重稀土价格不断上涨，公司决定勘探并开发重稀土。2010 年北部矿业将重心逐步转向重稀土，围绕 Browns Range 地带开始进行针对重稀土元素的地面勘探工作。由于经营方向的转变，2011 年初公司将名称从北部铀业变更为北部矿业。2011 年获得 Browns

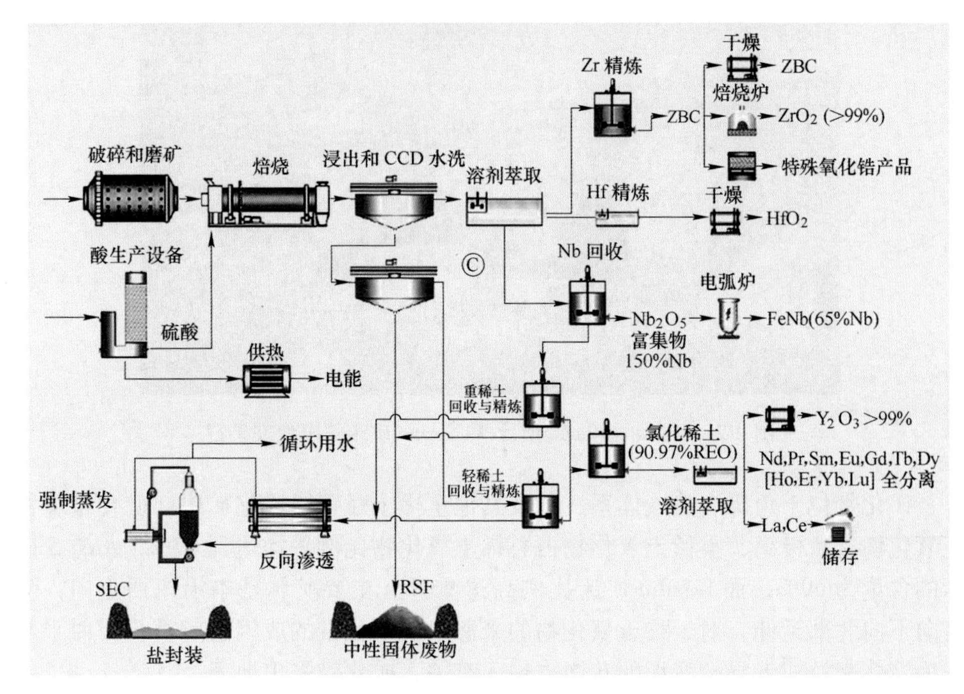

图 4-20 达博项目设计工艺流程

（该图为硫酸浸出、萃取分离和化工精炼生产产品的全工艺流程，
该工艺由开发了 15 年的不同单一工艺结合而成）

Range 首批重稀土钻孔结果，确认了四个磷钇矿矿化带。钻孔活动非常成功，2012 年底北部矿业宣布 Browns Range 的首个 JORC 重稀土资源量，目前该资源量已经增长了 400%。同期，北部矿业与住友商事签署了一份关于承购协议的谅解备忘录。公司 2014 年完成了预可行性研究，2015 年完成了确定可行性研究。在此期间，北部矿业获得了关于项目的一些重要许可，包括与当地土著人签署了共存协议，获得了项目的初始环境许可证及采矿权证。

根据公司报道，Browns Range 项目开采及建设开工仪式于 2017 年 7 月 27 日顺利举行。根据公司 2017 年 10 月 23 日关于项目中试厂进展状况的公告，已经完成 65%的采矿任务，按照进度年底完成采矿工作。

4.2.6.1 地理位置

Browns Range 稀土项目位于金伯利地区东南部，Sturt Creek 盆地的上游，距离 Halls Creek 小镇东南大约 160km 处。

4.2.6.2 矿产地质描述

该项目为元古界 Browns Range 穹地，由于花岗岩侵入元古界 Browns Range 变质岩以及向南侵入太古界岩层而形成。Browns Range 项目 Wolverine 矿床的露出地表矿石（达 8% REO）如图 4-21 所示。

图4-21 Browns Range项目Wolverine矿床露出地表矿石

矿化带位于角砾岩热液体系，镝及其他重稀土赋存于磷钇矿中。矿化带重稀土氧化物含量极高，重稀土氧化物占总稀土氧化物比例平均达到87%，Area 5矿床的含量为69%，而Gambit矿床比例高达96%。主要矿脉基本沿东西走向，陡直向下向北部延伸。对于稀土氧化物的来源以及矿化带的成因了解甚少，似乎与作为液体来源或者导致变形的花岗岩侵入有关，矿化带露出地表。

2012年12月，北部矿业公司第一次公布矿物资源估算量，2015年2月23日更新了Browns Range项目的矿物资源量。Browns Range的矿物资源由六个矿床组成，包括：Wolverine、Gambit、Gambit West、Area 5、Cyclops以及Banshee。Browns Range项目总的矿物资源量目前为898万吨，品位为0.63%（REO），折合56663t，使用边界品位0.15%（REO）。Wolverine矿床的总矿物资源量估计为497万吨，品位为0.86%（REO），折合42560t（REO），边界品位0.15%（REO）。在总资源量中，58%被列为指示资源量，其余为推断资源量。

2015年2月更新的Browns Range矿物资源量见表4-14，矿物资源量包括推断矿石资源量。

表4-14 Browns Range矿物资源量估算（2015年2月）

矿床名称	资源类别	资源量/万吨	品位(REO)/%	含量/kg·t^{-1}			重稀土配分/%	REO/t
				Dy_2O_3	Y_2O_3	Tb_4O_7		
Wolverine	指示	299	0.83	0.73	4.86	0.11	89	24952
	推断	197	0.89	0.76	5.13	0.11	89	17609
	合计	497	0.86	0.74	4.97	0.11	89	42560
Gambit West	指示	27	1.26	1.07	7.06	0.14	90	3424
	推断	12	0.64	0.54	3.67	0.07	85	753
	合计	39	1.07	0.91	6.04	0.12	89	4177

续表 4-14

矿床名称	资源类别	资源量/万吨	品位(TREO)/%	含量/kg·t^{-1}			重稀土配分/%	REO/t
				Dy_2O_3	Y_2O_3	Tb_4O_7		
Gambit	指示	5	1.06	0.92	6.62	0.12	97	533
	推断	6	1.2	1.01	6.8	0.15	95	671
	合计	11	1.13	0.97	6.72	0.13	96	1204
Area 5	指示	138	0.29	0.18	1.27	0.03	69	3953
	推断	14	0.27	0.17	1.17	0.03	70	394
	合计	152	0.29	0.18	1.26	0.03	69	4347
Cyclops	指示	—	—	—	—	—	—	—
	推断	33	0.27	0.18	1.24	0.03	70	891
	合计	33	0.27	0.18	1.24	0.03	70	891
Banshee	指示	—	—	—	—	—	—	—
	推断	166	0.21	0.16	1.17	0.02	87	3484
	合计	166	0.21	0.16	1.17	0.02	87	3484
总计	指示	469	0.70	0.59	3.95	0.09	87	32862
	推断	428	0.56	0.46	3.15	0.07	87	23802
	总计	898	0.63	0.53	3.56	0.08	87	56663

2015 年 3 月，北部矿业更新了 Browns Range 矿石储量数据，矿石储量为 380 万吨，其中镝（Dy_2O_3）储量为 2294t、总稀土氧化物 26375t。矿石储量类别为 100%可能储量。Browns Range 项目的可能矿石储量见表 4-15。

表 4-15 Browns Range 可能矿石储量（2015 年 3 月）

矿床	储量类别	矿石储量/t	含量/kg·t^{-1}				总量/t			
			REO	Dy_2O_3	Tb_4O_7	Y_2O_3	REO	Dy_2O_3	Tb_4O_7	Y_2O_3
露天开采										
Wolverine	可能	833000	6.15	0.55	0.08	3.59	5124	460	66	2989
Gambit West	可能	219000	10.10	0.83	0.11	5.52	2212	182	25	1209
Gambit	可能	37000	8.05	0.68	0.09	4.74	298	25	3	176
Area 5	可能	467000	2.24	0.14	0.02	0.99	1048	65	10	463
地下开采										
Wolverine	可能	2104000	8.00	0.70	0.10	4.71	16833	1483	221	9908
Gambit West	可能	90000	9.54	0.88	0.11	5.78	860	79	10	521
储量										
总计	可能	3750000	7.03	0.61	0.09	4.07	26375	2294	335	15266

4.2.6.3 项目开发情况

2015年3月，北部矿业完成的确定可行性研究表明，Browns Range 矿体寿命为11年，若每年处理57万吨原矿，每年可以生产3098t总稀土氧化物（REO），包括279t镝。项目开发的资本性支出大约为3.294亿澳元。

利用露天开采方式及地下开采方式组合的方法从四个矿床开采矿石，然后利用相对简单的物理选矿及湿法冶金工艺（硫酸焙烧、水浸、提纯、沉淀）生产碳酸稀土。

Browns Range 项目开发过程中的重要进程如下：

（1）2017年1季度，完成中试厂融资；

（2）预定长周期采购设备；

（3）2017年4月，潮湿季节后启动采矿及施工工程；

（4）为期8个月的采矿运动，开采18万吨矿石；

（5）2018年1季度，开始中试厂的生产；

（6）2021年建设达产规模的工厂。

2016年2月，北部矿业将 Browns Range 项目的商业开发方案修改为三个阶段。第一阶段：建设试验型中试厂；第二阶段：将项目开发研究、资源开发及工程设计达到确定可行性研究水平；第三阶段：基于前两个阶段的结果，建设达产规模的工厂。

A 采矿作业

第一阶段：露天开采作业，为期5个月以上，在相对浅的矿床包括 Wolverine、Gambit West、Gambit Central 以及 Gambit East 进行。计划开采共计172080t 矿石，品位为1.19%（REO），含2047t（REO），开采出后储存供中试厂三年用量。

第二阶段：开发阶段包括完成一些研究项目，提高原矿入选品位及生产率、降低采矿成本、增加矿石储量。

第三阶段：达产，工厂实现达产规模时，通过露天开采及地下开采相结合的方式，将达到每年开采58.5万吨矿石的规模。按照确定可行性研究，计划在 Wolverine、Gambit、Gambit West 以及 Area 5 矿床使用传统的露天开采方式，在 Wolverine 以及 Gambit West 矿床使用地下开采方式生产。对 Wolverine 以及 Gambit West 矿床的采矿研究显示，两个矿床很可能是露天矿连接地下矿。

B 加工

矿山建设选矿厂及湿法冶炼厂，处理原矿，生产高纯、富镝的混合碳酸稀土，用于出口。

第一阶段：中试开发。设计的中试厂每年将在选矿厂处理6万吨原矿，品位1.19%（REO）；湿法冶炼厂每年处理3200t 磷钇矿精矿，品位20%（REO）。每年生产 590t 的混合碳酸稀土（大约 52% REO），含 49t 镝。中试厂负责测试设计工艺流程的关键因素，采矿流程提供矿化及有效品位控制的重要信息，中试厂已经获得西澳矿业与石油部的项目管理计划批准。Browns Range 项目的选矿及生产工艺流程设计如图 4-22 所示。

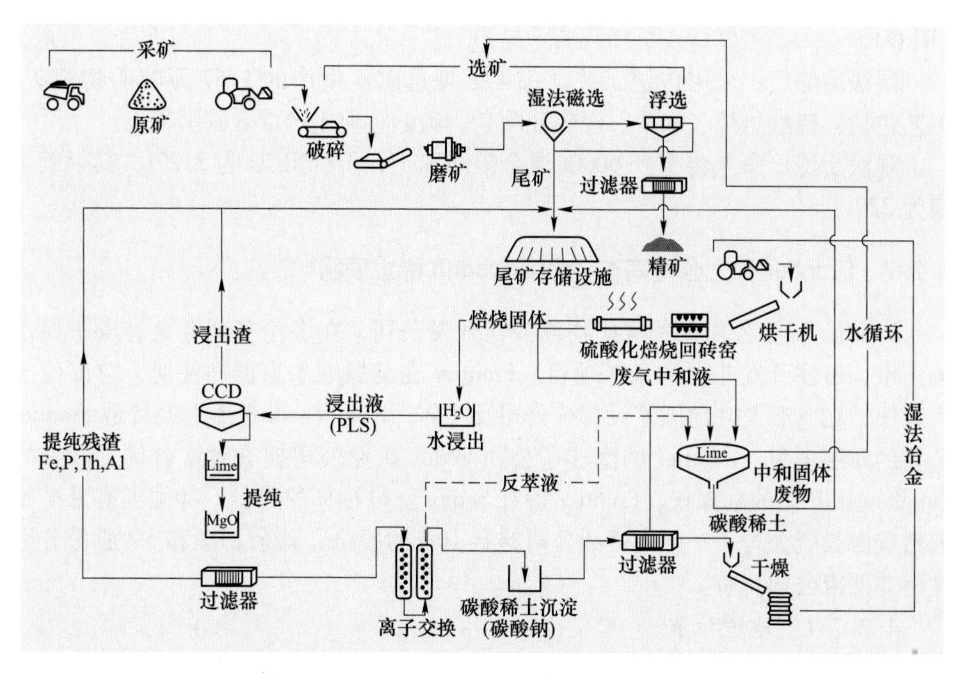

图 4-22 Browns Range 采矿及生产工艺流程

第二阶段：开发生产优质产品。项目的第二阶段包括项目开发研究、资源开发，将工程与设计完成至商业可行性研究阶段。主要任务包括：通过优化采矿方法及降低采矿成本，提高入选品位，增加产量；主要通过去除低价值钇，生产高品质产品；通过扩大现有矿床，在项目区域检测大量目标区，提高矿石储量。

湿法冶炼阶段分离出钇，可以降低下游分离萃取工艺成本。分离出大约 90% 的钇降低了混合碳酸稀土的产量，从而减少了下游分离萃取阶段需要处理的原料量。

根据目前市场信息，未来几年氧化钇的市场可能保持低迷状态。该工艺可以将混合碳酸稀土产品中的镝含量从 9%（Dy_2O_3/REO）提高至大约 20%（Dy_2O_3/REO）。澳大利亚 ANSTO 矿物实验室的初步测试工作表明，湿法冶金工艺中添加简单的工序便可实现先提取钇、镧和铈等元素。随着资金的投入，将做深入研究。

第三阶段：达产。第一阶段与第二阶段成功后，北部矿业将进行全规模生产，最初的资本支出预计为3.29亿澳元，建设期1年半。

选矿厂：达产后，选矿厂每年将处理58.5万吨原矿，生产高品位精矿作为湿法冶炼厂的原料。选矿工艺包括破碎及磨矿以及湿式强磁选与浮选组合工艺。选矿流程可以达到91%的镝以及87%（REO）的总回收率，精矿品位为20%(REO)。

湿法冶炼厂：采用传统工艺，每年处理选矿厂生产的1.67万吨矿物精矿。工艺包括：硫酸焙烧、水浸、浸出液除杂、碳酸沉淀生产混合碳酸稀土。

湿法冶炼厂每年将生产6000t混合碳酸稀土，折合REO为3127t，其中氧化镝为279t。

4.2.7 Frontier稀土公司南非Zandkopsdrift稀土项目[71]

Frontier稀土公司是一家矿物勘探与开发公司，在多伦多证券交易所主板市场上市，专注开发非洲的采矿项目。Frontier在英属维尔京群岛注册，总部位于卢森堡，在南非及其他国家设有分公司及实体。Zandkopsdrift稀土项目是Frontier公司的旗舰项目。Frontier的南非子公司Sedex矿业公司拥有对富含稀土元素的Zandkopsdrift矿的勘探权，Frontier持有Sedex公司64%的股份，韩国国有采矿及天然资源投资公司——韩国资源公司持有10%的股份，其余21%和5%股份分别被南非两家公司持有。

4.2.7.1 地理位置

Zandkopsdrift项目由三部分组成：（1）Zandkopsdrift富含稀土的碳酸岩矿加工厂位于南非北开普敦省Garies城镇西南41km处，露天矿、加工厂及相关的基础设施统称为Zandkopsdrift矿，将来生产混合稀土氢氧化物，位于Zandkopsdrift矿西南35km沿海岸的海水淡化厂，将向矿山供应饮用水；（2）集贸易、销售、营销及融资为一体的公司称为Tradeco，负责寻求建设稀土溶剂萃取分离厂所需资金及技术，工厂建设完成后，从Zandkopsdrift矿购买混合稀土氢氧化物进行付费加工，分离厂生产的稀土产品执行承购协议；（3）分离厂位于Saldanha海湾，称为Saldanha分离厂，付费处理由Tradeco公司从Zandkopsdrift矿购买的混合稀土氢氧化物，将来可以处理由Frontier或者其他公司开发的其他稀土矿产品。

Zandkopsdrift勘探以及项目区属于Frontier，由其南非公司——Frontier Rare Earths SA（Frontier南非稀土公司）管理，海水淡化厂及Saldanha分离厂分别由Frontier的子公司——Sedex海水淡化公司以及Frontier分离公司管理。Frontier公司组织机构如图4-23所示，Frontier公司的Zandkopsdrift运作模式如图4-24所示。

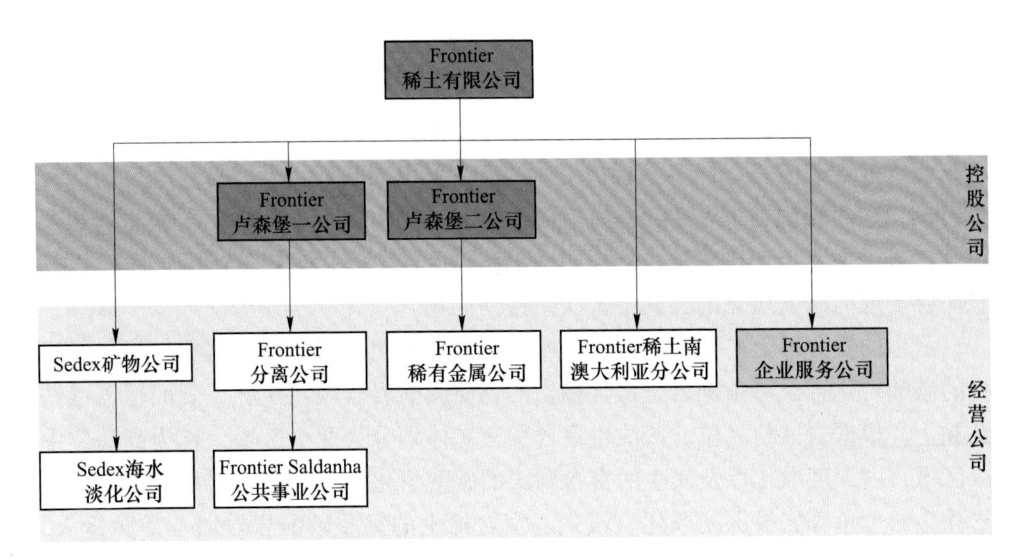

图 4-23 Frontier 公司组织机构图

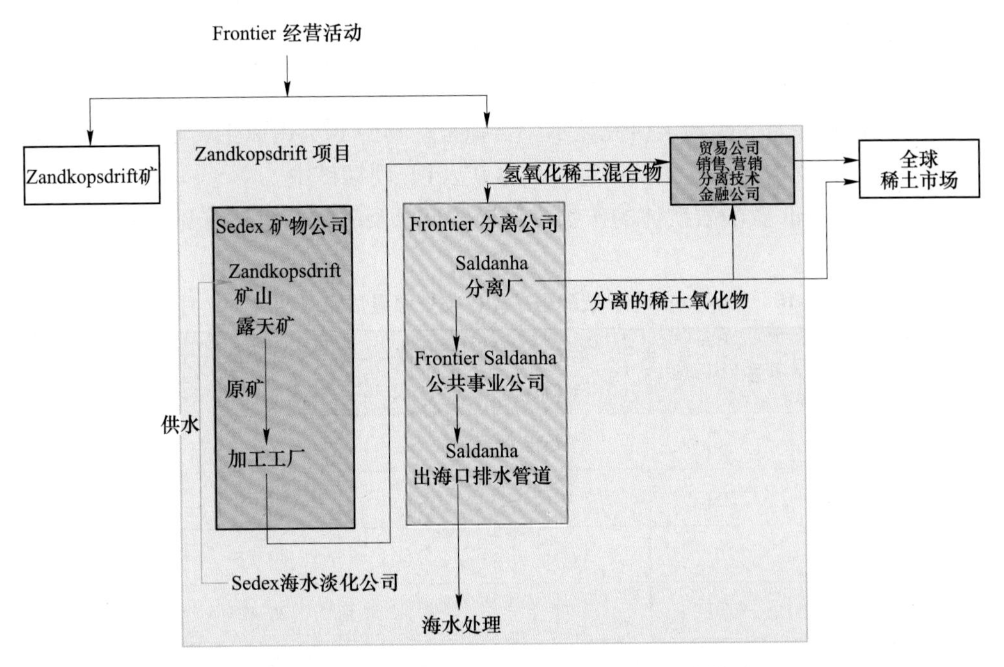

图 4-24 Frontier 公司 Zandkopsdrift 项目运作模式

4.2.7.2 矿产地质描述

Zandkopsdrift矿位于纳马夸兰变质带上，形成沿南非太古卡普瓦克拉通（Kaapvaal craton）南部和西部边缘的弓形地带。Zandkopsdrift矿体是深度风化、碳酸岩类型火山的根系层，是富含稀土的碳酸盐化角砾岩管状矿脉，呈圆形，直径大约1km。该矿体露出地面岩层比较有限，但是不同的历史及当前钻孔结果显示，该碳酸岩矿体是一种多相管状侵入岩，主要由碳酸岩化金云母角砾岩的两种相组成，这两种相均被晚期、垂直或者接近垂直的富含稀土的钙质碳酸岩岩墙及矿脉侵入，主要出现在矿体西部至西南部扇形区域。露出地表的碳酸岩角砾岩管状矿脉表现为深度风化的红黏土及次生锰铁矿物。

浅生的富含稀土矿物在西部以及西南部弓形风化的碳酸岩上富集，构成了风化的碳酸岩化金云母角砾岩、富含稀土的钙质碳酸岩岩墙及矿脉，表面覆盖锰铁红黏土。根据岩性与品位，该浅生富含稀土矿体划分为两个区域，称为高品位中央区域，由深度风化以及浅生的富含稀土的碳酸岩化金云母角砾岩构成，该碳酸岩化金云母角砾岩被深度风化、浅生、富含稀土的钙质碳酸岩岩墙及矿脉侵入，稀土品位一般大于2.5%（REO）；第二个区域称为外部区域，由与中央区域相似的深度风化以及浅生的富含稀土的碳酸岩化金云母角砾岩构成，但是该矿体没有被钙质碳酸岩岩墙及矿脉侵入，该区域品位一般为1%~1.5%（REO）。较高品位的中央区域是最初采矿作业的目标区，大约20年后，采矿作业将转向较低品位的外部区域。

对风化碳酸岩的矿物学研究显示，含稀土矿物中97%由原生、晚期、或是浅生的独居石矿物构成，锰主要赋存在软锰矿及钡-硬锰矿中。

Zandkopsdrift碳酸岩矿体的矿物资源量估算以及矿物储量估算见表4-16和表4-17。

表4-16 Zandkopsdrift碳酸岩矿体矿物资源量估算（2014年7月）

REO边界品位/%	资源量/万吨	品位(REO)/%	品位(MnO)/%	含REO/万吨	含MnO/万吨
测定矿物资源量					
1.0	2300	2.07	5.0	47.61	116.01
1.5	1710	2.35	5.6	40.17	94.84
2.0	1030	2.77	6.3	28.42	64.46
2.5	550	3.23	6.8	17.84	37.48
3.0	290	3.69	7.2	10.68	20.95

续表 4-16

REO 边界品位/%	资源量/万吨	品位(REO)/%	品位(MnO)/%	含 REO/万吨	含 MnO/万吨
指示矿物资源量					
1.0	2270	1.73	4.5	39.27	102.51
1.5	1250	2.13	5.4	26.59	67.15
2.0	610	2.57	6.3	15.66	38.34
2.5	280	2.97	7.1	8.22	19.63
3.0	90	3.51	7.9	3.18	7.17
推断矿物资源量					
1.0	110	1.52	4.2	1.65	4.55
1.5	50	1.8	4.8	0.85	2.24
2.0	10	2.45	6.2	0.17	0.44
2.5	0.0	2.69	6.9	0.09	0.23

表 4-17 Zandkopsdrift 碳酸岩矿体矿物储量估算（2014 年 7 月）

矿物储量分类	储量/万吨	品位（REO）/%	含 REO/万吨	含 MnO/万吨
探明储量	1493	2.21	33.072	78.353
可能储量	2619	1.75	45.796	119.393
总计	4112	1.92	78.868	197.746

4.2.7.3 项目开发情况

20 世纪 50 年代中期发现 Zandkopsdrift 矿，不同公司曾对该矿床进行了大量的钻孔。该矿床的勘探权授予 Sedex 公司前，1989 年 Anglo American 公司对矿床进行最近一次钻孔。Frontier 获得了 Anglo American 公司的数据以及样品，后来进行了自己的勘探及评估工作。2012 年，Frontier 公布了 Zandkopsdrift 矿的初步经济评估报告，2015 年 6 月公布了初步预可行性研究报告。

矿山设计以及矿山生产计划设计采用的采矿边界品位为 0.9%（REO）。采矿研究表明，Zandkopsdrift 矿经济型开采方式为露天开采作业，最终矿坑尺寸为 880m×1100m。露天坑体将挖掘成 11 个 6m 高的台阶，另外还有三个小坑体，从坑体向下挖掘 90m 深。

最初四年采矿作业的采矿量设计为每年 50 万吨矿石（8000 吨/年（REO）），此后提高至每年 100 万吨（1.6 万吨 REO），矿山寿命为 45.5 年，平均采剥比为 0.56。

利用标准选矿工艺，包括浮选与磁选，生产高品位稀土精矿，减少湿法冶金所需的原料处理量、减少酸用量以及杂质生成量。Frontier 对传统硫酸浸出工艺进行改进，获得创新性成果，可以高效利用低成本的冶金工艺处理 Zandkopsdrift

矿物，无需前端选矿流程。Frontier 在工艺设计方面取得的成果包括：开发出酸接触工艺，生产干燥、稳定、自由流动、满足液态床反应器原料要求的小颗粒；利用液态床反应器取代传统的回转窑；利用煅烧工序，回收液态床反应器中的多余酸。该工艺减少了加工厂的规模与成本、降低硫酸及其他试剂的用量、大量回收分解过程使用的硫酸、降低分解工艺的能耗、回收利用分解工艺的大量能源、大幅降低水浸过程的杂质、去除传统硫酸工艺相关的材料处理问题、消除传统硫酸工艺相关的腐蚀问题。

与采矿作业相同，Zandkopsdrift 加工厂将分为两期建设，一期每年处理 50 万吨干燥原矿（平均产量为 8000 吨/年（REO）），设计入选品位为 2.41%(REO)。生产出的产品为混合稀土氢氧化物，送至 Saldanha 分离厂进一步加工。此外，原矿（设计 MnO 入选品位为 6.7% MnO）中 88%的镁将作为镁硫酸盐晶体进行回收。二期工程将建设与一期规模相同的工厂，第五年开始一直工作到矿山寿命结束（45.5 年），届时 Zandkopsdrift 加工厂的产能相当于 16000 吨/年(REO)，镁硫酸盐产能翻番。

混合稀土氢氧化物是标准混合稀土产品，稀土配分与典型独居石配分相同，将在 Saldanha 分离厂利用传统溶剂进行加工。Saldanha 分离厂也将分为两期建设，一期每年平均生产 8000t 分离稀土氧化物，二期与一期相同，总产量翻番，为每年生产 16000t 分离稀土氧化物产品。

Frontier 委托德国 Outotec 研究中心设计的 Zandkopsdrift 加工厂液态床焙烧器如图 4-25 所示。

图 4-25 Zandkopsdrift 加工厂液态床焙烧器

Zandkopsdrift 项目整体回收工艺如图 4-26 所示。

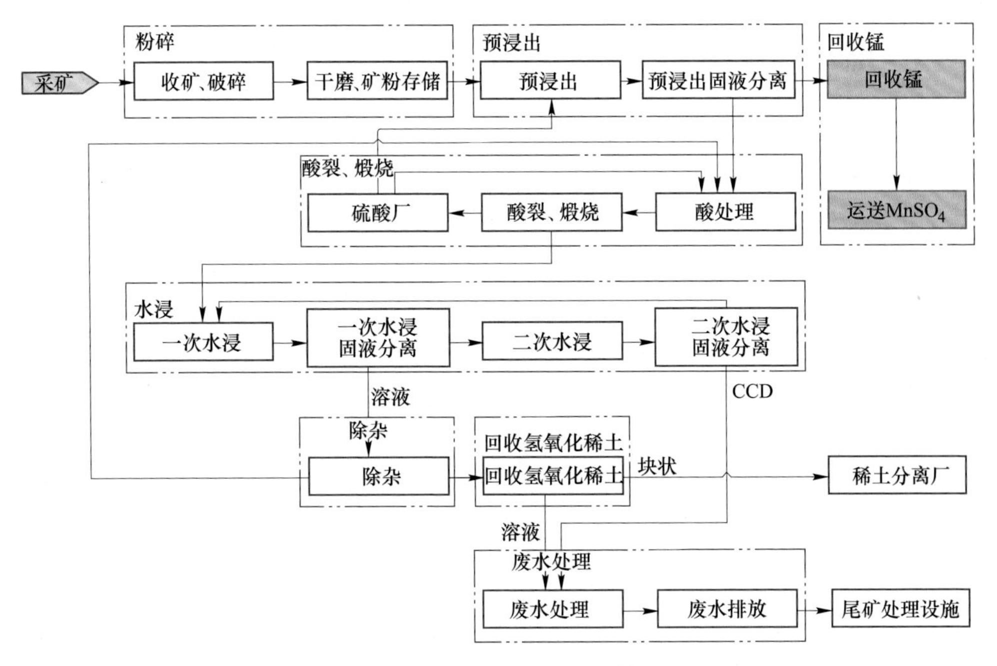

图 4-26　Zandkopsdrift 项目稀土整体回收工艺

Frontier 加工厂工艺流程如图 4-27 所示。

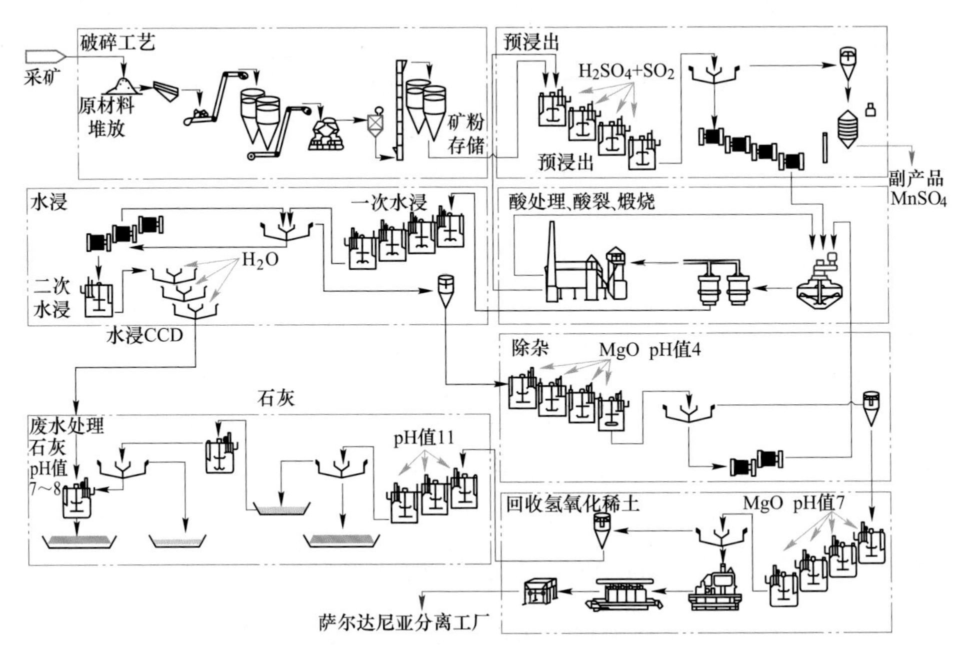

图 4-27　Zandkopsdrift 项目加工厂工艺流程图

4.2.8 越南都巴奥稀土矿[72]

4.2.8.1 地理位置

都巴奥矿位于越南莱州省 Tam Duong 区 Ban Hon 镇。1959 年首次发现该项目，1965~1969 年进行的地质填图确定了 60 个可能矿体。

4.2.8.2 矿产地质描述

矿化带赋存于沿着早第三纪碱性侵入杂岩切断边界生长的扁豆状矿体和矿脉中。氟碳铈矿与氟菱钙铈矿是主要含稀土的矿物，还含有少量独居石。稀土矿物与大量富集的氟石和重晶石伴生。

据报道，都巴奥含稀土矿物潜在规模为 1100 万吨，但是目前确认的已探明储量以及可能储量仅为 64 万吨，其中 90%的储量来自于“3 号矿体”。3 号矿体是 60 个已确认矿床中最大的一个，3 号矿体品位为 10.7%（REO），主要为轻稀土元素。稀土配分中超过 80%的元素为镧和铈，钕将近 10%。

4.2.8.3 项目开发情况

Vinacomin 集团是越南的一家国有企业，该集团持有都巴奥稀土矿 51%的股份。2009 年 6 月，Vinacomin 与日本丰田通商和双日株式会社组建了合资公司，这两家公司持有该项目其余 49%的股份。合资公司开发该项目，生产的稀土产品用于出口。日本 JOGMEC 也通过进行矿产地质勘探以及帮助基础设施建设来支持项目的开发。

据 VINACOMIN（越南国家煤、矿物工业股份有限公司）报道，2012 年 10 月，都巴奥经营公司就该矿稀土元素的勘探以及加工签署一份谅解备忘录。根据该协议，矿山的原矿年产量大约能达到 72 万吨[73]。

Vinacomin 以前没有加工稀土的经验，该公司计划继续进行冶金测试并从混合矿石中回收氟石和重晶石。Vinacomin 于 2011 年底获得都巴奥矿的采矿许可，2013 年开始生产。

都巴奥矿石的选矿试验获得了 30%（REO）的精矿，收率为 75%。对品位为 32%~35%（REO）的都巴奥精矿进行处理，收率为 52%~55%。

矿山与选矿厂每年将生产 3000~7000t 稀土产品，矿体寿命超过 20 年。2009 年 1 月日本政府与越南政府签署的协议保证了日本将获得稀有矿物的稳定供应。越南丰田通商合资公司计划每年向日本出口 4000t 稀土。

4.2.9 哈萨克斯坦 Summit Atom Rare Earths 稀土项目[72]

哈萨克斯坦有大量的铀尾矿。初步研究表明，尾矿中富含重要的稀土元素，如镝和钕。2009 年 8 月，日本住友公司和哈萨克斯坦国企 KazATomProm 达成协议，从哈萨克斯坦铀尾矿中提取稀土元素。2010 年 3 月 24 日，KazATomProm 与住友签署协议，成立 Summit 原子稀土公司（SARECO），KazATomProm 持有 51%股权，其余 49%的份额由住友所有，SARECO 总部位于 Ust-Kamenogorsk。

SARECO 计划采取两个步骤将项目投产并成立纵向整合的公司。2010 年 6 月开始进行可行性研究，评估稀土氧化物的生产，估算采矿和加工厂建设及投产、湿法冶金法生产混合稀土精矿及将混合稀土精矿分离为单一稀土氧化物的成本。2012 年完成可行性研究。第二步提高加工能力，生产高附加值下游稀土产品。

SARECO 计划从曼吉斯套州 Aktau 的铀尾矿以及铀矿原位液中回收稀土，在 ULBA 冶炼厂加工。ULBA 冶炼厂是 KazATomProm 的全资子公司。据报道，铀尾矿中稀土品位大约为 5%（REO），大约有 3000t REO。虽然哈萨克斯坦铀尾矿很丰富，占全球总产量的 20%，但仍需确定 JORC 认可资源。SARECO 还计划勘探哈萨克斯坦北部和中亚的稀土矿。

2012 年完成可行性研究后，SARECO 计划在 ULBA 冶炼厂每年生产 1500t 稀土氧化物，2015 年时产能提高至 15000 吨/年（REO）。公司还考虑从铀尾矿和 10% REO（包括钇）独居石精矿的混合原料中提取稀土。独居石精矿的来源目前并不清楚，SARECO 声明可以立即解决独居石精矿供应问题。加工工艺包括干燥、硫化、浸出、吸附、沉淀、萃取和过滤，生产轻稀土精矿和重稀土精矿。据报道，两种精矿中含有大量的氧化钕和氧化镝，见表 4-18。

表 4-18 Summit 原子稀土公司轻稀土氧化物精矿和重稀土氧化物精矿稀土氧化物配分值

元素种类	La_2O_3	Ce_2O_3	Pr_6O_{11}	Nd_2O_3	Sm_2O_3	Eu_2O_3	Gd_2O_3	Tb_4O_7
轻稀土氧化物精矿含量/%	19.9	47.4	5.9	17.5	5.6	0.4	3.3	1.6
元素种类	Dy_2O_3	Ho_2O_3	Y_2O_3	Er_2O_3	Tm_2O_3	Yb_2O_3	Lu_2O_3	
重稀土氧化物精矿含量/%	9.8	2	70.7	6	0.9	8.4	0.6	

4.2.10 智利 Bio-Lantanidos 离子型稀土矿项目[74]

智利 Bio-Lantanidos 稀土矿山项目位于智利中南部比奥-比奥（Bio-Bio）省的首府康塞普西翁（Concepción）市郊，为智利 Mineria Activa 公司所有，主要分布于 Penco、Flurida 和 Rio Lia 三个地区，属离子型稀土矿，富含铽、镝、钬、铒、钇等中重稀土元素，矿层深度 2~26m，易于开采，矿区面积 1060km²（相当于赣州稀土矿区面积的 40%）。经前期勘探，已探明稀土资源量 7.56 万吨，离子相稀土平均品位 0.3‰，前景储量比较乐观。

勘探工作：Mineria Activa 公司于 2011 年 9 月启动 Bio-Lantanidos 矿山项目，截至目前主要完成了 Penco 地区稀土矿部分勘探工作，累计钻孔数量 76 个，钻探进尺 2751m；另有两个矿区也开展了钻探工作，并取得积极进展。

工业化试验情况：利用传统硫酸铵堆浸浸取-碳酸氢铵沉淀富集工艺，获得了稀土含量大于87%的稀土精矿；采用自主技术开展了连续浸出工业试验，已取得阶段性成效，并规划建设第一期稀土回收工厂，设计产能为离子型稀土精矿700吨/年。

项目合作情况：2014年9月至2015年，Mineria Activa公司与有研稀土新材料股份有限公司（以下简称“有研稀土”）就联合开发Bio-Lantanidos稀土矿进行了多轮磋商，签订了保密协议和合作备忘录。目前，有研稀土已完成项目尽职调查，并就项目实质性合作与Mineria Activa公司进行了多次谈判，此次在实地考察的基础上双方又进行了进一步的商业谈判，完善了相关合作协议内容。

4.2.11 土耳其矿

4.2.11.1 矿区位置

该复合矿区位于Kızılcaören、Karkın和Okçu村之间，Sivrihisar镇（Eskişehir市）西北20km，占地面积为15km^2。该场地距安卡拉—Eskişehir高速公路35km，离此地的铁路20km。

研究区域现场如图4-28所示。

图4-28 研究区域现场

4.2.11.2 地质情况和储量

A 矿层地质情况

该研究区域的基岩由古生代变质岩系构成。从地质构造来看，这些岩石被Kızılcaören构造所覆盖，该构造由千枚岩、变质砂岩、变质细碧岩和变辉绿岩构成。在水热条件下，该矿在推力作用下被挤入断裂构造中，随后移动和富集到凝灰岩中，经热水作用，凝灰岩在该研究区裸露出来（Kayabalı，1986年）。因该矿区的矿石中富含各类矿物质，遂称其为“复合矿”。该复合矿的晶粒尺寸从4~150μm不等，斑状结构，颜色紫中带蓝。

B 矿石的矿物特征、储量和品位

土耳其矿产资源调查勘探总局对储量测定进行研究之后，对整个 Eskişehir-Beylikova 区划分了七个不同的区块。该矿的总储量为 3000 万吨，矿石中含有萤石、重晶石、氟碳铈矿和钍。经矿物调查，该复合矿中的矿石和脉石矿物及其分布如下：

萤石：17%~60%；

重晶石：12%~50%；

氟碳铈矿：高达 10%；

方解石、白云石、绿泥石、石英、玉髓和云母矿物：高达 5%；

铁和锰矿物：高达 10%。

划分的七大区块的储量和品位见表 4-19。

表 4-19 七大区块的储量和品位

地 区	密度/$g \cdot cm^{-3}$	储量/t	萤石品位 (CaF_2)/%	重晶石品位 ($BaSO_4$)/%	含(Ce + La + Nd)/%
Küçük Höyüklü Tepe	3.68	13973.640	41.75	35.37	3.27
Deve Bağırtan Tepe	3.64	6554.351	39.23	28.92	3.67
Canavar İni Sırtı	3.72	4929.543	27.75	25.92	2.65
Koca Deve Bağırtan Tepe	3.16	2527.620	28.49	20.63	2.55
Köyyeri Tepe	4.00	946.496	35.97	30.77	2.06
Yaylabaşı Tepe	3.47	736.937	41.70	34.28	4.46
Koca Yayla Tepe	3.86	689.681	32.65	35.15	1.25
合 计	3.64	30358.268	37.44	31.04	3.14

该品位计算是采取了仅从露出地面的岩层、凿岩、挖地道和倾卸收集到的样本的化学分析结果的几何平均值，因该场地的基岩和品位分布并非均质，还不可能制作出有效的分布图。

4.2.11.3 项目开发情况

土耳其政府在 1991 年曾公开宣布将开发该稀土矿。近年来，各国科研机构对此矿进行了大量的研究。

（1）1977 年，土耳其矿产资源调查勘探总局计划利用富集法从 Beylikova 矿体中获得钍和稀土元素。研究结论：采用原矿富集方法略有富集，但不能得到钍和稀土产品。

（2）土耳其矿产资源调查勘探总局开展的另一项研究，计划富集 Küçükhöyüklü 山的稀土氧化物-重晶石-萤石矿。从 Küçükhöyüklü 山矿层采集的矿样品位为：CaF_2 48.50%、$BaSO_4$ 18.2%、CeO_2 4.7%、La_2O_3 2.5%、Nd_2O_3

0.5%。在对粒度为-1mm的矿样所做富集试验中，得到萤石精矿 CaF_2 品位为64.9%，回收率为72.2%；重晶石精矿 $BaSO_4$ 品位为86.0%，回收率为43.7%；未提及稀土精矿产品。

（3）1989~1991年，意大利公司（SNIATECHINT-RIMIN-GEOEXPERT）、土耳其矿产资源调查勘探总局和艾堤银行（ETİBANK）开展了联合项目。正如各类研究机构和研究院在各种研究中阐明的观点一样，该项目报告也指出了重要的一点，即稀土元素在1~4μm的细颗粒中的富集程度更高。使用旋流分离器将粒度为-20μm颗粒分散，可得到-1μm的产品，产率为40%，（Ce+La+Nd）含量为34%的初级精矿。

（4）1994年，中东技术大学（ODTÜ）代表艾堤银行开展了Beylikova复合矿的富集研究。通过研究得出结论，可以生产品位适合于在冶金中使用的萤石，并能生产作为钻井泥浆的重晶石以及稀土元素初级精矿。

（5）在M. Gündüz开展的研究中，矿样的REO含量为6.8%，采用颚式破碎机和圆锥式破碎机破碎矿样，经三级粉碎-筛分工艺将其粉碎至-5mm。该矿样以2060 r/min的速度搅拌浆液（固体物质含量为75%）洗156min，筛分得到-37μm的矿样，REO含量为16.50%。

（6）M. Gündüz和İ. Girgin使用同一矿石开展研究，复合矿样经擦洗筛分，分离细颗粒并将粗晶粒粉碎至0.104mm。在烷基硫酸钠、ke braco和硅酸钠中浮选重晶石，矿浆浓度25%（pH=10）条件下，经一粗六精得到较高品位的重晶石精矿（$BaSO_4$），品位93%，产率82%。在矿浆浓度18%（pH=6.4），烷基硫酸盐+油酸，淀粉和氟化钠中，经一粗四精得到萤石精矿，CaF_2 品位93.6%，产率为71.5%。浮选尾矿REO品位17.82%。

（7）在M. Gündüz和İ. Girgin开展的另一项研究中，作为对上述研究的延续，对氟碳铈矿精矿（含有21.3%的（Ce+La+Nd），粒度为-53μm）进行了酸浸。在该研究中，精矿在55℃下，2.5M的盐酸溶液浸出3h，过滤，浸出液经沉淀并将沉淀置于105℃的温度下干燥，在900℃下煅烧2h，获得（Ce+La+Nd）含量为63%的产品，产率为82%。

（8）R. 西库等人提出根据Eskisehir矿体的矿石岩相特征、物理力学特征和结构特征，不宜采用传统的选别方法如浮选、磁选和重选来处理该矿样。采用REO品位7.47%的矿样，经洗矿、水力分级，脱泥矿石破碎磨矿筛分、溢流等物理分选，得到稀土富集物的REO品位为29%，回收率51.5%；稀土富集物采用盐酸浸出得到氯化稀土，氯化稀土经萃取、碳沉、灼烧、氟化、金属热还原等工序，最终得到稀土金属。

（9）常前发等人摘译的《Progress in Mineral Progressing Technology》，研究土耳其Eskisehir-Beylikahir矿样的成分为 CaF_2 52.5%、$BaSO_4$ 25.4%、$REFCO_3$

10.2%，采用洗矿、脱水、摩擦擦洗以及旋流器脱泥，最终获得预选精矿 REO 品位和回收率分别为 23.5%和 77.5%。试验考察预选精矿三种处理方法：1）采用硫酸、盐酸和硝酸直接在酸性溶液中浸出矿石；2）用硫酸处理矿石，接着用水浸；3）用硫酸混合矿石或预选精矿，在约 200℃下用马弗炉对混合物进行焙烧，接着对焙烧产品进行水浸。试验结果表明每种稀土金属的浸出率均超过 80%～90%。

中国中钢设备公司与包头稀土研究院于 2014 年合作，针对土耳其矿石样品进行了工艺矿物学研究，结果表明：（1）矿石化学组成复杂，元素种类多，含量较高的有 CaO、BaO、F、MnO_2，其次是 REO、S、TFe、SiO_2等，具有高钍低铀的特点，因此该样品属富含钍的稀土、氟、钡、锰多组分共生矿石。（2）组成矿石的矿物种类多，根据矿物含量确定可回收的矿物有氟碳铈矿、硬锰矿、萤石、重晶石，可回收的矿物种类较多。（3）矿石呈微粒、细粒浸染状构造，矿物嵌布关系复杂。矿物嵌布粒度细，稀土矿物粒度一般为 2～5μm，集合体粒度为 10～20μm，萤石粒度一般为 30～50μm，重晶石粒度一般为 20～30μm，硬锰矿粒度一般为 30～100μm。（4）氟碳铈矿多呈微细针状、放射状、织状集合体充填于萤石、重晶石颗粒之间，或呈包裹体充填于萤石、重晶石、硬锰矿或岩石显微裂隙中，氟碳铈矿与独居石紧密共生，细小的独居石多分布于氟碳铈矿中。（5）由于矿物嵌布复杂、粒度细，-0.074mm，95.24%磨矿产品中稀土矿物基本未解离，呈集合体状态与其他矿物连生或被包裹于其他矿物中，其他矿物的单体解离度也很低。因此，该矿石中稀土矿物难以富集，更难以获得较高品位的稀土精矿；硬锰矿、萤石、重晶石等也难以获得高品位精矿。（6）ThO_2主要存在于稀土矿物中，选别过程中在稀土精矿中得到富集。（7）该矿石属极难选矿石。

由于该矿的难选性，目前尚未有研究机构提出易于产业化的工艺，土方政府仍在全球范围内寻求合作。

5 国内主要稀土矿

5.1 概况

我国稀土资源丰富，分布广泛，已有 20 多个省区发现稀土矿。矿床类型齐全，分布面广而又相对集中，集中分布在内蒙古白云鄂博、四川凉山、山东微山及江西赣南、广东粤北、广西、湖南、云南、福建、贵州南方七省区，形成北、南、西、东的分布格局，且呈现“北轻南重”的分布特点。

白云鄂博是世界最大的稀土矿床，是氟碳铈矿和独居石混合型稀土矿。四川凉山冕宁、德昌和山东微山稀土矿是单一氟碳铈矿型稀土矿。江西、广东、广西、湖南、云南、福建、贵州等南方七省区拥有的离子吸附型矿富含中重稀土。广东、福建、广西、湖南等地的海滨砂矿伴生独居石，广东、广西、江西等地还有磷钇矿。

5.2 矿床类型及特点

我国稀土矿床种类丰富，包括氟碳铈矿型、独居石型、离子吸附型、磷钇矿型、褐钇铌矿等类型，稀土元素较全。主要类型如下：

（1）喷流-沉积-热液改造型稀土、铁、铌矿床（内蒙古白云鄂博等）；

（2）沉积型稀土矿床（贵州织金）；

（3）变质型稀土矿床（湖北大别山）；

（4）花岗岩浆后期热液充填型稀土矿床（山东微山）；

（5）花岗岩类风化淋积-离子吸附型稀土矿床（江西、广东、广西、福建）；

（6）碳酸岩型稀土矿床（湖北庙垭）；

（7）碱性岩型稀土矿床（四川冕宁）；

（8）稀土砂矿床（广东阳江）。

轻稀土矿大多可规模化工业性开采，但钍等放射性元素处理难度较大，在开采和冶炼分离过程中需重视对人类健康和生态环境的影响。

离子型稀土矿中稀土元素呈离子态吸附于土壤之中，分布散、丰度低，规模化工业性开采难度大。

5.3 我国部分省区稀土资源概况

5.3.1 内蒙古稀土资源

内蒙古目前发现的主要稀土矿床有两处，一处是位于包头市举世闻名的白云鄂博铁铌稀土多金属共伴生矿床；另一处是位于通辽市扎鲁特旗的801矿，二者均为矿物型稀土矿床。

5.3.1.1 白云鄂博铁铌稀土矿

白云鄂博矿区属内蒙古自治区包头市所辖，地处蒙古高原南部，位于阴山之北的乌兰察布草原西北部，南距包头市区150km，北距中蒙边境95km，至自治区首府呼和浩特为210km，全境被达尔罕茂明安联合旗所环绕，东邻巴音敖包苏木，西南与新宝力格苏木环接，北连红旗牧场，南北最长32km，东西最宽18km，区域面积328.64km^2，区内地势平坦，海拔1500~1700m，矿区内外道路通畅，交通便利。

白云鄂博矿区属高原大陆性气候类型，矿区周边无较大河流，空气干燥，年降雨量在97.7~381.6mm，年平均蒸发量为2754.3mm，夏季较短、冬季漫长，昼夜和四季温差较大，结冻期为每年十月至翌年的四月，冻土深度可达2.3~2.6m，冬春多风，风向多变且风速较大。

白云鄂博矿区隶属阴山山系，主要由近东西走向的大青山、乌拉山、色尔腾山等构成。依据板块构造的观点，该地区处于华北大陆板块北缘与内蒙古海西海洋板块相邻，矿区北东20km即为华北板块北缘的界线。

矿区出露最老的地层为上太古界二道洼群，由一套深变质的绿色片岩、角闪斜长片麻岩、石英岩、二云片岩等组成。元古界白云鄂博群整合其上，主要由石英岩、板岩及碳酸盐岩等组成，可分为9个岩组，20个岩段，矿区只出露下部4个岩组，总厚度达3000多米。

由于白云鄂博矿床位于华北板块北缘，受板块俯冲挤压的影响，本区褶皱强烈，断层发育、构造线方向受区域构造控制，近东西向产出，表现出受南北挤压力作用下形成的构造痕迹，岩浆活动频繁，主要为海西的花岗岩侵入。

对白云鄂博地区岩浆活动成矿作用、构造格局起主导作用的主要区域大断裂是近东西走向的乌兰宝力格深断裂和白云鄂博-白银角拉克大断裂。其中在矿区内发育的与白云鄂博矿床关系密切的断裂有宽沟断裂。宽沟断裂是白云鄂博-白银角拉克大断层的东段部分，在白云鄂博矿区出露长达15km。

矿区内出露的褶皱主要有宽沟背斜和白云鄂博向斜，宽沟背斜为一向西倾伏的背斜，轴部白云鄂博群都拉哈拉岩组（H_1~H_2），两翼为尖山岩组（H_3~H_4）和哈拉霍格特岩组（H_6~H_8）。白云鄂博向斜轴长约15km，西端翘起收敛闭合，东端南翼被花岗岩侵吞，中部呈较陡的向斜构造。

白云鄂博矿床赋存于宽沟背斜南翼白云向斜两翼的H_8白云岩与H_9板岩过渡带，向斜的轴部由H_9板岩组成。对稀土而言，整个白云岩层都是矿体，而对于铁则根据边际品位的圈定可分为主矿、东矿、西矿以及东介勒格勒等铁矿体。矿床内，从东边的都拉哈拉至西部的阿布达，形成一狭长的铁、铌、稀土矿化带，矿体（铁矿体）中的层理及条带状构造的产状与围岩一致，在向斜北部的矿体向南倾斜，南部矿体向北倾斜。矿化带以南出露大片海西期花岗岩，在其与H_8白云岩接触带上广泛发育有含特殊铁-氟-稀土矿化的镁矽卡岩带，根据矿化带热液蚀变性质，矿化强度及产出部位由东到西分为东部接触带、菠萝头东介勒格勒、东矿、主矿和西矿五个矿段。其中以主、东矿段铁、铌、稀土矿化最强，规模最大。西矿位于宽沟背斜南，白云向斜南北两翼。矿体呈层状、透镜状产于白云岩中。矿体和白云岩渐变过渡，交替出现，夹黑云母岩。矿体上部黑云母岩、富钾板岩增多，白云岩、黑云母岩、富钾板岩呈互层状产出。地表上各铁矿体并非孤立的，只是其间部分铁的含量不能够达到工业品位。

自1950年以来，先后有华北地质局241队、中苏科学院合作地质队、中国科学院地质研究所、原包钢541队、贵阳地化所、华北地质局241队、地质部105队、内蒙古自治区地质局第一区域地质测量队及包钢勘探队等多个单位，对白云鄂博矿床进行了大量的地质勘探和地质研究工作。通过大量的地质勘探研究工作，现已探明矿体内蕴藏着70多种元素组成的170余种矿物，最主要的矿物种类有铁、铌和稀土矿物。

铁矿物种类有20种，包括磁铁矿、赤铁矿、镜铁矿（赤铁矿变种）、菱铁矿、褐铁矿、钛铁矿、针铁矿、纤铁矿、假象赤铁矿、假象磁铁矿、铁尖晶石、铬铁尖晶石、黑镁铁锰石等。具有工业价值的只有磁铁矿、赤铁矿和假象磁铁矿。

稀土矿物种类共有30种，包括独居石、氟碳铈矿、氟碳钙铈矿、氟碳钡铈矿、黄河矿、氟碳铈钡矿、镧石、褐帘石、硅钛铈矿、铈磷灰石、方铈矿、钕氟碳钙铈矿、中华铈矿、磷镧镨矿（磷稀土矿）、大青山矿、铈褐钇铌矿、单斜铈褐钇铌矿、易解石族矿物（铈铌易解石、钕铌易解石、钕易解石、铈易解石、富钛易解石、含铈易解石等）、碳铈钠石等。但90%以上的稀土集中在氟碳铈矿和独居石两种矿物中。

图5-1和图5-2分别是白云鄂博东矿、西矿剖面图。

5.3.1.2　801矿

该矿是以铌为主含有稀有、稀土多金属的矿床，矿区位于大兴安岭山系南东坡，南距乌兰哈达约40km，巴尔哲扎拉格北侧，隶属于内蒙古扎鲁特旗管辖。海拔最高1138m，最低750m，一般海拔为800~900m，属中低山区。矿区距最近的火车站吐列毛都约80km，由吐列毛都至矿区有砂石路、乡间路相通，交通较

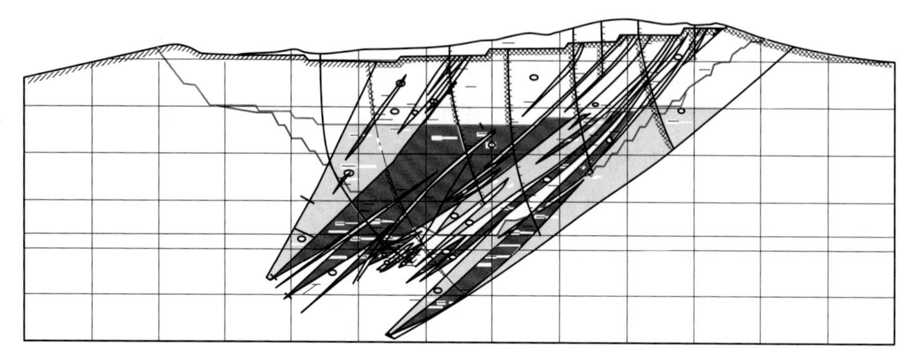

图 5-1 白云鄂博矿区东矿铁、稀土、铌矿剖面示意图

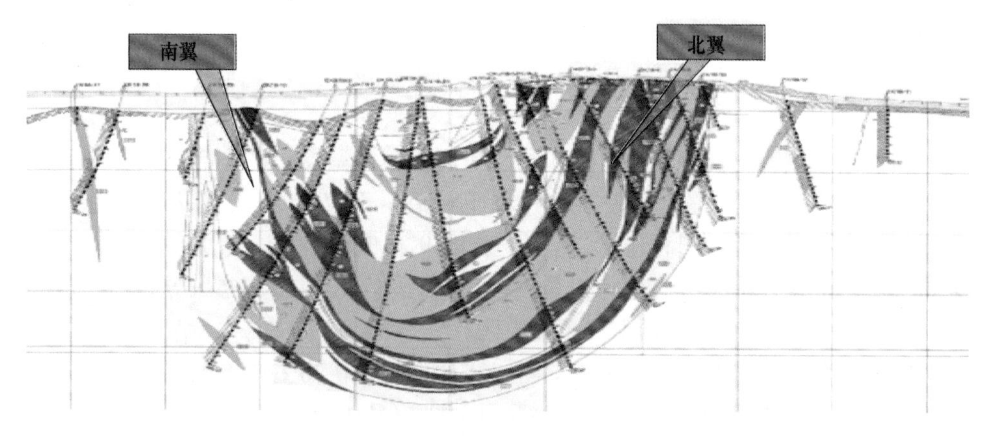

图 5-2 白云鄂博铁矿西矿剖面示意图

为便利（但雨季交通较为困难），矿区距扎鲁特旗约 130km，其中有约 20km 的砂石路，其余均为柏油路。

801 矿区大地构造单元属华北地台北缘，天山-阴山东西向构造带与大兴安岭北北东向构造带的复合部位。出露地层为侏罗系一套火山碎屑岩及酸性熔岩组成，主要岩石为灰黑色岩屑晶屑凝灰岩夹薄层流纹岩。钠闪石花岗岩体为矿区较大的侵入岩体，也是稀有稀土元素的矿化母岩。

矿区内钠闪石花岗岩体，呈小岩株状产出，共有东西两矿体，地表面积分别为 $0.24km^2$ 及 $0.11km^2$，均全面矿化。岩体上部具有较强的钠长石化，广泛赋存有钠辉石、霓石、钠闪石等蚀变矿物并伴有大量的稀有、稀土矿物，形成了以铌、钽、铍、钇族稀土为主的稀有、稀土金属矿床。其中，东矿体矿化较强，为主要含矿岩体；西矿体矿化较弱，工程控制程度低，未估算资源储量。

矿石成分复杂，稀有稀土元素种类多，主要有用元素的赋存矿物有铌铁矿、兴安石、独居石、氟碳铈矿、赤铁矿化含钛磁铁矿、锰钛铁矿、锆石、硅酸盐类矿物等。其中单矿物的杂质含量高，主要有用矿物兴安石、锆石的粒度较细小，铌铁矿的粒度极细小。

产在东矿体的稀土矿体，与强蚀变钠闪石花岗岩带相吻合，东岩体顶部为一富含 Y、Nb、Be 的厚大板状矿体，按其元素组合空间分布特征分出上部三元素（Y_2O_3、Nb_2O_5、BeO）矿体、下部二元素（Nb_2O_5、Y_2O_3）矿体。

依据矿化程度和品位变化，自上而下大致划分为四个矿化层：

（1）0~50m 为第一矿化层，主要含 Ta、Nb、Be、Y，故称四元素矿化层。

（2）50~100m 为第二矿化层，主要含 Ta、Nb、Y，故称三元素矿化层。

（3）100~150m 为第三矿化层，主要含 Nb、Y，故称二元素矿化层。

（4）150~200m 为第四矿化层，即 Y 单元素矿化层。

Ta、Nb 氧化矿物主要分布在 0~50m 内，而稀土矿物贯穿分布在整个矿体中。

5.3.2 四川稀土资源

四川是我国稀土资源大省，四川稀土矿属氟碳铈型稀土矿，与白云鄂博矿相似。自 1960 年在冕宁三岔河发现四川稀土矿后，于 1986 年开始进行普查和详查。至今已初步查明四川稀土矿 29 处，分属 9 种成因类型。稀土矿产资源集中分布于攀西地区，大多分布于凉山彝族自治州的冕宁、西昌、德昌等县市，构成了一个南北长约 300km 的稀土资源集中区。

牦牛坪稀土矿床规模居各矿床之首，矿床的工业矿物主要为氟碳铈矿，其次为氟碳钙铈矿，少量硅钛铈矿等，矿石中 80%（REO）分布于氟碳铈矿中。该稀土矿中镧、铈、镨、钕轻稀土占 98%以上，中重稀土配分仅为 1%~2%，是典型的氟碳铈矿型轻稀土矿。其中铕、钇较国外同类矿床含量高，且稀土矿物单一，矿石易选易炼[75]。

5.3.2.1 位置与交通

冕宁县牦牛坪矿集区位于冕宁县西部，北起哈哈乡三岔河，南至里庄乡羊房沟，东自南河，西到木洛雕楼山，面积约 750km^2，雅砻江由北而南流经矿集区中部，将矿集区自然分为东西两个亚区，东部亚区为该矿集区的主体部分，沿冕（宁）—里（庄）公路分布。各矿区均有矿山公路与之连接，且以其与成攀高速公路和成昆铁路以及西昌机场相接，最近的三岔河、包子村、牦牛坪矿区到冕宁县城仅 30~40km，最远的羊房沟到冕宁县城也仅 70km 左右，交通便利。西部亚区位于雅砻江西岸，矿区有便道到达江边过桥后与冕（宁）—九（龙）公路相接，交通较为困难。

牦牛坪稀土矿如图 5-3 所示。

德昌县大陆乡矿集区位于德昌县西南部，面积约 50km^2，自矿区有 41km 矿山路至茨达，与县级公路相接，再行 30km 即可到达德昌县城并与成攀高速公路

图 5-3 牦牛坪稀土矿

和成昆铁路相接，交通便利。

两个矿集区均属中高山深切割地貌，牦牛山、锦屏山高耸达 4000 多米，矿床分布相对高差几百米至三千余米。

5.3.2.2 基本地质特征

四川凉山已发现的牦牛坪式稀土矿产地 11 处，除一处分布于德昌大陆乡矿集区外，其余 10 处均分布于冕宁牦牛坪矿集区。主要呈现出以下特征：

（1）成矿地质条件优越，找矿潜力大。已探获的资源/储量仅是浅表的一部分，各矿区矿带，矿体沿走向和倾向均未圈闭，尚有较大找矿增储空间，这些矿区外围也不断有新矿点、矿床发现。经找矿潜力评价，四川凉山牦牛坪式轻稀土总资源量近 1000 万吨（REO）。

（2）矿床受深大断裂系统和地幔来源的碱性基性杂岩的双重控制，碱性基性伟晶岩（重晶霓辉伟晶岩）和碳酸岩代表了两个主要成矿阶段。

（3）矿床工业类型为单一氟碳铈矿型稀土矿床。稀土工业矿物为氟碳铈矿，除大陆乡外，矿物结晶粒度粗大，十分利于分选。大陆乡稀土矿因含碳酸盐矿物方解石较多，矿物粒度相对较细，嵌布特征较复杂，风化自然解离度不高，同时含泥量高，因而选别相对牦牛坪较困难，属难选冶稀土矿。

（4）含有铅、钼、重晶石（$BaSO_4$）、钡天青石（SrO_4）、萤石等多种可综合回收利用的有用组分。在牦牛坪矿区，铅和钼矿分别达中型矿床规模，重晶石、萤石分别达大型特大型矿床规模。在大陆乡矿区，铅和重晶石资源量分别达到中型，天青石（$SrSO_4$）和萤石分别达到特大型矿床规模。

（5）放射性元素含量低微。牦牛坪稀土矿石U微量，ThO_2平均含量0.02%~0.079%，大陆乡稀土矿U微量，ThO_2为0.001%~0.027%。

（6）稀土元素配分以轻稀土为主。牦牛坪稀土矿石平均轻稀土氧化物96.65%，中稀土氧化物2.5%，重稀土氧化物0.86%，大陆乡稀土矿石轻稀土氧化物96.85%~97.62%，中稀土氧化物1.83%~2.48%，重稀土氧化物0.55%~0.67%，稀土选矿产品配分与之差别不大。

（7）资源/储量集中分布在少数大型矿区和大矿体，有利于集中统一开采，牦牛坪矿区资源/储量约占牦牛坪矿集区资源/储量的88%，约占四川稀土资源储量的76%。大陆乡矿区85%以上的资源/储量集中在Ⅰ号矿体。

（8）矿体裸露或埋藏浅，利于露天开采。11处稀土矿产地中，除牦牛坪、包子村两处部分矿体或部分地段被几米至几十米的冲积层掩盖外，其他矿区矿体均裸露地表，且距侵蚀基准面较高。因此，所有稀土矿山均为山坡露天开采，小部分为堑沟式露天开采，局部凹陷露天开采。

5.3.2.3 资源情况

四川目前发现的具有工业价值的牦牛坪式稀土矿均分布在凉山州境内南北长150km的稀土成矿带上，且可分为相距约100km的冕宁西部牦牛坪和德昌县西南部大陆乡两个矿集区。此外，尚有工业价值不明的离子型和铌钽伴生稀土矿等潜在稀土资源分布于西昌、德昌、会理、会东及攀枝花等地。

根据相关资料四川稀土保有储量为205万吨，2010年四川江铜和汉鑫矿业分别进行补勘工作后自报共增加266万吨（这两个报告目前均未经国土资源储量评审部门评审），则全省保有储量超过400万吨，主要集中在凉山自治州的冕宁县和德昌县。冕宁牦牛坪稀土氧化物品位2.14%~3.66%（四川江铜2.78%），德昌大陆槽稀土氧化物品位1%~5%。矿区稀土配分情况见表5-1。

表5-1 矿区稀土配分情况 （%）

稀土元素	配分（REO）		
	牦牛坪	大陆槽	三岔河、里庄羊房沟
La_2O_3	37.84	34.21	均与牦牛坪接近
Ce_2O_3	47.91	49.94	
Pr_6O_{11}	3.31	4.11	

续表 5-1

稀土元素	配分（REO）		
	牦牛坪	大陆槽	三岔河、里庄羊房沟
Nd_2O_3	9.99	10.04	
Sm_2O_3	0.62	0.84	
Eu_2O_3	0.085	0.13	
Gd_2O_3	0.17	0.33	
Tb_2O_3	—	0.04	
Dy_2O_3	—	0.07	
Ho_2O_3	—	0.03	
Er_2O_3	—	0.02	
Tm_2O_3	—	0.01	
Yb_2O_3	—	0.01	
Lu_2O_3	—	0.00	
Y_2O_3	0.07	0.22	
$\sum Ce_2O_3$	—	99.28	
$\sum Y_2O_3$	—	0.72	
轻稀土氧化物	—	98.31	
中稀土氧化物	—	1.43	
重稀土氧化物	—	0.26	

5.3.2.4 地质情况实例

A 四川凉山州冕宁县牦牛坪稀土矿

单一氟碳铈矿型，矿体平均品位1.15%~7.35%（REO）。90%以上的稀土以独立稀土矿物形式存在，其中绝大部分为氟碳铈矿，少量呈硅钛铈矿、氟碳钙铈矿、方铈矿（地表）等产出。矿石稀土配分轻稀土氧化物为96.65%，中稀土氧化物为2.5%，重稀土氧化物为0.86%。

四川凉山州冕宁县牦牛坪稀土矿如图5-4所示。

“牦牛坪式”稀土矿床主要矿石类型为碱性基性岩脉型、方解石碳酸岩脉型、细网脉（浸染）型三大类。工业矿物为单一的氟碳铈矿，少量的氟碳钙铈矿和硅钛铈矿。矿石中96%的稀土元素赋存于独立的稀土矿物中，其中氟碳铈矿中的稀土总量占矿石中稀土总量的73.5%~92.73%。其次为硅钛铈矿约占3.98%~13.70%。由于风化作用而使稀土原生矿氧化成铁锰非晶质体“黑泥”，稀土呈胶态存在，约占总量的11%。

矿石中REO平均2.64%~3.39%，表内矿平均品位4%。矿石中除稀土元素外，伴生有益组分Pb、Nb_2O_5、CaF、$BaSO_4$含量较高，可综合利用。TiO_2、FeO、Fe_2O_3、P_2O_5、ThO_2、U等有害组分含量较低，特别是德昌大陆乡稀土矿U、

图 5-4 四川凉山州冕宁县牦牛坪稀土矿

ThO_2含量更低。

矿石稀土配分属铈族轻稀土强选择配分型，Ce_2O_3配分大于98%，与白云鄂博相比，牦牛坪稀土矿中La_2O_3的配分高出近10个百分点，而Ce_2O_3和Nd_2O_3则分别低1.5%~5%和3.5%~6%。

由于矿物嵌布粒度粗，有害组分含量低，矿石类型简单，易选冶，矿石不需分采、分选，选矿回收率和精矿品位均可达到60%以上，特别是牦牛坪可达70%以上。目前，较合适的工艺为重-浮选流程，如用户需要高品位（REO>60%的精矿），可适当增加干式磁选，其精矿品位可提高到65%~74%。

B 四川凉山州德昌稀土矿

四川凉山州德昌稀土矿如图5-5所示。

图 5-5 四川凉山州德昌稀土矿

四川凉山州德昌稀土矿属于单一氟碳铈矿型，其他可综合利用的矿物主要为锶重晶石-钡天青石系列矿物，萤石、菱锶矿、方铅矿、脉石矿物主要是方解石、霓辉石。

矿体平均品位 1%~5%（REO）。矿石中有 84.27%~95.13%的 REO 赋存于氟碳铈矿。

稀土配分属 Ce>La>Nd，富 Ce 的强选择配分型，矿石稀土配分轻稀土氧化物为 98.31%，中稀土氧化物为 1.43%，重稀土氧化物为 0.26%。

TiO_2、FeO、Fe_2O_3、P_2O_5、ThO_2、U 等有害组分含量较低，特别是德昌大陆乡稀土矿 U、ThO_2含量更低。

德昌大陆乡稀土矿中 La_2O_3的配分则更高，而 Ce_2O_3、Nd_2O_3和 Sm、Eu、Gd、Y 则配分更低。

5.3.3 山东稀土资源

山东鲁南郗山-龙宝山地区是我国重要的稀土矿产区和找矿有利地区。20 世纪 70 年代勘查评价的郗山稀土矿是我国一处著名的中大型轻稀土矿床；20 世纪 90 年代末期，又在郗山矿区外围及苍山龙宝山地区发现了一批小型稀土矿床和矿点，显示出良好的找矿前景。矿床的形成与中生代燕山早期碱性侵入岩有关[75]。

矿区主要为微山郗山稀土矿和莱西塔埠头稀土矿，郗山矿区为开采矿区，塔埠头矿区暂无开采价值。另见有轻稀土矿（化）点零星分布（苍山吴沟、莱芜胡家庄 、五莲大珠子）。此外，在蒙阴金刚石原生矿中发现含有钵钙钦矿，在胶东滨海地区分布有独居石砂矿化。重稀土有矿化显示，没有发现矿床[76]。

5.3.3.1 位置与交通

矿区位于山东省微山县韩庄镇境内，西临微山湖畔，北距县城 20km。104 国道经矿区北侧通过，东距京沪铁路沙沟站 3km，交通便利。

5.3.3.2 矿区自然条件

区内地势平坦，标高在+32.6~+63.2m 间，相对高差 30.6m。区内河流有沙河、小河以及大小不等的人工灌渠，分别位于矿区的东南和北西，河流由东北流向西南注入微山湖。微山湖为矿区附近的主要地表水体，湖面面积 1300km^2，流域面积 31700km^2，全湖防洪库容 47.31 亿立方米，常年湖水水位标高 32m 左右，年变化幅度 1~2.5m，历年最高洪水水位达 36.99m（1935 年 9 月资料），具有防洪、排涝、蓄水、兴利、水产养殖等功能。京杭大运河贯穿微山湖南北，亦是我国将要实施的南水北调工程东线输水通道。区内属暖温带大陆性季风气候，四季分明，极端最高气温 40.6℃（1988 年 7 月 7 日），极端最低气温-16.1℃（1998 年 1 月 19 日），多年平均温度 13.9℃。降水多集中在 7~8 月，年平均降水量

842.3mm，月最大降水量364.7mm，日最大降水量148mm，年蒸发量1622.5mm。冬春季干旱，全年主导风向为SE风，频率为12%，最大风速为16m/s（1978年2月17日）。最大积雪厚度0.24m，最大冻土深度0.27m。4~10月份为无霜期。

5.3.3.3 基本地质特征

矿区出露地层简单，受区域构造影响矿区主要发育有四组断裂：北西向和北东向断裂属压扭性；南北向断裂属张性；东西向断裂属压性。由于第四系广泛发育，出露的中生代燕山早期碱性岩体面积仅有0.5km^2，在地形上构成海拔60m左右的椭圆形山包，大致作北东向延伸，与新太古代五台期中粒花岗闪长岩及斜长角闪岩之侵入接触界线清楚。

矿区展布严格受构造控制。总体走向主要有：北西、北北西；北东、北东东向；近南北向和近东西向等，其中以走向北西的是矿区主要矿脉。

矿区就矿体形态而言，可分为脉型及细脉-网脉带型两种。前者大，长30~540m，宽0.1~9.19m；后者小，长度宽度都不大，单独细脉工业意义不大，但由密集细脉组成的细脉带具工业意义。

5.3.3.4 资源情况

1970年10月~1975年12月，山东省地质二队对郗山稀土矿开展地质工作，同时对矿石可选性能进行了试验研究并估算了坑道涌水量，提交了《山东微山101矿区普查勘探报告》。2002年，山东省鲁南地质工程勘察院收集该矿的地质、测量、矿山开采等实际资料，并重点对2号矿体-40m中段的坑探工程进行编录、取样、重新估算其资源储量，形成《山东省微山县郗山稀土矿普查报告》。2003年，山东省鲁南地质工程勘察院对该矿进行储量核实，提交了《山东省微山县郗山矿区及扩大区稀土矿资源储量核实报告》，该报告由山东省国土资源厅以鲁资金备字［2005］27号文批准。2012年6月，山东省鲁南地质工程勘察院再次对微山稀土矿进行资源储量核实工作，此次工作综合研究矿山以前的普查、资源储量核实以及矿山生产勘探、矿山实际开采等情况并施工少量钻探工程，对现采矿证范围内深部矿体的资源储量进行了核实。2012年提交了《山东省微山县郗山矿区稀土矿深部资源储量核实报告》，在原矿体深部（-160~-500m）探求了平均品位4.61%（REO），取得了较好的找矿成果[76]。

区内稀土矿体以脉状、网脉状产出，矿体长172~258m，延深一般大于300m，最深大于500m，厚度一般1~5m，厚度变化系数31%~123%，品位一般在2%~5%，品位变化系数123%~166%，参照《稀土矿产地质勘查规范》（DZ/T0204—2002），对稀土矿产资源储量规模划分标准，该矿床划分为第Ⅲ勘探类型。矿石类型按物质组分差异分为四种类型：一是含稀土石英重晶石碳酸盐脉（地表为含稀土褐铁矿化石英重晶石脉），此类型是矿区主要含稀土矿脉，具有重要的工业意义；二是含稀土放射状霓辉花斑岩脉；三是含稀土霓辉石脉；四是钟磷灰石脉。上述四种矿脉类型以含稀土石英重晶石碳酸盐脉数量较多，分布广泛，其他三种矿脉都是零星分布。

矿区主要稀土元素是铈族稀土。稀土元素主要以稀土单矿物赋存形式为主，分散状态的稀土元素很少，其他矿物含稀土元素也很少。呈分散状态的稀土元素，多系由稀土单矿物（主要是氟碳铈矿）的风化，稀土元素游离出来的结果。因此，矿脉深部分散的稀土元素较少，而地表呈分散的稀土元素相对较多[76,77]。

矿区内稀土矿物以氟碳铈矿为主，其次为氟碳钙铈矿。碳酸盐组合，包括氟碳铈矿-碳酸盐组合、碳酸铈钠矿碳酸盐组合。该组合是矿区主要的一种脉状矿体。褐铁矿组合，该组合是碳酸盐组合的地表脉状矿石，具有工业意义；钟磷灰石组合，此组合成透镜状、条带状，既有单独矿脉又有与碳酸盐组合相伴产出者；氟碳铈矿榍石组合，是含稀土放射状霓辉花斑岩脉的组合类型，仅地表见。

经对矿体化学分析及半定量分析，主要稀土元素有铈、镧、钕、镨、钐、铕、铒、钆、镥、钇等，其他元素有钍、铀、钼、铅等。矿石中矿物及稀土矿物所含稀土元素数量是不一致的。从化学分析结果看，钕和镨彼此伴随成正比关系，镧的变化与钕、镨成反比关系。钇组稀土元素比较少见，钇的含量与稀土总量之间的关系，恰成反比，即稀土总量越高，钇的氧化物含量反而相对降低。矿区稀土元素各分量分析结果见表 5-2。

表 5-2 稀土元素各分量分析结果（REO） （%）

稀土元素	含 量	稀土元素	含 量
CeO_2	48. 58~53. 45	La_2O_3	24. 42~41. 47
Nd_2O_3	7. 17~16. 13	Pr_6O_{11}	3. 17~6. 67
Sm_2O_3	0. 26~2. 30	Gd_2O_3	0. 07~0. 41
Eu_2O_3	0. 04~0. 88	Dy_2O_3	0. 02~0. 10
Y_2O_3	0. 08~0. 46		—

由表 5-2 可知，矿区是富铈族稀土矿床，并以铈含量为最高，镧、钕、镨次之。矿石中其他矿物都含有稀土元素，矿区有工业价值应引起注意的元素有：

（1）绝大多数的稀土元素均能够工业利用，富含 Ce、La、Nd、Pr、Sm 等，但重稀土钇元素低微。

（2）Nb_2O_5含量大多数在 0. 01%~0. 02%之间，有综合利用价值，但钽含量低，是富铌而贫钽。

（3）Sr、Th 个别含量较高，但分布不均，经选矿富集时可回收，利用价值不大。

(4) 矿区内 P_2O_5含量低微，仅矿区西南边辉石正长岩脉含量略高，平均品位1.30%，最高者达3.73%。该岩脉规模不清。

5.3.3.5 地质情况实例

山东微山稀土矿是全国唯一一家地下开采的稀土矿山，尾矿采取采空区回填法，避免了尾矿库在粉尘、放射性等方面造成的污染，选矿废水循环利用，实现了废水零排放；无弃贫采富；企业对1%以上的原矿均进行采选，极大地减少了资源浪费。

山东微山稀土矿主要为氟碳铈矿，并含少量的氟碳铈钙矿、石英、重晶石等矿物。稀土矿物嵌布粒度粗，有害杂质含量低，可选性能好，易深加工分离成单一稀土元素，资源利用率可达98%，目前主要采用地下开采。

山东微山稀土矿为一典型的氟碳铈镧矿床，稀土矿物以氟碳铈矿和氟碳钙铈矿为主，原矿平均含稀土氧化物3.5%~5%，稀土元素La、Ce、Pr、Nd四种之和占稀土总量的95%以上，且矿物嵌布粒度粗，有害组分含量低，可选性好，精矿易于深加工和分离单一稀土元素，具有明显的质量优势。

矿区分布严格受构造控制，矿脉倾向210°~245°，倾角50°~70°。在0.85km^2面积内大小矿脉60多条，在地理位置上多围绕郗山剥蚀残丘展布，南西方向分布多。从地质上看，分布在碱性岩体顶、底板附近多，各矿脉的品位、规模、产状、组分等方面不尽相同。可查矿脉共24条，主要是1、3、4、12四条矿脉。矿脉主要由含稀土石英、重晶石、碳酸岩脉及含稀土细脉浸染的黑云母斜长片麻岩、正长岩及各种脉岩组成。

矿区就形态而言，可分为脉形、细脉形两种。前者大，长度达几十米至六百米，宽数厘米至十余米；后者小，长度宽度都不大。经钻探了解，矿脉产状比较稳定，品位变化不大。

稀土矿是以脉状、浸染状产出。表5-3列出了国内外几个主要矿山氟碳铈矿成分对比。

表5-3 国内外几个主要矿山氟碳铈矿成分对比 (%)

成 分	中国白云鄂博	中国四川冕宁	中国山东微山	美国芒廷帕斯
REO	70	75.64	60	55~60
ThO_2	0.19	0.30	0.103	<0.10
CaO	3.52	2.28	1.18	5.00
BaO	<0.61	2.75	0.46	3.30
TFe	1.60	1.05	0.36	0.50
P_2O_5	1.79	0.84	0.65	1.40

续表 5-3

成 分	中国白云鄂博	中国四川冕宁	中国山东微山	美国芒廷帕斯
F	7.94	6.90	6.38	7.00
SiO_2	1.38	3.97	1.14	3.00
TiO_2	0.078	0.70	0.098	—
灼碱（CO_2）	—	15.50	17.50	24.00
La_2O_3	25.00	31.49	34.85	32.00
CeO_2	50.07	47.69	50.10	49.00
Pr_6O_{11}	5.00	2.84	3.88	4.40
Nd_2O_3	15.00	10.83	9.53	13.00
Sm_2O_3	1.10	0.63	0.68	0.50
Eu_2O_3	0.17	0.12	0.10	0.10
Gd_2O_3	0.40	0.12	0.23	0.15

5.3.4 江西稀土资源

江西稀土矿床大多数是离子吸附型稀土矿床，是我国 20 世纪 60 年代发现的一种矿床类型。1969 年，原江西省地质局 908 队根据群众报矿的线索，在江西省龙南县一个以后命名为“701 矿区”的矿化区域内，发现了一种特殊的“不成矿”的稀土矿。908 队在 701 矿区开始做普查工作时，尽管发现此区域含有一定品位的稀土，但因稀土矿物仅有 8.4g/t，导致评价工作无法深入下去，几乎将其判为没有工业利用价值。于是，908 队将此矿样委托给赣州有色冶金研究所（原江西有色冶金研究所）进行研究。

1970 年 10 月，新类型稀土资源的科技攻关项目的开展，揭开“离子吸附型稀土矿”的序幕。赣州有色冶金研究所与 908 队多学科科技人员，抛弃了以往研究花岗岩风化壳稀土矿床的传统做法，创造性地采用稀土可溶性分析和矿浆树脂吸附等多种综合技术手段，终于逐步地揭开了这种“不成矿”的“离子吸附型稀土矿”的奥秘。

研究初期利用多种传统的选矿方法，发现不能有效地富集稀土矿物，入选物料与选出物料金属不平衡，选矿过程中出现金属流失的现象。进一步发现这种奇怪的稀土物相，不是以传统的“矿物相”存在，而是以一种“不成矿”的、非常特殊的性态存在，即以一种新型的“离子相”状态存在。稀土矿物中的稀土绝大部分以阳离子状态存在，被吸附在某些矿物载体上，例如，主要被吸附在高岭石、白云母等铝硅酸盐矿物或氟碳酸盐矿物上。科技人员依据这些特征，将这种新型的“不成矿”的稀土矿，命名为“离子吸附型稀土矿”。“离子吸附型稀土矿”是以“离子相”状态存在，被吸附于“载体”矿物表面上，由这种“离子吸附型稀土矿”构成的矿体被命名为“离子吸附型稀土矿”。深入的试验工作发现，只要以某种电解质溶液作为“洗提剂”或“浸矿剂”，对含离子相稀土矿物进行“渗滤洗提”或“淋洗”，则溶液中的化学性质更为活泼的离子，将与被吸附在高岭石等载体矿物表面的“离子相”稀土发生交换反应，形成新状态的稀土而进入到溶液之中，由此获得“含稀土母液”。

对含稀土母液直接施加“沉淀剂”，沉淀后可获得混合稀土，经灼烧后，又可获得纯度较高的混合稀土氧化物（一般 REO≥92%）；或经萃取粗分组，得分组富集稀土，经沉淀、灼烧后，得分组稀土氧化物。依据上述科学发现和深入研究后，发明出新型稀土矿的稀土提取工艺，即为“江西稀土洗提工艺”。由于“离子相”稀土矿物的发现，新类型“离子吸附型稀土矿”的命名，这种稀土矿中稀土的新型提取工艺的发明，将这种新类型的稀土矿床相应命名为“离子吸附型稀土矿床”，经进一步的地质工作，又将其称之为“风化壳淋积型稀土矿床”。自此，在世界上首次确定以“离子相”状态赋存的新类型“离子吸附型稀土矿”矿床类型，具备工业利用价值。上述研究成果为这种新类型的稀土资源的勘探和评价提供了可靠的依据。根据上述一系列的科研成果和908队的后续工作，使701矿区很快地被确定为世界上最大型的高钇离子型重稀土矿床，矿化面积达几十平方千米，稀土配分中 Y_2O_3 含量高达 64.97%。

江西矿产资源较为丰富，特别是以铜、钨、铀、钽铌和稀土为代表的有色金属被誉为江西省的“五朵金花”。江西赣州具有众多的离子型稀土矿，离子型矿富含中、重稀土，占全国已探明离子型矿产储量的40%左右，分布在赣州市17个县（市、区）146个乡镇，主要集中在龙南、定南、寻乌、信丰、安远、赣县、全南、宁都等8个县，其中寻乌县以低钇轻稀土为主，龙南县以高钇重稀土为主，其余6个县则以中钇富铕型稀土为主，构成了赣州市各具特色，轻、中、重齐全的离子型稀土矿山资源体系。

5.3.4.1 寻乌低钇轻稀土矿

A 位置与交通

寻乌稀土矿位于江西省赣南地区寻乌县，为低钇富铈稀土矿。Y_2O_3配分含量小于10%，是一个典型的轻稀土矿，铈的含量达60%以上。矿区位于寻乌县城南约10km，行政区划上属寻乌县文峰乡、留车乡和南桥镇管辖。北起河岭，南迄横迳，西自葫芦洞以西，东至林田坝，面积约80km^2。区内交通以公路为主，从赣州经寻乌至广东兴宁、梅县的公路（206国道）纵贯矿区，从206国道至各村和稀土矿山的简易公路纵横交错，交通较为便利。

B　矿区自然条件

区内为亚热带东南季风气候，温暖潮湿，四季分明，雨量充沛。春季多雨，夏季炎热，最高气温达39℃；冬季寒冷，时有冰冻，最低气温为-5℃。年平均气温为18.1℃，山区气温略低。春秋雨雾较多，年降雨量在1500~1700mm之间，且多集中于4~6月期间，矿区总体雨量较多、用水充足。区内为低山丘陵地貌，地势总体有中间低，东西两边高的趋势，区内小水系由东西两侧汇入中部的寻乌河，寻乌河在矿区中部由北往南流出矿区，继续南流纳入广东省东江河。

C　资源情况

据稀土配分的研究，矿石稀土总量中以轻稀土（镧、铈、镨、钕）为主，重稀土（镝、铽、钬、铒、铥、镱、镥、钇）次之，中稀土（钐、铕、钆）最少。各不同岩性风化壳中，各组稀土含量见表5-4。

表5-4　矿石稀土分组含量表　（%）

矿石类型	轻稀土	中稀土	重稀土	备　注
花岗斑岩风化壳	79.5	7.32	13.18	81个样品综合成果
熔岩风化壳	73.2	11.4	19.02	9个样品综合成果

各不同风化程度的矿石中各组稀土含量见表5-5。

表5-5　不同矿石类型稀土分组含量表　（%）

岩性及矿石类型		轻稀土	中稀土	重稀土
花岗斑岩	全风化层上部表土层	87.06	5.79	7.15
	全风化层	79.55	7.63	12.82
	半风化层	72.96	8.06	18.95
熔岩	全风化层上部表土层	80.04	9.31	10.65
	全风化层	69.21	11.62	19.08
	半风化层	63.38	12.18	26.44

对两种不同岩性风化壳稀土配分情况的研究证实，稀土配分及主要稀土元素含量有如下富集规律与特征：

两种不同岩性风化壳，稀土元素配分量虽有差异，但配分特点一致，轻稀土含量从上至下递减，中、重稀土则递增，但中稀土变化幅度较小。

与稀土总量的变化规律一致，在水平方向上变化不大，而且是随机变化，无规律可循。而在垂直方向上，则变化较大，且有规律性，即轻稀土富集在风化壳的上部和下部；中稀土变化趋势与稀土总量一致；重稀土则呈现向下递增的趋势。

稀土元素主要分量的变化特点如下：

（1）两种不同岩性风化壳，同元素配分量虽略有差异，但配分特征一致。

（2）各元素与稀土中总量一样，在水平方向上变化不大，随机变化，无一定规律性。

（3）轻稀土元素中主要为 La_2O_3、CeO_2、Nd_2O_3，重稀土主要为 Y_2O_3。Y_2O_3 的变化与重稀土总量一致，即由上到下递增；La_2O_3 与 Nd_2O_3 和稀土总量变化一致，在全风化层中含量高；CeO_2 是该矿床最特殊的稀土元素，它的变化规律与稀土总量、轻稀土总量的变化规律相反。

（4）Pr_6O_{11} 与中稀土元素较稳定，变化不大。

上述现象说明在表土与半风化层中选择铈的配分型，符合稀土配分的一般规律；全风化层则选镧、钕配分型，此是该矿床与矿物稀土矿床不同的显著特点之一。

D 地质情况实例

该矿区为火山岩系风化壳离子吸附型稀土矿床，矿体总体走向北东，长约5000m，南东宽约3000m。成矿母岩被构造活动和地表径流分割成若干断块，各断块内又有若干冲沟冲刷，因此，矿体形态在平面上表现为互不连接的团块状面型风化壳。

矿体厚一般6~7m，最小数十厘米，最大为28.3m（熔岩为26m）。由于构造发育程度及其他成矿因素的差异，寻乌河东西两侧花岗斑岩风化壳厚度略有差异。整个矿体从上至下可依据长石风化程度，高岭土类黏土矿物的数量，划分为表土层、全风化层和半风化层。各层厚度和特点如下：

表土层：厚度数十厘米至3m不等，不连续，断续分布在近山脚地带或山坳中。主要由黏土和细砂组成，上部以黏土为主，含砂，呈亚黏土状，有较多植物根系；下部砂量增加，呈亚沙土状。此层含矿，稀土总量的品位接近平均品位。与下部呈渐变关系。

全风化层：厚度4~26m不等，连续，主要由石英和高岭土类黏土矿物组成。黏土矿物主要为高岭石，呈白色粒状集合体，少量针状多水高岭石，含量60%~80%，石英量15%~20%，本层呈松散粉状，下部可见长石残晶。

半风化层：与全风化层为过渡关系，厚度2~5m。主要由高岭土类黏土矿物、长石和石英组成。黏土类30%~55%，长石15%~25%，石英25%~30%，长石呈碎块状、宽板状，大部表面风化成为高岭土，但可见绢丝光泽之解理面。岩石保存有原岩之斑状结构，块状构造特征，但手捏便可成碎块。向下黏土矿物渐少，过渡为原岩。因表土层分布范围小、厚度不大且含矿，故将其与全风化层合并，统称作全风化层。

原岩经风化后，在野外原地观察，仍具原岩特征。如不挖动，仍可保持原岩之斑状结构（原岩之钾长石斑晶为高岭土类黏土矿物代之），半风化层原地可保持块状构造。全风化层则为疏松土状和粉状构造。

矿石类型为（花岗斑岩或熔岩风化壳）离子吸附型全风化矿石和离子吸附型半风化矿石两种。

经研究证实，稀土元素在矿石中呈三种状态出现：（1）稀土元素呈阳离子交换吸附于高岭土类黏土矿物、黑云母、磁铁矿等矿物上。（2）稀土元素呈稀土矿物——独居石、氟碳铈矿、氟碳铈钡矿等出现。（3）稀土元素呈类质同象或固体分散相赋存于钾长石、石英及黑云母中。以上三种状态的稀土元素在风化壳中的赋存状态主要为离子吸附相，占总量的 91. 94%，其次为矿物相，占 6. 5%，类质同象或固体分散相占 1. 56%。在离子吸附相中以吸附于高岭土类黏土矿物中为主，占吸附相的 99%。

5. 3. 4. 2 龙南高钇重稀土矿

A 位置与交通

龙南足洞重稀土矿区位于江西省龙南县城北东 107°方位，相距 10km 处，属龙南县东江、汶龙、黄沙和关西四个乡镇管辖。区内地貌属低山丘陵地形，地形东高西低，沟谷纵横发育。海拔标高一般在 300~400m，最大标高为 530. 7m，相对高差多在 50~200m 之间。赣南几条主要交通干线，京九铁路、105 国道及赣粤高速公路均经矿区东部通过，交通便利。

B 矿区自然条件

区内年平均降雨量 1510. 8mm，最大降雨量 2595. 5mm，最小降雨量 938. 5mm，其中 4~6 月为丰水期，占全年降雨量的 56. 4%，10 月至翌年元月为枯水期，占全年降雨量的 14. 2%，2 月、7 月、8 月、9 月为平水期，此外年降雨量还与地貌、地形的高低有关，从平地到山地有降雨量随地势的增高增大的趋势。

C 资源情况

在不同的矿石类型中，重轻稀土的比例和稀土分量有很大的差别。白云母花岗岩全风化层矿石重稀土占稀土总量的 74. 82%~88. 45%，轻稀土只占 11. 55%~25. 18%，其比值为 4. 4 ∶ 1。黑云母花岗岩全风化层矿石重稀土占稀土总量的 61. 4%，轻稀土却占 38. 36%，比值为 1. 6 ∶ 1；白云母花岗岩全风化层中重稀土除钇外，镝占有最大值，轻稀土除镧、铈外，钕占有最大值，而铈小于镧；黑云母花岗岩全风化层中重稀土除钇外，钆占有最大值，轻稀土除铈、镧外，钕占最大值，铈大于镧（见表 5-6）。

表 5-6 花岗岩风化壳稀土配分表

稀土配分/%		白云母花岗岩风化壳					黑云母花岗岩风化壳	
		14km^{2}组合样		2号矿块	1号矿块	10号矿块	足洞	关西
		原矿	水冶产品					
重稀土	Y_2O_3	53.04	56.27	58.27	52.69	52.38	38.83	21.02
	Gd_2O_3	6.35	6.46	7.01	8.49	6.67	8.58	4.20
	Tb_4O_7	1.31	1.39	1.59	2.04	<1.90		2.10
	Dy_2O_3	9.28	9.77	5.67	6.99	5.95	3.72	4.07
	Ho_2O_3	1.57	1.88	<2.59		<3.81		<4.20
	Er_2O_3	4.96	5.30	4.25	4.95	1.43	3.56	2.50
	Tu_2O_3	0.29	1.00	<1.18		<1.79		<1.97
	Yb_2O_3	4.06	2.54	5.43	5.81	5.71	3.88	1.97
	Lu_2O_3	0.68	0.61	<1.28		<1.90		
	小计	81.54	85.22	86.81	81.94	76.90	61.64	44.13
轻稀土	La_2O_3	4.51	3.63	6.85	5.81	10.83	11.17	4.20
	CeO_2	4.00	0.77	<2.52	4.73	5.12	14.24	27.60
	Pr_6O_{11}	1.18	1.60	<1.23	<1.68	1.55	4.21	4.34
	Nd_2O_3	6.31	5.35	<2.59	4.84	5.60	8.74	19.71
	Sm_2O_3	2.65	3.25					
	Eu_2O_3	<0.17	<0.18					
	小计	<18.47	<14.78	13.19	18.06	23.10	38.36	55.85
合 计		<100.01	<100.0	100	100	100	100	99.98
REO		0.096		0.127	0.093	0.084	0.0618	0.0761

值得指出的是，该矿床重稀土中的钇含量较高，Y_2O_3一般均占稀土总量的50%以上，并且钇在稀土中的比例随矿石稀土品位的增高而增加，最多可占稀土总量60%以上，为富钇型的重稀土矿床。

现已查明该矿区稀土元素的赋存状态有三种情况：

（1）主要呈离子状态吸附于黏土矿物表面。

（2）部分呈独立矿物，如磷钇矿、独居石等。

（3）少量以类质同象或微包体方式分散于造岩矿物或副矿物中。

由于不同类型花岗岩具有不同的矿化特征，因而其风化壳中稀土赋存状态也有显著不同。在白云母花岗岩风化层中，稀土元素绝大部分呈离子状态，占稀土总量的84.48%，而稀土单矿物很少，如磷钇石、独居石、钛钇矿、硅铍钇矿等占稀土总量的6.83%，分散相只占7.44%。黑云母花岗岩全风化层中，呈离子状态的稀土元素和稀土单矿物并重，分别占稀土总量的45.23%和44.74%，分散相只占8.85%。

检测表明稀土元素是以可以交换的阳离子形式吸附于黏土矿物表面，并溶于盐碱溶液，这是该矿床十分突出的特点，这种特性为从矿石中用水冶方法直接提取稀土元素提供了简便、经济的条件。

离子稀土的黏土矿物：黏土矿物是矿石的主要成分，也是稀土元素的载体。在白云母花岗岩全风化层的矿石中，吸附于黏土矿物上的稀土离子占83.93%，而吸附于白云母、黑云母上的稀土离子甚少。黏土矿物中分布最广者为高岭石，其次为多水高岭石和水云母。黏土矿物中呈离子吸附状态的稀土占97.22%，呈类质同象的稀土占2.78%。黏土矿物化学特征见表5-7。

表5-7 黏土矿物化学成分表 (%)

化学成分	高岭石		多水高岭石			水云母
	400-1	组合样	400-2	171-3	22-3	2-2
SiO_2	46.80	45.62	48.44	47.76	44.34	56.28
TiO_2	—	—	—	—	0.03	—
Al_2O_3	37.41	35.08	33.93	33.46	38.56	26.06
Fe_2O_3	0.24	2.69	0.23	1.96	0.63	2.43
FeO	—	—	—	0.04	—	—
MnO	—	0.05	—	—	—	—
CaO	0.29	0.26	0.17	0.38	0.17	0.11
MgO	0.46	0.37	0.96	0.73	0.51	0.37
K_2O	0.05	0.84	0.10	0.20	0.08	6.73
Na_2O	0.05	0.20	0.075	0.00	0.0	0.20
H_2O^-	2.5	2.49	4.82	1.52	4.93	1.34
H_2O^+	—	—	—	14.00	—	—
烧失量	15.32	15.54	15.95	—	16.27	7.87
REO	0.248	0.2544	0.60	1.09	0.1396	0.08
合　计	100.87	101.03	100.46	99.62	100.73	100.13

稀土品位变化特征：据足洞稀土矿7887个化学分析资料统计，全矿稀土品位平均为0.0868%，最高品位达0.61%，矿块品位同全山品位比较，其变化系数在35%~40%之间。单个样品品位在0.05%~0.2%之间的约占72.3%，0.03%~0.05%的占14.01%，而小于0.03%的占1.69%，大于0.2%的占2%，稀土品位变化范围绝大多数为全山平均品位的-1.8~+2.2倍之间，特高或特低的品位均甚少，表明矿化连续性较好，品位较为均匀。从该区的地表层、全风化层和半风

化层等三个含矿层的单样分析品位结果统计，矿体的最高品位为0.5072%，最低品位为0.0088%，平均品位为0.0907%，品位变化系数为61.24%，区内矿体总体属于有用组分分布较均匀、且变化不大。

平面上由西往东品位逐渐降低，稀土元素中的重稀土比例也逐渐减少，黄沙岗及其以西，重稀土占稀土总量的85%以上，矿体中部稀土占稀土总量的80%左右，东部足洞及其以东重稀土仅占稀土总量的60%，反映出稀土品位越高重稀土的比例也越高的特点。

剖面上稀土品位具有矿体中部比上部及下部较富的特点，从全区所有浅井工程中稀土品位的变化可以看出，60%以上的浅井工程中稀土品位为矿体中部最高。

稀土富集特征：该矿床稀土元素在全风化层中总体上分布较为均匀，但在不同部位显示有规律的差异性，出现稀土品位相对富集的区段。

富集规律如下：

（1）风化层中稀土品位与原岩稀土矿化呈同步消长关系，稀土富集区段主要分布在白云母花岗岩风化层内。

（2）白云母花岗岩风化层中稀土元素以重稀土为主，重稀土占稀土总量的81.54%；而黑云母花岗岩风化层中重稀土略高于轻稀土，重稀土仅占稀土总量的61.64%。

（3）稀土矿化与蚀变作用关系较为密切，白云母化、萤石化和高岭石化是矿化富集的重要因素，蚀变强烈地段，为稀土矿化相对富集部位。

（4）稀土元素主要呈离子状态吸附于黏土矿物的表面，矿石中黏土含量越多，被吸附的稀土离子也相对增加，矿石稀土品位越高。

（5）各种黏土矿物对稀土阳离子的吸附能力有较大的差别，以多水高岭石的吸附容量最大，所以矿石中黏土矿物以多水高岭石和水云母为主时，出现大范围的稀土相对富集区。

（6）全风化层的中上部稀土品位相对较高，形成矿体上、下贫，中间富的分层富集的特点。

（7）稀土富集的有利构造部位有挤压破碎带的两侧、构造带的复合部。

D 地质情况实例

该矿区为富钇型的重稀土矿床，稀土元素主要呈离子吸附状态赋存于花岗岩风化壳内，为花岗岩风化壳离子吸附型重稀土矿床。

风化壳的分布特征和垂直分带结构、构造及物质成分：矿区地貌属低山丘陵地形，东高西低，沟谷纵横发育，海拔标高一般在300~400m，相对高差多数在50~100m之间。由于风化堆积作用大于剥蚀作用，造成山形多呈不规则的浑圆状或馒头状外貌，保存了比较完好的风化壳。

由于风化作用强弱不均及地形地貌等因素影响，显示出风化岩石的结构构造、物质成分在垂直剖面上存在差异。现综合分析矿区风化壳剖面自上而下划分为：表土层、全风化层、半风化层（如图 5-6 所示）。

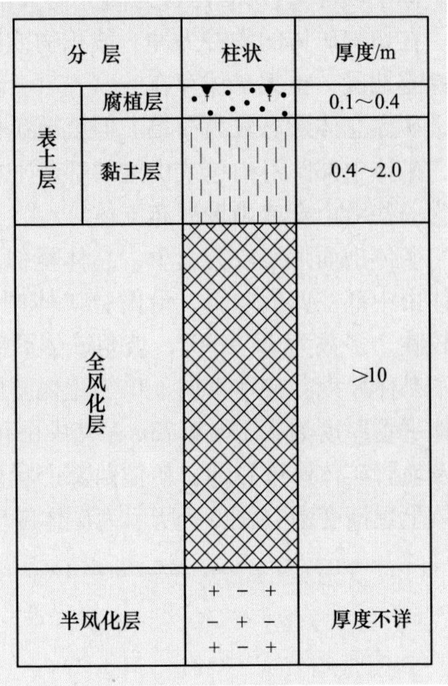

分层		柱状	厚度/m
表土层	腐植层		0.1～0.4
	黏土层		0.4～2.0
全风化层			>10
半风化层		+ − + − + − + − +	厚度不详

图 5-6　风化壳分层示意图

（1）表土层：一般厚约 0.5～2.4m。上部缺失或有很薄的腐植土，腐植土呈灰黑色、灰绿色，结构松散，可见植物根系，由亚黏土、亚砂土及腐植质组成，厚 0.1～0.4mm 不等；腐植土以下为红色黏土层，夹杂有花岗岩和石英岩的碎块，厚约 0.4～2.0m。表土层的变化一般是山脊、山腰薄，厚 0.1～0.6m，山脚厚 1～2m。

（2）全风化层：厚度大于 10.30m，呈砖红色、黄褐色、土黄色、少许呈灰白色，质地较均一，结构松散，造成岩矿物解体，长石被绢云母交代，保留板状、柱状形态，大小呈现 2mm×4mm，有的已被高岭土所取代，呈土状产出，手搓具滑感；石英颗粒较粗，多介于 2～6mm，少数 1～1.5mm，呈灰白色；黑云母多析出铁质，部分已蚀变为白云母片。微裂隙甚为发育，裂隙中往往被黏土矿物充填。该层具有在山头、山腰厚度大，山脚薄的特点。稀土浸取品位一般变化在 0.007%～0.103%之间，矿体主要赋存于该层位的中上部。

（3）半风化层：厚度不详，其颜色、结构构造特征与原岩差别不大，质地较松散到稍成块，手搓不易成粉末状，长石多呈碎粒状，局部亦发育高岭土化，裂隙宽 1mm 不等，且多为铁质充填，该层未风化的原岩碎块增多。

上述各层没有截然界线，皆呈渐变过渡关系。

矿体形态：该矿区花岗岩全风化层的全部或部分是矿体，说明矿体的分布与花岗岩全风化层基本一致，而且大体连续成片，具有面型风化壳特征。矿体大部分地段有残坡积层盖层覆盖，盖层厚度绝大部分为 0.2～2m。

本区矿体呈似层状沿花岗岩全风化层分布，其形态和产状与地形变化基本一致，矿区地势较低，矿体主要分布于海拔 300～430m 之间，沿地形变化呈波状起伏展布。

矿体中部被两条近东西向较大沟谷分割成南北方向三个不连续的部分，同时在矿体中西部黄沙岗-江背为南北向大沟所分割，其余部分尚有许多支沟切割矿体。在切割矿体的沟谷为冲、坡积物或原岩裸露，一般不存在矿体，少数陡壁原岩裸露地段，也无矿体存在。

矿体总体形态较为简单。但就单矿体而言，其平面形态略为复杂，多呈阔叶状，矿体中部圆滑山包或山梁的部分平面呈椭圆状，而矿体周边则为数条沟谷分割为一些沿山脊或山坡展布支体。

矿体剖面形态较为简单，总体呈似层状波浪起伏。各单矿体剖面上呈盖形，矿体由中部往四周倾斜，沿山脊矿体倾斜较缓，一般为5°~10°；沿山坡矿体倾斜较陡，多数为20°~30°，坡角矿体局部达40°。

矿体厚度：矿体垂向上单工程揭露厚度一般为5~15m，最厚29.2m。各块段矿体平均厚度为7.13~9.73m；其中山顶矿体较厚，山脊矿体厚度次之，山坡两翼及坡脚矿体厚度较薄；矿体西部产状更为平缓，平均厚度较大，往东矿体厚度总体上逐渐变薄（图5-7所示为矿体厚度纵向剖面图）。

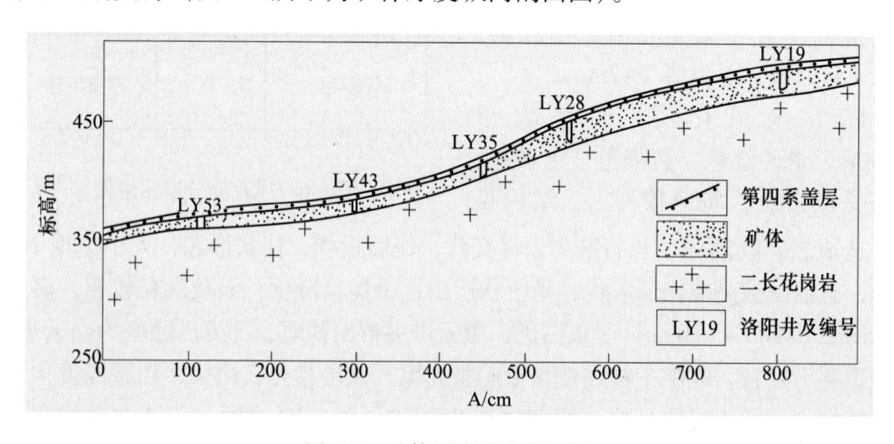

图5-7 矿体厚度纵向剖面图

总之，该区为似层状面型表露矿体，形态较为简单，其产状和厚度变化明显受地貌形态的制约。

矿石矿物成分及矿石类型：该矿床由花岗岩全风化层组成，矿区全风化层矿石类型主要为离子吸附型矿石：本类型矿石中的稀土元素80%以上呈离子吸附状态，白云母花岗岩全风化层属此类型矿石；其次有少量离子吸附-单矿物混合型：矿石中稀土元素，一半呈独立矿物出现，一半呈离子吸附状态存在，二者比例相近，黑云母花岗岩全风化层矿石为此类型。

5.3.4.3 中钇富铕型稀土矿

A 位置

江西风化壳淋积型中重稀土矿主要集中在赣南，赣南18个县市均有风化壳淋积型稀土矿分布。但主要分布在定南、信丰、赣县、安远、全南、会昌、兴国等县。

B 矿区自然条件

以信丰县桐木稀土矿区为例，区内主要为低山丘陵地形，东高西低，沟谷纵横，海拔标高一般在165~210m，相对高差多在30~80m之间。该区为亚热带东南风气候，温暖潮湿，四季分明。据县气象局资料统计，年最高气温为39.3℃，最低气温为-8.6℃，历年平均气温为20.1℃，全年的无霜期为286天。

C 资源情况

矿石化学组分：据130个样品测试结果显示，最高（REO）品位达0.262%，最低0.010%，平均0.085%，矿块品位同全矿品位比较，其变化系数在30%~45%之间。单个样品品位在0.05%以上的约占70.0%、0.025%~0.05%的占23.85%，而小于0.025%的占6.15%、大于0.2%的只有一个占0.77%，稀土品位变化范围绝大多数为全山平均品位的-8.5~+3.0倍之间，无特高品位，表明矿化连续性较好，品位较为均匀。

经矿区调查采集的38个基本样品分析结果表明，浸出率为56.12%，矿石品位属中高富集程度。矿石品位与风化程度呈正相关，即全风化层的稀土品位高于半风化层的稀土品位，半风化层的稀土品位高于基岩的稀土品位，但反映在垂直剖面上或水平方向上其丰度值变化均不大。

水平方向上的变化主要是与岩相、地形的变化有关。一般而言，富含黏土矿物高的矿石品位较富。就单个微地貌单元来说，山头、山脊处的矿石品位较富，往山坳、山脚处渐渐变低直至非矿体。

垂直剖面上品位的变化有中上富下贫的现象，也有上贫下富的现象，局部有的表土就是矿体。但总体具有上下贫、中间富的特点，及全风化层越深矿石品位越富的趋势，根据组合分析结果该矿床属轻（中）稀土矿床，其他金属元素如Nb、Ta、ZRE、Hf、Co、Ni、W、Sn、Cu、Pb、Zn等的含量均很低，综合利用价值较低。

稀土配分特征：在主要矿块中选择有代表性的不同矿石类型各取稀土原矿配分样3个，在不同的矿石类型中，轻（重）稀土的比例和稀土分量有一定的差别。二长花岗岩全风化层矿石重稀土占稀土总量的40.91%，轻稀土占59.05%，其比值为2∶3。

该矿床稀土中的轻稀土含量较高，$\sum Ce$为59.05%以上，$\sum Y$为40.91%，Y_2O_3为26.94%，Eu_2O_3为0.94%，为轻（中）稀土矿床。其分析结果见表5-8。

表 5-8 桐木稀土矿区稀土配分结果 (%)

样号	Y_2O_3	La_2O_3	CeO_2	PRE_3O_{11}	Nd_2O_3	Sm_2O_3	Eu_2O_3	Cd_2O_3	Tb_4O_7
1	26.94	25.41	0.60	5.98	21.90	4.40	0.94	4.65	0.61
样号	Dy_2O_3	Ho_2O_3	ERE_2O_3	Tm_2O_3	Yb_2O_3	Lu_2O_3	REO	ΣCe	ΣY
1	3.54	0.60	2.16	<0.30	1.81	<0.30	90.08	59.05	40.91

注：结果引自2003年江西省信丰县稀土公司桐木稀土矿储量地质报告。

D 地质情况实例

信丰中钇富铕型稀土矿：信丰县桐木稀土矿区稀土元素主要呈离子吸附状态赋存于中细粒黑云母二长花岗岩风化壳内，为花岗岩风化壳离子吸附型中稀土矿床。

主矿体呈似层状，形成一东西长近390m，南北宽近250m的不规则的宽板状，一般与地形坡向一致，但倾向较地形略为平缓，矿体产状的陡缓主要受地貌制约，即随岩体所处的地势由低至高和随岩体微地貌部位山头—山腰—山脚的变化，矿体产状由0°~10°至1°~25°，由缓变陡。

矿体垂向上单工程揭露厚度一般为4~8m，最厚达10m。各块段矿体平均厚度为2~7.7m，厚度变化系数为0.3；其中山顶（山脊）矿体较厚，山腰矿体厚度次之，山坡两翼及坡脚矿体厚度较薄。矿体东部产状更为平缓，平均厚度较大，往西矿体厚度总体上逐渐变薄。矿体厚度在垂直剖面上的形态反映不十分明显，特别是厚度变化与不同的地貌单元差别不大，总的特征是往山脚有变薄的趋势。

非矿盖层（低于工业品位）则一般从山头（山脊）至山腰再至山脚，非矿盖层厚度由薄变厚。总之，本区为似层状面型表露矿体，形态较为简单，其产状和厚度变化明显受地貌形态的制约。

矿石矿物成分如下。

a 一般矿物组成

该矿区主要为中细粒黑云母二长花岗岩风化形成的风化壳组成。岩石矿物成分主要为石英（23%）、斜长石（42%）、钾长石（30%）、黑云母（5%）及少量角闪石（0~3%）。斜长石呈半自形板状，具聚片双晶和发育的环带构造。An：33~38号中长石。钾长石呈它形板状，具卡氏双晶和发育的格子状双晶，为正微斜长石。石英呈它形粒分布于长石粒间。黑云母呈半自形片状，多色性显著，Ng-深褐色，Np-浅黄色。

矿体系由成矿母岩风化而成，由于在整个风化过程中基岩不断解体，元素迁移、重新组合，故与原岩矿物成分不尽相同。主要矿物为高岭土类黏土矿物、石英和钾长石，其次为磁铁矿和黑云母等。

原岩经风化后，在野外原地观察，仍具原岩特征。如不挖动，仍可保持原岩的似斑状结构（原岩之钾长石斑晶为高岭土类黏土矿物代之），半风化层原地可保持块状构造。全风化层则为疏松土状和粉状构造（见表5-9）。

表5-9 桐木稀土矿区矿石矿物成分及含量表 （%）

矿物名称	高岭土类黏土矿物	石英	钾长石	黑云母	白云母	磁铁矿	钛铁矿	褐铁矿	锆石
相对含量	50. 80	32. 30	10. 0	2. 61	少量	4. 0	<1. 0	少量	0. 1
矿物名称	独居石	氟碳铈矿	萤石	钛铁矿金红石	黄铁矿	氟碳铈钡矿	柘榴子石	钠长石	
相对含量	0. 0185	微量	少量	少量	微量	微量	微量	少量	

b 矿石中稀土矿物成分

矿石中可见稀土矿物主要有独居石、氟碳铈矿和氟碳铈钡（钙）矿。其特征如下：这三种矿物粒级细，多数小于0. 076mm，在0. 15～0. 076mm粒级中偶然可见单晶体产出。独居石黄绿色，多具板状，晶体坚实，表面新鲜。氟碳铈矿与氟碳铈钡矿一般呈褐红色，多具不规则粒状，略具褐黄色氧化面，晶体疏松易碎，与磁铁矿、黑云母密切共生。

矿石类型：据野外地质调查和测试表明，该矿区稀土矿体分布于中细粒黑云母二长花岗岩形成的风化壳中，岩石风化后呈松散土状，质地极疏松，手摸有砂感、滑感，捏之成粉末状，透水性中等。稀土元素以离子状态吸附于次生黏土矿物之中，上述风化壳中的黏土矿物是稀土元素的富集场所和重要载体，该矿床的矿石类型属风化壳离子吸附型稀土矿石。

5. 3. 5 广东稀土资源

广东稀土资源品种多、储量大、分布广，为我国稀土主要产区之一。有含中、重稀土元素高的离子型稀土矿；轻稀土为主的独居石；重稀土为主的磷钇矿及褐钇铌矿四种。据不完全统计，全省矿点在120处以上，其中离子型稀土矿床遍布在省内23个县市，主要稀土矿床类型有离子吸附型稀土矿床、滨海沉积型矿床、风化壳型磷钇矿矿床及河流冲积褐钇铌矿砂矿床。以离子吸附型及滨海沉积型两类矿床最为重要，从资源远景、矿床规模、稀土元素配分及开发经济效益等方面来看，离子吸附型最为重要。

广东含离子稀土矿岩石（主要是花岗岩、混合岩及中酸性火山岩）的分布面积广泛，其中仅花岗岩的分布面积就达70000km^{2}左右，比以离子吸附型矿床数目多和储量大而著称的江西内花岗岩面积大。广东地处热带及亚热带，湿热的气候对于含矿岩石的分解和风化壳型稀土矿床的形成十分有利，显示了离子吸附型稀土矿产资源具有较好的开发前景。广东省辽阔的滨海地带是滨海沉积型稀土砂矿床的良好成矿地区。

广东矿产资源实际分布范围遍及全省44个县（市、区），在已探明的稀土资源中，离子吸附型稀土矿主要分布在东、西、北地区，外生的磷钇矿砂矿、独居石砂矿主要分布在新丰、电白、广宁、惠阳、吴川、台山、新会等地。广东省主要稀土矿床见表5-10[79]。

表5-10 广东主要稀土矿床

矿产地名称	矿床类别					储量规模	稀土类型
	原生矿	淋积型	风化壳砂矿	河流冲积砂矿	海滨砂矿		
广东新丰		√				中型	重、轻稀土
广东粤北地区		√					重、轻稀土
广东阳西南山海					√	大型	独居石
广东广宁513			√			中型	磷钇矿

新丰县位于广东中部偏北，全县总面积2015.2km^2，新丰有极为丰富的自然资源，矿产资源品种多、含量高、储量大。铁矿平均品位53.2%；有稀土矿、瓷土、大理石、花岗岩、石英石等品种。

平远县位于广东省东北部，自然资源丰富，县内有铁矿、金矿、稀土、石灰石等数十种矿藏，大部分矿藏都具有很高的开采价值。

大埔县位于广东省东北部，全县总面积2467km^2。境内主要有铁、镍、铅、锌、钨、钼、锡、铜、金砂等金属矿；有磷、水晶石、长石、石英石、稀土、瓷土、紫砂陶土等非金属矿；水力资源丰富。

5.3.6 广西稀土资源[80]

广西稀土矿产资源主要有独居石、磷钇矿、离子吸附型稀土矿和伴生在钛铁矿、锰矿和铝土矿中的伴生矿，含有稀土17种元素中的15种，典型离子吸附型稀土矿稀土配分情况见表5-11。

表5-11 广西典型离子吸附型稀土矿稀土配分（REO） （%）

名称	La	Ce	Pr	Nd	Sm	Eu	Gd	Tb	Dy	Ho	Er	Tm	Yb	Lu	Y
离子矿1	11.85	1.77	3.61	12.64	3.46	0.46	4.86	1.15	5.96	1.38	3.09	0.56	2.18	0.54	38.53
离子矿2	26.30	1.64	6.88	23.40	4.71	0.88	3.57	0.62	2.58	0.69	1.15	0.32	1.55	0.37	15.74
离子矿3	15.10	3.10	5.65	24.30	6.92	0.85	7.50	1.05	5.45	0.96	2.20	0.30	1.21	0.23	26.00

续表 5-11

名　称	La	Ce	Pr	Nd	Sm	Eu	Gd	Tb	Dy	Ho	Er	Tm	Yb	Lu	Y
离子矿 4	29.41	23.71	3.98	17.55	1.71	0.25	2.28	0.57	2.65	0.28	1.19	0.28	0.82	0.23	15.18
离子矿 5	25.50	1.74	6.46	20.30	4.50	1.17	3.53	0.79	2.94	0.95	1.77	0.43	1.30	0.39	19.00
离子矿 6	17.85	1.89	5.61	31.78	4.28	1.22	4.69	0.53	4.69	1.28	2.04	0.39	1.53	0.51	24.48

据《广西地质矿产志》中记载，广西稀土矿资源主要分布在龙州、宁明、八步、钟山、平南、苍梧、岑溪等地，分布范围广，属离子吸附型稀土。而 1998~2007 年，查明离子型稀土矿 4 处，其中大型矿床 1 处，其余为小型，小型离子型稀土矿情况见表 5-12。

表 5-12　广西小型离子型稀土矿一览

矿床名称	位　置	矿床规模	地　质　简　况
稀土矿 1	梧州市	小型	为花岗岩风化壳离子吸附型稀土矿床；矿体产于花岗岩体风化残积层中；有矿体 12 个，不规则状产出；主矿体长 800m，宽 35~19m，厚 6.07m，倾角 4°~45°，埋深 18.08m；矿石平均品位稀土氧化物总量 0.122%
稀土矿 2	崇左市	小型	产于下三叠统火山岩系风化层中，有 1 个矿体，呈似层状，长 1270m，宽 600m，厚 4.7m，出露地表；矿石品位稀土氧化物总量 0.63%
稀土矿 3	容县	小型	产于混合花岗岩体及其上部残留混合岩的风化壳中；矿体似层状产出，埋深 5~10m，长 200~700m，宽 80~100m，厚 5~8m；矿石品位稀土氧化物总量 0.074%

另外，广西花山稀土矿分布在贺州钟山县花山乡，产于花山黑云母花岗岩体风化残积层中，为风化壳离子吸附型稀土矿床。有矿体 23 个，呈不规则状产出。主矿体长 5000m，宽 150~1500m，厚 5.38m，埋深 0~12m。矿石品位稀土氧化物总量 0.155%。矿床规模为大型。

广西稀土资源成分构成有如下特点：基本属于中钇富铕型，不少矿点铽、镝含量较高。

5.3.7　湖南稀土资源

湖南稀土资源相对集中在湘东南和湘东北两个区域，其中湘东南部为富集区，现有正在开发的花岗岩离子吸附型矿床均分布在该区内。而湘东北部则是独居石砂矿床密集分布区，在湘中、湘西北发现有小矿床或矿点。

湖南稀土矿床主要有含稀土花岗岩型、风化壳型、河流冲积型、离子吸附型、沉积型五大类。截至2010年底，湖南省共发现稀土矿产地36处[81]。

5.3.7.1 含稀土花岗岩型矿床

含稀土花岗岩型矿床在湘东、湘东北及湘南一带，燕山期花岗岩广泛分布，其中不少岩体为富含稀土元素的岩体。

（1）含磷钇矿（或含硅铍钇矿、砷钇矿）花岗岩型矿床的含矿岩体为中粒黑云母花岗岩或二云母花岗岩。主要稀土矿物为磷钇矿、硅铍钇矿、砷钇矿等，其次为独居石。目前，该类矿床已知产地有千里山、大义山及华容等一带岩体。该类型矿床规模大、品位贫，但受现阶段采、选等技术的限制，目前尚未详勘和开采利用。

（2）含褐钇铌矿花岗岩型矿床多产于大岩基的边部，含矿岩体多为中粗粒黑云母花岗岩。主要稀土矿物为褐钇铌矿，其次为磷钇矿和独居石。该类矿床已知产地有江华姑婆山和华容的三郎堰等地。

（3）含铌铁矿、铌钇矿花岗岩型矿床含稀土岩体均为一些小的岩株。目前，主要是在湘东南诸广山大岩基的补充体中发现，如小江、江背。含矿的复合岩体为中细粒—细粒黑云母花岗岩。主要稀土矿物为铌钇矿，其次为独居石，同时还产铌铁矿。

5.3.7.2 花岗岩风化壳型稀土矿床

花岗岩风化壳型稀土矿床易采、易选，在开采和利用上远比原生矿床条件有利。具有厚度大，矿层稳定、品位富等特点，但规模多中小型。该类型湖南省早已进行开采利用，已知的工业矿床有姑婆山、中华山等地。

5.3.7.3 河流冲积型砂矿床

该类矿床按产出位置可以划分为如下3个亚型：

（1）古代河流冲积（阶地）砂矿亚型。

（2）近代河流冲积砂矿亚型。

（3）洪积、坡积砂矿亚型。

该类矿床的产出与花岗岩体的出露分布关系密切。主要是围绕燕山期含稀土矿物的花岗岩体附近或外围地区分布。主要稀土矿物有独居石、磷钇矿、褐钇铌矿。该类矿床储量大、品位高、分布广，且易采易选，是湖南省利用较早的稀土矿床类型。主要产地有江华河路口、华容三郎堰、平江南江桥、临湘宿家桥等地。

5.3.7.4 风化壳离子吸附型稀土矿床

离子吸附型稀土矿床的含矿母岩为花岗岩类，其中黑云母花岗岩、黑云母二长岩多含轻稀土或中钇轻稀土，角闪石黑云母花岗岩、花岗闪长岩多含中铕轻稀土，稀土总量平均品位偏低，一般0.07%~0.1%之间，少数大于0.1%。

该类矿床具有采、选、冶都较为容易的特点，所以在我国稀土生产中将占越来越重要的地位。湖南省主要分布于湘东南地区，如江华姑婆山、汝城益将、蓝山大桥等地。

5.3.7.5 沉积型稀土矿

该类稀土矿主要分布于湘西及湘西南一带的震旦系及寒武系之中，以下寒武统底部黑色含磷层位中富含稀土较多，矿层中稀土总量一般为0.08%~0.1%，最高达0.3%，虽然分布较广，但层薄欠稳定。由于研究程度不高，所以还未引起重视。产地多在湘西，如新晃县斜赖、会同县黄豆冲。

上述五种稀土矿床类型，已投入勘探和开采的有花岗岩风化壳型稀土矿床、河流冲积型砂矿床、风化壳离子吸附型稀土矿床[82]。

5.3.8 云南稀土资源

云南也是一个稀土资源非常丰富的地区，稀土矿的种类齐全，既有轻稀土资源也有重稀土资源。滇池地区磷灰石中含有稀土，但目前回收，不具经济合理性。个别地区也蕴藏着大量的独居石，独居石中天然放射性物质氧化钍含量高，用它做原料生产稀土产品，必然附带产出用途不大的氧化钍，并且氧化钍的存储必须符合国家相关规定。四川冕宁、德昌发现并开采氟碳铈矿，取得很好的经济效益，该矿沿河谷地区发展，延伸到云南境内，楚雄一带也相继发现了氟碳铈矿，是云南很有开发前景的稀土资源。此外，云南还发现了离子型稀土吸附矿。

陇川云龙稀土矿位于德宏陇川县陇把镇，交通条件优越，矿区面积0.6156km^2。据相关地质资料显示，德宏州境内稀土矿均产于海西-印支期邦棍尖山花岗岩体的风化壳中，全州花岗岩风化壳面积约1500km^2，其中陇川县分布面积约560km^2，均有稀土矿富集，矿床平均厚度8m，原来由陇川云龙稀土开发有限公司经营。

2011年8月26日，德宏州人民政府在北京与中国五矿有色金属股份有限公司签订了稀土资源合作开发协议书。根据国家规定稀土属于国有资源，个体经营者不得开发。因此，为了响应国家政策，2012年后陇川云龙稀土开发有限公司的该项目处于停产状态，等候国家安排。通过近一年的等待和协商，2012年10月被中国五矿有色金属股份有限公司以51%的股权控股陇川县云龙稀土开发有限公司，并于2012年10月23日注入资金12244.9万元，正式控股该项目。

该矿山推行原地浸矿新工艺，并大力开展废弃稀土矿山周边环境的综合治理，在废弃矿山地面种植植物、油茶、咖啡等经济作物以恢复植被，改善了稀土矿山周边环境，也推动了当地村民的收入，实现可持续发展。

云南除陇川云龙稀土开发有限公司外，另一个稀土采矿证是云南奥斯迪龙矿业产业开发有限公司拥有的水桥稀土矿采矿权，该矿位于云南省楚雄州牟定县，水桥稀土矿床类型为混合岩风化壳淋积型中钇轻稀土大型矿床，储量占全省的97.32%，整个矿区总占地面积为28km^2，已探明在水桥矿区不足2km^{2}范围内有稀土氧化物8万吨。区内含稀土15种元素，其中轻稀土占50.43%，中稀土占8.13%，重稀土占40.85%。采矿权归云南奥斯迪龙矿业开发有限公司，目前处于停产整顿阶段。

云南陇川县矿区花岗岩风化壳原矿与混合氧化稀土产品配分值对比，见表5-13。

表5-13 云南陇川县矿区花岗岩风化壳原矿与混合氧化稀土产品配分值对比 (%)

样品	La_2O_3	CeO_2	Pr_6O_{11}	Nd_2O_3	Sm_2O_3	Eu_2O_3	Gd_2O_3	Tb_2O_3	Dy_2O_3	Ho_2O_3	Er_2O_3	Tm_2O_3	Yb_2O_3	Lu_2O_3	Y_2O_3
原矿	30.06	29.71	6.36	18.08	2.51	0.36	1.96	0.28	1.49	0.28	0.72	0.14	0.57	0.08	7.79
龙安-1	32.47	11.38	6.43	21.25	3.15	0.38	2.29	0.36	1.67	0.30	0.78	0.11	0.55	0.08	9.18
龙安-2	36.40	11.42	6.02	20.75	2.97	0.35	2.09	0.31	1.45	0.28	0.64	0.09	0.40	0.05	9.01
ZK51产品	33.06	8.14	6.04	20.59	3.0	0.37	2.19	0.35	1.76	0.32	0.82	0.12	0.67	0.09	9.64
ZK57产品	32.90	2.33	5.91	20.23	3.20	0.42	2.36	0.42	1.94	0.39	1.00	0.14	0.75	0.11	12.29

表5-13中龙安-1及龙安-2编号实为ZK2孔地表不同部位矿层内制取。产品未除杂，除杂后Eu_2O_3达0.49%~0.50%，Y_2O_3达11%~12%。

5.3.9 福建稀土资源

福建是我国南方离子型稀土矿的重要省份之一，主要分布在龙岩、三明等地区，其他地区如漳州市长泰县、泉州市德化县、宁德市古田县和南平市光泽县等也发现了丰富的稀土资源。

龙岩市是福建离子吸附型中重稀土矿的重点分布区域。据最新勘查，龙岩稀土离子吸附型中重稀土矿，多数为中钇富铕稀土矿床。龙岩稀土矿具有两个显著特点：一是配分全、品位高，氧化物配分一般为氧化镝4.2%~5.2%、氧化钇16%~45%、氧化铕0.4%~1.4%、氧化钕20%~38%、氧化铽0.4%~0.98%；二是易开采、矿床埋藏浅、岩石结构疏松、矿体连续性好[83]。

三明市加里东期、燕山期花岗岩出露面积大，三明市宁化县已发现储量大的稀土矿山。

5.3.10 贵州稀土资源

贵州稀土属沉积矿产，具有沉积矿床的成矿地质特征，稀土矿（化）分布较广，主要为磷块岩、铝土矿、煤矿伴生产出的沉积矿，一般都有较为固定的含矿层位。近年来，贵州省有色地质矿产勘查院在梅树村期桃子冲组沉积型含磷岩系中的稀土矿中发现，稀土不仅在磷块岩中富集，还与磷矿层上覆含磷岩屑细砂岩、下伏含磷硅质白云岩有关，当这两类含磷岩石中的 $P_2O_5 \geqslant 3\%$时，RE_2O_3 都能达到矿（化）指标要求。据相关资料报道，截至 2009 年，贵州省查明稀土资源储量 149.79 万吨。

贵州的稀土矿多为伴生资源，与磷块岩、磷矿层上覆含磷岩屑细砂岩、下伏含磷硅质白云岩、铝土矿、煤矿等主矿种相伴产出，为典型的伴生沉积矿床。

贵州稀土矿以重稀土为主，轻稀土为次。稀土元素种类较齐全，如织金新华矿区属以钇为主的重稀土矿床，磷块岩中除钷（Pm）外。

钇组重稀土矿（化）主要与磷块岩、磷矿层上覆含磷岩屑细砂岩、下伏含磷硅质白云岩、煤矿相伴富集产出，铈组轻稀土元素主要与铝土矿相伴富集产出。

重稀土较集中分布于黔西北的磷块岩、煤矿主产区，轻稀土则集中分布在黔中地区的铝土矿成矿区。

贵州已探明提交资源量的稀土矿床，主要有与磷块岩伴生产出的重稀土与铝土矿、煤矿伴生的稀土，大多以综合查定为主[84]。

参 考 文 献

[1] 稀土资源可持续开发利用战略研究项目编写组．稀土资源可持续开发利用战略研究[M]．北京：冶金工业出版社，2015：43，9.

[2]《矿产资源工业要求手册》编委会．矿产资源工业要求手册［M］．北京：地质出版社，2012：255，259-261.

[3] Roskill Information Limited. Rare Earths：Market Outlook to 2020［M］. London：Roskill Information Limited，2015.

[4] Orris G J，Grauch R I. Rare Earth Element Mines，Deposits，and Occurrences［J］. Open-File Report 02-189，Greta J. Orris and Richard I. Grauch，USGS，2002.

[5] TMR，http：//www. techmetalsresearch. com/metrics-indices/tmr-advanced-rare- earth- projects-index/.

[6] Joseph Gambogi. Mineral Commodity Summaries［R］. U S Geological Survey，2017.

[7] Hedrick J B. Mineral Commodity Summaries［R］. U S Geological Survey，2010.

[8] Cordier D J. Mineral Commodity Summaries［R］. U S Geological Survey，2011.

[9] Cordier，D J. Mineral Commodity Summaries［R］. U S Geological Survey，2012.

[10] Joseph Gambogi. Mineral Commodity Summaries［R］. U S Geological Survey，2013.

[11] Joseph Gambogi. Mineral Commodity Summaries［R］. U S Geological Survey，2014.

[12] Joseph Gambogi. Mineral Commodity Summaries［R］. U S Geological Survey，2015.

[13] Joseph Gambogi. Mineral Commodity Summaries［R］. U S Geological Survey，2016.

[14] Hedrick J B. Mineral Commodity Summaries［R］. U S Geological Survey，2008.

[15] 江西省科学院科技战略研究所．离子型稀土产业战略情报分析报告［R］．2014（3）：3-4.

[16] Jackson W D，Grey Christiansen. International Strategic Minerals Inventory Summary Report——Rare-Earth Oxides［R］. U S Geological Survey Circular 930-N，1993.

[17] Long K R，Van Gosen B S，Foley N K，et al. The Principal Rare Earth Elements Deposits of the United States——A Summary of Domestic Deposits and a Global Perspective［R］. U S Geological Survey，7.

[18] Long K R，Van Gosen B S，Foley N K，et al. The Principal Rare Earth Elements Deposits of the United States——A Summary of Domestic Deposits and a Global Perspective［R］. U S Geological Survey，19.

[19] Long K R，Van Gosen B S，Foley N K，et al，The Principal Rare Earth Elements Deposits of the United States——A Summary of Domestic Deposits and a Global Perspective［R］. U S Geological Survey，80.

[20] Long K R，Van Gosen B S，Foley N K，et al. The Principal Rare Earth Elements Deposits of the United States——A Summary of Domestic Deposits and a Global Perspective［R］. U S Geological Survey，84~90.

[21] Australia C G. Australia's Identified Mineral Resources 2016［R］. Australian Government，Geoscience Australia，2，6.

[22] Long K R, Van Gosen B S, Foley N K, et al. The principal rare earth elements deposits of the United States——A summary of domestic deposits and a global perspective [R]. U S Geological Survey, Scientific Investigation Report 2010-5220, USGS.

[23] Ehrig K, McPhie J, Kamenetsky V. Geology and mineralogical zonation of the Olympic Dam iron oxide Cu-U-Au-Ag deposit, South Australia [J]. In Jeffrey W. Hedenquist, Michael Harris, and Francisco Camus, Editors: Geology and Genesis of Major Copper Deposits and Districts of the World: A Tribute to Richard H. Sillitoe, 2012: 252.

[24] http://www.ga.gov.au/scientific-topics/minerals/mineral-resources/rare-earth-elements.

[25] http://www.hastingstechmetals.com/index.php.

[26] Clovis Antonio de Faria Sousa, Rogerio Contato Guimaraes, Joao Batista Ferreira Neto. Preliminary Results of Didymium Metal Production from CBMM's Didymium Oxide [C]//The 12th International Rare Earths Conference. 2016.

[27] Long K R, Van Gosen B S, Foley N K, et al, The Principal Rare Earth Elements Deposits of the United States——A Summary of Domestic Deposits and a Global Perspective [R]. U S Geological Survey, 20.

[28] Pavel Detkov. Developments in the CIS rare earth market [C]//The 9th International Rare Earths Conference. 2013.

[29] https://www.wikidata.org/wiki/Q3815362.

[30] 王彦．国际稀土产业新形势分析及我国稀土产业发展对策研究 [D]．包头：内蒙古科技大学，2012.

[31] Roskill Information Limited. Rare Earths: Market Outlook to 2020 [M]. Roskill Information Services Ltd., 60~150.

[32] Singh D. India as a Viable Source of Rare Earths [C]//The 12th International Rare Earths Conference. 2016.

[33] http://www.vinacomin.vn/home-news/rare-earth- industry-developed-in-vietnam-201604291609429008.htm.

[34] 赵元艺．格陵兰伊犁马萨克铌-钽-铀-稀土矿床研究进展 [J]．地质科技情报，2013，32(5).

[35] Long K R, Van Gosen B S, Foley N K, et al. The Principal Rare Earth Elements Deposits of the United States——A Summary of Domestic Deposits and a Global Perspective [R]. U S Geological Survey, 36~39.

[36] Jackson D L. Increasing Global Supply Diversity through Technology Innovation [J]. Baotou China Rare Earth Industry Forum, 2012.

[37] Molycorp files for bankruptcy protection. The Wall Street Journal. http://www.marketwatch.com/story/molycorp-files-for-bankruptcy-protection-2015-06-25-71032419.

[38] North American rare earth producer Molycorp will close its Mountain Pass rare earth facility, in California, on October 20. Toronto (miningweekly.com). http://www.miningweekly.com/article/molycorp-to-close-mountain-pass-facility-in-october-

2015-08-26/rep_ id：3650.

[39] Molycorp reports 1Q 2011 results："Project Phonix" on time and on budget; volumes and revenues increase; company's "mine-to-magnets" forward integration strategy accelerated by accuistions.
http：//www. businesswire. com/news/home/20110510007326/en/Molycorp-Reports-1Q-2011-Results-%E 2%80%9CProject-Phoenix%E2%80%9D.

[40] Molycorp puts money into Boulder Winder Powder.
https：//www. yahoo. com/news/Molycorp-puts-money-into-apf-1420755461. html.

[41] Molycorp, Daido Steel, & Mitsubishi Corporation Announce Joint Venture to Manufacture Sintered NdFeB Rare Earth Magnets.
http：//www. businesswire. com/news/home/20111128005814/en/Molycorp-Daido-Steel-Mitsubishi-Corpo ration-Announce-Joint.

[42] Molycorp Announces Successful Close of Neo Materials Acquistion.
http：//www. businesswire. com/news/home/20120611006576/en/Molycorp-Announces-Successful-Close-Neo-Materials-Acquisition.

[43] Molycorp Announces Start-up of Heavy Rare Earth Concentrate Operations at Mountain Pass, Calif.
http：//www. businesswire. com/news/home/20120827005952/en/Molycorp-Announces-Start-Up-Heavy-Rare-Earth-Concentrate.

[44] Mount Weld from Wikipedia. https：//en. wikipedia. org/wiki/Mount_ Weld.

[45] https：//www. lynascorp. com/Pages/Mt-Weld-Concentration-Plant. aspx.

[46] Mount Weld Mineral Resource and Ore Reserve Update 2015. Lynas Corporation Ltd. 5 October 2015.

[47] Mineral resource classification. From Wikipedia.
https：//en. wikipedia. org/wiki/Mineral_ resource_ classification.

[48] Mount Weld-First Feed of Ore. Announcement. Lynas Corporation Ltd. 16 May 2011.

[49] Annual Report 2008. Lynas Corporation Ltd. P9.

[50] https：//www. lynascorp. com/Pages/Mt-Weld-Mining-Campaign. aspx.

[51] Lynas Phase One LAMP Complete. Media Release. Lynas Corporation. 28 August 2012.
https：//www. lynascorp. com/Shared% 20Documents/Investors% 20and% 20media/Announcements%20and%20media/2012/Lynas_ Phase_ One_ LAMP_ Complete_ FINAL_ 280812_ 1140947. pdf.

[52] Lyna receives temporary operating licence. Announcement. Lynas Corporation Ltd. 5 September 2012.
https：//www. lynascorp. com/Shared% 20Documents/Investors% 20and% 20media/Announcements%20and%20media/2012/Lynas_Receives_Temporary_Operating_Licence_1144224. pdf.

[53] First feed to kiln. Announcement. Lynas Corporation Ltd. 30 November 2012.
https：//www. lynascorp. com/Shared% 20Documents/Investors% 20and% 20media/Announcements%20and%20media/2012/FTK_Announcement_30. 11. 12_1175566. pdf.

[54] Operations update. 27 February 2013.
https://www.lynascorp.com/Shared%20Documents/Investors%20and%20media/Announcements%20and%20media/2013/Operations%20Update%20(FINAL)%201199303.pdf.
[55] Joint-Stock Company Solikamsk Magnesium Works Annual Report 2015.
[56] Pavel Detkov. Developments in the CIS rare earth market [C]// The 9th International Rare Earths Conference. 2013.
[57] Singh D. Indian Rare Earths Limited [C] // The 12th International Rare Earths Conference. 2016.
[58] http://www.irel.gov.in/default.asp.
[59] Singh D. Indian Rare Earths Limited [C] //The 8th International Rare Earths Conference. 2012.
[60] http://www.cbmm.com.br/en/Pages/timeline.aspx.
[61] Louwerse D. Rare Earth Element Deposits and Occurrences within Brazil and India: Bachelor Thesis in Applied Earth Sciences. Department of Geosciences and Engineering. The Delft University of Technology. June 2016. P15-16.
[62] John F. Papp. 2011 Minerals Yearbook Niobium and Tantalum. U. S. Geological Survey.
https://minerals.usgs.gov/minerals/pubs/commodity/niobium/myb1-2011-niobi.pdf.
[63] http://www.mtaboca.com.br/eng/empresa/perfil.asp.
[64] https://en.wikipedia.org/wiki/Pitinga_mine.
[65] http://www.newswire.ca/news-releases/neo-material-technologies-signs-development-agreement-for-brazilian-rare-earth-deposit-537426751.html.
[66] http://www.newswire.ca/news-releases/neo-material-technologies-signs-agreement-with-mitsubishi-corporation-for-the-development-of-the-pitinga-rare-earth-resource-538112311.html.
[67] http://mineracaoserraverde.com.br/en/project/#overview.
[68] Securing Funding for a Rare Earth Project-the Polymetallic Advantage. The 12th International Rare Earth Conference. November 8-10, 2016.
[69] http://alkane.com.au/projects/current-projects/dubbo/project-overview.
[70] http://northernminerals.com.au/wp-content/uploads/2016/10/16-10-12-Argonaut-Research-Note.pdf.
[71] http://www.frontierrare earths.com/wp-content/uploads/2015/06/Zandkopsdrift-PFS-June-2015-Sedar.pdf.
[72] Rare earths & yttrium: market outlook to 2015, 14th edition, 2011. P 235.
[73] https://minerals.usgs.gov/minerals/pubs/country/2012/myb3-2012-vn.pdf.
[74] 贾银松．拓展稀土产业国际视野合作共享健康发展——工业和信息化部稀土办巴西、智利稀土考察报告［J］．稀土信息，2016（8）：14~17.
[75] 杨主明．稀土地质．2017.
[76] 山东省地质科学实验研究院．山东省稀土矿资源利用现状调查成果汇总报告［R］．山东省国土资源厅，2011：5.
[77] 王继芳，等．山东省郗山稀土矿地质特征及找矿前景分析［J］．山东国土资源，2016，

32 (6): 32~40.

[78] 于学峰, 等. 山东郗山-龙宝山地区与碱性岩有关的稀土矿床地质特征及成因 [J]. 地质学报, 2010 (3): 407~417.

[79] 肖方明. 广东省稀土产业技术路线图 [M]. 广州: 华南理工大学出版社, 2011.

[80] 曾庆春. 广西稀土资源的分布与前景 [J]. 科学之友, 2011: 124~125.

[81] 湖南省稀土产业"十二五"发展规划 [EB/OL]. http: //www. yygt. gov. cn/gtzyyw/ghjh/kczyztgh/201208/t20120815_92077. html.

[82] 肖自心. 湖南稀土矿产资源特征及开发对策 [J]. 湖南地质, 1991: 141~142.

[83] 庄志刚. 福建省稀土产业发展机遇与挑战 [J]. 稀土信息, 2013, 355: 9.

[84] 张震, 戴朝辉. 贵州稀土矿及成矿地质特征 [J]. 矿产与地质, 2010, 24 (5): 433.

第2篇

稀土采矿和选矿工业

6 白云鄂博矿床地质研究

6.1 矿床的勘探[1]

白云鄂博铁矿是由我国地质学家丁道衡发现的。1927 年 7 月，丁道衡随中瑞科学考察团去我国西北考察，取道乌兰察布草原，途经白云鄂博时，见白云鄂博山巍巍屹立，极为壮观，遂往调查。近山麓处见铁矿石，沿途追索至山顶，发现了现今的主矿体。当时测有 1：20000 地形地质图 1 幅（1.8km^2），初步描述了矿床地质特征，估算了铁矿储量。其编著的《绥远白云鄂博铁矿报告》发表于 1933 年的《地质汇报》，报告结论指出："本区铁矿矿量之富，成分之高已如前述。矿床因断层关系大部分露出便于开采，且矿床甚厚，矿区集中，尤适于近代矿业之发展，唯距出煤之区如大青山煤田等处距离稍觉过远，运输方面不能不精密计划，可能由该地修一铁道连接包头等处，即可与平绥路衔接，则煤铁可集于一地，铁矿可开，大青山煤田亦可利用，实一举两得而其利。若能于包头附近建设一钢铁企业，则对于西北交通应有深切之关系，其主要又不仅在经济方面而已"。

1935 年，地质学家何作霖对丁道衡取回的矿石标本进行室内细致的研究，取得了另一个重大突破。发现了白云鄂博矿床中两种稀土矿物，分别定名为"白云矿"和"鄂博矿"，并提出了《绥远白云鄂博稀土类矿物的初步研究》的科学报告。严济慈教授测定了矿物中的镧、铈、镨、钕等稀土元素含量。1959 年，何作霖教授作为中苏合作地质队的中方队长，亲自到白云鄂博矿进行深入研究，证实了"白云矿"即氟碳铈矿，"鄂博矿"即独居石。

1944 年 6 月，地质工作者黄春江追寻丁道衡的足迹，受伪华北开发公司资源调查局委派，前往白云鄂博进行地质调查，先在主矿体东 1.5km 山丘发现一个扁豆状的裸露铁矿体，矿体延长约 450m，宽约 100m，向南倾斜延伸至地下，之后又在主矿体以西 4~5km 相继发现了 10 个以上的小型铁矿体。他发现的东、西矿体群即为现今的东矿和西矿。工作了 70 天，做了 1：100000 的地质测量（217km^2），绘制了 1：5000 的矿床地质图（3km^2），施工了一条 300m 探槽，采样 57 件。同时进行岩矿鉴定分析，发现萤石中常包裹的淡绿黄色、微粒状、折光率较高的矿物为何作霖详细研究的含铈、镧等稀土矿物。当时估计主、东矿体铁矿储量约 6 亿吨，编写了《绥远百灵庙白云鄂博附近铁矿报告》，于 1946 年提交。在报告结论中指出："白云鄂博是华北地区最大的铁矿床，建议进行深部钻探，以查清准确之储量，对萤石中包裹的稀土元素矿物又可为铈、镧之矿石，应引起特别注意；还建议利用黄河之水在包头附近的优势，可建设一规模较大的钢铁企业”。

1949 年前，对白云鄂博矿床的地质工作程度很低。新中国成立后，党和政府对白云鄂博的矿产资源给予极大的重视。1950 年，中央人民政府成立白云鄂博铁矿地质调查队（241 队前身），在严坤元的领导下，开始对铁矿进行详细的调查和研究，对主矿、东矿进行普查评价。1953 年决定成立华北地质局 241 地质勘探队，全队正式职工 1500 余人，成为我国最早的多专业、多工种进行矿床综合地质勘探的一支地质队伍[1]，对主矿、东矿进行详细勘探，对西矿进行普查与初步勘探，采用钻探、槽探、硐探、物探和航空磁测等综合手段，完成钻孔 152 个，总进尺 47396. 48m，探槽 140 条，88406. 98m^3，探矿坑道 633m，采样 19500 余个，分析数据十几万条，进行了全面的矿床地质、矿石物质成分、选矿和冶炼的研究，计算了铁矿储量，查明了质量，同时阐明了矿区地质构造特征，划分出铁矿石的各种工业类型及其分布。此外，还根据化学分析结果计算了稀土氧化物储量。对矿床中的锰、磷、氟等元素做了一定工作。于 1954 年 12 月和 1956 年 1 月分别提交了《内蒙古白云鄂博主矿、东矿地质勘探报告》和《白云鄂博西矿地质勘探报告》。国家储量委员会分别于 1955 年和 1956 年批准了两份地质报告和探明的铁矿石和稀土氧化物储量，对 241 队的工作给予了高度评价。241 队卓有成效的工作不仅向国家提供了能满足现代化工业设计和国家基本建设投资依据的全部资料和经济技术数据，而且为后来的地质科研工作打下了良好的基础，地质部 241 队于 1980 年被地质部授予“功勋地质队”称号。勘探纪实如图 6-1 所示。

图 6-1 白云鄂博矿床勘探纪实

1959 年，包钢 541 队和中国科学院地质研究所对主、东矿下盘稀土白云岩进行普查勘探，提交了《主矿、东矿下盘稀土白云岩普查报告》。

1963 年，国家科委为合理利用白云鄂博资源，在北京召开了第一次“4 · 15 会议”。根据这次会议精神，决定由地质部和冶金部联合成立 105 地质队，以稀土、铌为重点，对主矿、东矿体的稀土、稀有元素进行评价。对西矿和矿体外围进行铌、稀土的详细普查，同时做了铌、稀土矿化特征和由下而上状态的研究。经过 3 年的艰巨工作，于 1966 年提交了《内蒙古白云鄂博铁矿稀土、稀有元素综合评价报告》，同时著有《白云鄂博矿区矿床地质特征与成矿规律研究》《白云鄂博铌赋存状态研究方法》《白云鄂博矿区放射性元素专题报告》《白云鄂博矿区矿石矿物志》。计算了主矿、东矿体中铁矿石、铌、稀土、钛、钍氧化物及萤石的储量，估算了矿区（包括西矿、东介勒格勒、都拉哈拉和主矿、东矿下盘）中稀土、铌氧化物的远景储量。

综合评价报告第一次提出白云鄂博矿区发现的 71 种元素、114 种矿物，其中稀土、铌矿物各 12 种，可供综合利用的元素有 26 种。查明了稀土元素在各类型矿石中的配分，铌、稀土在各类型矿石中的赋存状态及主要稀土、铌矿物中稀土、铌氧化物的占有率。同时还提交了《白云鄂博铁矿主矿上盘含铌粗粒钠辉岩工业评价报告》和《白云鄂博都拉哈拉铌、稀土矿床普查报告》。

105 地质队大量而细致的地质工作是继 241 队铁矿勘探成果后的又一次突破，从而确立了白云鄂博稀土和铌在世界的地位，还为我国稀土与铌的开发利用提供了可靠的依据。但遗憾的是，综合评价报告由于受“文化大革命”的影响而未经国家鉴定审批。

1974~1977 年，包钢地质勘探队对主矿、东矿进行钻孔孔斜校正后，在综合历年地质勘探原始资料的基础上，重新确定了矿体形态，计算了铁矿石和铌、稀土氧化物的储量和品位，同时对主矿、东矿上盘开采境界内含稀土、铌有用岩石进行补充地质勘探，按资源保护工业指标圈定了铌和稀土在白云岩、板岩中的富集带。1978 年提交了《白云鄂博铁矿主矿、东矿储量计算说明书》，并经内蒙古冶金局审查批准作为矿山设计和生产建设的依据。

1978 年，依据“保护主矿、强化东矿、抢建西矿”的保护与合理利用稀土资源的方针，包钢编制了《白云鄂博西矿 9 号、10 号矿体开采设计方案》。为满足矿山开采设计对地质资料的要求，包钢勘探队对西矿 9 号、10 号矿体进行了补充地质勘探，在综合过去资料的基础上编写了报告，计算了铁、铌、稀土储量，并经冶金工业部储委审批。与此同时，冶金部内蒙古冶金勘探公司提出西矿中段勘探设计和西矿全区评价设计。根据部分钻探工程验证，发现矿体向深部有增厚的趋势，加之西矿以“沉积为主”的成矿理论指导，认为矿体主要受东西向之向斜构造控制，预测矿体规模有进一步扩大的可能。为此，冶金工业部组织了西矿地质大会战，加速勘探工作，钻探进尺 18 万米及相应的采样、分析，还进行地质以及成矿规律、找矿方向的研究工作，扩大了储量，查清矿石物质组成，进行选冶试验，为西矿的开发提供了依据。1988年提交了《白云鄂博西矿地质勘探报告》，1991年国家储委批准了该报告。

1979年，包钢白云鄂博铁矿、包头冶金研究所对主矿、东矿上盘设计开采范围内的富钾板岩进行了地质勘探、物质成分、技术加工试验和综合评价工作，探明富钾板岩储量，提交了富钾板岩物质成分研究报告和富钾板岩食盐法制取氯化钾和白水泥的试验结果。

从20世纪50年代初至80年代初，这30年对白云鄂博几次大规模的勘探足以支撑白云鄂博未来很长一段时间的正常开采，故在之后的20多年没有进行过大规模的再勘探，只做了生产过程中的生产勘探。但主矿、东矿经过30多年的开采，境界内矿量逐步减少，下一步资源接续的问题逐渐提上了议事日程，特别是在西矿大会战报告出来以后，证实了西矿向斜构造并着手开发的背景下，更对主矿、东矿深部探矿提出了要求。

2005年，开始对东矿进行小规模钻探，钻孔22个，总进尺18406.15m，采集样品4564件，累计分析元素14621个。位置主要集中在19~24勘探线，初步证实深部矿量巨大。

2013年开始对主矿、东矿深部的矿产资源进行勘查，完成钻孔45个，其中东矿完成钻孔36个，主矿9个，共计钻探米数37338.64m，采样16543件。东矿达到了计划目的，主矿因资金原因未能完成计划。

6.2 矿床地质研究

随着白云鄂博矿床普查勘探的进行，地质科研工作也从未间断。多年来中国科学院地质研究所、地球化学研究所、地质部地质科学研究院、矿床综合利用研究所、冶金部地质研究所、天津地质研究院、桂林地质研究所、西北冶金地质研究所、包头冶金研究所（包头稀土研究院）及北京大学和包钢等十几个单位在白云鄂博矿进行了大量的调查研究工作，分别就基础地质、稀有和稀土矿物学、地球化学、矿石物质成分、同位素地质、成矿机理等方面做了研究，不但为采、选、冶提供了依据，而且丰富了矿床研究成果。整个研究工作大致分为以下四个规模较大的阶段。

第一阶段：1958~1959年，中国和苏联科学院与白云鄂博铁矿组成合作地质队（简称中苏合作队），由何作霖教授、索科洛夫教授任队长，以稀土物质成分和利用为重点，着重进行了矿物学、地球化学、成矿规律等研究，查明了矿区主要稀土矿物种类和分布；首次发现了铌、钍、钛的稀有元素矿物及3种新矿物——包头矿、黄河矿和钡铁钛石；研究了主要稀土矿物和矿石类型中稀土元素的含量；阐明了稀土元素的地球化学。按照矿物成分、结构构造及有用组分的含量划分了铁、氟、稀土矿石类型，对矿区稀土、铌的利用远景做了初步评价。首先提出了沉积变质-热液交代的矿床成因，著有《内蒙古白云鄂博铁-氟-稀土和稀有矿床研究总结报告》，出版了《白云鄂博矿物志》。

第二阶段：1963~1965 年，中国科学院地质研究所、贵阳地球化学研究所对矿床物质成分和综合利用进行研究，以铌的赋存状态和分布为重点，查明矿床中铌（钽）含量、赋存形式、组成矿物种类及分布规律，进一步查定了矿石和矿物中稀土元素的配分，发现了氟碳铈钡矿、褐铈铌矿等新矿物，总结提交了《内蒙古白云鄂博矿床物质成分、地球化学及成矿规律》的研究报告。这是在中苏合作地质队研究基础上对白云鄂博矿区地质特征、物质成分、矿石类型、地球化学、成矿规律和找矿标志等问题较全面系统的研究成果。在这期间，地质科学院矿床所对矿区白云岩进行了铌的研究，提交了《白云鄂博矿区白云岩中铌矿化特征》的研究报告。地质部矿产综合利用研究所、内蒙古地质局实验室对矿区矿化围岩（白云岩和板岩）进行综合利用研究后，提出了矿区围岩综合利用前景的几点看法。内蒙古地质局实验室对主、东矿体主要矿石类型的 6 个大样做了全面系统的研究，提交了《内蒙古白云鄂博主东铁矿体内物质成分及铌（钽）、稀土元素赋存状态实验报告》。冶金工业部地质研究所、有色金属研究总院、包头冶金研究所先后对萤石型、霓石型、白云石型铌、稀土矿石物质成分进行了研究。二机部北京第三研究所对矿区进行了放射性普查，编写了《白云鄂博铁矿床放射性异常性质、放射性元素的赋存形式及分布特点》。

总之，这一阶段地质科研工作是活跃而富有成果的，为白云鄂博共生矿的综合利用提供了系统、可靠的依据。

第三阶段：1978~1983 年，为配合西矿地质会战，天津地质研究院、桂林地质研究所和西北冶金地质研究所对西矿三大类型矿石物质成分做了详细研究，查清矿石的物质组成，并发现了大青山矿等新矿物，编写了《白云鄂博西矿铁、铌、稀土物质成分研究》，从而把西矿的物质成分研究推向新的水平。

在此期间，中国科学院地球化学研究所承担了矿床形成机理和成矿模式的研究，在涂光炽和郭承基教授的领导下，组织了同位素地质、放射性地质、稀土稀有地质、构造地质、沉积学、包裹体测定、矿物物理、成矿实验及基础矿物学、地球化学等专业人员，又一次在白云鄂博矿区及其外围进行较为广泛的研究工作，在综合历次研究成果的基础上，编写了《白云鄂博矿床地球化学》，并已正式出版，为丰富我国矿床地球化学的学术宝库做出了贡献。还有中国科学院地质所、天津地质研究院、桂林地质研究所、北京大学等研究单位对矿床进行大地构造学、同位素地质、矿物学、矿床学的研究，亦有进展，取得了中国科学院地质研究所的“白云鄂博矿床中同位素地质研究”、北京大学的“白云鄂博矿床白云岩氧碳同位素组成及其成因”、天津地质研究院的“白云鄂博矿床成因研究”等科研成果。还应指出，在这期间先后召开的白云鄂博矿区地质科研学术讨论会和全国铁-铌-稀土矿床学术会议上，与会专家、学者发表了很多较好的科研成果，对进一步开展矿区的地质科研起到了推动作用。

在20世纪80年代后期，冶金工业部天津地质研究院与美国联邦地质调查所合作开展了白云鄂博成矿机理的研究，试图解决成矿的以下几个问题：（1）矿床是原生还是次生？（2）H_8白云岩是火成还是水成？（3）热液交代是少期还是多期？（4）主要成矿期是否与海西期花岗岩有关？

通过野外和室内工作，得出以下结论：（1）白云鄂博矿床是受围岩控制的后生热液交代成因；（2）H_8白云岩是沉积生成的，而铁矿交代白云石；（3）稀土主要成矿期是加里东期，与海西期花岗岩关系不大。

在这期间，中国科学院地质研究所与英国莱斯特大学、德费莱堡大学共同合作开展对火成碳酸岩墙的研究和霓长岩的确定取得新进展。通过阴极射线发光分析、X射线荧光分析和电子探针分析，表明岩墙为方解石的火成碳酸岩；通过微量元素和同位素分析结果看出，火成碳酸岩墙和沉积白云岩相似。这些证据支持了H_8是白云岩化火成碳酸岩中的凝灰岩观点。1986年以后的研究较少。

第四阶段：2004年以后，随着主矿、东矿采场的快速延伸和西矿的大规模开发，白云鄂博铁铌稀土矿深部探矿、“白云岩”地质地球化学特征及成因、中重稀土赋存规律等方面研究陆续开展了大量工作，并且都有了新的认识。

6.2.1 2005~2016年深部探矿实践[2]

6.2.1.1 2005~2006年深部探矿实践

2005年，在深部和外围进行了探矿工作，旨在挖掘矿山资源潜力，扩大矿山储量或发现新的矿床，延长矿山服务年限。在东矿上盘1488m水平实施钻探工程共计6个孔，钻孔最深达805.65m，初步探明矿体向下延深较深，且矿体厚度较大，有向深部延伸的可能，东矿深部探矿剖面图如图6-2所示。

2006年，包钢公司根据2005年白云鄂博铁矿东矿深部探矿效果较好的实际情况，在原地质勘探和2005年深部勘探的基础上，继续对矿床深部进行资源潜力挖掘的探矿工程。主要目的是查明东矿采场深部矿体赋存的空间位置和规模，并开展定性、定量和定位评价，充分挖掘资源潜力、扩大白云鄂博矿床的经济可采储量。2006年共完成深部探矿工程5个，施工钻孔最深达1221.5m，见矿率100%，进一步证明了东矿体向下延伸较深，且矿体厚度变化不大，有向深部延伸的可能。

6.2.1.2 2013~2016年深部探矿实践

2013~2015年，包钢勘查测绘研究院进一步完成了东矿体深部钻探野外施工，提交了《内蒙古自治区包头市白云鄂博铁矿及其南翼深部铁铌稀土资源详查

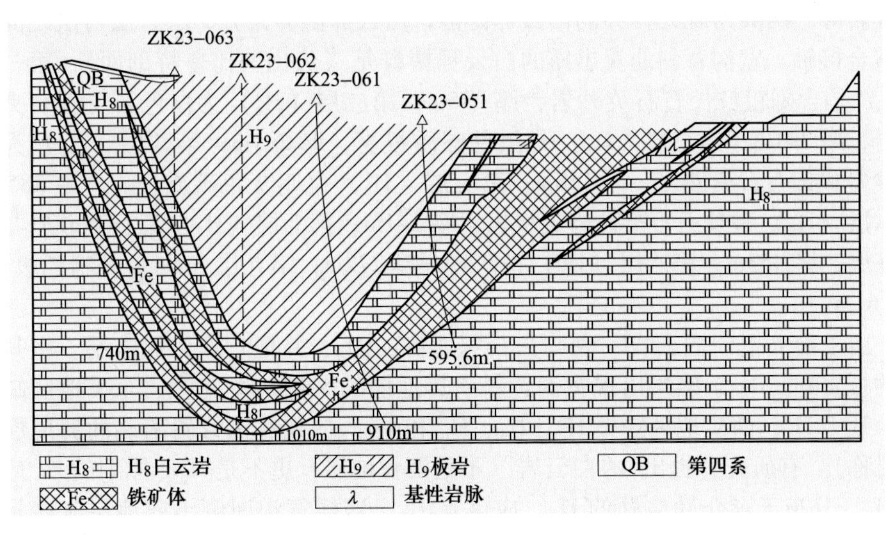

图 6-2　东矿 23 行资源潜力探矿剖面

报告》。

本次深部勘查存在的主要问题是仅对东矿深部进行了局部控制，对主矿和外围矿体没有进行控制；对共生的铌稀土矿工作程度低仅探求了（333）资源量；由于矿体延伸较深，钻探工程没有钻进“白云向斜”核部，无法判断东矿于东介勒格勒矿是否构成一个向斜构造。该报告由于仅为探查和摸底目的，相对勘查间距较大，控制程度有限，且部分钻孔未达到目的，白云岩也没有穿透，所提报告尚未进行评审。

6.2.2　“白云岩”地质地球化学特征及成因再认识[3]

白云鄂博蕴藏着世界上最大的稀土矿床，同时，还储藏超大型铁、铌、钪、钍、钛、钡、氟、磷和钾等资源。这些资源都赋存在“白云岩”中，只要是“白云岩”就是铌、稀土矿石。所以，白云鄂博“白云岩”成为一颗灿烂的宝石，吸引着全世界地质工作者的目光，许多人前去考察和研究。自 1927 年丁道衡教授发现白云鄂博铁矿，至今已 90 年，除分散的课题组研究外，还进行过多次有地质队、科研单位和大专院校参加的、多专业的会战性勘查和研究，但“白云岩”的成因迄今仍然是争论不止。学者认为关键是对“白云岩”的地质产状不清。地质产状是讨论地质体成因的基础，室内研究是野外地质工作的深化和补充。以下论述以“白云岩”的地质产状为主，介绍“白云岩”地球化学特征。

6.2.2.1　区域地质概况

白云鄂博“白云岩”位于华北板块与西伯利亚板块衔接地带上，宽沟背斜的南翼。宽沟背斜核部出露新太古界的二道洼群绿片岩、石英角闪斜长片麻岩和大理岩等。两翼为晚元古界的白云鄂博群，白云鄂博群共分9层，层与层之间都是整合接触。宽沟背斜北翼出露的白云鄂博群是（尖山—比鲁特剖面）：第一层（H_1）是含砾粗粒长石石英砂岩，厚295m；第二层（H_2）为白色石英砂岩夹石英岩，厚391m；第三层（H_3）是黑色碳质板岩，厚291m；第四层（H_4）为石英砂岩和长石石英砂岩，厚168m；第五层（H_5）是暗灰色碳质板岩，厚285m；第六层（H_6）是长石石英砂岩夹板岩，厚141m；第七层（H_7）是石英砂岩与灰岩互层，厚453m；第八层（H_8）是灰岩，厚272m；第九层（H_9）是暗色板岩，厚161m。

由于前人把"白云岩"划归白云鄂博群的H_8，并把它作为标志层，将其上盘的板岩划归H_9，结果出现宽沟背斜南翼地层的大量缺失（主、东矿地区缺失H_5、H_6、H_7；西矿地区缺失H_4、H_5、H_6和H_7，造成宽沟背斜南北两翼地层很不对称）。有研究者提出，"白云岩"不是沉积地层，更不是H_8。原划的H_9应该是H_5，分布于东介勒格勒的H_4，应该是H_6。这样宽沟南侧出露地层应该是从H_1到H_6连续出露，为整合接触关系，与宽沟背斜北翼的地层就吻合了。

6.2.2.2 "白云岩"不是层状岩石

"白云岩"为块状岩石，没明显的层理和固定的层位。在12号矿体以东（直到都拉哈拉）都分布在H_4石英砂岩南面，主体与H_4石英砂岩直接接触，少数岩体产于H_5（原H_9）暗色板岩中。12号矿体以西出露于H_4石英砂岩北面的H_3（原H_9）碳质板岩中，远离H_4石英砂岩；12号矿体以东，主要是顺层侵入的大岩体；12号矿体以西为透镜状小岩体。过去人们将这些透镜体连成层状，作为"白云岩"层，"白云岩"出露的实际面积不足所谓"白云岩"层的1/3~1/4，这样给人们一种"白云岩"为层状岩石的假象。

原来划的H_9板岩为什么划归H_5或H_3，因为在东矿东端"白云岩"与板岩呈锯齿状接触，在最窄处，"白云岩"两边都是黑云母化板岩（如图6-3所示），岩性无明显的不同，应为同一层岩石。"白云岩"北邻的黑云母化板岩与H_4呈整合接触，应是H_5板岩，那么"白云岩"南邻的黑云母化板岩也应该是H_5。在12号矿体以西，"白云岩"是分布于板岩中的一个个透镜体。透镜体上、下盘和它们之间出露的都是黑云母化板岩（如图6-4所示）。这些黑云母化板岩完全相同，应为同一层岩石。"白云岩"透镜体北邻的黑云母化板岩是大家公认的H_3，那么，透镜体南邻和透镜体之间的黑云母化板岩也应该是H_3，不应该是H_9。"白云岩"条带构造主要发育在主、东矿，这些条带构造不是层理，而是流动构造。因为这些条带构造延长很少超过3m，而且组成各种各样图案，如花盆状、网脉状、似交叉非交叉状和双曲线型等（如图6-5和图6-6所示）。这些条带构造非常类似五大连池玄武岩的流动构造。

6.2.2.3 "白云岩"含有大量岩浆岩或高温热液矿床中常见的矿物

"白云岩"含大量多种岩浆岩或高温热液矿床中常见的矿物。在已发现的

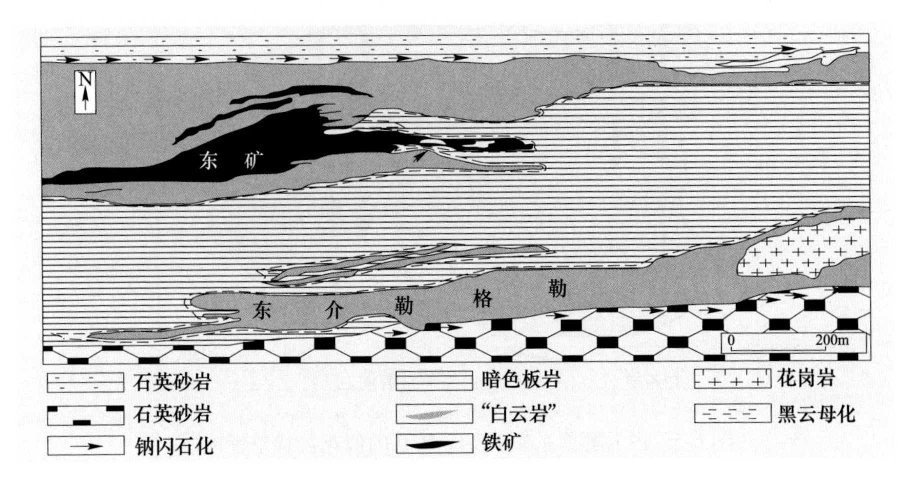

图 6-3　白云鄂博东矿——东介勒格勒地质图

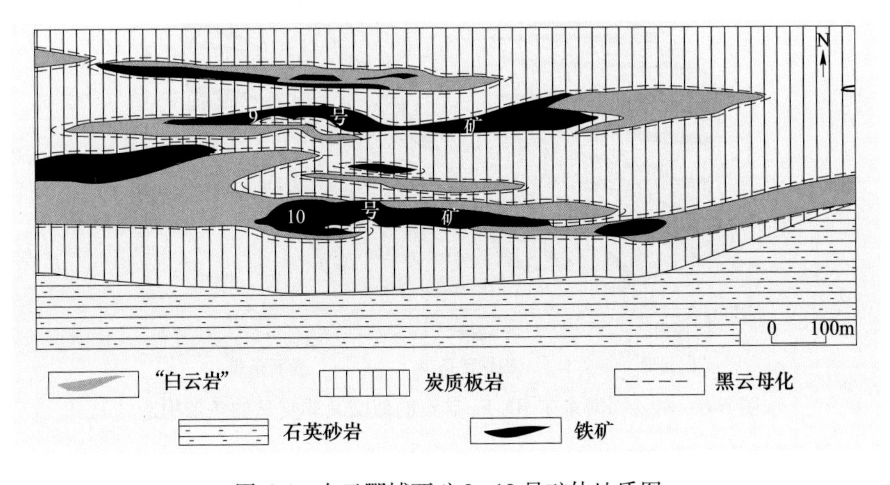

图 6-4　白云鄂博西矿 9~10 号矿体地质图

180 多种矿物中，有 70 多种铌、稀土、钛、锆、钪和钍等矿物。这些矿物都是多产于岩浆岩和高温热液矿床中，形成温度比较高，在表生带一般都非常稳定。在沉积岩中，特别是碳酸岩中含量甚微，只以碎屑产出。而在白云鄂博"白云岩"中不仅含大量的矿物，而且多呈他形晶体产出，少部分呈很好的自形到半自形晶体，尚未发现这些矿物碎屑。如锆石为四方双锥晶体，金红石和钡铁钛石为柱状晶体，钛铁矿和榍石为板状晶体，黄绿石为八面体，易解石为针状和板状晶体，褐钸铌矿和褐铌矿为双锥状晶体等。反映这些矿物是在高温高压条件下形成的。

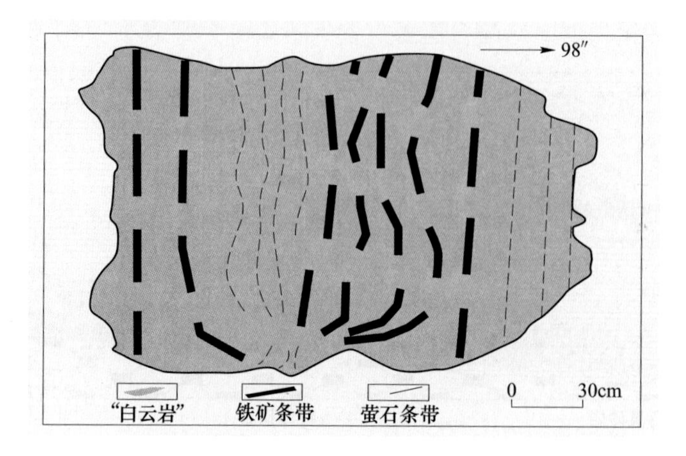

图 6-5　白云鄂博东矿 RE-Fe 矿石的似花盆状条带构造

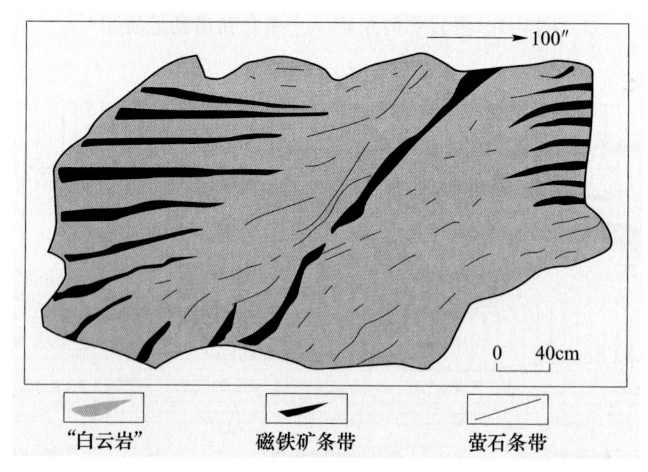

图 6-6　白云鄂博东矿 RE-Fe 矿石的似交叉非交叉的条带构造

6.2.2.4　"白云岩"的微量元素特征

Nb、RE、Th 和 Zr 等元素组合是判别岩石成因类型的重要方法之一。沉积岩，特别是化学沉积岩中这些元素的含量一般低于地壳克拉克值。岩浆岩，特别在碱性岩（包括岩浆碳酸岩），这些元素的含量远远超过地壳克拉克值。白云鄂博"白云岩"含有大量的这些元素，其含量是地壳克拉克值的几十甚至数百倍，沉积碳酸岩的几百到几千倍。如 RE 含量是地壳克拉克值的 66~200 多倍，沉积碳酸岩的 200~1000 多倍；Nb 含量是地壳克拉克值的 8~60 多倍，沉积碳酸岩的 1700~2600 多倍。由此可见，白云鄂博"白云岩"的微量元素组合具有岩浆碳酸岩特征。"白云岩"的稳定同位素特征、稳定同位素组成是判别物质来源及岩石成因的重要标志，人们经常根据同位素推断矿床和岩石成因。表 6-1 列出了白云鄂博白云岩的稳定元素含量。

表 6-1 白云鄂博“白云岩”的稳定元素含量 ($\times10^{-6}$)

元素	地壳克拉克	碳酸岩	深水钙质沉积物	碱性超基性岩	岩浆碳酸盐	“白云岩”	
						Nb-RE-Fe 型	Nb-RE 型
Nb	20	0.3	4.6	890	386	787	515
Ta	2.5	$n\times10^{-3}$	$n\times10^{-3}$	245	18	11	8.9
Ti	4500	400	770	30	2300	2574	1688
Zr	170	19	20	18000	300	10~171	17~300
RE	207	62	119	5.2	2605	41600	13700
P	930	400	350	3200	12600	6492	2680
Zn	83	20	35	1.0	247	100	
Pb	18	6	6	30	52	10~100	
Th	9.6	1.7				596	81
U	2.7	2.2	$n\times10^{-1}$			2.5	2.4

通过以上论述刘铁庚等学者认为：

（1）宽沟背斜南翼的“白云岩”不是层状岩石，无明显的层理，也没有一定的层位。在 12 号矿体以东，“白云岩”主要分布于 H_4 石英砂岩的南面，主体与 H_4 石英砂岩直接接触；12 号矿体以西“白云岩”产在 H_4 石英砂岩北面的 H_3 板岩中，并以大小不等、形状不规则的透镜体（或岩体）产出。

（2）“白云岩”切割 H_4 和 H_5 的层理，并有分枝脉侵入其中。

（3）“白云岩”与 H_6 石英砂岩和 H_5 板岩呈锯齿状接触。

（4）“白云岩”中有 H_4 石英砂岩的残留顶盖相和 H_4 石英砂岩、H_5 板岩的捕掳体或角砾。

（5）与“白云岩”接触的岩石都产生了明显的围岩蚀变。石英砂岩的钠闪石化，板岩和辉绿岩的黑云母化，花岗岩的碱交代。远离“白云岩”围岩的蚀变现象逐渐减少。

（6）与“白云岩”接触的岩石（包括 H_4 和 H_6 石英砂岩，H_3 和 H_5 板岩，以及花岗岩）碱含量大量增加，表明“白云岩”为它们提供了碱的来源。

（7）“白云岩”含有大量的铌、稀土、锆、钍和钛等岩浆岩和高温热液矿床中常见的稳定矿物，而且均为晶体，有些具有很好的自形晶体，没有发现这些矿物的碎屑。

（8）“白云岩”的稳定同位素组成，无论是碳、氧、硫同位素，或是锶和铁同位素组成均具深源特征。由此，认为白云鄂博“白云岩”是岩浆碳酸岩，命名为白云碳酸岩。

6.2.3 中重稀土赋存规律研究

为系统地掌握白云鄂博中重稀土资源的状况，查明中重稀土的赋存状态及分布规律，评估白云鄂博中重稀土资源储量和经济价值，提出采选工艺建议，为促进白云鄂博矿产资源的综合高效开发利用，于2015年4月~2017年4月对白云鄂博矿床开展了地质采样、物质成分分析、中重稀土赋存及分布规律研究。

6.2.3.1 地质采样

参考生产勘探工程间距，以勘探线为基准，分别对主、东矿生产台阶的爆堆和工作面进行采样，共采集样品162件，其中主矿101件，东矿61件，矿岩类型较齐全，除少见的透辉石型铌稀土矿石未采集到样品外，其余矿岩类型均采集到样品。主、东矿矿岩类型包括10种，分别为：块状铌稀土铁矿石、白云石型铌稀土铁矿石、萤石型铌稀土铁矿石、霓石型铌稀土铁矿石、钠闪石型铌稀土铁矿石、黑云母型铌稀土铁矿石、白云石型铌稀土矿石、霓石型铌稀土矿石、黑云母型铌稀土矿石及板岩。样品明细见表6-2和表6-3。

表6-2 白云鄂博主矿样品明细

序 号	矿（岩）类型	样品数量
1	块状铌稀土铁矿石	7个
2	白云石型铌稀土铁矿石	4个
3	萤石型铌稀土铁矿石	20个
4	霓石型铌稀土铁矿石	3个
5	钠闪石型铌稀土铁矿石	4个
6	黑云母型铌稀土铁矿石	3个
7	白云石型铌稀土矿石	18个
8	霓石型铌稀土矿石	2个
9	黑云母铌稀土矿石	8个
10	板岩	32个

表6-3 白云鄂博东矿样品明细

序 号	矿（岩）类型	样品数量
D1	块状铌稀土铁矿石	4个
D2	白云石型铌稀土铁矿石	11个
D3	萤石型铌稀土铁矿石	12个
D4	霓石型铌稀土铁矿石	2个
D5	钠闪石型铌稀土铁矿石	9个
D6	黑云母型铌稀土铁矿石	2个
D7	白云石型铌稀土矿石	9个
D8	霓石型铌稀土矿石	2个
D9	黑云母铌稀土矿石	2个
D10	板岩	8个

6.2.3.2 样品加工制备

对样品进行粗碎、中细碎、混匀、缩分、组合、筛分等过程，分别制备物质成分及结构构造等测试用样，多余样品建档留存。样品加工制备流程如图 6-7 所示。

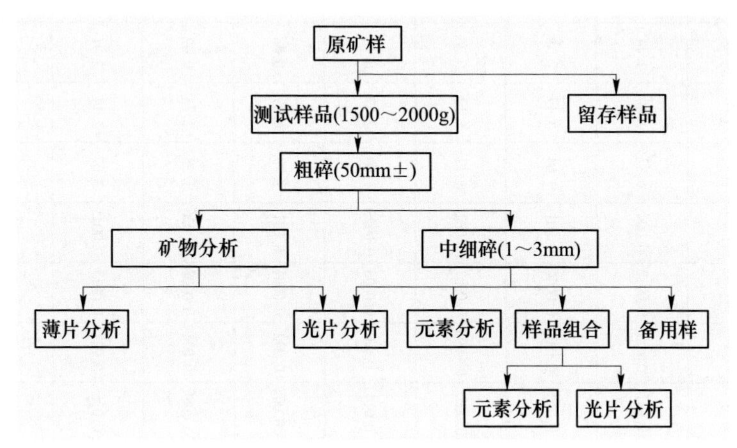

图 6-7 样品加工及检测流程

6.2.3.3 物质成分

A 元素成分

针对稀土元素，尤其是中重稀土元素，同时兼顾白云鄂博矿具有经济价值或特征的元素。主要包括：稀土总量、轻稀土（镧、铈、镨、钕）、中重稀土（钐、铕、钆、铽、镝、钬、铒、铥、镱、镥、钇）、全铁、磁性铁、亚铁、铌、钛、钍、钪、氟、磷、硫、硅、钾、钠、钙、镁、铝、钡、锰共 34 个元素。

表 6-4 和表 6-5 分别是白云鄂博主矿、东矿各矿岩类型组合样多元素分析结果。

B 矿物（组成）成分

采用偏反光显微镜及场发射电镜、能谱仪、自动矿物分析系统对样品矿物组成、结构构造、嵌布特征、矿物粒度进行分析测试，尤其稀土矿物的种类及特征为检测重点。矿物背散射图如图 6-8 所示。矿物分析图如图 6-9 所示。矿物能谱分析图如图 6-10 所示。

主矿：主矿块状铌稀土铁矿石为黑色，块状构造。铁矿物主要为磁铁矿，自形至半自形粒状，呈浸染状、条带状或致密块状；稀土矿物主要为氟碳铈矿和独居石，它形粒状，呈浸染状、细脉状分布于磁铁矿或脉石矿物颗粒之间；铌矿物相对其他类型矿石含量略高，主要为易解石和褐钇铌矿，呈浸染状；脉石矿物主要为萤石和碳酸盐矿物。

主矿萤石型铌稀土铁矿石为灰色、紫灰色，块状、条带状构造。铁矿物主要为磁铁矿、赤铁矿，其中赤铁矿含量相对较高，自形至半自形粒状，呈浸染状、

表 6-4 主矿各矿岩类型组合样多元素分析结果

(%)

类型	Na_2O	K_2O	MgO	CaO	BaO	SiO_2	TiO_2	FeO	Sc_2O_3	Y_2O_3	La_2O_3	CeO_2	Pr_6O_{11}	Nd_2O_3	Sm_2O_3	Eu_2O_3	Gd_2O_3	Tb_4O_7	Dy_2O_3	P_2O_5	F	S	TFe	mFe	REO
萤石型铌稀土铁矿石	0.46	0.14	1.61	23.63	3.23	6.67	0.31	8.68	0.011	0.034	2.08	4.23	0.40	1.22	0.085	0.014	0.038	0.001	0.0028	2.31	11.07	0.92	28.40	21.66	8.10
白云石型铌稀土铁矿石	0.14	0.24	2.08	12.86	4.42	1.63	0.15	8.56	0.0061	0.028	2.20	4.00	0.36	1.03	0.076	0.017	0.028	0.0012	0.004	6.82	1.40	1.14	37.66	21.16	7.74
霓石型铌稀土铁矿石	2.95	0.066	1.02	13.2	4.06	14.62	0.72	8.37	0.011	0.029	2.67	4.60	0.42	1.22	0.094	0.018	0.047	0.0004	0.001	3.64	3.39	2.38	29.19	17.06	9.10
块状铌稀土铁矿石	0.28	0.15	1.08	12.38	0.11	3.18	0.38	22.03	0.013	0.0068	0.50	1.55	0.20	0.80	0.048	0.0062	0.0098	0.0007	0.002	1.17	5.18	0.26	51.19	49.80	3.12
钠闪石型铌稀土铁矿石	1.99	0.38	2.52	10.73	1.59	12.00	1.15	14.86	0.026	0.023	1.08	2.18	0.25	0.93	0.066	0.014	0.03	0.0006	0.0023	1.60	2.47	0.73	36.85	29.70	4.58
云母型铌稀土铁矿石	0.80	0.75	2.10	13.85	2.00	11.55	1.95	18.84	0.018	0.046	0.30	0.98	0.11	0.49	0.06	<0.005	0.042	0.0004	0.001	1.79	6.09	0.48	38.77	34.66	2.03
白云石型铌稀土矿石	0.18	0.071	11.14	30.72	1.45	2.38	0.41	5.53	0.0059	0.0086	1.17	2.27	0.20	0.62	0.045	0.0086	0.034	0.0008	0.0026	1.58	1.26	0.42	8.83	4.13	4.36
霓石型铌稀土矿石	5.99	0.02	0.52	12.95	5.64	26.26	0.64	2.34	0.0084	0.026	2.19	3.90	0.36	1.04	0.077	0.016	0.027	0.0013	0.0045	3.07	2.14	2.91	13.91	4.23	7.64
云母型铌稀土矿石	0.94	2.14	7.12	7.90	1.68	27.22	0.34	14.27	0.010	<0.005	0.21	0.68	0.067	0.27	0.011	<0.005	<0.005	<0.0003	0.0005	0.73	2.25	1.72	18.85	7.63	1.24
板岩	1.21	10.55	2.88	5.49	0.70	39.10	0.43	5.52	0.0067	0.0042	0.064	0.19	0.015	0.064	0.0062	0.0017	0.011	<0.0003	<0.0003	0.30	1.55	1.02	6.12	0.73	0.36

表 6-5 东矿各矿岩类型组合样多元素分析结果

（%）

类型	Na_2O	K_2O	MgO	CaO	BaO	SiO_2	TiO_2	FeO	Sc_2O_3	Y_2O_3	La_2O_3	CeO_2	Pr_6O_{11}	Nd_2O_3	Sm_2O_3	Eu_2O_3	Gd_2O_3	Tb_4O_7	Dy_2O_3	P_2O_5	F	S	TFe	mFe	REO
萤石型铌稀土铁矿石	0.41	0.62	1.42	22.96	2.28	9.56	0.64	12.02	0.0081	0.031	1.62	3.29	0.3	0.94	0.066	0.017	0.031	0.0009	0.0025	3.14	12.24	0.76	29.38	24.18	6.30
白云石型铌稀土铁矿石	0.26	0.18	5.76	20.41	1.71	4.62	0.42	11.14	0.0095	0.024	1.29	2.48	0.23	0.73	0.045	0.012	0.021	0.0008	0.0025	1.44	6.77	1.68	28.24	20.73	4.84
霓石型铌稀土铁矿石	2.10	0.59	1.43	14.70	3.96	20.75	0.73	9.71	0.018	0.033	1.43	3.91	0.39	1.15	0.082	0.021	0.036	0.0015	0.005	2.50	7.10	1.85	21.04	14.98	7.06
块状铌稀土铁矿石	0.69	0.41	2.84	7.77	0.38	7.38	0.13	23.64	0.0036	0.0092	0.046	0.26	0.056	0.33	0.019	0.005	0.007	0.0008	0.0022	0.5	1.58	1.90	47.82	41.07	0.74
钠闪石型铌稀土铁矿石	1.75	0.71	5	11.49	0.60	19.57	<0.20	14.60	0.012	0.04	0.88	1.94	0.21	0.7	0.071	0.0076	0.019	0.0008	0.002	1.31	4.68	2.64	27.48	22.32	3.87
云母型铌稀土铁矿石	0.62	0.41	6.80	11.3	1.32	17.42	1.35	14.76	0.009	0.017	0.88	1.86	0.19	0.64	0.041	0.01	0.014	0.001	0.0031	3.11	3.88	1.81	25.94	18	3.66
白云石型铌稀土矿石	0.28	0.41	10.35	28.22	0.44	4.79	<0.20	8.82	0.005	0.0066	0.85	1.71	0.17	0.51	0.033	0.0066	0.011	0.0007	0.0018	1.10	4.18	0.48	11.12	5.89	3.30
霓石型铌稀土矿石	4.24	0.061	0.28	11.33	6.04	25.14	0.35	2.83	0.015	0.043	2.31	4.51	0.41	1.24	0.092	0.023	0.042	0.0012	0.003	2.86	6.11	0.46	13.78	7.07	8.67
云母型铌稀土矿石	1.74	1.78	6.55	15.69	0.53	26.04	0.94	9.68	0.0057	<0.005	0.44	0.92	0.077	0.25	<0.005	<0.005	<0.005	<0.0003	<0.0003	0.62	5.02	0.4	10.39	3.05	1.69
板岩	2.02	2.54	5.97	8.22	0.69	39.01	1.46	9.56	0.0091	<0.005	0.055	0.28	0.017	0.093	<0.005	<0.005	<0.005	<0.0003	<0.0003	0.55	1.74	0.44	8.96	0.95	0.45

图 6-8 矿物背散射图

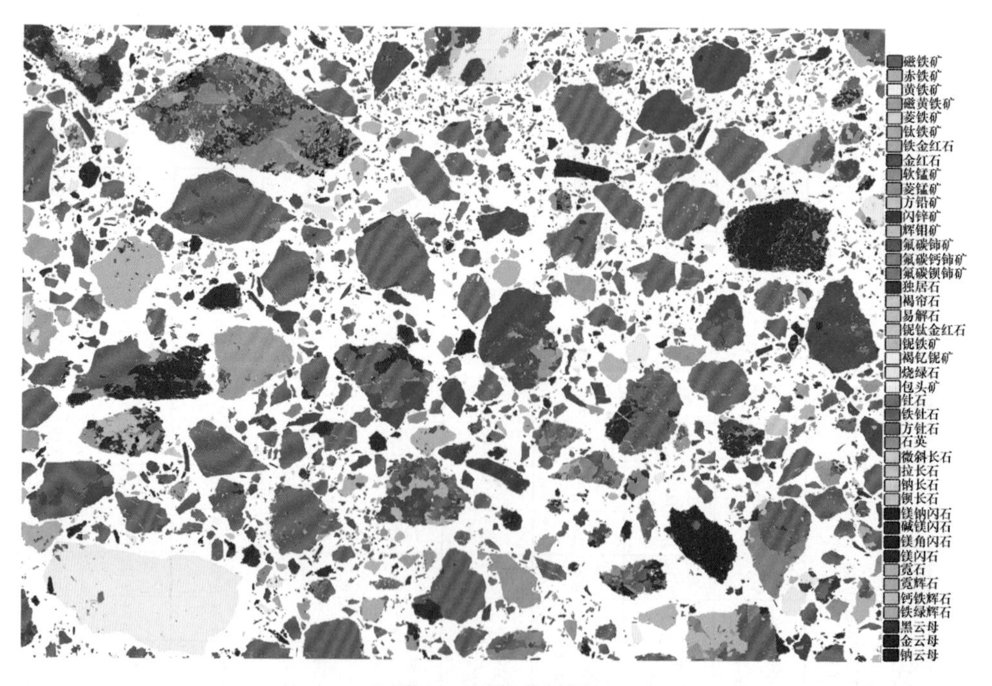

图 6-9 矿物分析图

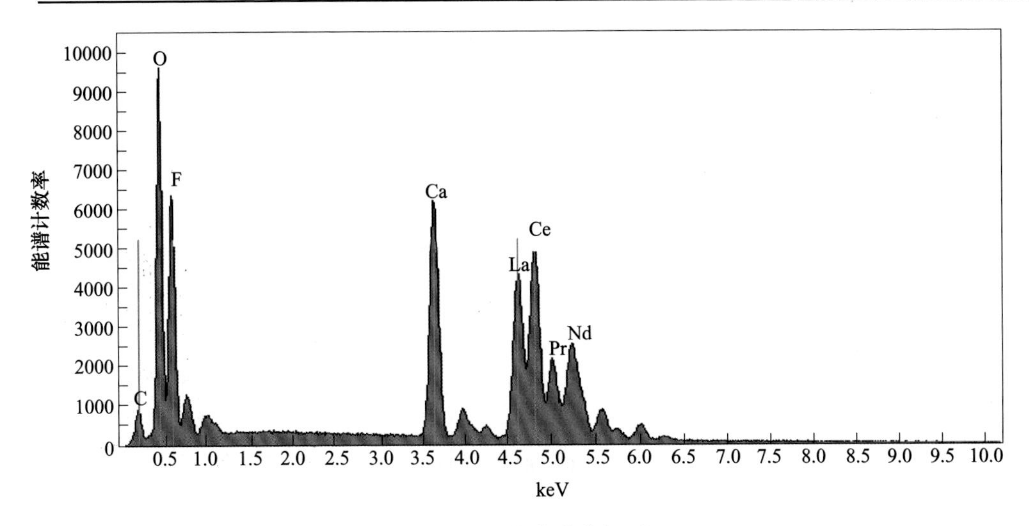

图 6-10 矿物能谱分析图

斑状或条带状；稀土矿物主要为氟碳铈矿和独居石，它形粒状，呈浸染状、细脉状；铌矿物含量较低，呈微细粒浸染状；脉石矿物主要为萤石、白云石、磷灰石、重晶石等。主矿萤石型铌稀土铁矿石矿物组成见表 6-6。

表 6-6 白云鄂博主矿萤石型铌稀土铁矿石矿物组成及含量 (%)

矿物名称	磁铁矿	赤铁矿	黄铁矿	磁黄铁矿	菱铁矿	钛铁矿	菱锰矿	软锰矿	方铅矿	闪锌矿	氟碳铈矿
含　量	32.53	10.19	0.66	0.12	0.16	0.28	0.26	0.05	0.09	0.01	8.58
矿物名称	氟碳钙铈矿	黄河矿	独居石	褐帘石	易解石	铌铁矿	铌铁金红石	黄绿石	褐钇铌矿	石英	长石
含　量	0.02	0.22	2.81	0.02	0.08	0.04	0.07	0.01	0.05	2.00	0.73
矿物名称	闪石	辉石	云母	方解石	白云石	萤石	磷灰石	重晶石	其他		
含　量	2.30	1.84	1.00	1.75	6.54	18.62	3.50	4.54	0.93		

主矿白云石型铌稀土铁矿石为灰白色，块状构造。铁矿物主要为磁铁矿和赤铁矿，半自形粒状，呈浸染状；稀土矿物主要为氟碳铈矿和独居石，它形粒状，多呈细脉状、浸染状；铌矿物种类少，含量低；脉石矿物主要为白云石、磷灰石和重晶石。

主矿钠闪石型铌稀土铁矿石为灰黑色、黑色，块状构造。铁矿物主要为磁铁矿，自形至半自形粒状，呈浸染状；稀土矿物主要为氟碳铈矿和独居石，二者含量接近，为它形粒状，呈浸染状、细脉状；铌矿物含量相对较高，主要为易解石，呈浸染状；脉石矿物主要为闪石、辉石等硅酸盐矿物及白云石、方解石、萤石等。

主矿霓石型铌稀土铁矿石为灰绿色，块状构造。铁矿物主要为磁铁矿、赤铁矿和黄铁矿，自形至半自形粒状，呈浸染状或条带状；稀土矿物主要为氟碳铈矿、黄河矿和独居石，为它形粒状，呈浸染状、细脉状；铌矿物主要为易解石和黄绿石，含量相对较高，呈微细粒浸染状；脉石矿物主要为辉石、闪石等硅酸盐矿物及白云石、方解石、萤石、磷灰石、重晶石等。

主矿云母型铌稀土铁矿石为灰黑色、黑色，片状构造。铁矿物主要为磁铁矿、赤铁矿和钛铁矿，自形至半自形粒状，呈浸染状、斑杂状；稀土矿物含量较低，以褐帘石为主，为它形粒状，呈细粒浸染状；铌矿物种类较多，但含量较低，呈微细粒浸染状；脉石矿物主要为云母、萤石、白云石、磷灰石、重晶石等。

主矿白云石型铌稀土矿石为白色、黄白色或灰白色，块状构造。铁矿物主要为磁铁矿，为半自形粗细不一粒状，呈浸染状；稀土矿物主要为氟碳铈矿和独居石，独居石含量略高于氟碳铈矿，多为它形粒状，呈细脉状、浸染状分布于白云石粒间；铌矿物种类较多，但含量低；脉石矿物主要为白云石、萤石等，为半自形粒状。

主矿霓石型铌稀土矿石为灰绿色，块状构造。铁矿物主要为磁铁矿、赤铁矿和黄铁矿，自形至半自形粒状，呈浸染状或条带状；稀土矿物主要为氟碳铈矿、黄河矿和独居石，它形粒状，呈浸染状、细脉状；脉石矿物主要为辉石、闪石等硅酸盐矿物及白云石、方解石、萤石、磷灰石、重晶石等。

主矿云母型铌稀土矿石为灰黑色、黑色，片状构造。铁矿物主要为磁铁矿、赤铁矿和磁黄铁矿，自形至半自形粒状，呈浸染状；稀土矿物含量低，主要为氟碳铈矿、独居石和褐帘石，它形粒状，呈细粒浸染状；铌矿物含量较低，呈微细粒浸染状；钍石和铁钍石含量相对较高；脉石矿物主要为云母、闪石、辉石等硅酸盐矿物及白云石、方解石等。

主矿板岩为灰黑色、灰绿色，板状构造。铁矿物以黄铁矿和磁铁矿为主，呈浸染状；稀土矿物含量低，以褐帘石居多，呈微细粒浸染状；含少量钍石；脉石矿物以长石、云母等硅酸盐矿物为主。

东矿：东矿块状铌稀土铁矿石为黑色，块状构造。铁矿物主要为磁铁矿和少量赤铁矿、磁黄铁矿，自形至半自形粒状，呈浸染状、条带状或致密块状；稀土矿物含量低，呈细粒浸染状；铌矿物含量略高，以铌铁矿为主，呈微细粒浸染状；钍石含量相对较高；脉石矿物主要为白云石、闪石等。

东矿萤石型铌稀土铁矿石为灰色、紫灰色，块状、条带状构造。铁矿物主要为磁铁矿，为自形至半自形粒状，呈浸染状、斑状或条带状；稀土矿物主要为氟碳铈矿和独居石，为它形粒状，呈浸染状、细脉状；铌矿物以铌铁金红石和褐钇铌矿为主，呈微细粒浸染状；脉石矿物主要为萤石、白云石、磷灰石、重晶石等。

东矿白云石型铌稀土铁矿石为灰白色，块状构造。铁矿物主要为磁铁矿、赤铁矿、黄铁矿和磁黄铁矿，半自形粒状，呈浸染状；稀土矿物主要为氟碳铈矿和独居石，它形粒状，多呈细脉状、浸染状；铌矿物以易解石和铌铁金红石为主，呈微细粒浸染状；脉石矿物主要为白云石和萤石等。

东矿钠闪石型铌稀土铁矿石为灰黑色、黑色，块状构造。铁矿物主要为磁铁矿和少量黄铁矿、磁黄铁矿，为自形至半自形粒状，呈浸染状；稀土矿物主要为氟碳铈矿和独居石，它形粒状，呈浸染状、细脉状；铌矿物含量低；脉石矿物主要为闪石、辉石、云母等硅酸盐矿物及白云石、方解石、萤石等。

东矿霓石型铌稀土铁矿石为灰绿色，块状构造。铁矿物主要为磁铁矿、赤铁矿和黄铁矿，自形至半自形粒状，呈浸染状或条带状；稀土矿物主要为氟碳铈矿、黄河矿和独居石，为它形粒状，呈浸染状、细脉状；铌矿物种类及含量相对较高，以易解石、铌铁金红石和包头矿为主，呈微细粒浸染状；脉石矿物主要为辉石、云母等硅酸盐矿物及萤石、方解石、磷灰石、重晶石等。东矿霓石型铌稀土铁矿石矿物组成见表 6-7。

表 6-7 白云鄂博东矿霓石型铌稀土铁矿石矿物组成及含量 (%)

矿物名称	磁铁矿	赤铁矿	黄铁矿	磁黄铁矿	菱铁矿	钛铁矿	软锰矿	方铅矿	辉钼矿	氟碳铈矿	氟碳钙铈矿
含　量	22.03	3.44	1.57	0.91	0.16	0.42	0.04	0.09	0.10	4.04	0.94
矿物名称	黄河矿	独居石	褐帘石	易解石	铌铁矿	铌铁金红石	黄绿石	褐钇铌矿	包头矿	石英	长石
含　量	1.50	3.85	0.19	0.07	0.02	0.07	0.02	0.05	0.15	4.31	0.48
矿物名称	闪石	辉石	云母	碳硅钙石	方解石	白云石	萤石	磷灰石	重晶石	其他	
含　量	8.05	14.76	10.95	0.70	3.56	1.00	9.76	3.14	2.57	1.06	

东矿云母型铌稀土铁矿石为灰黑色、黑色，片状构造。铁矿物主要为磁铁矿、赤铁矿、黄铁矿、磁黄铁矿和钛铁矿，自形至半自形粒状，呈浸染状、斑杂状；稀土矿物主要为氟碳铈矿和独居石，它形粒状，呈细粒浸染状；铌矿物以铌铁矿为主，呈微细粒浸染状；脉石矿物主要为云母、闪石等硅酸盐矿物、萤石、白云石、磷灰石等。

东矿白云石型铌稀土矿石为白色、黄白色或灰白色，块状构造。铁矿物主要为磁铁矿和赤铁矿，为半自形粗细不一粒状，呈浸染状；稀土矿物主要为氟碳铈矿和独居石，为它形粒状，呈细脉状、浸染状分布于白云石粒间；铌矿物种类较多，但含量低；脉石矿物主要为白云石、萤石、云母等，为半自形粒状。

东矿霓石型铌稀土矿石为灰绿色，块状构造。铁矿物主要为磁铁矿、赤铁矿，自形至半自形粒状，呈浸染状或条带状；稀土矿物主要为氟碳铈矿、黄河矿和独居石，其中氟碳钡铈矿所占比例最高，为它形粒状，呈浸染状、细脉状；铌矿物种类及含量相对较高，以铌铁矿和黄绿石为主，呈微细粒浸染状；脉石矿物主要为辉石、萤石、磷灰石、重晶石等。

东矿云母型铌稀土矿石为灰黑色、黑色，片状构造。铁矿物主要为磁铁矿，自形至半自形粒状，呈浸染状；稀土矿物含量低，主要为氟碳铈矿、独居石，其中独居石含量高于氟碳铈矿，为它形粒状，呈细粒浸染状；铌矿物含量较低，呈微细粒浸染状；脉石矿物主要为云母、长石等硅酸盐矿物及方解石、白云石等。

东矿板岩为灰黑色、灰绿色，板状构造。铁矿物以磁铁矿和黄铁矿为主，呈浸染状；稀土矿物含量低，以褐帘石居多，呈微细粒浸染状；铌矿物含量低；脉石矿物以云母、长石等硅酸盐矿物和方解石、白云石为主。

矿床深部矿物种类主要包括铁矿物、稀土矿物、铌矿物、硅酸盐矿物、碳酸盐矿物、氟化物等几大类矿物，其中铌矿物含量较低。矿物粒度普遍较细，共生关系紧密，嵌布复杂。铁主要赋存于磁铁矿、赤铁矿、黄铁矿（或磁黄铁矿）及含铁硅酸盐中；稀土主要赋存于氟碳铈矿和独居石中；铌主要赋存于易解石、铌铁金红石、铌铁矿中，黄绿石、包头矿等矿物量较少；钍主要赋存于稀土矿物和铌矿物中，独立矿物钍石、方钍石含量甚微；钪主要以分散状态存在，但在含铌、霓石等矿物中相对富集。

C 中重稀土分布规律

主、东矿矿石中的中重稀土元素包含钐（Sm）、铕（Eu）、钆（Gd）、铽（Tb）、镝（Dy）及钇（Y），按照萃取分离分类，钐、铕、钆为中稀土；铽、镝、钇为重稀土。以 REO 计各元素含量关系为 Sm > Gd(Y) > Eu > Dy > Tb，其中 Sm 的含量最高约占中重稀土总量 40%以上（主矿板岩为 26%），Gd 与 Y 的含量较为接近，主矿 Gd > Y，东矿则相反。主矿各矿石类型中中重稀土元素含量及配分见表 6-8。

表 6-8 主矿各矿石类型中中重稀土元素含量及配分 （%）

矿石类型	Sm_2O_3		Eu_2O_3		Gd_2O_3		Tb_4O_7		Dy_2O_3		Y_2O_3		Σ中重
	含量	Sm_2O_3/Σ中重	含量	Eu_2O_3/Σ中重	含量	Gd_2O_3/Σ中重	含量	Tb_4O_7/Σ中重	含量	Dy_2O_3/Σ中重	含量	Y_2O_3/Σ中重	含量
萤石型铌稀土铁矿石	0.085	48.63	0.014	8.01	0.038	21.74	0.001	0.57	0.0028	1.60	0.034	19.45	0.175
白云石型铌稀土铁矿石	0.076	49.29	0.017	11.02	0.028	18.16	0.0012	0.78	0.004	2.59	0.028	18.16	0.154
霓石型铌稀土铁矿石	0.094	49.63	0.018	9.50	0.047	24.82	0.0004	0.21	0.001	0.53	0.029	15.31	0.189
块状铌稀土铁矿石	0.048	65.31	0.0062	8.44	0.0098	13.33	0.0007	0.95	0.002	2.72	0.0068	9.25	0.074
钠闪石型铌稀土铁矿石	0.066	48.57	0.014	10.30	0.03	22.08	0.0006	0.44	0.0023	1.69	0.023	16.92	0.136
云母型铌稀土铁矿石	0.06	40.16	<0.005	0	0.042	28.11	0.0004	0.27	0.001	0.67	0.046	30.79	0.149

续表 6-8

矿石类型	Sm_2O_3		Eu_2O_3		Gd_2O_3		Tb_4O_7		Dy_2O_3		Y_2O_3		Σ中重
	含量	Sm_2O_3/Σ中重	含量	Eu_2O_3/Σ中重	含量	Gd_2O_3/Σ中重	含量	Tb_4O_7/Σ中重	含量	Dy_2O_3/Σ中重	含量	Y_2O_3/Σ中重	含量
白云石型铌稀土矿石	0.045	45.18	0.0086	8.63	0.034	34.14	0.0008	0.80	0.0026	2.61	0.0086	8.63	0.100
霓石型铌稀土矿石	0.077	50.72	0.016	10.54	0.027	17.79	0.0013	0.86	0.0045	2.96	0.026	17.13	0.152
云母型铌稀土矿石	0.011	95.65	<0.005	0	<0.005	0	<0.0003	0	0.0005	4.35	<0.005	0	0.012
板岩	0.0062	26.84	0.0017	7.36	0.011	47.62	<0.0003	0	<0.0003	0	0.0042	18.18	0.023

注：1. 各矿石类型中稀土元素含量为重量百分比；

2. Σ中重为 Sm_2O_3、Eu_2O_3、Gd_2O_3、Tb_4O_7、Dy_2O_3、Y_2O_3 含量。

主矿各矿石自然类型中中稀土元素含量关系如图 6-11 所示。

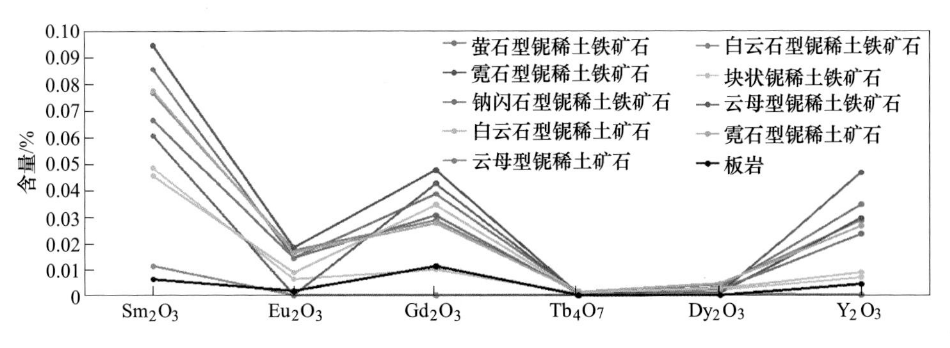

图 6-11 主矿各矿石自然类型中中稀土元素含量关系

东矿各矿石类型中中重稀土元素含量及配分见表 6-9。

表 6-9 东矿各矿石类型中中重稀土元素含量及配分 （%）

矿石类型	Sm_2O_3		Eu_2O_3		Gd_2O_3		Tb_4O_7		Dy_2O_3		Y_2O_3		Σ中重
	含量	Sm_2O_3/Σ中重	含量	Eu_2O_3/Σ中重	含量	Gd_2O_3/Σ中重	含量	Tb_4O_7/Σ中重	含量	Dy_2O_3/Σ中重	含量	Y_2O_3/Σ中重	含量
萤石型铌稀土铁矿石	0.066	44.47	0.017	11.46	0.031	20.89	0.0009	0.61	0.0025	1.68	0.031	20.89	0.148
白云石型铌稀土铁矿石	0.045	42.74	0.012	11.40	0.021	19.94	0.0008	0.76	0.0025	2.37	0.024	22.79	0.105
霓石型铌稀土铁矿石	0.082	45.94	0.021	11.76	0.036	20.17	0.0015	0.84	0.005	2.80	0.033	18.49	0.179
块状铌稀土铁矿石	0.019	43.98	0.005	11.57	0.007	16.20	0.0008	1.85	0.0022	5.09	0.0092	21.30	0.043

续表 6-9

矿石类型	Sm_2O_3		Eu_2O_3		Gd_2O_3		Tb_4O_7		Dy_2O_3		Y_2O_3		Σ中重
	含量	Sm_2O_3/Σ中重	含量	Eu_2O_3/Σ中重	含量	Gd_2O_3/Σ中重	含量	Tb_4O_7/Σ中重	含量	Dy_2O_3/Σ中重	含量	Y_2O_3/Σ中重	含量
钠闪石型铌稀土铁矿石	0.071	50.57	0.0076	5.41	0.019	13.53	0.0008	0.57	0.002	1.42	0.04	28.49	0.140
云母型铌稀土铁矿石	0.041	47.62	0.01	11.61	0.014	16.26	0.001	1.16	0.0031	3.60	0.017	19.74	0.086
白云石型铌稀土矿石	0.033	55.28	0.0066	11.06	0.011	18.43	0.0007	1.17	0.0018	3.02	0.0066	11.06	0.060
霓石型铌稀土矿石	0.092	45.05	0.023	11.26	0.042	20.57	0.0012	0.59	0.003	1.47	0.043	21.06	0.204
云母型铌稀土矿石	<0.005	0	<0.005	0	<0.005	0	<0.0003	0	<0.0003	0	<0.005	0	0
板岩	<0.005	0	<0.005	0	<0.005	0	<0.0003	0	<0.0003	0	<0.005	0	0

东矿各矿石自然类型中中重稀土含量关系如图 6-12 所示。

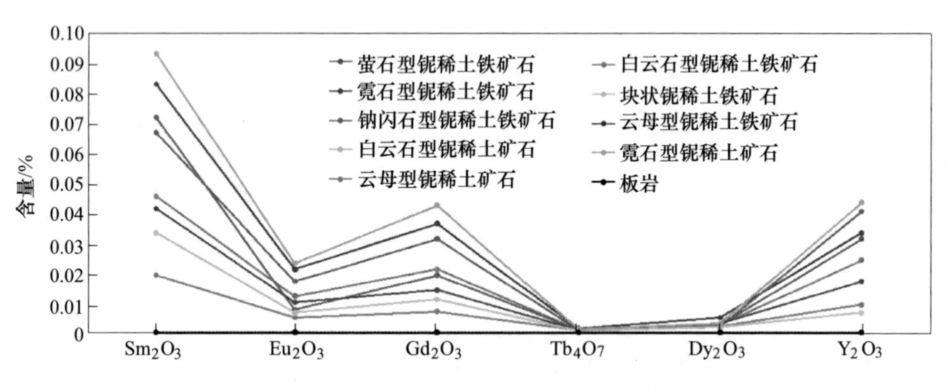

图 6-12 东矿各矿石自然类型中中重稀土含量关系

主矿体生产范围内中重稀土含量最高的矿岩类型为霓石型铌稀土铁矿石（0.189%）和萤石型铌稀土铁矿石（0.175%），所有类型矿岩平均含量为0.116%。水平方向上，自北向南沿勘探线延伸方向及垂直勘探线方向中重稀土含量变化趋势均表现出与铁矿体有较为密切的关系；纵向上中重稀土含量随开采水平的延伸呈现较为明显增长趋势，预示深部矿体中重稀土资源量较为可观。

主矿各开采水平不同类型矿石中稀土含量及配分见表 6-10。

表 6-10　主矿各开采水平不同类型矿石中稀土含量及配分　（%）

开采水平/m	矿石类型	REO	REO（中重）	平均 REO	平均 REO（轻）	平均 REO（中重）
1528	萤石型铌稀土铁矿石	7.09	0.153	3.67	3.585	0.0847
	白云石型铌稀土矿石	3.658	0.084			
	板　岩	0.264	0.017			
1514	白云石型铌稀土矿石	3.624	0.083	1.922	1.872	0.0485
	板　岩	0.22	0.014			
1500	萤石型铌稀土铁矿石	7.462	0.161	4.049	3.955	0.093
	白云石型铌稀土矿石	4.39	0.1			
	板　岩	0.295	0.019			
1486	萤石型铌稀土铁矿石	7.535	0.163	5.55	5.426	0.125
	霓石型铌稀土铁矿石	8.68	0.181			
	白云石型铌稀土矿石	6.95	0.159			
	块状铌稀土铁矿石	4.24	0.1			
	板　岩	0.345	0.022			
1472	萤石型铌稀土铁矿石	8.766	0.189	4.655	4.538	0.117
	霓石型铌稀土铁矿石	8.32	0.173			
	霓石型铌稀土矿石	7.655	0.152			
	云母型铌稀土铁矿石	2.53	0.186			
	云母型铌稀土矿石	1.16	0.011			
	钠闪石型铌稀土铁矿石	4.04	0.12			
	白云石型铌稀土铁矿石	4.48	0.089			
	板　岩	0.29	0.019			
1458	云母型铌稀土铁矿石	3.62	0.267	2.898	2.764	0.134
	块状铌稀土铁矿石	2.365	0.056			
	钠闪石型铌稀土铁矿石	2.71	0.08			

主矿中重稀土含量随开采水平变化趋势如图 6-13 所示。

东矿体生产范围内中重稀土品位最高的矿岩类型为霓石型铌稀土矿石（0.204%）和霓石型铌稀土铁矿石（0.179%），所有类型矿岩平均含量为0.097%。水平方向上，中重稀土含量表现出与铁矿体关系较为紧密；随开采水平延伸，中重稀土含量与开采深度呈正相关关系，深部矿体内中重稀土资源量可观。

东矿各开采水平不同类型矿石内稀土含量及配分见表 6-11。

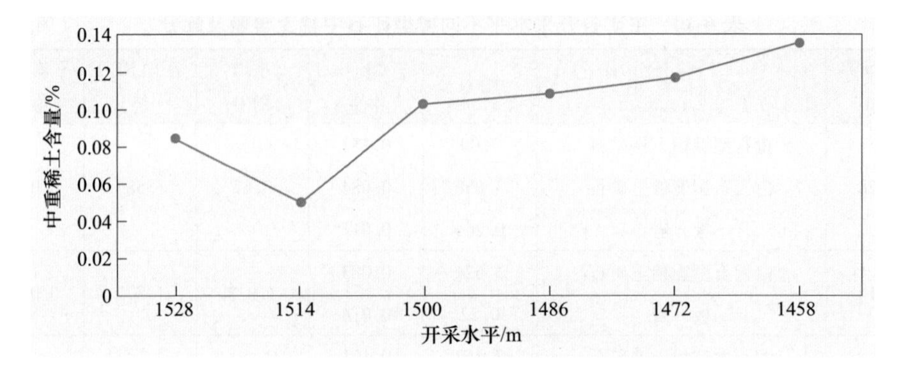

图 6-13 主矿中重稀土含量随开采水平变化趋势

表 6-11 东矿各开采水平不同类型矿石内稀土含量及配分 (%)

开采水平/m	矿石类型	REO	REO（中重）	平均 REO	平均 REO（轻）	平均 REO（中重）
1404	云母型铌稀土矿石	2.7	0	1.5	1.5	0
	板岩	0.3	0			
1390	萤石型铌稀土铁矿石	3.33	0.078	3.747	3.655	0.092
	霓石型铌稀土铁矿石	6.43	0.163			
	白云石型铌稀土矿石	5.476	0.099			
	钠闪石型铌稀土铁矿石	3.28	0.119			
	板岩	0.22	0			
1376	钠闪石型铌稀土铁矿石	2.85	0.103	3.155	3.082	0.071
	霓石型铌稀土矿石	6.98	0.164			
	云母型铌稀土矿石	2.34	0			
	白云石型铌稀土铁矿石	5.575	0.121			
	白云石型铌稀土矿石	2.951	0.053			
	块状铌稀土铁矿石	0.915	0.054			
	板岩	0.473	0			
1362	萤石型铌稀土铁矿石	3.85	0.091	4.361	4.254	0.106
	霓石型铌稀土矿石	9.255	0.218			
	钠闪石型铌稀土铁矿石	3.183	0.115			
	白云石型铌稀土铁矿石	3.56	0.078			
	白云石型铌稀土矿石	2.688	0.049			
	云母型铌稀土铁矿石	3.63	0.085			
1348	萤石型铌稀土铁矿石	3.63	0.086	5.755	5.57	0.186
	钠闪石型铌稀土铁矿石	7.88	0.286			

东矿中重稀土含量随开采水平变化趋势如图 6-14 所示。

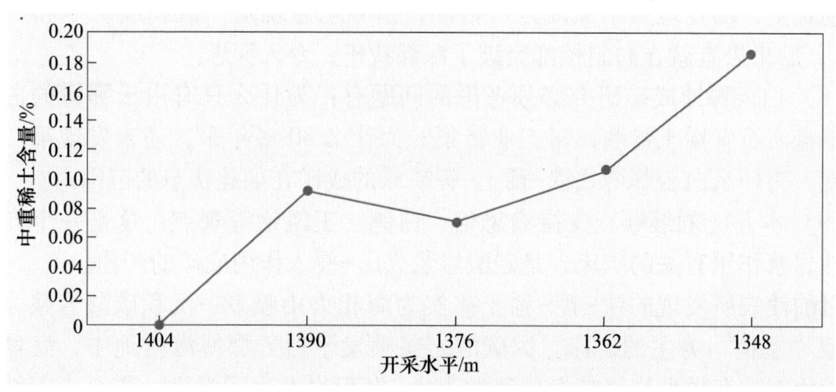

图 6-14 东矿中重稀土含量随开采水平变化趋势

6.2.4 白云鄂博矿勘查及研究总结

地质学者刘继顺对白云鄂博铁矿的勘查与研究作了一个精彩而有趣的总结：

（1）1927 年，丁道衡发现了白云鄂博铁矿（主矿）。发现纯属偶然，认识它却是必然。白云鄂博铁矿为露头矿，地质找矿人员谁先到达谁先发现。但那是一个兵荒马乱的年代，没有坚定的信念和踏实的基本功是上不了山认识不到的。他的发现在当时并未引起地质行政部门和学术权威的重视。这说明“眼见为实”的重要性。

（2）1934 年，何作霖发现了白云鄂博稀土矿，没有去白云鄂博矿床现场，却从丁道衡所转交的矿石标本中，发现了白云鄂博稀土矿。这说明实实在在的岩矿鉴定、化验分析何等的重要。

（3）1944 年，日伪时期黄春江发现白云鄂博东矿和西矿。这说明日伪对资源的重视，胜过当时的国民政府。

（4）1953 年，陈鑫发现白云鄂博铁矿围岩中的稀土矿之前一直在白云鄂博铁矿中寻找稀土矿。陈鑫首先关注铁矿围岩（白云岩），取样化验分析，却开辟了白云鄂博稀土矿找矿广阔的新天地。

（5）1964 年，白鸽发现白云鄂博铌矿。前人的光谱数据中的一个样品的高铌谱线，引起了白鸽的高度注意，进而穷根究底终于促成了铌矿的发现。

（6）地质勘查与矿业开发技术人员的辛勤劳作，稀土-铌-铁造福人类应该牢记 241 地质队、包钢 541 勘探队、105 地质队、有色内蒙古地勘公司及包钢集团全体地质技术人员的体力与智力的付出与贡献。

（7）成矿理论万千新，不抵“沉积成矿”“褶皱控矿”一根筋。从白云鄂博发现至今 80 年有余，国内外大家过客无数，提出了各种各样的成矿理论观点。鱼目混珠，眼花缭乱，至今争论不休，一地鸡毛。然大多为了生计，炮制应景文章；忘了理论来自实践，指导实践的宗旨，于找矿勘查事业无补。纵观白云鄂博铁矿勘查史，勘查地质学家就是一根筋，指导思想就是“沉积成矿”和“褶皱控矿”，后来果真就在向斜核部突破了深部找矿，令人深思。

(8) 白云鄂博成矿研究必须考虑的问题有：为什么只有白云鄂博的白云岩及上下盘岩石有稀土稀散元素工业富集？为什么80多年来，还未发现第二个白云鄂博？为什么白云鄂博式铁-稀土-铌矿床的成矿在如此狭窄的范围内？

(9) 本人（刘继顺）支持袁忠信、白鸽、王凯怡等观点：这是一个与碱性超基性岩浆作用有关的矿床，是碳酸岩浆火山-侵入作用成矿的产物。

目前浅表所发现的铁-铌-稀土矿实为海相火山喷发—沉积碳酸岩浆—热液交代型“层状”为主的矿床。因碳酸岩浆喷发于白云鄂博海盆地中，海盆地背景沉积物对这套碳酸岩浆喷发所致的火山-沉积岩发生了混染，甚至未固结的碳酸岩熔岩流入至未固结的海盆沉积物中而致侵入接触假象。

按此思路，白云鄂博的成矿模式应该参考火山岩熔矿的块状硫化物矿床(VHMSD)。如果这样，更深层次寻找白云鄂博式铁-稀土-铌矿床可围绕下述思路展开：将白云鄂博碳酸岩火山盆地浅表的层状-似层状矿（现已褶皱）吃干榨尽，包括向斜核部；继续向深部，寻找围绕碳酸岩浆喷发通道相（即根部）的环状碳酸岩侵入杂岩铁-稀土-铌多金属矿，即经典碳酸岩浆侵入矿床；作为同一时期碳酸岩浆喷发与侵入成矿地质作用，不可能仅发生于白云鄂博一处。正如Olympic Dam巨型矿床那样，当初也认为可能是独生子（包括涂光炽也是如此认为)，而今却是子孙满堂。

问题是，澳洲人根据Olympic Dam矿床的理论研究，建立起了Olympic Dam式的勘查模式，运用了行之有效的隐伏区找矿技术方法。而我们呢，除了纠缠在白云鄂博矿床的细枝末节，胡搞蛮缠大打口水仗外，有几人在将理论研究成果转为白云鄂博式勘查模式上下过功夫。我们能否在更大的范围内寻找同类矿床，包括隐伏区下的碳酸岩浆喷发矿床与经典环状碳酸岩浆侵入矿床呢？白云鄂博这个80多岁的孤独老人，是不是该有些子孙相伴呢？

我们应该持续努力，让他子孙满堂！

6.3 矿床的特殊性[1]

6.3.1 矿石类型

矿体（指铁矿体）产状与围岩基本一致，矿体中的层理及条带状构造的产状也与围岩一致，在向斜北部的矿体向南倾斜，南部矿体向北倾斜，在西矿经勘探证实其下部通过向斜轴部互相连为一体。矿化带以南出露大片的海西期花岗岩，在其与H_8白云岩接触带上广泛发育有含特殊的铁-氟-稀土矿化的镁矽卡岩带。根据矿化带热液蚀变性质，矿化强度及产出部位由东到西分为东部接触带、东矿、主矿和西矿四个矿段，其中以主、东矿段铁、铌、稀土矿化最强，规模最大。

白云鄂博矿床是铁、铌、稀土综合性矿床，根据矿石主要元素铁、铌、稀土的分布情况、矿物共生组合、矿石结构特征及分布的广泛程度将矿石划分为以下9种类型：（1）块状铌稀土铁矿石；（2）条带状萤石型铌稀土铁矿石；（3）霓石型（钠辉石型）铌稀土铁矿石；（4）钠闪石型铌稀土铁矿石；（5）白云石型铌稀土铁矿石；（6）黑云母型铌稀土铁矿石；（7）霓石型（钠辉石型）铌稀土矿石；（8）白云石型铌稀土矿石；（9）透辉石型铌稀土矿石。

矿石工业类型的划分取决于矿石中有用元素的含量、氧化程度及选冶性能，对矿体围岩中的铌稀土矿石则按照建矿初期的选冶技术水平所确定的边界品位和平均品位。按铁矿石磁性率（氧化度）TFe/FeO 大于或小于 3.5，分为氧化矿石和原生磁铁矿石。根据其全铁（TFe）的高低分为富铁矿石和中贫铁矿石。同时又根据其中的稀土氧化物总含量∑TREO 大于或等于 7%，分出高稀土中贫铁矿石和低稀土中贫铁矿石。按主要脉石的种类、含量和选冶性能，分为萤石型和霓石型两大工艺类型。矿石工业类型划分见表 6-12。

表 6-12 矿石工业类型划分表

矿石	工业类型					成因类型
	品级	品位(TFe)/%	原生矿石 TFe/FeO ≤3.5	氧化矿石 TFe/FeO ≥3.5	工艺类型	
铁矿	富铁矿石	≥45	磁铁矿矿石	假象半假象赤铁矿石	块状富铁矿	块状铌稀土铁矿石
	中贫铁矿石	20~44.99			萤石型矿石	萤石型稀土铁矿石 白云石型铌稀土铁矿石
					霓石型矿石	霓石型稀土铁矿石 钠闪石型铌稀土铁矿石 云母型铌稀土铁矿石
围岩	铌稀土矿石	边界品位 平均品位	$(RE_2O_3)\geq1$ $(RE_2O_3)\geq2$		稀土白云岩	白云石型铌稀土矿石
		边界品位 平均品位	$(Nb_2O_5)\geq0.1$ $(Nb_2O_5)\geq0.3$		含铌霓石岩	霓石型铌稀土矿石
		边界品位	$(Nb_2O_5)\geq0.5$		含铌板岩	云母型铌稀土矿石
		边界品位 平均品位	$(Nb_2O_5)\geq0.1$ $(Nb_2O_5)\geq0.2$			透辉石型铌稀土矿石

各种类型矿石结构、构造特征如图6-15~图6-24和表6-13所示。

图6-15 主矿块状铌稀土铁矿石（50×，单偏光）

图6-16 主矿萤石型铌稀土铁矿石（100×，单偏光）

图6-17 主矿钠辉石型铌稀土铁矿石（100×，正交偏光）

图6-18 东矿钠闪石型铌稀土铁矿石（100×，正交偏光）

图6-19 主矿白云石型铌稀土铁矿石（100×，单偏光）

图6-20 主矿黑云母型铌稀土铁矿石（50×，单偏光）

图 6-21 东矿黑云母型铌稀土矿石（100×，正交偏光）

图 6-22 东矿钠辉石型铌稀土矿石（100×，正交偏光）

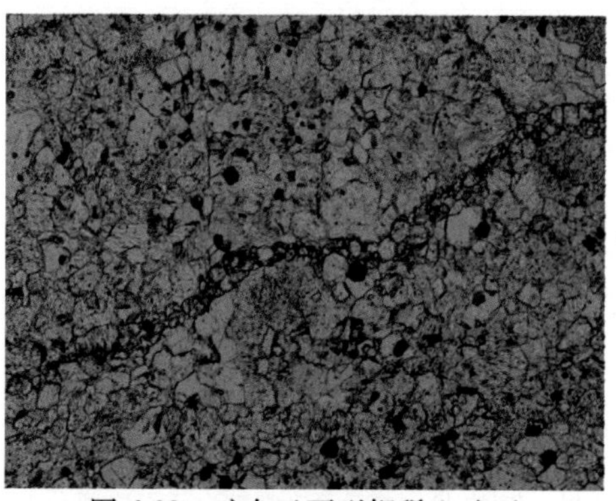

图 6-23 矿白云石型铌稀土矿石（100×，单偏光）

图 6-24 矿板岩型铌稀土矿石（100×，正交偏光）

表 6-13 各种类型矿石结构构造特征

矿石类型	构造特征	结构特征	颗粒形态及嵌布关系
块状铌稀土铁矿石	以细密块状构造为主，少量呈浸染状或条带状构造，在氧化带中见有土状、蜂窝状及胶状构造	呈半自形、自形晶粒状结构，有一些假象半假象交代结构	细粒和粗粒的磁铁矿紧密镶嵌，并相互过渡；赤铁矿呈片状连晶产出。稀土矿物集合体嵌布于铁矿物边缘或充填于铁矿物和脉石矿物颗粒之间。铌矿物常与赤铁矿连生，颗粒微细
萤石型铌稀土铁矿石	由铁矿物集合体与萤石、稀土矿物集合体相间组成条带状和细脉条带状，构造条带宽窄不一，宽度为数毫米至数厘米或更宽	铁矿物多呈半自形、自形晶粒状结构，少数为斑状结构。萤石、稀土矿物一般为等轴或椭圆粒状结构，铌矿物呈微细粒状结构，铌铁矿常呈包裹体存在于独居石、氟碳铈矿中	萤石颗粒较粗，稀土矿物一般嵌于其中，铌矿物星散分布于萤石和稀土矿物条带中，两条带常见交错穿插现象。紫黑色萤石与赤铁矿密切共生，还见有完好的八面体的磁铁矿浸染状分布在各类条带中

续表 6-13

矿石类型	构造特征	结构特征	颗粒形态及嵌布关系
钠辉石型铌稀土铁矿石	磁铁矿石与钠辉石常呈浸染状构造和浸染条带状构造	自形、半自形晶粒状结构，也见纤维状结构、交代残余结构	钠辉石分布在磁铁矿颗粒间，稀土矿物集合体星散分布，铌矿物呈他形充填在其他矿物粒间或呈集晶状或呈断续条带状与萤石条带相间分布
钠闪石型铌稀土铁矿石	具典型的浸染状构造	半自形、自形晶状结构，还见有柱粒状结构、片粒状结构	磁铁矿星散分布在钠闪石等脉石颗粒间，分布不均匀
白云石型铌稀土铁矿石	具典型浸染状构造，还有少量由萤石和氟碳铈矿组成的细脉条带状构造	半自形晶状结构	磁铁矿分布在白云石颗粒之间，有金云母、钠闪石和独居石分布其中
黑云母型铌稀土铁矿石	主要由黑云母定向排列而成的片状构造，还有斑杂状构造、浸染状构造	自形、半自形晶状结构、鳞片状变晶结构	稀土矿物、铌矿物呈粒状散布于磁铁矿、黑云母颗粒间或其边缘
钠辉石型铌稀土矿石	具块状和浸染状构造或细脉浸染状构造	柱粒状和粒状结构	钠辉石粗、中、细粒均有，粒间有少量交代残留石英和黑云母。黄绿石和钠辉石粒间见有交代钠辉石、钠闪石现象，少量萤石与稀土矿物呈细脉浸染状分布在钠辉石之间
白云石型铌稀土矿石	以浸染状构造为主，其次有块状、细脉条带状构造	半自形粗、细粒状结构	细粒白云石包围并交代粗粒白云石，细粒白云石之间分布有浸染状磁铁矿、赤铁矿以及铌稀土矿物
板岩型铌稀土矿石	常见块状构造和斑杂状构造、板状构造	细晶和隐晶质结构，也见交代结构	微斜长石紧密镶嵌成块状集合体，铌和稀土矿物颗粒极细

6.3.2 工业指标及类型

依据磁性率、铁品位、脉石成分及稀土含量四个因素综合划分制定白云鄂博铁铌稀土矿床工业指标。

6.3.2.1 根据铁矿石的磁性率划分

磁铁矿石：TFe/FeO<3.5；

氧化矿石（赤铁矿及假象赤铁矿）：TFe/FeO>3.5。

6.3.2.2 根据铁矿石的含铁品位划分

高品位铁矿石：TFe≥45%；

中品位铁矿石：TFe 30%~44.99%；

低品位铁矿石：TFe 20%~29.99%；

边界品位：TFe≥20%。

6.3.2.3 根据中、低品位赤铁矿及假象赤铁矿矿石的脉石成分划分

萤石型赤铁矿及假象赤铁矿矿石（包括地质部241队划分的萤石型和白云石型两类）；

混合型赤铁矿及假象赤铁矿矿石（包括地质部241队划分的钠辉石型、钠闪石型、云母型三类）。

6.3.2.4 根据中低品位铁矿石的稀土含量划分

高稀土中低品位铁矿：REO≥7%；

低稀土中低品位铁矿：REO≤7%。

综合上述四方面因素，铁矿石共划分为14个类型。

6.3.2.5 中、粗粒霓石型铌矿石和含铌、稀土岩石分采分存指标

中粗粒霓石型铌矿石工业指标：

边界品位 Nb_2O_5≥0.10%；平均品位 Nb_2O_5≥0.3%。

含铌稀土岩石分采分存指标：

含稀土白云岩、萤石带、褐铁矿带；

边界品位 REO>1%或 Nb_2O_5≥0.05%；

平均品位 REO≥2%。

含铌板岩、云母岩及细粒霓石岩划分为两级：

Ⅰ：Nb_2O_5≥0.1%；

Ⅱ：Nb_2O_5≥0.05%~0.1%。

矿石和有用岩石厚度指标见表6-14。

表6-14 白云鄂博矿石和有用岩石厚度指标 (m)

类　别	最小可采厚度	夹石剔除厚度
铁矿石	3	3
中粗粒霓石岩	0.5	0.3
矿体中含铌、稀土夹层	3	3
含铌稀土围岩	8	4

6.3.2.6 白云鄂博西矿工业指标

A 铁矿石

表内矿石：边界品位 TFe≥23%；

最低工业品位（单项工程）：TFe≥28%；

表外矿石：TFe 为23%~28%；

氧化矿石：mFe/TFe<15%；

混合矿石：mFe/TFe 为15%~85%；

磁铁矿石：mFe/TFe>85%。

B 矿床中伴生矿组分和共生矿组分综合利用的指标

稀土：铁矿矿块中含稀土平均品位 REO≥0.5%；

铌：铁矿矿块中含铌平均品位 Nb_2O_5≥0.05%。

C 围岩中铌矿体

边界品位：Nb_2O_5≥0.10%；

最低工业品位（单项工程）：Nb_2O_5≥0.20%；

开采技术条件：矿石可采厚度≥2m，夹石剔除厚度≥2m；

白云鄂博矿区外围一般工业指标见表6-15。

表6-15 白云鄂博矿区外围一般工业指标

项目	铁矿	共生稀土矿	共生铌矿
边界品位/%	TFe≥15	REO≥1.0	Nb_2O_5≥0.05
工业品位/%	TFe≥18	REO≥2.0	Nb_2O_5≥0.10
最小可采厚度/m	≥1	≥8	≥5
夹石剔除厚度/m	≥1	≥4	≥5
备注	伴生稀土矿综合利用指标 REO≥0.5%； 伴生铌矿综合利用指标 Nb_2O_5≥0.05%		

6.3.3 矿石物质组成

研究矿石物质成分可以确定矿石原料的特性，得到定性分析和加工工艺方面的原始数据，是矿床成因研究、找矿勘探和采、选、冶等加工处理的重要基础工作。矿石物质成分研究的内容主要包括矿石的构造和结构特征、矿石的化学成分、矿石中有害元素的赋存状态、矿物颗粒的大小、矿石蚀变的性质与程度。研究方法有物理方法、化学方法和光学方法等。矿石物质成分研究程序如图6-25所示。

白云鄂博矿床是一个复杂矿床，就矿石物质成分研究而言，成果资料比较齐全可靠、深入细致，研究手段也比较先进。研究中广泛采用化学光谱、相分析法、光学显微法、差热分析和热重分析法、X射线衍射和粉晶分析法、电子显微镜和电子探针法、红外光谱法、放射性分析法、发光分析法、俄歇电子能谱、包体测温以及近年发展应用起来的显微图像分析、中子活化分析、离子质谱分析、LA-ICP-MS等分析技术，获得了多种多样的成果，为研究工作提供了丰富的资料。值得指出的是，1964~1965年，以内蒙古地质局实验室为主，全国实验系统16个单位参加会战，对主矿、东矿6个大样开展了规模最大的矿石物质成分研究工作所取得的成果，以及1978~1979年西矿会战时，冶金部桂林地质所、天津地质研究院等单位对西矿中段铁矿石物质成分研究所取得的成果，使矿石物质成分资料更加翔实丰富。

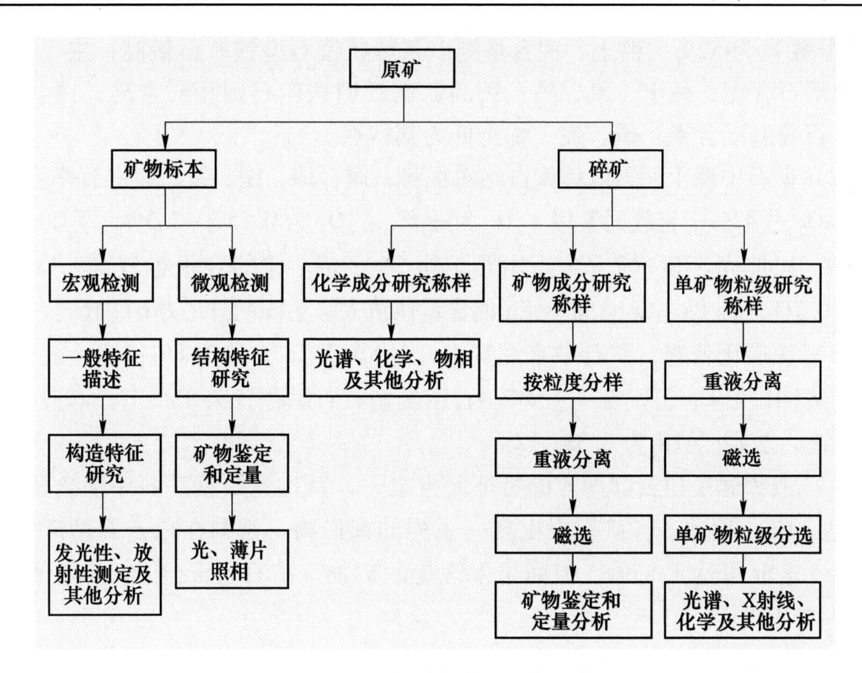

图 6-25 矿石物质成分的研究程序图

6.3.4 化学成分

白云鄂博矿床矿石物质成分极为复杂，根据现有的各种分析测试结果，共发现 71 种元素。除铁、铌、稀土和普通元素外，尚有一些稀有分散元素和放射性元素，其中铁、稀土、铌、钛、锰、锆、钍、铍、锡、铅、锌、铜、钡、钙、镁、钠、硅、磷、硫和氟等是形成矿床中独立矿物的主要元素。主要组分波动范围及平均含量见表 6-16。

表 6-16 主要组分波动范围及平均含量 （%）

组 分	质量分数		组 分	质量分数	
	波动范围	平均		波动范围	平均
TFe	20~60	34.7	F	1~20	6.7
FeO	0.3~18	9.6	P	0.1~2	0.881
REO	1~20	5.6	S	0.1~2.5	1.4
Nb_2O_5	0.05~1	0.132	K_2O+Na_2O	0.2~5	0.8
Mn	0.1~5	1.34	ThO_2	0.03~0.05	0.038
TiO_2	0.1~0.8	0.52	$(CaO+MgO)/(SiO_2+Al_2O_3)$	0.5~9.4	>1.2

通过主要矿石类型的化学分析和稀土配分表明：

（1）主要成分在各矿石类型的含量是不同的，块状铁矿石全铁平均含量

（质量分数）为52%，稀土、铌含量则以条带状萤石型铁矿石最高；主、东矿萤石型铁矿石含铌、稀土、氟、磷、钙高；霓石型铁矿石则相对含硅、钾、钠高；西矿矿石普遍以含氟、磷、铌、稀土低为其特点。

（2）矿石中稀土元素以铈族占绝对优势，镧、铈、镨、钕、钐占有率为97%，其中CeO_2占42%；钇族元素以Y_2O_3为最高，Y_2O_3为0.55%~1.3%。$\sum Ce/\sum Y$为10~100，比地壳丰度（2.7）高出几倍至30多倍。铕的含量也较高，Eu_2O_3为0.3%~0.7%，且La、Ce含量与Eu的含量比值大，$\sum La/\sum Eu$为64~169。

（3）铌矿化普遍，矿石中富铌贫钽，$\sum Nb/\sum Ta$大致为80~130；放射性元素富钍贫铀，$\sum Th/\sum U$为7.4~80.4；锆呈锆英石赋存各类矿石中，以白云石型含量最高，$\sum Zr/\sum Hf$为6.35~12。

（4）钡和锶是白云鄂博矿的特征元素之一，其中霓石型矿石中钡含量最高，$\sum Ba$达19%。因此，在矿石中出现一系列的钡矿物。锶则在白云石型矿石中含量最高，$\sum Sr$可达1.85%，但尚未发现锶的矿物。矿石$\sum Sr/\sum Ba$的比值不同，在0.1~1.0变化。

从综合利用角度看，已发现显然富集的元素中，除具有工业价值的铁、铌、稀土外，钛、钍、锰、钡、钾、氟、磷等元素都具有综合利用的可能。

6.3.5 矿物成分

白云鄂博矿区的矿物种类繁多，迄今为止发现的矿物已达182余种，除个别为围岩或岩浆岩的副矿物和造岩矿物外，其余均产在矿床的各类矿石和蚀变岩石中。铁矿物有磁铁矿、赤铁矿、假象半假象赤铁矿、褐铁矿、菱铁矿等；稀土矿物有氟碳铈矿、独居石、黄河矿等16种；铌矿物有铌铁矿、铌铁金红石、黄绿石、铌钙矿、易解石等20种；锰矿物有软锰矿、水锰矿、硬锰矿等；钍锆矿物有铁钍石、方钍石、锆英石等5种；钛矿物有钛铁矿、金红石、钡铁钛石等5种；脉石矿物有萤石、钠辉石、白云石、云母、磷灰石、重晶石、石英等。不同类型矿石中矿物组合都在40种以上，有用元素不仅呈独立矿物出现，也呈分散状态赋存于其他脉石矿物中。

此外，白云鄂博矿各种矿物的形成还具有以下特点：

（1）由于矿床是碳酸盐相含铁建造，经强烈的热液叠加改造作用形成的，因此矿床内出现钙-镁、钙、镁-铁-锰及锶、钡和碱金属的碳酸盐矿物，其矿物种和变种总数达20多种。

（2）由于强烈的热液交代作用，矿床内形成了大量的萤石、霓石和钠闪石。与铌、稀土、铁矿物紧密共生，沉积成因的菱铁矿系列矿物被改造成磁铁矿，连同原生沉积的赤铁矿，使氧化物相铁矿物成为矿床最主要的铁工业矿物。

（3）由于矿床富铈贫钇的特点，决定了矿床中出现的稀土矿物具有强铈族选型配分的特征。矿区还发现了褐钇铌矿族铈族端元的新矿物——褐铈铌矿和β褐铈铌矿，部分矿石和矿物中钕特别富集，形成了钕易解石和氟碳钙钕矿新矿物。西矿产的褐铈铌矿中，钕大于铈，应称为褐钕铌矿，亦属新矿物之列。

（4）由于矿床富铌贫钽的特点，决定了矿区内广泛分布富铌端元矿物。因矿床在空间上其他元素含量和物理化学条件的变化，形成了各种铁、锰、稀土、钙、钠等的铌酸盐和钛铌酸盐矿物，或称之为复杂氧化物矿物组合。

（5）钡是矿床中又一特征元素，除主要以重晶石出现外，在矿床的特殊条件中，形成了多种含钡矿物，其中仅新矿物应有黄河矿、氟碳铈钡矿、中华铈矿、大青山矿、包头矿和钡铁钛石 6 种。前 3 种矿物的发现，使白云鄂博矿床成为世界上唯一钡稀土氟碳酸盐系列矿物品种最全的产地。

6.3.6 主要稀土矿物[4]

6.3.6.1 氟碳铈矿

氟碳铈矿是矿床中主要的工业稀土矿物。

氟碳铈矿主要存在于萤石-氟碳铈矿-赤铁矿型矿石中，其中氟碳铈矿集合体呈黄绿色条带分布，条带宽有时达 0.5cm。

在晚期细脉中粗粒状氟碳铈矿与易解石、黄河矿、萤石等共生，广泛分布于霓石脉、萤石脉、石英脉、重晶石脉等各种继脉中。

颗粒大小为 0.07~0.15cm，晚期脉中可达 4cm×1cm。

矿物在地表氧化带中不稳定，被黄绿色赭土状矿物所代替，其中可能有磷镧镨矿和镧石。

晶系为六方晶系。

颜色：黄色、浅褐色、浅绿色。

光泽：玻璃光泽、脂肪光泽。

莫氏硬度：4~4.5。

密度：4.72~5.12g/cm^3。

光学性质：一轴晶，正光性，Ng=1.80，Np=1.718±0.003。

X 射线粉晶数据与标准者同。

热分析差热曲线在 580℃时出现吸热效应，热重曲线则表明 CO_2 和 F 的逸出。

氟碳铈矿加热之后变成等轴相的 CeO_2，从加热后的 X 射线粉晶数据上即得到了证明。

化学性质：矿物易溶于 HCl，矿物中的稀土元素主要为铈族。各个稀土元素的相对含量见表 6-17。

氟碳铈矿微区能谱分析如图 6-26 所示。

表 6-17 氟碳铈矿中各稀土元素的相对含量 （%）

编号	矿物产状	以 REO 总含量为 100%						
		La	Ce	Pr	Nd	Sm	Eu	Gd
1	东矿体，白云岩中	36.15	46.38	3.82	13.64	—	—	—
2	东矿体，条带状重晶石-赤铁矿矿石中	28.30	45.28	5.66	18.87	1.89	—	—
3	主矿体，条带状赤铁矿矿石中	32.50	46.50	5.00	15.50	1.50	—	—
4	主矿体，条带状赤铁矿矿石中	21.00	52.00	6.0	20.00	1.00	—	—
5	东矿体，碳酸盐-金云母-霓石型矿石中	32.49	45.49	4.22	16.25	1.54	—	—
6	东矿体，碳酸盐-角闪石-霓石岩中	24.72	43.82	5.84	22.47	3.15	—	—
7	东矿体，磷灰石-重晶石-霓石岩中	24.64	48.25	5.34	20.53	1.23	—	—
8	东矿体，霓石-磁铁矿矿石中	20.38	40.70	5.71	27.17	4.35	—	1.63
9	主矿体，块状磁铁矿矿石中	32.80	49.00	—	18.20	—	—	—
10	主矿体，霓石-磁铁矿矿石中	26.80	52.00	5.00	16.20	—	—	—
11	主矿体，块状磁铁矿矿石中	27.60	42.90	5.90	20.40	3.20	—	—
12	主矿体，块状磁铁矿矿石中	30.00	49.00	—	20.00	1.00	—	—
13	主矿体，块状磁铁矿矿石中	31.50	49.00	4.90	14.60	—	—	—
14	主矿体，磁铁矿矿石中	34.40	45.90	4.50	15.50	0.50	—	—
15	主矿体，白云岩中	32.50	48.50	4.00	13.50	1.50	—	—

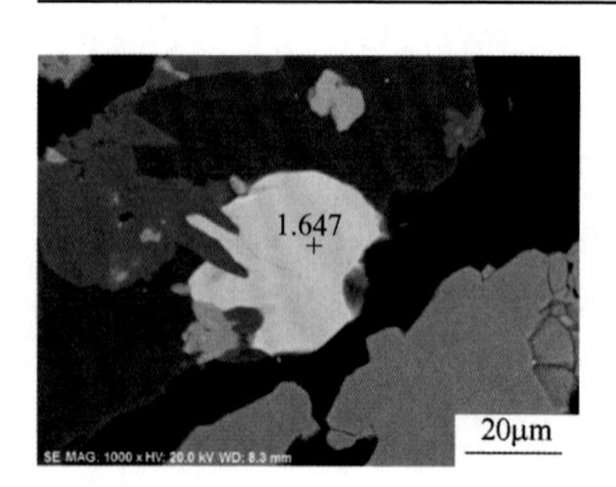

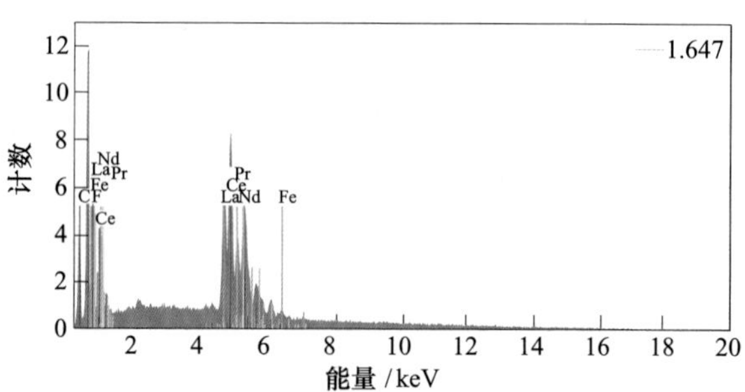

元素	原子序数	线系	非归一化质量比/%	归一化质量比/%	归一化原子比/%	误差(1σ)/%
Ce	58	L	30.34	34.56	9.20	0.87
La	57	L	20.43	23.27	6.25	0.61
O	8	K	15.69	17.88	41.69	2.22
C	6	K	7.86	8.95	27.80	1.37
F	9	K	5.56	6.34	12.45	0.96
Nd	60	L	5.09	5.79	1.50	0.19
Pr	59	L	2.24	2.56	0.68	0.11
Fe	26	K	0.57	0.65	0.44	0.06
	合计		87.79	100.00	100.00	

图 6-26 氟碳铈矿微区能谱分析

6.3.6.2 独居石

独居石是矿床中又一主要稀土矿物。

大量的独居石产于磁铁矿矿石和赤铁矿矿石中；在块状磁铁矿矿石中，独居石呈细小粒状；在条带状磁铁矿-赤铁矿矿石中，独居石形成条带，条带宽约2~5mm；细粒独居石也广泛分布于白云岩中；此外独居石也见有与霓石、萤石共生；晚期脉中常发现解理较完全的粗粒独居石。

矿物一般呈细小粒状（0.05~0.1mm），仅在晚期脉中可见到稍大的板状晶体，直径可达2cm。晶系是单斜晶系。

物理性质如下：

颜色：黄色、淡黄色、黄棕色、黄绿色。

解理：具明显的解理。

莫氏硬度：约为5。

密度：4.829g/cm^3。

光学性质：二轴晶，正光性，光轴角小（$2V<10°$），$Ng=1.850$，$Np=1.780\pm0.003$。

X射线粉晶数据与标准独居石者相符合。独居石的化学分析结果列于表6-18。

表6-18 独居石的化学分析结果

成 分	含量/%	
	样品1①（样品不纯）	样品2②
CaO	1.58	0.65
MgO	0.06	痕迹
MnO	0.53	痕迹
FeO	—	—
Fe_2O_3	1.93	0.16
Al_2O_3	0.51	—
Ce_2O_3	30.43	33.84
$[Ce]_2O_3$	34.41	33.69
$[Y]_2O_3$	0.32	0.23
SiO_2	3.20	未定
TiO_2	0.06	—
ThO_2	—	0.34
P_2O_5	23.12	28.00
Nb_2O_5	0.21	—
Ta_2O_5		
灼减量	2.91	2.07
总 计	99.27	99.40（包括不溶物0.37）

① 据郭承基1953；

② 由中国科学院地质研究所中心室第一组分析。

独居石中钍的含量见表6-19。

表6-19 独居石中钍的含量

样品号	产 地	产 状	Th含量/%
1546/1	主矿体下盘	浸染状，有时与萤石共生	0.25
1546/28	主矿体	细脉状，与萤石共生	0.637
Г-7	主矿体	细脉状，与萤石共生	0.15
1546/100	东矿体	浸染状，与重晶石、石英共生	0.11
1548	主矿体	粗粒晶体	0.315

注：分析者苏联科学院矿床地质研究所。

独居石的晶体化学式为Ce[PO_4]。钍含量低是白云鄂博矿床中独居石的特点，ThO_2仅在0.6%以下，钍在独居石中置换稀土，呈$Th^{4+}Si^{4+} \rightarrow Ce^{3+}P^{5+}$或$Th^{4+}Ca^{2+} \rightarrow 2Ce^{3+}$。

独居石中各个稀土元素的含量也变化很大，但都在铈族范围内。矿物中各稀土元素的相对含量见表6-20。

表6-20 独居石中各稀土元素的相对含量 (%)

编号	矿物产状	以TREO总含量为100%						
		La	Ce	Pr	Nd	Sm	Eu	Gd
1	东矿体，白云岩中	38.90	44.62	4.00	11.44	1.03	—	—
2	东矿体，白云岩中	33.39	43.66	4.11	17.12	17.10	—	—
3	东矿体，萤石-磷灰石-角闪石岩中	26.77	45.89	5.93	19.12	2.29	—	—
4	东矿体，萤石-角闪石-磁铁矿矿石中	34.33	44.77	4.78	14.93	1.19	—	—
5	东矿体，重晶石-萤石-赤铁矿矿石中	24.36	49.26	4.93	11.45	—	—	—
6	主矿体，块状磁铁矿矿石中	20.00	49.00	6.00	22.20	2.80	—	—
7	主矿体，块状磁铁矿矿石中	18.00	43.00	7.20	27.80	4.00	—	—
8	主矿体，块状磁铁矿矿石中	39.00	43.30	4.00	13.50	—	—	—
9	东矿体，霓石-磁铁矿矿石中	19.61	44.46	6.54	26.14	1.94	—	1.31
10	主矿体，霓石岩中	18.16	43.10	7.26	27.93	3.35	—	—
11	主矿体，白云岩中	31.00	46.00	5.00	17.00	1.00	—	—
12	主矿体，白云岩中	27.50	48.00	5.00	48.50	1.00	—	—
13	东矿体，白云岩细脉中	32.85	47.31	4.60	13.14	2.10	—	—

独居石微区能谱分析图如图 6-27 所示。

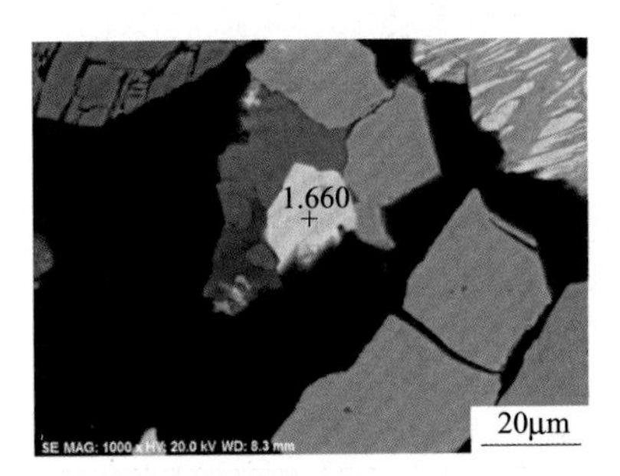

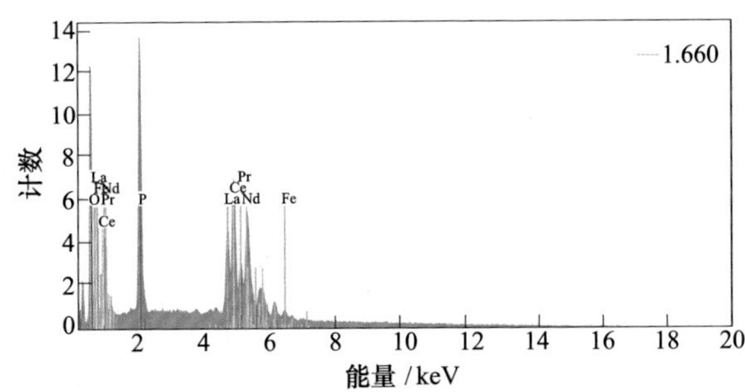

元素	原子序数	线系	非归一化质量比/%	归一化质量比/%	归一化原子比/%	误差(1σ)/%
Ce	58	L	26.87	31.73	9.83	0.77
O	8	K	18.25	21.54	58.45	2.42
La	57	L	14.96	17.66	5.52	0.45
P	15	K	13.06	15.42	21.62	0.54
Nd	60	L	8.15	9.62	2.90	0.26
Pr	59	L	2.60	3.07	0.94	0.11
Fe	26	K	0.81	0.96	0.75	0.06
		合计	84.70	100.00	100.00	

图 6-27 独居石微区能谱分析

6.3.6.3 易解石

易解石是本矿床中的主要含铌矿物，在矿床的所有矿石类型中都有易解石的存在，较广泛地分布于霓石型矿石以及磁铁矿矿石中。特别是在主、东矿体的霓石型矿石中（大部在矿体上盘）。在矿体下盘白云岩中的角闪石脉里以及西矿的磁铁矿矿石中也有发现。易解石的共生矿物有钠角闪石、霓石、钠长石、金云母、黄铁矿及稀土矿物（氟碳铈矿、黄河矿）等。

标准的易解石常分布于晚期的钠长石-钠闪石-霓石脉中，细脉切穿了矿体上盘的霓石岩。个体呈片状，集合体呈块状或不规则形状，大小达几厘米。有时也形成针状，长可达 2cm。

晶系：斜方晶系。

物理性质：具放射性。

颜色：暗褐色。

断口：贝壳状。

光泽：油脂光泽、金刚光泽。

硬度：6。

密度：4.90g/cm^3。

光学性质：薄片下透明，褐色。大部非晶质化，针状个体者非均质。多色性显著，从褐红到褐黄。干涉色为矿物颜色所干扰。二轴晶，正光性，2*V* 较大，非晶质化的折光率近于2.22。

X射线粉晶数据：X射线分析为非晶质，但加热800℃后出现谱线，900℃后谱线加多。根据其德拜图，白云鄂博的易解石与标准易解石很相似。

易解石的化学分析结果列于表6-21。

表6-21 易解石的化学分析

成 分	含量/%	原子数
Na_2O	0.42	0.013
K_2O	0.08	0.002
CaO	0.75	0.013
MgO	0.58	0.0145
FeO	2.83	0.039
Fe_2O_3	—	—
Al_2O_3	0.06	0.001
CeO_2	9.58	0.218
$[Ce]_2O_3$	15.17	
$[Y]_2O_3$	10.99	
UO_2	—	
ThO_2	4.29	0.016
SiO_2	0.13	0.0022
TiO_2	20.57	0.257
Nb_2O_5	32.71	0.246
Ta_2O_5	0.37	0.00167
H_2O^+	1.57	0.206
H_2O^-	0.28	
F	—	
$—O=F_2$	—	
总 计	100.38	

注：分析者中国科学院地质研究所郭承基。

计算其晶体化学式为（RE）(Ti,Nb)$_2$O$_6$。易解石中含有4.29%的ThO_2，钍类质同象代替了稀土，其形式为$Th^{4+}Ti^{4+}=RE^{3+}Nb^{5+}$或为$3Th^{4+}=4RE^{3+}$。易解石中各个稀土元素含量列于表6-22。

易解石中铌、钽和钇的含量列于表 6-23。从该表看出：易解石通常含钇不多，同时从 Nb、Ta 比值知道，易解石中钽含量非常少，而主要是铌。从表 6-22 和表 6-23 中可以看出易解石中 Ce 和 Y 含量比 Nd 含量少得多，因为本矿床易解石的特点是在铈和钇的作用不大时，钕表现为相当富集。

表 6-22　易解石中各稀土元素的相对含量　（%）

样品号	矿物产状	以 REO 总量为 100%										
		La	Ce	Pr	Nd	Sm	Gd	Tb	Dy	Ho	Er	Y
2119/28	东矿，在脉状钠辉石中	—	22.12	7.96	44.25	9.73	3.54	—	2.65	—	0.88	8.85
2139/49	东矿，在钠辉石岩中	7.26	28.85	7.99	36.30	9.44	5.44	—	2.72	—	—	—
2120/21	东矿，在钠辉石岩中	12.15	32.99	7.64	34.72	8.33	4.17	—	—	—	—	—
2026/130	东矿，在钠辉石岩中	8.05	31.88	8.05	33.56	9.06	5.37	—	—	—	—	—
2137/1	东矿，在石英钠辉石脉中	6.48	32.39	10.12	40.49	10.35	未测定					
2863	主矿，废石堆中	5.61	26.40	6.60	33.00	8.25	4.29	—	1.98	—	0.53	13.20
2953	主矿	7.72	28.50	7.72	40.67	9.44	4.07	—	2.03	—	—	—
2350	主矿	12.89	34.38	6.88	28.65	7.74	5.73	—	3.72	—	—	—

表 6-23　易解石中 Nb 和 Ta 的含量及其比值　（%）

样品号	Nb	Ta	Y	Nb/Ta
2119/28	22	>0.05	1.3	<440
2137/1	29	>0.05	1.2	<580
2139/49	21	>0.05	1.2	<420
2953	20	>0.05	0.9	<400
2863	28	>0.05	2.1	<560

注：分析者苏联科学院分析化学和地球化学研究所。

易解石微区能谱分析如图 6-28 所示。

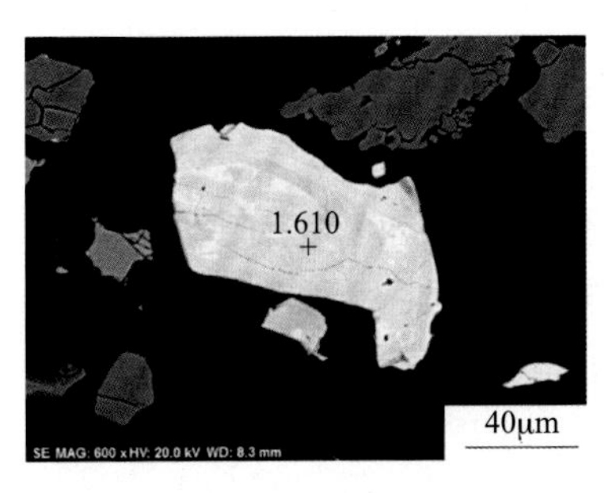

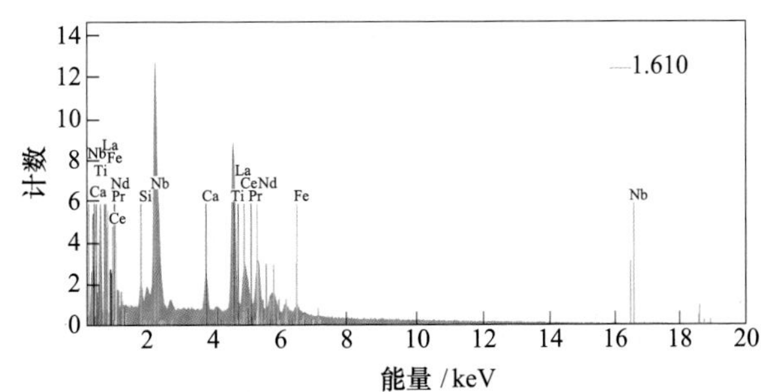

元素	原子序数	线系	非归一化质量比/%	归一化质量比/%	归一化原子比/%	误差(1σ)/%
Nb	41	L	22.56	27.74	11.94	0.86
O	8	K	20.10	24.72	61.77	2.92
Ti	22	K	13.36	16.42	13.72	0.41
Ce	58	L	8.86	10.89	3.11	0.28
Nd	60	L	8.25	10.14	2.81	0.26
Ca	20	K	2.09	2.57	2.57	0.10
Pr	59	L	1.99	2.45	0.70	0.09
La	57	L	1.90	2.33	0.67	0.09
Fe	26	K	1.34	1.65	1.18	0.08
Si	14	K	0.87	1.07	1.53	0.07
		合计	81.33	100.00	100.00	

图 6-28 易解石微区能谱分析

6.3.6.4 钛易解石

钛易解石是易解石的富钛变种，广泛分布于白云鄂博矿床中。钛易解石一般是同萤石和氟碳钙铈矿一起在块状磁铁矿矿体中呈巢状或穿切矿体的厚为3~5cm的细脉状产出。晶体多呈块状集合体。

在地表条件下钛易解石和易解石有时是不稳定的。在这些矿物颗粒的边缘常形成黄色粉末状物质。

物理性质：具放射性。

颜色：褐黄色。

断口：贝壳状。

光泽：金刚光泽。

透明度：半透明。

硬度：>6。

密度：5.00g/cm^3。

光学性质：均质，N=2.15。

X射线粉晶数据：加热前表现为非晶质，加热处理（900℃）后则出现与易解石相似的德拜图。

钛易解石的化学分析结果列于表6-24，其与易解石不同者是钛含量高，铌含量低，其晶体化学式为$RENb_{0.6}Ti_{1.4}O_6$。钛易解石中可能有这种形式的类质同象：$4Nb^{5+}$ = $5Ti^{4+}$。白云鄂博钛易解石中的稀土与易解石中的稀土相似，钕的含量较高。

钛易解石的光谱分析发现有下列元素：Sn、Mn、Sc。

表 6-24　钛易解石的化学分析

成　分	含量/%	原子数
Na_2O	0.26	0.0084
K_2O	0.23	0.0056
CaO	2.50	0.045
MgO	0.01	0.00025
FeO	—	—
Fe_2O_3	1.20	0.015
Al_2O_3	4.16	0.081
CeO_2	3.26	0.197
$[Ce]_2O_3$		
$[Y]_2O_3$		
UO_2	—	—
ThO_2	3.70	0.014
SiO_2	0.13	0.0025
TiO_2	30.10	0.378
Nb_2O_5	17.64	0.133
Ta_2O_5	3.30	0.015
H_2O^+	—	—
H_2O^-	—	—
F	1.60	0.84
不溶物	3.66	—
$—O=F_2$	0.67	—
总　计	100.18	—

注：分析者苏联科学院稀有元素矿物学、地球化学和结晶化学研究所，M. B. 库哈尔奇克。

6.3.6.5　铌易解石

铌易解石的共生矿物为霓石、磁铁矿、假象赤铁矿、黄铁矿、重晶石、金云母、方解石等。

铌易解石矿物个体为板状，集合体则呈块状或放射状。（010）面发育，（110）面次之。（010）面上常有平行于 c 轴之细纹。

晶系：斜方晶系。

物理性质：无磁性，具放射性。

颜色：黑色，条痕灰褐色。

光泽：金刚光泽。

硬度：约 6（小于石英）。

光学性质：薄片下为红色，除破裂面外，微显两组解理，平行消光。光学性质为二轴晶，负光性，$2V$ 约为 80°，N>2.00，色散强。

X射线粉晶数据：天然样品粉晶无谱线，仅极个别样品呈微弱谱线数条，样品加热处理后（800℃以上），则谱线全部出现，所得谱线与易解石一致。

铌易解石不溶于 HCl 和 HNO_3，H_2SO_4 中微溶，H_3PO_4 中溶解。其化学分析结果列于表6-25。

表 6-25 铌易解石的化学分析

成 分	含量/%	分子数
MnO	痕迹	—
CaO	3.54	0.0632
MgO	0.05	0.0012
PbO	未定	—
FeO	6.12①	—
Fe_2O_3	—	0.0425
Al_2O_3	0.15	0.003
$[Y]_2O_3$	0.70	0.0031
$[Ce]_2O_3$	19.61	0.0588
Ce_2O_3	11.56	0.0352
U_3O_8	0.83	0.0009
ThO_2	2.15	0.0081
TiO_2	12.13	0.1518
SiO_2	0.55	—
SnO	未定	—
Nb_2O_5	41.13	0.1547
Ta_2O_5	0.51	0.0012
H_2O^-	0.10	—
灼减②	0.64	—
总 计	99.77	—

注：分析者中国科学院地质研究所张静。

① 换算成为 Fe_2O_3 为6.78%。

② 包括正水。

矿物的化学分析经换算后其晶体化学式属于 AB_2X_6 型，即（RE、Ca、Th、U)(Nb、Ti、Fe)$_2$O$_6$，为富含铈族稀土的钛铌酸盐矿物。

6.3.6.6 黄绿石

黄绿石共生矿物为粗大晶体的钠长石和钠角闪石。晶形呈八面体，大小为 0.5cm。

物理性质如下：

颜色：浅褐色。

硬度：约 5。

光学性质：均质，$N>1.78$。

X 射线粉晶数据：德拜图与乌拉尔碱性钠长石化岩块中的黄绿石相似。

晶系：等轴晶系。

晶胞常数：晶胞大小为 $\alpha_0 = 1.035$nm。

该矿物虽只发现于一处，但推测在钠长石化的地方都有发现它的可能。该矿物有待今后进一步研究。

黄绿石微区能谱分析如图 6-29 所示。

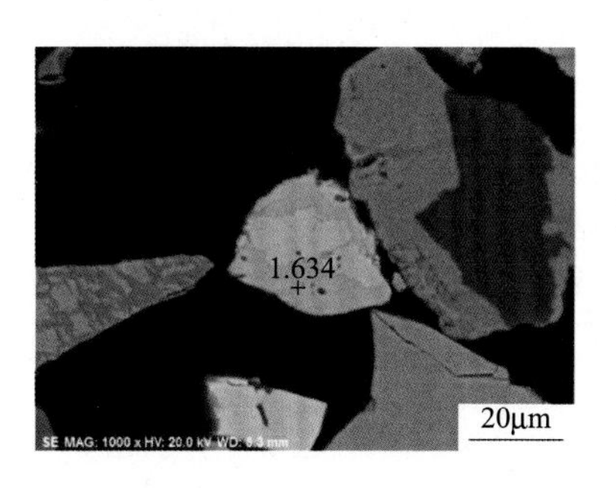

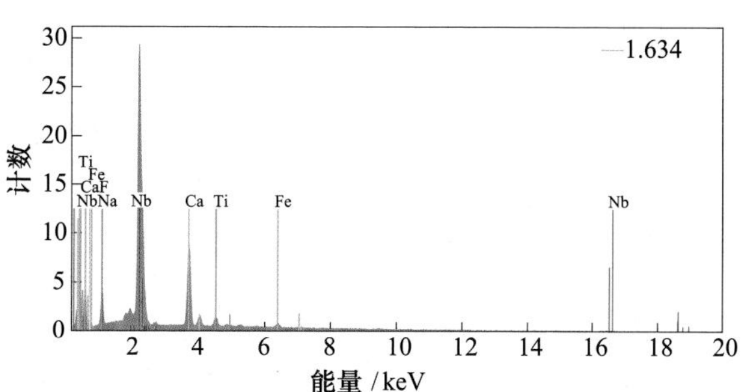

元素	原子序数	线系	非归一化质量比/%	归一化质量比/%	归一化原子比/%	误差(1σ)/%
Nb	41	L	50.25	52.74	20.38	1.87
O	8	K	21.80	22.88	51.34	3.33
Ca	20	K	12.02	12.62	11.30	0.39
Na	11	K	5.17	5.42	8.47	0.38
F	9	K	3.24	3.40	6.42	0.72
Ti	22	K	1.70	1.78	1.34	0.09
Fe	26	K	1.11	1.17	0.75	0.07
		合计	95.29	100.00	100.00	

图 6-29 黄绿石微区能谱分析

6.3.6.7 萤石

萤石是矿床中分布最广而生成时间延续最长的一种矿物，它不仅是组成各类型矿石的矿物，而且还产于矽卡岩中和蚀变的围岩中（如白云岩、片岩等）。此外，在矿区东部和北部的花岗岩中，也产有萤石的浸染状颗粒或晚期细脉。

萤石在各矿段中的分布情况不均匀，绝大部分萤石产于主矿体和东矿体。西矿中萤石含量不多。矿体内萤石多半集中在含氟碳铈矿的萤石-赤铁矿矿带内。矿体中部的块状磁铁矿矿石中萤石一般不多。

萤石几乎在每一矿化阶段都有产生，但在较晚期的矿化阶段最富集。磁铁矿矿化阶段时产生第一世代的萤石，呈星散晶粒均匀地分布于磁铁矿矿石中。第二世代的萤石于赤铁矿矿化阶段时形成，共生矿物有赤铁矿、氟碳铈矿、独居石、磷灰石、重晶石等。第三世代的萤石，生成于霓石化阶段，与霓石、独居石、氟碳铈矿、重晶石和磷灰石共生。最后的脉状矿化阶段，萤石或构成单矿物成分的细脉，或与重晶石、石英、方解石、氟碳铈矿共生，组成细脉厚达5~20cm。萤石结晶颗粒的大小一般为0.03~1cm，细脉中的萤石达1~3cm。

萤石的颜色多种多样，主要为不同深浅的紫色，也有紫黑色和白色的萤石，颜色常不均匀，多为斑点状。如萤石与稀土矿物或钍矿物共生，则与这些矿物直接接触的萤石就变为无色。

萤石中稀土元素的含量一般为0.09%~0.15%，见表6-26。

表6-26　各种萤石中稀土元素的含量　(%)

萤石种类	样品号	$REO+ThO_2$	REO	ThO_2	U_3O_8
脉状紫色萤石	1025/2①	0.09	—	—	—
脉状深紫色萤石	1025/1①	0.10	—	—	—
重晶石脉中的白色萤石	1015/2①	0.091	—	—	—
重晶石脉中的白色萤石	1015/1②	—	0.15	—	—
深紫色萤石（含未知放射性物质包裹体具有三个放射圈）	3012①	—	4.56	0.25	0.003

① 由中国科学院地质研究所分析。

② 由苏联科学院稀有元素矿物学、地球化学和结晶化学研究所分析。

光谱分析表明：萤石中有Ce、La、Y、Sr、Ba、Pb、Mn元素存在。深紫色萤石中Nb、RE、Zr、Hf和U的存在可能与黑色放射性矿物包裹体有关。

光谱分析表明，萤石中的稀土元素主要为铈族（以REO总量为100%）：$La_{38.4}$、$Ce_{45.5}$、$Pr_{3.3}$、Nd_{11}、$Sm_{0.8}$、$Gd_{0.5}$、$Dy_{0.5}$（晚期的深紫色萤石）。

萤石微区能谱分析如图6-30所示。

6.3.6.8　氟碳钙铈矿

氟碳钙铈矿是矿床中分布次于氟碳铈矿和黄河矿的氟碳酸盐类稀土矿物。

氟碳钙铈矿分布于主矿体和东矿体。在块状磁铁矿矿体中，褐色的氟碳钙铈矿生于深紫色的萤石脉中，与之共生的还有钛易解石。主矿体上盘有时可见1~

5cm 宽的晚期脉中含黄色氟碳钙铈矿，矿物组成为淡紫色萤石和重晶石。东矿体的霓石岩中见有含氟碳钙铈矿的萤石细脉，共生矿物为易解石和黄河矿。

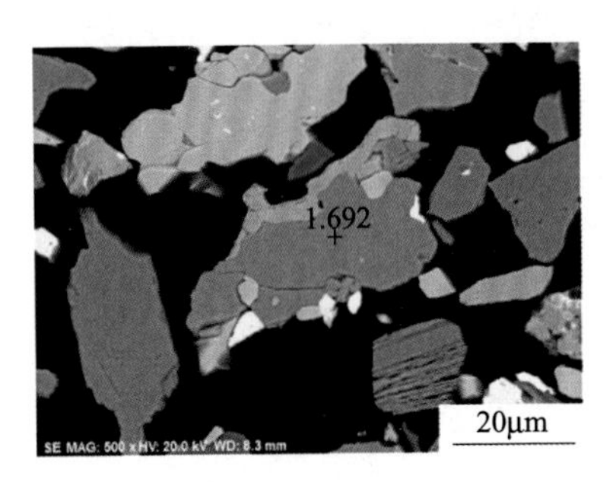

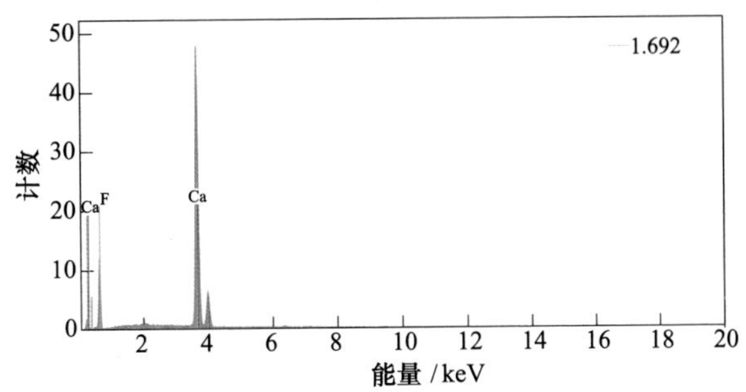

元素	原子序数	线系	非归一化质量比/%	归一化质量比/%	归一化原子比/%	误差(1σ)/%
Ca	20	K	58.30	58.54	40.09	1.74
F	9	K	41.29	41.46	59.91	5.90
		合计	99.59	100.00	100.00	

图 6-30 萤石微区能谱分析

根据氟碳钙铈矿与萤石、重晶石紧密共生来看，应当属于晚期的热液矿物，其形成与霓石的成因似乎有关系。

矿物颗粒最大的达 5cm。

地表氧化带中的原生氟碳钙铈矿相当稳定，个别地方经同化后有的可能变成表生的氟碳铈矿。

晶系：三方晶系。

物理性质如下：

颜色：黄色、黄褐色。

断口：贝壳状。

光泽：玻璃光泽、油脂光泽。

硬度：约 4。

密度：4.20g/cm^3。

光学性质：一轴晶，正光性，$Ng=1.754\pm0.003$，$Nm=1.679\pm0.003$。$Ng-Nm=0.075$。

X 射线粉晶数据与标准者同。

热分析：差热分析在 493~610℃之间有吸热现象。

矿物溶于 HCl 中，化学分析结果列于表 6-27。

表 6-27 氟碳钙铈矿的化学分析

成　分	含量/%	原子数	原子比
REO	62.90	0.382	2
CaO	10.70	0.191	1
CO_2	22.24	0.505	2.65
F	7.04	0.370	1.94
$—O=F_2$	3.00	—	—
总　计	99.88	—	—

注：分析者苏联科学院稀有元素矿物学、地球化学和结晶化学研究所，A. B. 贝科娃（Быкова）。

从化学成分计算其晶体化学式为 $CaCe_2[CO_3]_3F_2$。

光谱分析发现有 Al、Fe、Mg、Mn 的存在。

光谱分析各稀土元素之相对含量为（以 REO 总量为 100%）：La_{29}、Ce_{55}、$Pr_{3.2}$、Nd_{10}、$Sm_{0.3}$、Eu_{-}、$Gd_{0.6}$、Tb_{-}、$Dy_{0.2}$、Ho_{-}、$Er_{0.4}$、Tm_{-}、$Yb_{0.3}$、Lu_{-}。

氟碳钙铈矿微区能谱分析如图 6-31 所示。

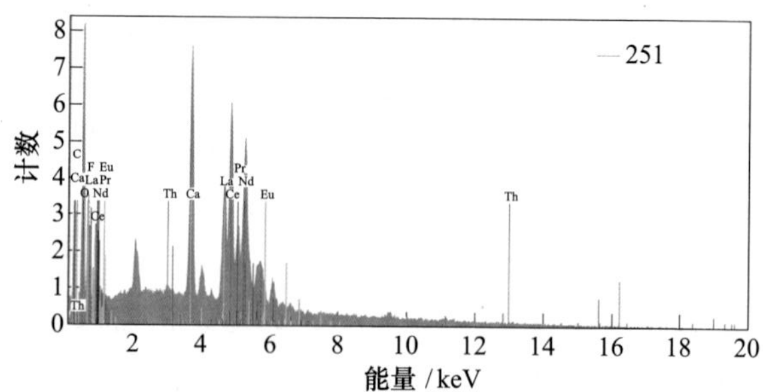

元素	原子序数	线系	非归一化质量比/%	归一化质量比/%	归一化原子比/%	误差(1σ)/%
Ce	58	L	20.81	27.96	7.18	0.60
O	8	K	14.45	19.42	43.68	2.03
La	57	L	11.73	15.77	4.09	0.36
Ca	20	K	8.07	10.84	9.73	0.27
Nd	60	L	7.25	9.75	2.43	0.24
C	6	K	5.53	7.43	22.27	0.95
F	9	K	3.83	5.15	9.75	0.68
Pr	59	L	1.91	2.56	0.65	0.09
Th	90	M	0.43	0.58	0.09	0.05
Eu	63	L	0.41	0.55	0.13	0.05
		总计	74.42	100.00	100.00	

图 6-31 氟碳钙铈矿微区能谱分析

6.3.6.9 黄河矿

此矿物是一种新发现的铈和钡的氟碳酸盐类矿物。化学成分或物理性质均与氟碳钡铈矿［$BaCe_2(CO_3)_3F_2$］有所不同，因此为一矿物新种。

矿物较广泛分布于主矿体和东矿体，并富集于晚期脉中，与方解石、钛铁矿、金云母及氟碳铈矿等矿物共生。此外，在白云岩中也经常呈粒状出现。与重晶石、白云石、方铅矿、萤石共生。应该指出：黄河矿往往与重晶石和氟碳铈矿形成后生合晶。

有时呈板状晶体，最大可达7cm×3cm×1cm，一般较小，普遍大于氟碳铈矿与独居石，常为粒状集合体。

在地表氧化带中很不稳定，往往风化成为赭土状产物——含水的碳酸盐。这时Ba和F被迁移，并发生水化作用。

物理性质如下：

颜色：蜡黄色，半透明。荧光灯下显红黄色。

光泽：玻璃光泽、脂肪光泽。

硬度：约4.7。

晶系：六方晶系。

密度：4.51~4.67g/cm^3。

光学性质：多色性弱，由淡黄（No）到淡黄绿色（Ne）。一轴晶，负光性，$Ne=1.603\pm0.002$，$No=1.765\pm0.04$，$No-Ne=0.162$。

晶胞常数：$\alpha_0=0.51$nm，$c_0=1.96$nm，$c_0:\alpha_0=3.84$；单位晶胞体积为：$\alpha^2c=0.440$nm^3。

热分析：矿物差热曲线上的吸热谷为480℃、680℃（最大者）和800℃，根据热重曲线来看，后两者相当于$CeFCO_3$和$BaCO_3$分解的温度。

化学性质：矿物溶于HCl。其化学分析结果列于表6-28。

光谱分析发现矿物中尚含有Si、Ti、Zr等元素。

矿物中各个稀土元素的相对含量，见表6-29。

表6-28 黄河矿与氟碳钡铈矿的化学成分和物理性质等比较

名称		黄河矿 $CeFCO_3\cdot BaCO_3$	氟碳钡铈矿 $2CeFCO_3\cdot BaCO_3$
化学成分/%	BaO	36.46	17.30
	CaO	—	1.91
	REO	38.40	49.39
	Fe_2O_3	—	1.43
	ThO_2	—	0.30
	CO_2	20.90	23.47
	H_2O	0.93	0.80

续表 6-28

名称		黄河矿 $CeFCO_3 \cdot BaCO_3$	氟碳钡铈矿 $2CeFCO_3 \cdot BaCO_3$
化学成分/%	不溶物	—	2.58
	F	4.00	4.87
	$-O=F_2$	1.68	2.05
	总计	99.01①	100.00②
物理性质	α_0	0.51nm	0.510nm
	c_0	1.96nm	2.309nm
	z	3	6
	光性	一轴晶负光性	一轴晶负光性
	No	1.765	1.764
	Ne	1.603	1.577
	$No-Ne$	0.162	0.187
	密度	4.51~4.67	4.31

① 由苏联科学院稀有元素矿物学、地球化学和结晶化学研究所 B. 克利季娜（Клитина）分析。
② 据 P. 马乌切利乌斯（Маyцедиус）。

表 6-29 黄河矿中各稀土元素的相对含量 （%）

编号	矿物产状	以 REO 总含量为 100%						
		La	Ce	Pr	Nd	Sm	Eu	Gd
1	主矿体，白云岩中	37.0	44.5	3.5	14.0	1.0	—	—
2	东矿体，碳酸盐-霓石岩中	29.74	50.19	—	18.59	1.49	—	—
3	东矿体，重晶石-霓石岩中	34.33	44.78	4.78	14.93	1.19	—	—
4	东矿体，重晶石-霓石岩中	33.07	44.09	5.04	15.75	2.05	—	—
5	东矿体，重晶石-霓石岩中	30.81	47.39	4.27	15.80	1.74	—	—
6	东矿体，磷酸盐-霓石-石英岩中	35.39	47.18	4.33	13.11	—	—	—
7	东矿体，磷酸盐-霓石-石英岩中	29.33	50.23	4.95	15.46	—	—	—
8	东矿体，霓石-磁铁矿矿石中	32.41	45.38	4.38	16.20	1.62	—	—
9	主矿体，白云岩中	34.48	41.38	4.83	17.24	2.06	—	—

黄河矿微区能谱分析如图 6-32 所示。

6.3.6.10 镧石

镧石是表生的稀土矿物，主要是由矿风化而成。化学分析见表 6-30。

与黄河矿比较，其钡的含量减少，同时含有一定数量的水，Fe 和 Si 的出现与其中含杂质有关，Ba 和 F 则是原生矿物的残余。

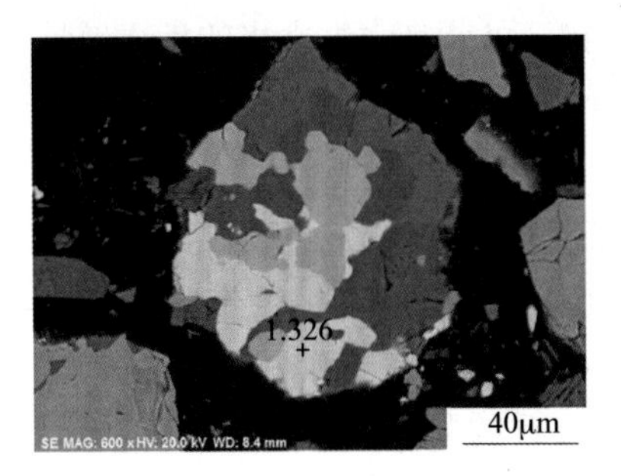

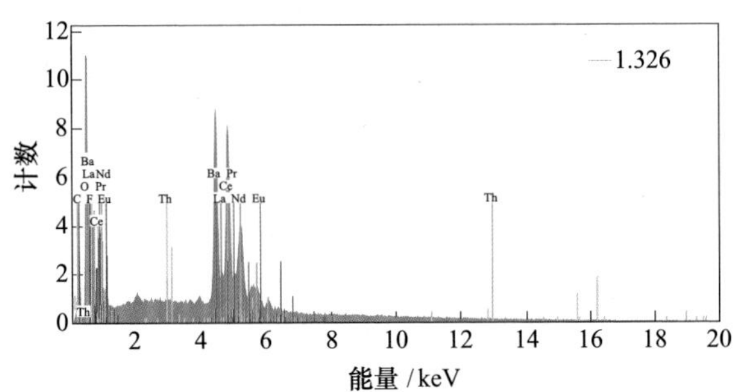

元素	原子序数	线系	非归一化质量比/%	归一化质量比/%	归一化原子比/%	误差(1σ)/%
Ba	56	L	29.37	35.45	10.34	0.84
O	8	K	14.96	18.06	45.23	1.98
Ce	58	L	14.60	17.62	5.04	0.43
Nd	60	L	6.99	8.44	2.35	0.23
C	6	K	6.67	8.05	26.85	1.08
La	57	L	5.24	6.32	1.82	0.18
F	9	K	3.03	3.66	7.71	0.54
Pr	59	L	1.74	2.10	0.60	0.09
Th	90	M	0.14	0.16	0.03	0.04
Eu	63	L	0.11	0.13	0.03	0.04
		合计	82.84	100.00	100.00	

图 6-32 黄河矿微区能谱分析

表 6-30 含镧石的风化产物的化学分析

成 分	含量/%	成 分	含量/%
ThO_2	1.5	CaO	5.65
REO	41.70	CO_2	14.00
Fe_2O_3	7.70	H_2O	4.54
Al_2O_3	0.50	F	5.43
SiO_2	6.00	$-O=F_2$	2.20
TiO_2	0.11	总 计	100.04
BaO	15.11		

注：分析者苏联科学院稀有元素矿物学、地球化学和结晶化学研究所 A. B. 贝柯娃。

其中各个稀土元素的相对含量如下（以 REO 总量为 100%）：$La_{21.9}$、$Ce_{51.2}$、$Pr_{5.6}$、$Nd_{18.6}$、$Sm_{1.4}$、$Eu_{0.1}$、$Gd_{0.9}$、$Tb_{0.9}$、$Yb_{0.1}$、$Dy_{0.2}$。

此外，在这种赭土内含有不溶于HCl的绿色矿物，可能是表生含水的稀土磷酸盐-磷镧镨矿 $CePO_4 \cdot H_2O$。矿物的折光率 $N=1.74\pm$，干涉色很低（非碳酸盐）。

6.3.6.11 *磷灰石*

磷灰石是矿床中分布广泛的矿物之一，以条带状萤石—赤铁矿型矿石中为最多，在霓石型矿石中次之。此外，也发现于花岗正长岩与白云岩接触带的矽卡岩中，于块状磁铁矿中有早期磷灰石的浸染体，晚期脉中也有磷灰石，其晶体完好。早期磷灰石颗粒细小（<1mm）。晚期脉中磷灰石的颗粒一般是0.5~1mm，有时达0.5~2cm。

在地表氧化带中磷灰石是稳定的。

物理性质如下：

颜色：白色或微浅黄色。

光泽：玻璃光泽。

硬度：5。

密度：3.23g/cm^3。

光学性质：无色透明，干涉色低（一级灰）。一轴晶，负光性，折光率变动不大，仅接触带中者稍高。

X射线粉晶数据与标准者同。

化学性质：溶于 HNO_3 和HCl。滴钼酸氨有磷的反应。光谱分析见表6-31。

表6-31 磷灰石的光谱分析资料与折光率表

标本号	*	1546/11	1521/50	S-96/8	D	t-52
矿物特征与世代	细粒状柱状	白色细粒 第一世代	白色细粒 第二世代	粒状 第三世代	柱状晶体 粗大晶粒 第三世代	柱状晶体 粗大晶粒 第三世代
产状与共生矿物	东部接触矿化产物中	萤石-赤铁矿矿石中，与重晶石、独居石、氟碳铈矿共生	霓石型矿石中，与霓石、独居石、氟碳铈矿共生	呈细脉状产于霓石型矿石中，与晚世代氟碳铈矿共生	呈细脉状产于霓石型脉中	呈细脉状产于霓石型脉中
产地	矿区东部	主矿体	东矿体	主矿体	主矿体	主矿体
Cu	0.00*n*	2	3		2	3
Na	0.6	4	4	5	4	4
Mg	1~6	3	5	4	3	4
Ca	>6	8	10	10	8	10
Sr	0.0*n*	3	4	6	3	6
Ba		7	6	7	7	6
Sc		1	—	—	—	—
Al	0.6	3	3	2	—	4

续表 6-31

Ti		0.00*n*	—	3	2	—	2
V		—	1	1	2	—	—
Zr		—	1	2	—	—	—
Si		1~6	2	4	4	—	5
Pb		0.6	3	3	2	—	2
Nb		—	—	2		—	2
P		>6	7	9	8	7	8
Bi		—	2	2	—	2	—
Mn		0.6	6	7	5	6	5
Fe		0.6	8	7	5	6	7
Ni		—	2	—	—	2	—
La		1~6	2	3	1	2	3
Y		—	—	3	2	—	5
CaF_2		—	3	8	5	3	5
Ce		>6	—	—	—	—	—
折光率	*No*	1.646±0.004	1.634~1.635	1.634~1.635	1.634~1.635	1.635	1.634
	Ne	—	1.630	1.630	1.628	1.628	1.629

磷灰石微区能谱分析如图 6-33 所示。

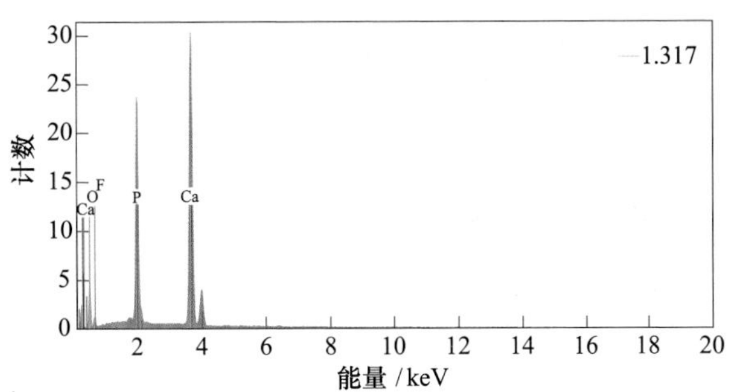

元素	原子序数	线系	非归一化质量比/%	归一化质量比/%	归一化原子比/%	误差(1σ)/%
Ca	20	K	42.09	43.96	27.31	1.26
O	8	K	31.10	32.48	50.55	4.57
P	15	K	16.53	17.26	13.88	0.67
F	9	K	6.03	6.30	8.26	1.19
		合计	95.75	100.00	100.00	

图 6-33 磷灰石微区能谱分析

6.3.6.12 铈磷灰石

产于矿区东部花岗正长岩的内外接触带中。在花岗正长岩与白云岩的接触带中，形成小的透镜体和脉体；在花岗正长岩内接触带的磁铁矿矿脉中，与磁铁矿、斜矽镁石、磷灰石共生，透闪石矽卡岩中少见。除上述矿物外，共生矿物还有萤石和金云母。

常呈细粒集合体，个别可见到等轴状或柱状。

颜色：灰色、灰褐色、褐色。

光学性质：薄片下灰色或深灰色。干涉色低（双折射率=0.003±），一轴晶，正光性，N=1.765±0.002，有时几乎呈均质性。

X射线粉晶数据与标准者相符合。

化学性质：光谱分析含Ce、Ca、Mg、Si：>6%；P：3%~6%；Al：1%~3%；Mn-Fe：1%~0.6%；Sr、Ba、Pb：0.n%。

特点是含磁铁矿、磷灰石的脉中，与磷灰石呈固溶体分解的现象。

在晚期矿化作用时，特别是碱性交代作用过程中，明显地看到铈磷灰石一部分被褐帘石和矽钛铈钇矿所代替。

6.3.6.13 铁钍石

铁钍石主要分布在东矿体下盘的霓石岩中，主矿体的霓石脉中、萤石-赤铁矿矿石中以及矿化白云岩中也能见到。矿物呈圆形颗粒或不规则形状，大小为1mm至2~3cm。

物理性质如下：

颜色：褐红色。

断口：贝壳状。

光泽：油脂光泽。

硬度：约4。

密度：约5g/cm^3。

光学性质：一般为均质，N = 1.72。有时可见非均质现象，Ng = 1.730，Np=1.718。

矿物已非晶质化。加热处理到800℃后，得出正方晶系钍石矿物（$ThSiO_4$）的谱线，再加热到910℃后，得出等轴晶系方钍石（ThO_2）的谱线。最终的相是在结晶格架分解为氧化物时得出的。

X射线粉晶和光学性质说明矿物已非晶质化。

化学性质：化学分析结果列于表6-32。值得注意的是其中的铁（10.38% Fe_2O_3）和磷（4.97%P_2O_5）的含量高，矿物水化强烈。计算后矿物的晶体化学式为：$(Th,Ca,RE,Fe)[(Si,P)(O,OH)]_4 \cdot nH_2O$。

表 6-32 铁钍石的化学分析

成 分	含量/%	原 子 数
SiO_2	13.60	0.226
P_2O_5	4.97	0.070
TiO_2	0.22	0.003
Fe_2O_3	10.38	0.130
RE_2O_3	5.70	0.020
ThO_2	39.80	0.151
MgO	0.69	0.017
CaO	5.60	0.100
H_2O^-	6.54	2.105
烧失量	12.40	
总 计	99.90	—

注：分析者苏联科学院稀有元素矿物学、地球化学和结晶化学研究所，C. H. 费多尔丘克（Федорчук）。

光谱分析铁钍石中含：Ba、Sr、Mn、Pb、Sn、Be、Sc、V，稀土主要是铈族成分：Le、Ce、Nd。

铁钍石微区能谱分析如图 6-34 所示。

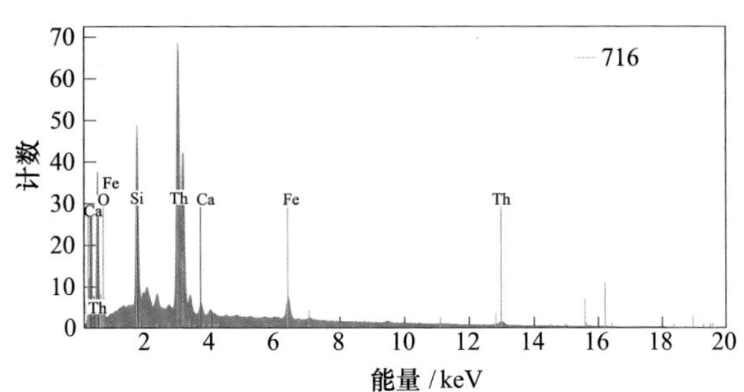

元素	原子序数	线系	非归一化质量比/%	归一化质量比/%	归一化原子比/%	误差(1σ)/%
Th	90	M	44.29	62.76	12.92	1.41
O	8	K	15.80	22.39	66.85	1.84
Si	14	K	5.90	8.36	14.22	0.28
Fe	26	K	3.61	5.12	4.38	0.12
Ca	20	K	0.96	1.36	1.63	0.06
		合计	70.58	100.00	100.00	

图 6-34 铁钍石微区能谱分析

6.3.6.14 褐帘石

褐帘石分布在花岗正长岩与白云岩的接触带的矽卡岩中。共生矿物为透辉石、透闪石、萤石、金云母，矿物多沿（100）呈板状晶体，最大可达3~5cm。沿（100）面常见双晶，有时褐帘石也呈不规则的粒状。

显微镜下极少量的褐帘石也见于矿体范围之内。如主矿体62-34号孔，深200m处，见到褐帘石与透闪石、钠长石、萤石、钡铁钛石、磷灰石、独居石和黄铁矿共生于闪石-长石岩石中。东矿体55号钻孔的黑云母岩石中（靠近上盘）也有少量的褐帘石，与黑云母、萤石、钠长石、磁铁矿共生。

晶系为单斜晶系。

物理性质如下：

颜色：黑色，条痕褐色。

光泽：半金属光泽，解理不发育。

硬度：5.5。

光学性质：多色性强，Ng—褐黄色，Nm—红褐色，Np—绿褐色。吸收公式：$Np>Ng>Nm$。二轴晶，负光性，$2V=61°$。$Ng=1.794±0.003$，$Nm=1.783±$，$Np=1.768±0.003$，$Ng-Np=0.026$。

X射线粉晶数据与标准褐帘石一致。褐帘石的化学分析见表6-33。

表6-33 褐帘石的化学分析

成　分	含量/%	原子数	原子比
CaO	10.48	0.187	1.15
MgO	3.41	0.085	0.58
MnO	0.30	0.004	0.03
FeO	9.60	0.106	0.65
Fe_2O_3	0.08	0.007	0.08
Al_2O_3	14.29	0.140	1.72
Ce_2O_3	12.82	0.038	1.08
$[Ce]_2O_3$	13.69	0.042	
$[Y]_2O_3$	1.64	0.006	
ThO_2	0.58	0.002	0.01
ZrO_2	0.76	0.006	0.07
TiO_2	0.50	0.006	
SiO_2	29.27	0.488	3.00
H_2O^+	0.49	0.027	—
H_2O^-	0.12	0.067	—
总　计	99.64	—	—

注：分析者中国科学院地质研究所。

根据褐帘石的化学分析换算成分子式为：

$(Ca_{1.15}Ce_{1.08})(Al_{1.72}Fe^{2+}_{0.64}Mn^{2+}_{0.03}Mg_{0.52})[Si_3O_{12}][O_{0.10}OH_{0.90}]$

近似理论式为：$(Ca,Ce)_2Al_2(Fe,Mg)[Si_3O_{12}](O,OH)$。

褐帘石中镁的含量很高，它置换了约一半的铁。因此，褐帘石是镁褐帘石。之所以富含镁可能与其形成于白云岩的接触带有关。

褐帘石中各个稀土元素的含量见表 6-34（以 REO 作为 100%计）。

表 6-34 褐帘石中各个稀土元素的含量（REO 作为 100%计） （%）

样品号	采集点	地质环境	La	Ce	Pr	Nd
3046	矿床东部	花岗正长岩与白云岩的内接触带	38.81	46.27	—	14.93

注：分析者苏联科学院地球化学及分析化学研究所。

褐帘石微区能谱分析如图 6-35 所示。

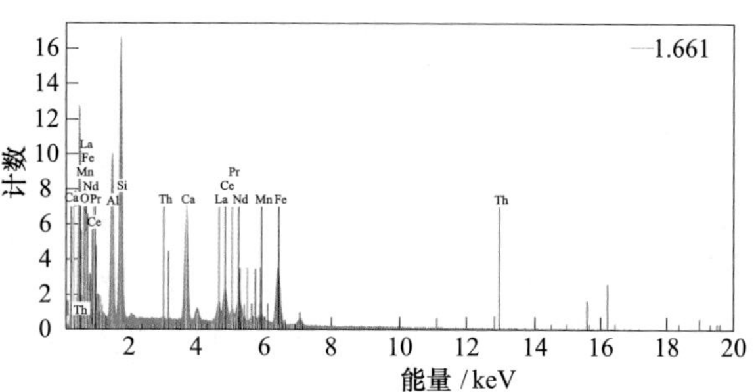

元素	原子序数	线系	非归一化质量比/%	归一化质量比/%	归一化原子比/%	误差(1σ)/%
O	8	K	26.26	31.85	57.04	3.39
Si	14	K	11.73	14.23	14.52	0.53
Fe	26	K	9.52	11.55	5.93	0.29
Ce	58	L	9.24	11.21	2.29	0.29
Al	13	K	8.16	9.89	10.51	0.42
Ca	20	K	7.77	9.43	6.74	0.26
La	57	L	4.90	5.95	1.23	0.17
Nd	60	L	2.40	2.92	0.58	0.11
Mn	25	K	1.47	1.78	0.93	0.08
Pr	59	L	0.86	1.05	0.21	0.06
Th	90	M	0.12	0.15	0.02	0.04
		合计	82.45	100.00	100.00	

图 6-35 褐帘石微区能谱分析

6.3.6.15 硅钛铈钇矿

东矿体东部与花岗岩类的接触交代体中发现有硅钛铈钇矿。硅钛铈钇矿与硅镁石和斜硅镁石共生，于白云岩中呈粒状晶体，颗粒大者达0.5cm。

物理性质如下：

密度：4.814g/cm^3。

光学性质：多色性强，褐色至黑色。因受矿物颜色影响，干涉色呈灰褐。折光率高于1.78。

X射线粉晶数据矿物的粉晶图谱与乌拉尔产硅钛铈钇矿的粉晶图谱一致。

白云鄂博硅钛铈钇矿的特点是矿物没有非晶质化，在光学性质和X射线粉晶数据上都是非均质的，这与褐帘石和易解石都是一样情形。

化学性质矿物的光谱分析中含Ce、La、Ti、Fe、Mg、Si、Ca，还有Sc、Ge、Mn、U、Th、Nb、Li、Al等元素。化学分析见表6-35。

表6-35 矽钛铈钇矿的化学分析

成 分	含量/%	分子数
MnO	痕迹	—
CaO	3.39	0.0605
MgO	0.28	0.0069
FeO	8.27	0.1151
Fe_2O_3	2.85	0.0178
Al_2O_3	2.52	0.0247
U_2O_3		—
Ce_2O_3	23.58	0.0718
$[Ce]_2O_3$	22.24	0.0656
$[Y]_2O_3$	0.42	0.0019
ThO_2	0.25	0.0009
SiO_2	18.16	0.3022
TiO_2	17.62	0.2022
Nb_2O_5	0.31	0.0012
Ta_2O_5	0.01	0.00002
H_2O^-	0.16	—
H_2O^+	0.06	—
总 计	100.12	—

注：分析者中国科学院地质研究所张静。

6.3.6.16 霓石

霓石分布非常广泛，在不同的地质条件下形成不同的霓石。辉长闪长岩和辉石正长岩中有霓石，花岗岩类和沉积变质岩的接触带上见到霓石和透辉石-镁铁辉石系列的霓石。而在矿床南部的变质硅酸盐岩石中和碱卤交代作用的地段则广泛发育有霓石。霓石与稀有、稀土矿物密切共生。

光学性质：对不同岩石中的霓石作了光学性质的研究，见表 6-36，$c \wedge Ng=1°\sim5°$，全部是二轴晶，负光性。Ng 在 1.780 以上，Np 自 1.740~1.754 不等。

表 6-36 不同岩石中霓石的某些光学常数

编号	矿物产状	多色性		消光角	折光率	
		Ng	Np	$(c \wedge Ng)/(°)$	Ng	Np
2116/102	霓石岩	无色	无色	5	>1.780	1.745~1.750
2120/38	萤石-霓石岩	无色	无色	3	>1.780	1.750~1.754
2121/2	碳酸盐化的碱性角闪石-霓石岩	黄绿色	黄绿色	5	>1.780	1.740~1.744
2137/11	霓石石英细脉	—	绿色	1	>1.780	1.745~1.748
2003	霓石-碱性角闪石长石岩（H_2）	—	—	1	>1.780	1.745~1.748
2012/19	石英-碱性角闪石霓石岩（H_2）	—	—	2	>1.780	1.740~1.744

浅绿色霓石的多色性弱，薄片中有时几乎无色，一般为细粒状。广泛分布于铁矿发育的地方，与萤石、磁铁矿、重晶石、石英、独居石、氟碳铈矿、氟碳钙铈矿等共生。

深绿色的霓石无清楚的多色性，细粒和中粒状，这种霓石主要见于钠闪石-霓石岩和 H_2、H_4 层的热液变质岩中。与霓石共生的还有碱性角闪石、微斜长石、钠长石、黑云母等矿物。

霓石的化学分析结果见表 6-37。

表 6-37 霓石（样品号 2116/102）的化学分析

成 分	含量/%	成 分	含量/%
SiO_2	52.04	Na_2O	12.35
TiO_2	0.32	K_2O	0.12
Al_2O_3	1.19	BaO	0.15
Fe_2O_3	32.43	P_2O_5	0.01
FeO	0.70	H_2O^+	0.15
MnO	0.03	H_2O^-	—
MgO	0.16	F	—
CaO	0.24	总 计	99.89

注：分析者苏联科学院矿床地质研究所（ИГЕМ）。

霓石微区能谱分析如图 6-36 所示。

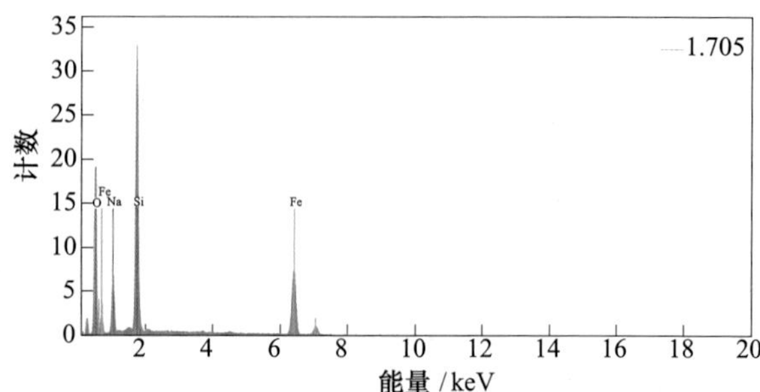

元素	原子序数	线系	非归一化 质量比/%	归一化 质量比/%	归一化 原子比/%	误差(1σ) /%
O	8	K	30.95	37.98	57.44	4.09
Fe	26	K	24.69	30.30	13.13	0.72
Si	14	K	16.81	20.63	17.78	0.75
Na	11	K	9.03	11.08	11.66	0.64
		合计	81.49	100.00	100.00	

图 6-36 霓石微区能谱分析

6.3.6.17 褐钇铌矿

褐钇铌矿已在西矿发现。该区所产褐钇铌矿族矿物有：

（1）褐铈铌矿。该矿物首先发现于东部接触带的硅镁石金云母矽卡岩中。在东部接触带的分布仅次于黄绿石、铌钙矿和铌铁矿。其共生矿物有：硅镁石、金云母、磁铁矿、黄绿石和铌钙矿等。

（2）β-褐铈铌矿。见于东部接触带的铁矿化白云石型铌稀土矿石中，共生矿物有磷灰石、独居石、铌铁矿等。

（3）褐钕铌矿。是一种新矿物种，发现于西矿 9 号矿体下盘白云石型铌稀土矿石中。与闪石、金云母、磁铁矿、黄铁矿共生。

（4）β-褐钕铌矿。产于西矿钠闪石化的白云石型铌稀土矿石中，共生矿物有钠闪石、铁白云石、磁铁矿、独居石、氟碳铈矿等。

（5）钕褐钇铌矿。是褐钇铌矿富钕的变种，产于西矿 9 号矿体白云石型铌稀土矿石中。

褐钇铌矿与褐钕铌矿共生。褐钇铌矿族矿物化学分析见表 6-38。褐钇铌矿微区能谱分析如图 6-37 所示。

表 6-38 褐钇铌矿族矿物化学分析（质量分数） （%）

成 分	铈褐钇铌矿	钕褐钇铌矿	褐钇铌矿
CaO	1.26	0.29	0.24
MnO	0.03	0.30	—
MgO	—	0.07	0.17
FeO	—	0.27	0.29
Fe_2O_3	0.95	—	—
Al_2O_3	—	0.12	0.14
Zr_2O_3	—	0.19	—
RE_2O_3	23.61	55.00	51.58
Ce_2O_3	23.27	—	—
ThO_2	8.01	1.09	1.21
SiO_2	0.03	0.29	0.12
TiO_2	0.12	0.17	0.41
UO_2	0.03	1.46	1.25
UO_3	0.07	—	—
Nb_2O_5	42.98	41.00	46.55
Ta_2O_5	0.086	0.11	0.30
H_2O^-	痕迹	—	—
总 计	100.45	100.36	102.26

注：铈褐钇铌矿数据引用张培善等；钕褐钇铌矿数据引用孙未君等；褐钇铌矿数据引用马凤俊等。

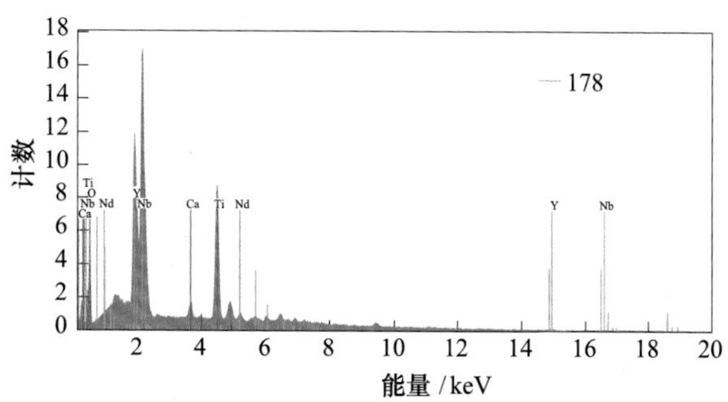

元素	原子序数	线系	非归一化质量比/%	归一化质量比/%	归一化原子比/%	误差(1σ)/%
Nb	41	L	16.87	41.06	17.55	0.65
O	8	K	11.40	27.73	68.84	1.67
Y	39	L	7.40	18.01	8.04	0.32
Dy	66	L	2.75	6.68	1.63	0.11
Nd	60	L	1.35	3.28	0.90	0.07
Ca	20	K	0.85	2.08	2.06	0.06
Ti	22	K	0.48	1.16	0.97	0.05
		合计	41.09	100.00	100.00	

图 6-37 褐钇铌矿微区能谱分析

6.3.7 矿区矿物种类

白云鄂博矿区矿物种类详见表 6-39[5]。

表 6-39 白云鄂博矿区矿物种类一览表

铁矿物	铌矿物	稀土矿物	锆矿物	硅酸盐矿物			碳酸盐矿物	磷酸盐矿物	氧化物矿物	其他
磁铁矿	铌铁金红石	独居石	锆石	贵橄榄石	正长石	黑电气石	方解石	磷灰石	石英	碳化硅
赤铁矿	铌铁矿	氟碳铈矿	—	铁橄榄石	条纹长石	镁电气石	镁方解石	—	玉髓	钼铅矿
磁赤铁矿	铌锰矿	氟碳铈钡矿	钛矿物	斜方辉石	钠长石	铁海泡石	白云石	硫酸盐矿物	蛋白石	石墨
假象赤铁矿	黄绿石	黄河矿	金红石	普通辉石	更长石	铁山软木	菱镁矿	重晶石	锡石	自然金
镜铁矿	铀钍黄绿石	氟碳钡铈矿	钛铁矿	透辉石	中长石	多水高岭石	含铁白云石	石膏	镁铁尖晶石	自然铋
针铁矿	易解石	中华铈矿	钡铁钛石	霓辉石	拉长石	胶多水高岭石	锰白云石	黄钾铁钒	铬尖晶石	一水硬铝石
纤铁矿	钕易解石	氟碳钙铈矿	锰钡铁钛石	霓石	钙铁榴石	铁多水高岭石	锰铁白云石	水绿矾	铝铬尖晶石	
菱铁矿	铌易解石	氟碳钙钕矿	榍石	斜方角闪石	钙铝榴石	绿高岭石	菱锶矿	明矾石	铝铁尖晶石	
镁菱铁矿	铌钕易解石	碳铈钠矿	白钛石	普通角闪石	镁铝榴石	蒙脱石	钙菱锶矿	铜蓝	铁尖晶石	
菱镁铁矿	富钛钕易解石	大青山矿	钍矿物	透闪石	硅镁石	绿脱石	β-钙菱锶矿	—	刚玉	

续表 6-39

铁矿物	铌矿物	稀土矿物	锆矿物	硅酸盐矿物			碳酸盐矿物	磷酸盐矿物	氧化物矿物	其他
菱铁镁矿	铌钙矿	褐帘石	钍石	阳起石	斜硅镁石	伊利石	碳锶钙石	硫化物矿物	方镁石	
铁白云石	褐铈铌矿	硅钛铈矿	铁钍石	蓝透闪石	方柱石	沸石	锶方解石	黄铁矿	金绿宝石	
	β-褐铈铌矿	铈磷灰石	铀钍石	钠钙镁闪石	符山石	硅镁解石	锶文石	方铅矿	—	
	褐钕铌矿	水磷铈矿	方钍石	镁亚铁钠闪石	红柱石	黄玉	毒重石	闪锌矿	—	
	β-褐钕铌矿	水碳铈矿	锰矿物	亚铁钠闪石	硅线石	伊丁石	钡方解石	辉钼矿	卤化物	
	钕褐钇铌矿	方铈石	软锰矿	钠闪石	堇青石		菱钡镁石	白铁矿	萤石	
	褐钇铌矿		硬锰矿	黑云母	绿帘石		菱碱土矿	黄铜矿	氟镁石	
	包头矿		水锰矿	金云母	绿泥石		锶菱碱土矿	毒砂		
			铁镁菱锰矿	白云母	斜黝帘石			脆硫锑铅矿		
				绢云母	滑石					
				微斜长石	蛇纹石					

6.3.8 各种元素的赋存状态

白云鄂博矿床已分析确定的元素有 71 种。显著富集的元素有铁、铌、铈、镨、钕、铕、钇、钪、钍、钠、碳、钙、镁、钡和磷等。稍高于克拉克值或接近于克拉克值的元素有钛、钽、锆、铪、钆、镝、铽、钬、铒、铥、镱、镥、硫、砷、锶、锡、锂和铅等。低于克拉克值的元素有硅、铝、钼、钾、钒、铬、钨、铀、镭、钴和镍等。其中能形成独立矿物而存在的元素有铁、铌、稀土、钛、锰、锆、钍、铍、锡、铅、锌、铋、钼、金、钡、钙、镁、钠、磷、硫、氟等，如图 6-38 所示。

6.3.8.1 铁的赋存状态

铁的独立矿物主要有磁铁矿、赤铁矿、褐铁矿、菱铁矿等，约占铁总量的 90%，其中绝大部分赋存于磁铁矿和赤铁矿中。含铁矿物主要有铁白云石、钠闪石、钠辉石、黑云母、钡铁钛石、铌铁矿、金红石、黄铁矿、磁黄铁矿及铁镁锰矿等，详见表 6-40。

周期	IA	ⅡA	Ⅲ	Ⅳ	Ⅴ	ⅥB	ⅦB	Ⅷ			IB	ⅡB	ⅢA	ⅣA	VA	ⅥA	ⅦA	0
1	H																	
2	Li	Be												C①		O①	F③	
3	Na①	Mg①											Al	Si	P③	S①	Cl	Ar
4	K③	Ca	Sc③	Ti③	V	Cr	Mn①	Fe②	Co	Ni	Cu	Zn			As			
5	Rb	Sr	Y②	Zr③	Nb③	Mo					Ag			Sn				
6		Ba①	La②	Hf③	Ta③	W					Au	Hg		Pb	Bi			Rn
7		Ra	Ac															

镧系	La	Ce	Pr	Nd		Sm	Eu	Gd	Tb	Dy	Ho	Er	Tm	Yb	Lu
锕系		Th		U											

① 大量元素；
② 有工业价值的元素；
③ 综合利用的元素，其余为少量元素。

图 6-38 矿床中元素成分

表 6-40　白云鄂博矿床铁矿物和含铁矿物种类

矿物类别	矿物名称	化学式	$w(FeO)/\%$	$w(Fe_2O_3)/\%$	$w(TFe)/\%$
氧化物及氢氧化物	磁铁矿	Fe_3O_4	25.53~30.70	65.40~69.23	65.63~72.34
	赤铁矿（磁赤铁矿）	$Fe_2O_3(\gamma\text{-}Fe_2O_3)$			66.77
	假象赤铁矿	$\alpha\text{-}Fe_2O_3$			67.64
	褐铁矿（水针铁矿和针铁矿）	$Fe(OH)_2 \cdot nH_2O$			54.54
碳酸盐类	菱铁矿	$FeCO_3$	52.20~55.02		40.6~42.79
	镁菱铁矿	$(Mg,Fe)CO_3$	32.93~43.34		25.61~33.71
	菱镁铁矿	$(Mg,Fe)CO_3$	23.80~24.98		18.51~19.43
	菱铁镁矿	$(Fe,Mg)CO_3$	13.53~14.35		10.52~11.16
	铁镁菱锰矿	$Mn(Mg,Fe)(CO_3)_2$	16.74		13.02
	含铁白云石	$Ca(Mg,Fe)(CO_3)_2$	4.22~6.99		3.28~5.44
	铁白云石	$Ca(Mg,Fe)(CO_3)_2$	8.19~13.29		6.37~10.26
硅酸盐类	包头矿	$Ba(Ti,Nb,Fe)_8O_{16}[Si_4O_{12}]Cl$		3.07	2.15
	钡铁钛石	$Ba(Fe,Mn)_2Ti([Si_4O_{12}][O,OH])$	22.56	1.08	18.31
	铁钍石	$(Fe,Th)[SiO_4] \cdot nH_2O$		10.30	7.27
	褐帘石	$(RE)_2(Al,Fe)_3[SiO_4]_3[OH]$	9.60	0.08	7.53
	硅钛铈矿	$(Cu,Ce,Th)_4(Fe,Mn)_2(Ti,Fe)_3Si_4O_{22}$	8.27	2.85	8.42
	碱性闪石	$NaFe_2Mg_4FeSi_8O_{22}(OH)_2$	4.44	6.61	8.08
	钠辉石(霓石)	$NaFe[Si_2O_6]$	0.70	32.43~34.6	23.2~24.764
	黑云母	$K(MgFe)_3(AlFe)Si_3O_{10}(OH,F)_2$	21.90		17.03
硫化物	黄铁矿	FeS_2			46.55
	磁黄铁矿	$Fe_{1-x}S$			56.74
	黄铜矿	CuFeS			30.42

根据对 30 个有代表性选矿样的研究，氧化矿石铁的理论极限回收率波动于 81%~99%，萤石型与混合型（霓石型、钠闪石型和云母型）的分界值为 95%，前者大于 95%，后者小于 95%。西矿白云石型和云母闪石型氧化矿石和混合矿样则与上述混合型矿石相当，平均在 92%左右。

为了查清原生磁铁矿矿石中铁的赋存状态及分布规律，评定生产过程分选效果和确定最佳选矿指标，对矿石进行铁的化学物相分析和铁的分布平衡计算，结果表明，东矿原生磁铁矿矿石中磁铁矿占总铁量的84.4%，赤铁矿占11.0%，其他为硫化铁、碳酸铁和硅酸铁。而西矿白云石型原生磁铁矿矿石，磁铁矿石占矿石总铁量的77.1%，赤铁矿占1.5%，硫化铁、碳酸铁和硅酸铁占总铁量超过20%，也就是说这些铁在选矿过程中无法回收，这是西矿铁矿石的一大特点。

6.3.8.2 稀土的赋存状态

稀土元素以铈族元素为主，其中镧、铈、钕的氧化物含量（w）占稀土氧化物总量的88.5%~92.4%，钇族元素含量很少，$\Sigma Y_2O_3/\Sigma Ce_2O_3$ 一般为27.11%~64.41%。稀土元素主要赋存在氟碳铈矿和独居石中，分布率为73.14%~96.05%，其余分布在铁矿物、萤石和其他矿物中，详见表6-41。

6.2.8.3 铌（钽）的赋存状态

铌赋存于铌铁矿、铌铁金红石、黄绿石、铌易解石、铌钙矿等矿物中，其分布率为52.5%~80.5%，其他呈分散状分布在铁矿物及其他矿物中。Nb_2O_5 的赋存状态见表6-42。

6.3.8.4 磷、氟、钾、钠、钛、铀、钍、钪等元素的赋存状态

磷、氟、钾、钠、钛、铀、钍、钪等元素的赋存状态如下。

A 磷元素的赋存状态

磷元素大部分以独立矿物形式存在于独居石和磷灰石中，其次呈分散状态存在于铁矿物和萤石中，少量存在于其他矿物中，见表6-43。

B 氟元素的赋存状态

氟元素94.26%~97.84%存在于萤石中，有少量存在于氟碳铈矿中，见表6-44。

C 钾元素的赋存状态

钾元素在板岩中 $w(K_2O)$ 高达16%，其中约有95%以上赋存于钾长石中。在各类矿石中，钾主要赋存在黑云母、金云母及钠闪石中，见表6-45。

D 钠元素的赋存状态

钠元素在矿石中主要赋存在钠辉石、钠闪石和钠长石中，见表6-46。

E 钛元素的赋存状态

钛元素在矿床中大部分以独立矿物的形式存在。在沉积作用阶段出现在金红石和钛铁矿中（碎屑矿物）；在热液作用阶段，钛除形成钛铁矿以外，主要与铌、稀土等分别形成钛、铌稀土的氧化物（如易解石、铌铁金红石）和硅酸盐（包头矿、钡铁钛石、硅钛铈矿）等。此外，矿床中的磁铁矿、黑云母、霓石、钠闪石、铌铁矿、褐帘石等一般均含有少量钛，见表6-47。

表 6-41 各类型矿石中 REO 的赋存状态 （%）

矿物种类		块状型					
		主矿			东矿		
		质量分数	$w(RE_2O_3)$	分布率	质量分数	$w(RE_2O_3)$	分布率
金属矿物	磁铁矿、假象磁铁矿	25.538	0.1293①	1.456	19.822	0.295	4.592
	赤铁矿、假象赤铁矿、镜铁矿	53.005	0.3022①	7.063	70.647	0.060	3.239
	褐铁矿	3.862	4.011	6.831	2.947	0.680	1.574
	黄铁矿				0.093	0.101	0.007
	磁黄铁矿						
	软锰矿						
铌矿物	铌铁金红石（浅色）	0.146			0.075		
	铌铁金红石（深色）	0.146			0.048	0.980	0.037
	金红石②	0.029					
	铌铁矿	0.020	0.513	0.005	0.038		
	黄绿石	0.004			0.001	2.12	0.0012
	易解石、钛易解石、铌易解石	0.012	38.202	0.202	0.019	27.31	0.407
	包头矿						
稀土矿物	氟碳铈矿、氟碳钙铈矿	1.421	71.363	44.717	1.057	57.49	47.719
	黄河矿、镧石						
	独居石	0.0887	72.657	28.419	0.696	71.90	39.298
其他矿物	铁钍石	0.001	4.410	0.002			
	锆石	0.001					
	萤石	10.254	2.449	11.074	7.093	0.361	2.011
	白云石、方解石	0.237			0.320		
	重晶石	1.110			4.282		
	黄钾铁矾	0.024					
	磷灰石	0.205	1.856	0.168	0.381	3.19	0.954
	石英、玉髓、蛋白石	1.487				0.576	
	钠长石、更长石、微斜长石	1.487				0.576	
	黑云母、金云母、白云母	0.106			0.957	0.071	0.053
	钠辉石	1.080	0.133	0.069	0.866		
	钠闪石	0.570			0.481	0.044	0.017
合计		99.999		100.00	110.399		100.00
RE_2O_3 的平衡系数			83.07			79.64	

续表 6-41

矿物种类		萤石型					
		主矿			东矿		
		质量分数	$w(RE_2O_3)$	分布率	质量分数	$w(RE_2O_3)$	分布率
金属矿物	磁铁矿、假象磁铁矿	4.166	0.316	0.154	13.415	0.072[1]	0.125
	赤铁矿、假象赤铁矿、镜铁矿	45.354	0.744[2]	3.947	36.595	0.641[1]	3.029
	褐铁矿	0.401	1.917	0.090	1.315	0.605	0.103
	黄铁矿				0.137	0.798	0.014
	磁黄铁矿	0.079					
	软锰矿						
铌矿物	铌铁金红石（浅色）	0.073	1.705	0.015	0.180		
	铌铁金红石（深色）	0.203	1.705	0.040	0.228		
	金红石[2]						
	铌铁矿	0.034	0.513	0.002	0.077		
	黄绿石				0.007		
	易解石、钛易解石、铌易解石	0.057	30.370	0.202	0.008	32.5375	0.034
	包头矿						
稀土矿物	氟碳铈矿、氟碳钙铈矿	8.621	64.190	64.732	6.770	73.774	64.484
	黄河矿、镧石						
	独居石	3.316	75.700	29.363	3.518	69.489	31.563
其他矿物	铁钍石	0.002	4.410	0.001			
	锆石	0.005					
	萤石	31.172	0.367	1.338	23.968	0.152	0.470
	白云石、方解石	0.105	0.055	0.001			
	重晶石	4.281	0.011	0.006	3.461	0.049	0.022
	黄钾铁矾	0.011					
	磷灰石	0.617	1.198	0.086	0.467	1.856	0.112
	石英、玉髓、蛋白石 钠长石、更长石、微斜长石	0.974	0.012	0.001	6.907	0.0265	0.023
	黑云母、金云母、白云母	0.153	0.301	0.005	0.252	0.049	0.001
	钠辉石	0.290	0.246	0.008	2.268	0.026	0.008
	钠闪石	0.073	1.790	0.007	0.254	0.363	0.012
合计		99.987		99.998	99.827		100.000
RE_2O_3 的平衡系数			90.08			90.53	

续表 6-41

矿 物 种 类		钠辉石型			钠闪石型		
		主 矿			东 矿		
		质量分数	$w(RE_2O_3)$	分布率	质量分数	$w(RE_2O_3)$	分布率
金属矿物	磁铁矿、假象磁铁矿	0.5911	1.095	0.099	16.736	0.118	0.608
	赤铁矿、假象赤铁矿、镜铁矿	24.2019	0.99	3.648	38.470	0.630①	7.462
	褐铁矿	1.200	7.024	1.284	6.855	2.061	4.350
	黄铁矿				0.324	0.107	0.011
	磁黄铁矿	0.0293	0.504	0.002			
	软锰矿				0.286	5.02	0.442
铌矿物	铌铁金红石（浅色）	0.0807			0.020		
	铌铁金红石（深色）	0.3446	1.674	0.088	0.027	0.98	0.008
	金红石②					0.751	
	铌铁矿	0.0131	0.513	0.001	0.092	1.354	0.038
	黄绿石	0.0374	2.12	0.012	0.025		
	易解石、钛易解石、铌易解石	0.0308	33.115	0.155	0.023	36.596	0.259
	包头矿		0.0167				
稀土矿物	氟碳铈矿、氟碳钙铈矿	4.5133	69.02	47.433	2.409	57.49	42.641
	黄河矿、镧石		0.0476	39.21	0.284		
	独居石	3.7791	75.76	43.596	1.887	71.361	41.460
其他矿物	铁钍石	0.0796	4.410	0.054			
	锆石	0.0022	1.770	0.001			
	萤石	13.1321	0.418	0.836	18.753	0.361	2.084
	白云石、方解石	0.0428	0.090	0.001	0.625		
	重晶石	5.1249	0.354	0.281	2.103		
	黄钾铁矾						
	磷灰石	0.9057	3.19	0.440	0.387	3.19	0.380
	石英、玉髓、蛋白石		2.1061	0.035	0.001		
					1.670	0.0655	0.034
	钠长石、更长石、微斜长石	4.3885	0.28	0.187			
	黑云母、金云母、白云母	0.7922	0.250	0.030	1.634	0.051	0.026
	钠辉石	40.0133	0.246	1.499	0.722	0.027	0.006
	钠闪石	0.04927	0.790	0.059	5.598	0.1002	0.173
合 计		101.966		100.01	99.397		100.00
RE_2O_3 的平衡系数			85.07			100.244	

① 表示化学分量小于 0.005mm 包体分量的分析结果。

② 铌较高，列入铌矿物中。

表 6-42 各类型矿石中 Nb_2O_5 的赋存状态 (%)

矿物种类		块状型					
		主矿			东矿		
		质量分数	$w(Nb_2O_5)$	分布率	质量分数	$w(Nb_2O_5)$	分布率
金属矿物	磁铁矿、假象磁铁矿	25.538	0.0286	11.154	19.822	0.014	3.542
	赤铁矿、假象赤铁矿、镜铁矿	53.005	0.0364	29.464	70.647	0.030	27.050
	褐铁矿	3.862	0.061	3.597	2.947	0.037	1.392
	黄铁矿				0.093	0.0077	0.009
	磁黄铁矿						
	软锰矿						
铌矿物	铌铁金红石（浅色）	0.146	8.66	19.309	0.075	8.04	7.606
	铌铁金红石（深色）	0.146	8.66	19.309	0.048	10.43	6.390
	金红石	0.029	3.5116	1.555			
	铌铁矿	0.020	73.72	22.516	0.038	30.27	38.930
	黄绿石	0.004	59.60	3.641	0.001	63.10	0.805
	易解石、钛易解石、铌易解石	0.012	29.89	5.477	0.019	29.35	7.117
	包头矿						
稀土矿物	氟碳铈矿、氟碳钙铈矿	1.421	0.087	1.888	1.057	0.005	0.068
	黄河矿、镧石						
	独居石	0.0887	0.023	0.312	0.696	0.020	0.178
其他矿物	铁钍石	0.001	0.953	0.015			
	锆石	0.001					
	萤石	10.254	0.004	0.626	7.093	0.0596	5.396
	白云石、方解石	0.237	0.0005	0.002	0.320	0.0003	0.001
	重晶石	1.110	0.0005	0.009	4.282	0.0007	0.038
	草黄铁矾	0.024					
	磷灰石	0.205	0.0053	0.016	0.381	0.029	0.141
	石英、玉髓、蛋白石						
	钠长石、微斜长石	1.487	0.0087	0.197	0.576	0.00018	0.001
	黑云母、金云母、白云母	0.106	0.010	0.016	0.957	0.084	1.026
	钠辉石	1.080	0.012	0.198	0.866	0.011	0.122
	钠闪石	0.570	0.001	0.009	0.481	0.016	0.098
合计		99.99		100.01	110.399		100.000
Nb_2O_5 的平衡系数/%		96.30			85.16		

续表 6-42

矿物种类		萤石型					
		主矿			东矿		
		质量分数	$w(Nb_2O_5)$	分布率	质量分数	$w(Nb_2O_5)$	分布率
金属矿物	磁铁矿、假象磁铁矿	4.166	0.050	1.915	13.415	0.0172	1.769
	赤铁矿、假象赤铁矿、镜铁矿	45.354	0.036	15.014	36.595	0.0357	10.017
	褐铁矿	0.401	0.010	0.044	1.315	0.023	0.232
	黄铁矿	0.079			0.137	0.033	0.035
	磁黄铁矿	0.079					
	软锰矿						
铌矿物	铌铁金红石（浅色）	0.073	7.410	4.974	0.180	7.41	10.277
	铌铁金红石（深色）	0.203	13.490	25.181	0.228	14.65	25.611
	金红石						
	铌铁矿	0.034	73.720	23.048	0.077	66.043	38.922
	黄绿石				0.007	62.833	3.372
	易解石、钛易解石、铌易解石	0.057	31.810	16.673	0.008	28.107	1.724
	包头矿						
稀土矿物	氟碳铈矿、氟碳钙铈矿	8.621	0.057	4.519	6.770	0.020	1.038
	黄河矿、镧石						
	独居石	3.316	0.081	2.470	3.518	0.01	0.270
其他矿物	铁钍石	0.002	0.953	0.018			
	锆石	0.005					
	萤石	31.172	0.0198	5.675	23.968	0.0337	6.193
	白云石、方解石	0.105	0.0088	0.009			
	重晶石	4.281	0.0026	0.102	3.461	0.0078	0.207
	草黄铁矾	0.011					
	磷灰石	0.617	0.013	0.074	0.467	0.0053	0.019
	石英、玉髓、蛋白石						
	钠长石、微斜长石	0.974	<0.001	0.009	6.907		
	黑云母、金云母、白云母	0.153	0.059	0.083	0.252	0.074	0.143
	钠辉石	0.290	0.020	0.053	2.268	0.0078	0.136
	钠闪石	0.073	0.207	0.139	0.254	0.0077	0.015
合计		99.987		100.000	99.827		100.000
Nb_2O_5的平衡系数/%			84.96			81.513	

续表 6-42

矿物种类		钠辉石型			钠闪石型		
		东矿			东矿		
		质量分数	$w(Nb_2O_5)$	分布率	质量分数	$w(Nb_2O_5)$	分布率
金属矿物	磁铁矿、假象磁铁矿	0.5911	0.0555	0.265	16.736	0.0383	4.367
	赤铁矿、假象赤铁矿、镜铁矿	24.2019	0.051	9.951	38.470	0.0244	6.396
	褐铁矿	1.200	0.017	0.165	6.855	0.0068	0.318
	黄铁矿	0.0293	0.015	0.004	0.324	0.0077	0.017
	磁黄铁矿	0.0293	0.015	0.004			
	软锰矿				0.286	0.028	0.054
铌矿物	铌铁金红石（浅色）	0.0807	8.61	5.602	0.020	8.04	1.096
	铌铁金红石（深色）	0.3446	12.75	35.422	0.027	10.43	1.919
	金红石				0.751	3.5116	17.970
	铌铁矿	0.0131	73.72	7.786	0.092	73.055	45.797
	黄绿石	0.0374	63.10	19.026	0.025	59.60	10.153
	易解石、钛易解石、铌易解石	0.0308	27.895	6.926	0.023	23.06	3.614
	包头矿	0.0167	20.83	2.804			
稀土矿物	氟碳铈矿、氟碳钙铈矿	4.5133	0.022	0.801	2.409	0.005	0.082
	黄河矿、镧石	0.0476	0.0047	0.002			
	独居石	3.7791	0.021	0.640	1.887	0.014	0.180
其他矿物	铁钍石	0.0796	0.953	0.612			
	锆石	0.0022	0.20	0.004			
	萤石	13.1321	0.016	1.694	18.753	0.0596	7.616
	白云石、方解石	0.0428	0.0022	0.001	0.625	0.0039	0.017
	重晶石	5.1249	0.0027	0.114	2.103	0.0033	0.047
	草黄铁矾						
	磷灰石	0.9057	0.029	0.212	0.387	0.029	0.076
	石英、玉髓、蛋白石	2.1061	0.0015	0.026			
	钠长石、微斜长石	4.3885	0.011	0.389	1.670	0.0018	0.002
	黑云母、金云母、白云母	0.7922	0.044	0.281	1.634	0.011	0.122
	钠辉石	40.0133	0.02	6.452	0.722	0.011	0.054
	钠闪石	0.4927	0.207	0.822	5.598	0.0027	0.103
合计		101.966		100.006	99.397		100.000
Nb_2O_5的平衡系数/%		89.23			104.07		

表 6-43 各类型矿石中 P_2O_5 的赋存状态 (%)

矿物种类	矿物中 $w(P_2O_5)$	块状型				萤石型				钠辉石型		钠闪石型	
		主矿		东矿		主矿		东矿		东矿		东矿	
		质量分数	分布率	质量分数	分布率	质量分数	分布率	质量分数	分布率	质量分数	分布率	质量分数	分布率
磷灰石	40.35	0.21	29.11	0.38	48.57	0.62	24.51	0.47	18.90	0.91	29.43	0.39	25.65
独居石	23.12	0.89	70.20	0.70	50.79	3.32	75.19	3.52	80.99	3.78	70.08	1.89	71.40
钠闪石	0.33	0.57	0.68	0.48	0.63	0.07	—	0.25	0.09	0.49	0.16	5.60	2.94
钠辉石	0.01	1.08	—	0.87	—	0.29	—	2.27	—	40.01	0.32	0.72	—
合计	—	—	99.99		99.99		100.00	—	99.98	—	99.99	—	99.99
大样中 $w(P_2O_5)$		0.935		0.214		2.71		2.516		2.848		1.156	
平衡系数		33.23		147.96		36.64		39.34		43.79		52.94	

注：本表资料系根据内蒙古地质局实验室 6 个物质成分大样计算而得。

表 6-44 各类型矿石中氟的赋存状态 (%)

矿物种类	矿物中 $w(F)$	块状型				萤石型				钠辉石型		钠闪石型	
		主矿		东矿		主矿		东矿		东矿		东矿	
		质量分数	分布率	质量分数	分布率	质量分数	分布率	质量分数	分布率	质量分数	分布率	质量分数	分布率
萤石	48.80	10.25	97.84	7.09	96.64	31.17	95.66	23.97	95.51	13.13	94.26	18.75	96.11
氟碳铈矿	7.84	1.42	2.15	1.06	2.25	8.62	4.27	6.77	4.32	4.51	5.14	2.41	1.99
黄河石	4.00	—	—	—	—	—	—	—	—	0.05	—	—	—
钠闪石	2.35	0.57	—	0.48	0.27	0.07	—	0.25	0.08	0.49	0.14	5.60	1.36
云母类	3.60	0.11	—	0.96	0.84	0.15	0.06	0.25	0.08	0.79	0.44	4.63	0.52
易解石类	1.60	0.01	—	—	—	0.06	—	0.01	—	0.03	—	0.02	—
合计	—	—	99.99	—	100.00	—	99.99	—	99.99	—	99.98	—	99.98
大样中 $w(F)$		5.89		3.80		16.83		11.16		7.25		8.31	
平衡系数		86.82		94.01		94.47		109.76		93.79		111.56	

注：本表资料系根据内蒙古地质局实验室 6 个物质成分大样计算而得。

表 6-45 各类型矿石中 K_2O 的赋存状态 (%)

矿物种类	矿物中 $w(K_2O)$	块状型				萤石型				钠辉石型		钠闪石型	
		主矿		东矿		主矿		东矿		东矿		东矿	
		质量分数	分布率	质量分数	分布率	质量分数	分布率	质量分数	分布率	质量分数	分布率	质量分数	分布率
钠辉石	0.12	1.080	6.132	0.866	1.119	0.290	2.300	2.238	0.231	40.0138	5.598	0.722	0.355
钠闪石	1.80	0.570	48.546	0.481	0.330	0.073	8.608	0.254	13.508	0.4927	2.378	5.598	5.598
黑云母、金云母	8.69	0.106	43.577	0.957	89.388			0.252	74.279	0.7922	18.456	1.634	58.201
白云母						0.153	87.397						
长石		0.7435		0.288		0.487		3.454				0.835	
微斜长石	16.90									1.4628	66.275		
钠长石										1.4628			
更长石										1.4628			
黄钾铁矾	1.20	0.024	1.364			0.011	0.867						
铌铁石	0.37	0.020	0.350	0.038	0.152	0.034	0.827	0.077	0.966	0.0131	0.013	0.092	0.140
黄绿石	0.01	0.004	0.003	0.001	0.0001			0.007	0.002	0.0374	0.001	0.025	0.001
易解石						0.057							
铌易解石、易解石	0.02											0.023	
钛易解石、铌易解石	0.057			0.019	0.012				0.014				
钛易解石	0.051	0.012	0.029					0.008		0.0308	0.004		0.002
铌易解石													
合计			100.001		100.001		99.999		100.000		100.000		100.001

表 6-46 各类型矿石中 Na_2O 的赋存状态 (%)

矿物种类	矿物中 $w(Na_2O)$	块状型				萤石型				钠辉石型		钠闪石型	
		主矿		东矿		主矿		东矿		东矿		东矿	
		质量分数	分布率	质量分数	分布率	质量分数	分布率	质量分数	分布率	质量分数	分布率	质量分数	分布率
钠辉石	12.35	1.080	53.678	0.866	62.293	0.290	39.473	2.268	43.459	40.0138	93.529	0.722	15.794
钠闪石	6.89	0.570	15.804	0.481	19.302	0.073	5.543	0.254	2.715	0.4927	0.748	5.598	68.319

续表 6-46

矿物种类	矿物中 $w(Na_2O)$	块状型				萤石型				钠辉石型		钠闪石型	
		主矿		东矿		主矿		东矿		东矿		东矿	
		质量分数	分布率	质量分数	分布率	质量分数	分布率	质量分数	分布率	质量分数	分布率	质量分数	分布率
黑云母、金云母	0.27	0.106	0.117	0.957	1.503				0.106	0.7922	0.041	1.634	0.782
白云母						0.153	0.452	0.252					
长石	10.01	0.7435	29.809	0.288	16.850	0.487	53.876	3.454	53.644			0.835	14.805
微斜长石										1.4628			
钠长石	11.23									1.4628	3.123		
更长石	8.84									1.4628	2.447		
草黄铁矾	4.96	0.024	0.479			0.011	0.601						
铌铁石	0.03	0.020	0.002	0.038	0.007	0.034	0.011	0.077	0.004	0.0131	0.0001	0.092	0.005
黄绿石	6.54	0.004	0.105	0.001	0.038			0.007	0.071	0.0374	0.046	0.025	0.290
易解石	0.07					0.057	0.044						
铌易解石、易解石	0.153											0.023	0.006
钛易解石、铌易解石	0.08			0.019	0.009								
钛易解石	0.135	0.012	0.007					0.008	0.002	0.0308	0.001		
铌易解石													
氟碳铈矿、氟碳钙铈矿	0.076									4.5133	0.065		
黄河矿、镧石	0.075									0.0476	0.0006		
合计			100.001		100.002		100.000		100.001		100.001		100.001

表 6-47 白云鄂博矿床钛的矿物种类及其 TiO_2 含量

矿石类别	矿物名称	化学式	$w(TiO_2)/\%$
氧化物类	金红石	TiO_2	89.57~95.15
	铌钛金红石	$(Ti,Nb,Te)O_2$	72.94~77.12
	钛铁矿	$FeTiO_3$	51.01~51.78
	易解石族	$(Ce,Nd)(Ti,Nb)_2O_6$	12.13~32.35
硅酸盐类	包头矿	$Ba(Ti,Fe,Nb)_2SiO_7$	29.33
	硅钛铈矿	$Ce_2FeTi_2Si_2O_{12}$	17.62~21.86
	榍石	$CaTi(SiO_4)O$	38.03
	钡铁钛石	$BaFe_2TiSi_2O_9$	15.39

F 铀、钍元素的赋存状态

矿区中含钍的矿物很多，一共有23种，钍含量差别很大，如方钍石、铀钍矿、铁钍矿等。该矿区富钍贫铀。钍除以类质同象的形式赋存于稀土矿物中外，还形成独立矿物如方钍石、钍石等。其共生矿物有霓石、黑云母、钠闪石、独居石、氟碳铈矿、黄绿石、锆石等。表6-48列出了各种矿物钍、铀的含量。不同矿物、不同地段、不同类型的白云石型铌稀土矿石及铌、稀土铁矿石中钍的分布不同，铌稀土矿石中深部 ThO_2 为0.0275%，比地表 ThO_2 的0.00969%高近3倍；深部铌稀土铁矿石 ThO_2 的0.0678%，比地表 ThO_2 的0.0309%高1倍，分别见表6-49~表6-51。

钍元素分布的特点：（1）由地表往深钍含量升高；（2）独居石中钍含量较低，独居石不是钍的主要工业矿物，一般独居石中钍含量为5%~10%；（3）铀含量低，钍和铀含量之比较大，从数十到数百倍以上。

表 6-48 白云鄂博矿区各种岩石和矿石的铀、钍含量及铀/钍比值

岩矿类型	岩石、矿石名称	样品数	$w(U)(\times10^{-4})/\%$		$w(Th)(\times10^{-4})/\%$		$w(Th)/w(U)$	
			变化范围	平均值	变化范围	平均值	变化范围	平均值
砂岩	H_1 中粗粒石英岩	2	<2~5	3.5	2~5	3.5	1	1
	H_2 细粗粒石英岩	2	2~3	2.5	3~5	4	1~2	1.3
	H_4 中粒石英岩	25	<2~3.7	2.0	3~19	5.9	2~5	2.9
	细砂岩的丰度			2.4		9		3.7
	砂岩、细砂岩的丰度			2.9		10		3.6
板岩	H_3 碳质板岩	2	4~8	6.0	4~17	11	0.5~4	1.9
	H_5 碳质板岩	2	3~10	6.5	6~14	8.5	0.6~3.6	1.8
	H_9 硅质板岩	16	1~8	3.0	7~14	11.7	0.9~10	3.9
	浅色板岩	5	<2~10	4.5	5~18	9.4	1~8	2.1
	碳质泥质板岩丰度			>10~20		15		
	板岩丰度			3.7		12		

续表 6-48

岩矿类型	岩石、矿石名称	样品数	w(U)($\times10^{-4}$)/%		w(Th)($\times10^{-4}$)/%		w(Th)/w(U)	
			变化范围	平均值	变化范围	平均值	变化范围	平均值
碳酸盐岩	H_6 砂质灰岩	1	<2	<2	3	3		1.5
	H_7 泥质岩	1	<2	<2	3	3		1.5
	H_8 灰岩	3	<2~10	6.3	3~12	6	2~4	约 1
	东矿东头灰岩	2	0.51~0.58	0.55	1.9~7.9	4.8	3~15	9
	白云岩	58	0.5~17	2.4	10~1970	81	10~1886	34
	碳酸岩脉	4	1.2~5	2.9	11~2100	590	2~5385	203.4
	灰岩丰度			1.6		1.8		1.1
	白云岩丰度			3.7		2.8		0.8
	沉积碳酸盐丰度			2.2		1.7		
铁矿	磁铁石英岩	1		3		<1		0.3
	北矿（赤铁矿）	1		2.8		4		1.5
	铌稀土铁矿石	44	<0.5~8.5	2.5	1~9040	596	4~1004	239
	东介勒格勒铁矿	2	1.6~2	1.8	280~400	340	140~250	189
花岗岩	海西期花岗岩	15	1.3~5	1.9	13~28	17	6~16	7.1
	黑云母微斜长石花岗岩的丰度			3~5		15~20		4
	花岗岩的丰度			3.5		18		
其他	辉石正长岩	7	2~15.7	6.1	14~49	22	3~6	3.6
	辉长岩	2	2~2.1	2	2~5	3.5	1~2.4	1.8
	辉绿岩	3	2~3	2.3	4~12	6		2.6
	碱性岩脉	3	4.1~11.3	6.6	164~733	435		66
	石英板岩脉	1		2.8		5		1.8
	凝灰熔岩	1		2.2		11		5
	黑云母片岩	8		2	6~833	348		174

注：H_1~H_9 地层代号。

表 6-49 白云石型铌稀土矿石及铌稀土铁矿石中某些矿物的 UO_2 和 ThO_2 含量 （%）

矿物类别	矿物名称	$w(ThO_2)$	$w(UO_2)$
钍矿物	方钍矿	约 100	<1
	铁钍矿	39.80	
	铀钍矿	47.79~50.08	26.69~32.49
	菱铁钙铀钍矿	15.51	10.14
	未定的铀钍矿物	约 40	

续表 6-49

矿物类别	矿物名称	$w(ThO_2)$	$w(UO_2)$
稀土和稀土矿物	易解石	0.36~7.72	0~0.25
	铌易解石	1.41~2.15	0~0.83
	钛易解石	11.43	0.03~3.25
	黄绿石	0.20~0.88	痕量约3.96 [$w(UO_2)$ + $w(UO_3)$]
	褐铈铌矿	8.01	0.1
	褐钇铌矿	1.31	0.1
	氟碳铈矿	0.17	
	氟碳钙铈矿	0.23~0.24	
	氟碳钡铈矿	0.19	
	独居石	0~0.4	
	黄河矿	0.51	
	铈磷灰石	4.37	
	褐帘石	痕量约0.98	
	硅铁铈矿	0.25~0.30	
	氟碳铈钡矿	0.25~0.41	
其他	榍石	0.55	
	锆石	0.0009	0.008
	萤石	0.0002~0.0021	0.0001~0.011

表 6-50 不同地段白云石型铌稀土矿石及铌稀土铁矿石铀、钍含量及其比值

类型	位置	样品数	$w(U)(\times10^{-4})/\%$		$w(Th)(\times10^{-4})/\%$		$w(Th)/w(U)$	
			一般含量	平均值	一般含量	最大值	变化范围	平均值
白云石型铌稀土矿石	东部接触带	16	1~3	2.5	3~67	22	2.5~35	8.8
	东矿	9	0.5~2.1	2.1	23~128	54	14~1866	25.7
	主矿	20	0.5~2	1.6	2~896	124	2~464	77.5
	西矿	13	2~4	3.1	1~373	112	2~165	36.1
	地表	44	1~3	2.9	1~100	96.9	2.5~200	33.4
	深部	10	0.5~1	1.1	50~100	274.8	50~300	249.7
白云石型铌稀土铁矿石	东矿	13	1~3	2.3	100~300	261	50~300	
	主矿	18	0.5~3.5	2.7	100~700	426	100~300	157.8
	西矿	14	2~5	3.2	100~300	291	40~100	90.1
	地表	34	1~3	2.3	50~500	309	50~300	110
	深部	11	1~2	1.8	100~1040	678	200~600	377

表 6-51 不同类型的铌稀土铁矿石中的铀、钍含量及其比值

矿石类型	样品数	$w(U)(\times10^{-4})/\%$			$w(Th)(\times10^{-4})/\%$			$w(Th)/w(U)$		
		主要变化范围	最大值	平均值	主要变化范围	最大值	平均值	主要变化范围	最大值	平均值
白云石型铌稀土铁矿石	6	1.4~2.5	4.3	2.0	55~115	152	96.4	4~101	101	48
条带型铌稀土铁矿石（萤石）	5	1.5~2.0	2.2	1.7	100~372	372	258	6~311	311	129
霓石型铌稀土铁矿石	6	1.0~3.0	3.5	2.1	200~677	1040	331	80~752	752	166
块状铌稀土铁矿石	14	1.0~3.0	5.1	2.2	100~400	3150	349	100~876	876	154
条带状铌稀土铁矿石（磷灰石）	4	2.6~4.0	4.7	3.6	100~160	232	139	16~70	70	38
钠闪石型铌稀土铁矿石	4	2.0~3.0	8.5	2.5	100~600	9040	331	45~1004	1004	83
黑云母型铌稀土铁矿石	6	3.0~6.0	8.0	4.1	182~896	1040	574	100~300	800	260

G 钪的赋存状态

矿区岩石、矿石中 Sc_2O_3 为 0.0010%~0.020%，多数样品在 0.0050%~0.0150%，即矿区相对于地壳的钪富集系数为 3~10。矿区内各类矿石 Sc_2O_3 的算术平均值为 0.0085%。矿区内钪的富集程度不高，大约 5~6 倍于克拉克值。矿区内除硅镁钡石的 Sc_2O_3 达 2.1%之外，尚未发现钪的独立矿物。各种岩石、矿石类型中 Sc_2O_3 的含量见表 6-52。

表 6-52 各种岩石、矿石类型中 Sc_2O_3 的含量 （%）

矿石类型	$w(Sc_2O_3)$	矿石类型	$w(Sc_2O_3)$
霓石型铌稀土铁矿石	169×10^{-4}	云母型铌稀土矿石	61×10^{-4}
条带状铌稀土铁矿石	155×10^{-4}	云母型铌稀土铁矿石	53×10^{-4}
霓石型铌稀土矿石	103×10^{-4}	近矿板岩	53×10^{-4}
块状铌稀土铁矿石	99×10^{-4}	近矿白云岩	22×10^{-4}
钠闪石型铌稀土铁矿石	96×10^{-4}	透辉石型铌矿石	100×10^{-4}
白云石型铌稀土矿石	75×10^{-4}	镁矽卡岩	150×10^{-4}
白云石型铌稀土铁矿石	71×10^{-4}	内接触带花岗岩	5.5×10^{-4}

总之，白云鄂博矿是世界上罕见的铁、稀土、铌等大型的多金属共生矿床。

过去的研究，曾认为其工艺矿物学有四大特征：一为“贫”。就铁而言，品位不高，全铁含量为30%左右，其中有可溶性铁、硅酸铁、硫化铁等。二为“杂”。主、东矿体矿物组成变化大，矿石类型复杂，根据铁品位可分高、中、低品位铁矿石。根据氧化度（TFe/FeO）可分为氧化矿石（TFe/FeO>3.5）和磁铁矿石（TFe/FeO<3.5），按成因类型又可分为块状型、萤石型、钠辉石型、钠闪石型、黑云母型、白云石型铌稀土铁矿石等6种主要成因类型。各矿物间嵌布关系复杂，相互交代，互相包裹。同种元素以多种矿物形式存在，铁矿物有7种，铌矿物有20种，稀土矿物有16种，并有部分铁、铌、稀土分散在其他脉石中。三为“多”。元素组成、矿物组成多；可供综合利用的黑色和有色金属、稀土稀有金属数十种；矿物不下30种，其中主要的有11种；矿物中有用矿物含量达70%。四为“细”。结晶粒度细，铁矿物粒度为0.01~0.2mm，0.1mm以上的占90%；稀土矿物粒度为0.01~0.06mm，0.04mm以上占80%；铌矿物粒度小于0.04mm。矿石虽然难选难冶，但极具经济价值[1]。

近年来，通过再认识研究又提出了“四大资源特点”[6]：

一是大。整个矿区范围内约48km²，规模大、储量大，铁矿石储量十几亿吨，稀土储量巨大，为世界之冠。萤石储量上亿吨，超过全国其他萤石矿储量之和；铌的储量也达几百万吨，仅次于巴西；钍的储量仅主矿、东矿就超过20万吨，为世界第二。特别值得一提的是钪，一种不与稀土共生的稀土元素，经过选铁、选稀土后富集于尾矿中，仅主矿、东矿铁矿体中钪的储量就达几万吨，实属罕见，白云鄂博资源第一特点是“大”。

二是多。整个矿区发现180多种矿物，71种元素，多而杂。有人认为不好，其实不然，铁矿物有20多种，但有工业价值的只有磁铁矿、赤铁矿和假象磁铁矿；稀土矿物有16种，但90%以上的稀土集中在氟碳铈矿和独居石两种矿物；铌矿物也有20种，但主矿、东矿内85%的铌集中于铌铁金红石、铌铁矿和易解石中，由于它含量低，也不是有害元素，对其他矿物的回收不构成影响；含放射性元素钍的矿物有23种，钍矿物有5种，但70%的钍集中在两种主要的稀土矿物中，只要回收了稀土中的钍，钍就不会分散了；氟主要集中在萤石和氟碳铈矿中；磷主要集中在磷灰石和独居石中；硅酸盐矿物主要以脉石矿物存在，也有50多种；约有95%以上的钾赋存于富钾板岩中的钾长石中。众多的矿物提供了回收众多元素的巨大资源，能够回收利用的元素不是26种，而是30多种，甚至更多，白云鄂博资源的第二大特点是“多”。

三是富。过去很多人认为白云鄂博矿石的重要特点是一个“贫”矿，过去把它看成一个铁矿，与一些富铁矿相比要低，认为铁含量不高，也认为稀土含量不高，与其他品位高的相比也低；铌的含量也很低，所以是一个较贫的矿石资源。现在应该重新认识，矿石资源的贫富主要看矿石中可以回收利用的矿物有多少，在主矿、东矿的典型原矿中，铁矿物、稀土矿物、铌矿物、萤石、重晶石、磷灰石等有用矿物总量为75%~80%，在矿石中可综合回收利用的矿物达75%~80%，应该说是一个富矿。就拿单一矿物来说，白云鄂博作为一个稀土矿山也应算是一个富矿，稀土平均品位为5%~6%，最高品位大于10%。在国内与相似的四川和山东稀土矿的原矿品位相当，大于2%就可利用了。美国芒廷帕斯稀土矿的稀土品位也只有7.68%，澳大利亚韦尔德山的稀土品位达到16%，但可选性较差，至于共生矿或伴生矿中回收稀土的品位就更低了。加拿大伊利奥特湖铀矿中回收稀土，矿石稀土品位只有0.057%。前苏联科拉半岛磷灰石中稀土含量不到1%也得到了回收。堆存的尾矿中稀土品位已富集到7%以上，而且成为一个主要稀土资源，尽管尾矿中铁含量很低，还是认为它是一个富矿，特别是一个富稀土矿。

四是"贵"。最贵的当然要数稀土，稀土作为一种战略资源被国外称为新技术的未来，白云鄂博稀土是氟碳铈矿和独居石的混合矿，比国内外单一的氟碳铈矿和独居石有特点和优势，白云鄂博稀土矿中含钕和铕高，这两种元素是轻稀土中最贵、最重要的两个元素。含放射性元素钍低，独居石中的钍是国外和南方独居石中钍含量的1/20，"两高一低"是白云鄂博稀土矿的重要特点。重稀土在稀土元素中的配分尽管只有3%，但由于总的稀土含量高和稀土总储量巨大，因此，这些重稀土的绝对含量和总储量并不低，必须重新认识。因此，它的经济价值就显得更高。2011年6月，氧化铕的价格每千克高达3万元，白云鄂博稀土中还有一种钪，至今还没有回收，每千克氧化钪也是上万元。还有萤石，原矿中的萤石含量16%~18%，为铁的一半，但萤石精矿的价格是铁精矿的一倍，萤石被人称为"第二稀土"。还有铌，主要用于低合金高强度钢中，是改善钢产品结构的重要合金元素，进口的巴西高级铌铁每吨20多万元，用于电子、超导等行业的铌产品就更贵了，因此白云鄂博资源的又一个特点是"贵"。

重新认识的白云鄂博资源特点是"大、多、富、贵"。

7 白云鄂博稀土采矿和选矿工业的发展

我国稀土采选工业分南北两大生产体系，北方以中国北方稀土（集团）高科技股份有限公司为主，以四川江铜稀土有限责任公司、山东微山湖稀土有限公司为辅形成我国轻稀土生产体系。南方以赣州稀土矿业有限公司、五矿有色金属股份有限公司、中铝厦门钨业、广晟有色金属股份有限公司等骨干企业形成以中重稀土为主的生产体系，本章重点介绍白云鄂博稀土采矿和选矿工业的发展。

7.1 采矿工业的发展

7.1.1 新中国成立到改革开放前期（1949~1976 年）[7]

稀土采矿工业的发展史可追溯至内蒙古白云鄂博矿的发现、勘探和开发利用。

1927 年，丁道衡发现白云鄂博铁矿。1934 年，何作霖受丁道衡委托，对白云鄂博岩矿标本进行研究。在白云鄂博萤石型矿物中发现了两种稀土矿物，并建议用“Bliyinte and oborte”（白云矿和鄂博矿）命名。后经验证即是氟碳铈矿和独居石。

1949 年 12 月 16~25 日，政务院重工业部在北京召开了第一次全国钢铁会议。会议把包头列为“关内新建钢铁中心”的目标之一，并确定对包头的地质资源进行勘探。1950 年 5 月，政务院派出了白云鄂博铁矿调查队（后改称 241 地质勘探队）。241 队在白云鄂博矿区工作 6 年，于 1954 年 12 月提交了《中华人民共和国地质部二四一勘探队内蒙古白云鄂博铁矿主、东矿地质勘探报告》，于 1956 年 1 月 31 日提交了《中华人民共和国地质部华北地质局二四一勘探队内蒙古白云鄂博西矿地质勘探报告》，伴生在铁矿石中和蚀变围岩中以及距铁矿体稍远的白云岩中均发现稀土矿物，并进行了稀土元素分析。

1956 年 4 月 4 日，周恩来总理签发中发卯字第 33 号文件，批准包钢年产 316.5 万吨钢的钢铁联合企业建设方案和白云鄂博铁矿年产矿石 1100 万吨规模的矿山企业设计方案。1956 年 5 月 1 日，包钢白云鄂博矿山公司的成立掀起了白云鄂博铁矿的大规模建设。从 1956~1958 年，完成了包白铁路建设、包白 110kV 输电线路建设、水源地供水工程建设和平房住宅建设，具备了通车、通水、通电和人居条件。

1955 年和 1956 年，由苏联黑色冶金工业部国立采矿工业设计院先后完成了白云鄂博铁矿初步设计和技术设计，设计规模为年产铁矿石 1200 万吨，其中主矿 720 万吨、东矿 480 万吨，矿山服务年限 50 年，其中主矿体开采 48 年，东矿体开采 46 年，构筑了白云鄂博铁矿建设发展蓝图。

设计按照所选排岩位置的实际情况，依据主、东矿采场剥离的有用岩石和废石量，对有用岩石进行分堆保护的要求，需要的排卸能力和容量，在所选的 3 个排岩位置布置了 11 个排土场以保护稀土白云岩、含铌板岩等有用岩石，原苏联设计的各类有用岩石和废石排土场布置示意图如图 7-1 所示[5]。

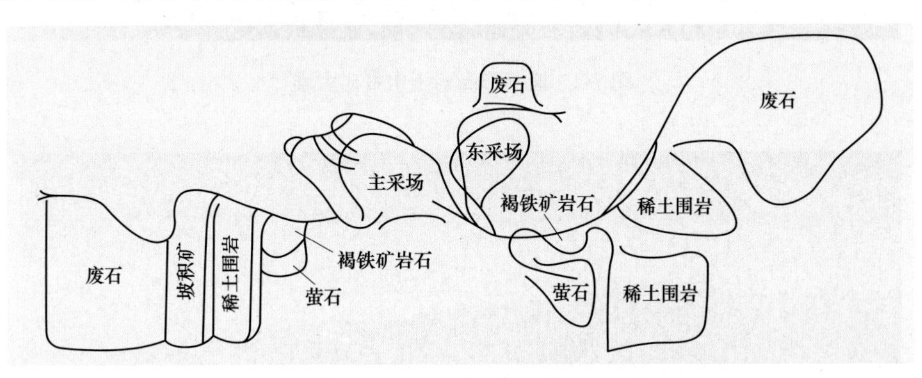

图 7-1 原苏联设计的各类有用岩石和废石排土场布置示意图

1957 年 2 月 27 日，包钢白云鄂博铁矿成立。

1958 年 5 月 1 日，苏式冲击钻机投入主矿穿孔作业；1958 年 10 月 1 日，301 号 $4m^3$ 电铲开上 1746m 水平投入采场路基工程建设；1958 年底完成了 1734m、1722m、1710m 的路基工程；1959 年 3 月 16 日，80t 电力机车开上主矿开始矿岩运输工作，标志着白云鄂博露天矿进入大规模机械化开采阶段。

1958~1960 年，在钢铁生产大跃进思想的指导下，白云鄂博铁矿执行了“先采主矿，采富堆贫”的开拓方案，生产的铁矿石富块矿通过铁路运输到包钢炼铁厂高炉直接入炉炼铁，生产的中贫铁矿石堆存在矿山，由于富块矿直接入高炉冶炼，露天采场大量超采富矿、采富堆贫、采剥失调、剥离欠账局面一直持续了约 20 年，严重制约了矿山的发展。采富堆贫的同时，形成了大约 1900 多万吨的高稀土中贫矿堆置场，如图 7-2 和图 7-3 所示。

1963 年 4 月 15~28 日，由国家科委、冶金部、中国科学院在北京共同主持召开了具有历史意义的白云鄂博矿综合利用和稀土应用工作会议（第一次“4. 15”会议）。会议提出“保护国家资源、合理开发利用”的方针，对开发白云鄂博矿进行了充分的讨论，一致认为：白云鄂博矿中铁、稀土、稀有元素是世界罕见的宝贵资源，必须进行综合利用。但如何执行这一方针，与会代表有三种意见：（1）综合利用应以铁为主，保护好已发现的稀土、铌富集带，充分考虑

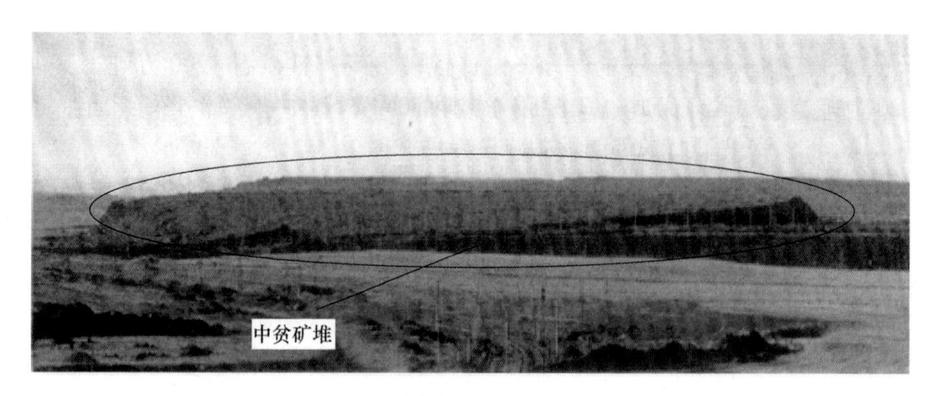

图 7-2 椭圆形高稀土中贫矿大堆

图 7-3 高稀土中贫矿大堆（近景图）

回收利用。包钢仍按原计划建设，对稀土、稀有元素的开发利用随着科研成果（包括地质、选矿、冶金、应用等）逐步纳入包钢的建设规划。（2）综合利用应以稀土、稀有为主，在对稀土、稀有及放射性元素的资源、选矿、应用等科研工作得出肯定结论之前，包钢暂停建设和生产。（3）要强调综合利用，但不要提以什么为主。包钢可以暂时维持现状，不宜再扩大建设，积极组织地质勘探、加强稀土、稀有等矿物的选矿、冶炼和应用研究，等研究得出肯定结果后，再全面考虑包钢的建设方针。会议讨论制订了白云鄂博矿综合利用稀土科研、生产、应用3年规划（1963~1965年），布置了矿山地质研究和综合勘探的任务。开展回收稀土流程的试验研究工作。地质研究方面，在4~5年内，完成主、东矿体稀土和铌的综合勘探工作，在3年内完成地表地质勘探和研究工作。选矿方面，3年内要提出白云鄂博矿综合利用合理、经济的选矿流程。冶炼方面，为适应推广应用的需要，特别是满足稀土合金钢的需要，试制出多品种中间合金；研究各种经济合理的处理稀土精矿的流程[8]。

1963年8月2日，冶金部党组向党中央、国务院呈报“冶金部关于包钢建设方针的意见”。具体意见有四条：(1) 开始建设包钢时，不仅认识到白云鄂博是一个含有大量稀土元素的铁矿，而且注意了稀土金属的综合利用；(2) 白云鄂博继续开采不会破坏这一宝贵资源；(3) 包钢可建设成为重要的钢铁基地，还可促进稀土、稀有金属的利用；(4) 从上述情况出发，冶金部认为包钢仍按原设计方案建设，可先建成150万吨规模。在设计和建设中可以贯彻钢铁和稀土金属同时并举的方针，并提出应彻底弄清地质资源和加强科学研究。

1965年4月15~24日，国家科委、国家经委、冶金部在包头召开第二次“白云鄂博矿综合利用及稀土推广应用工作会议（简称第二次‘4·15’会议）”。会议确定了“以铁为主，综合利用”的方针，制订了“包头钢铁基地综合利用技术3年（1965~1968年）规划”，并决定在包钢建设回收稀土、铌的中间试验厂。

1967年4月5~10日，冶金部同地质部在包头召开了制定白云鄂博主、东矿体稀土、稀有金属矿石工业指标会议。1967年下半年，赋存于白云鄂博主矿上盘的粗、中、细粒霓石岩开始进行人工单独开采。

伴随着铌矿体的单独开采，针对主矿上盘粗、中、细粒钠辉石型铌矿（粗、中、细粒霓石岩），北京有色研究院、长沙矿冶研究院、包头冶金研究所分别进行了选铌试验，当时采用的工艺是重选-磁选工艺，在原矿含铌品位0.53%、0.51%、0.55%的原料条件下，得到精矿产率2.015%、0.84%、1.22%，铌精矿品位15.12%、20.06%、19%，回收率57.46%、38.73%、42%的指标。到20世纪70年代初，主矿上盘的粗、中、细粒霓石岩高稀土铌矿带已经全部采完。

1967~1976年，“文化大革命”运动破坏了白云鄂博铁矿正常的生产建设秩序。在采矿生产中，大搞“采富弃贫”，不顾采场技术管理要求，滥采乱挖，造成采剥失调，采场破坏，剥岩欠账。

为贯彻“4·15”会议“保护国家资源，合理开发利用白云鄂博矿产资源”的精神，1970年8月31日，鞍山黑色金属矿山设计院和包头钢铁公司联合编制了《白云鄂博采矿设计说明书》。设计规模年产铁矿石900万吨，其中主矿520万吨，东矿380万吨。此次设计着重考虑了矿产资源保护和综合利用，对稀土、白云岩、混合岩、细粒霓石岩、废石进行分类堆存保护。针对原苏联设计的11个排土场结合现场实际情况，经深入细致研究进行了重新规划改设，重新规划为东、南、西3个大排土场，3个大排土场都分层进行堆置，将普通废石直铺大地，堆在下面，在平坦的普通废石上面堆置特殊有用岩石。矿山规划的各类有用岩石和废石排土场布置示意图及部分堆置现状如图7-4[5]和图7-5所示。

7.1.2　改革开放时期（1977~2001年）

1978年7月28日~8月3日，国家科委、国家计委、冶金部在包头召开“白

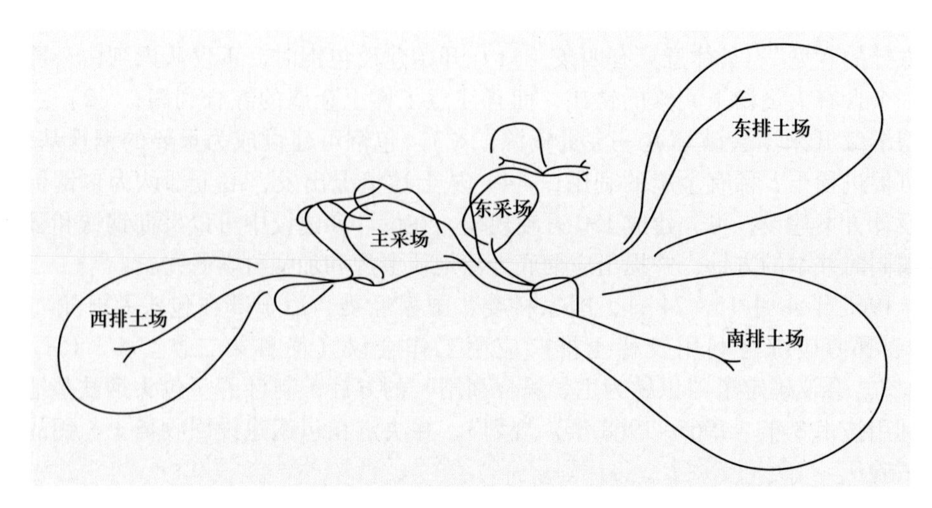

图 7-4　矿山规划的各类有用岩石和废石排土场布置示意图

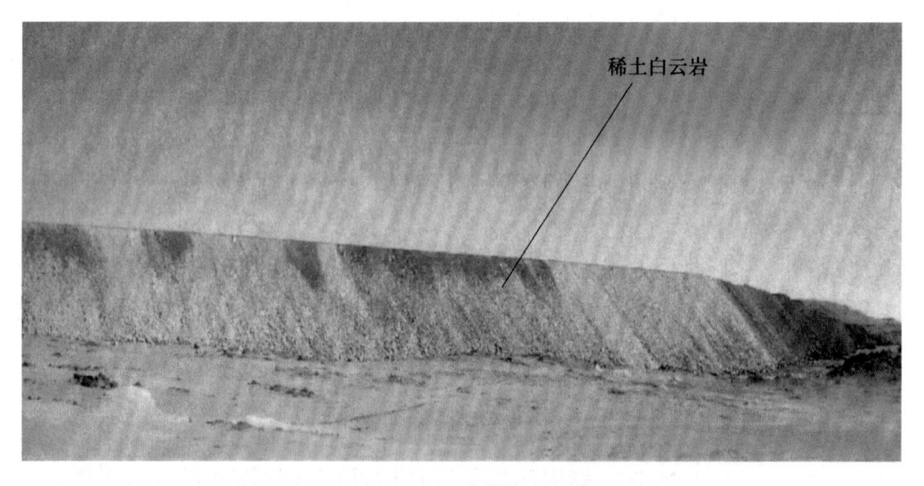

图 7-5　南排土场 42 号有用岩铁路排岩专线

云鄂博矿资源综合利用汇报会”。会议听取了白云鄂博共生矿综合利用科研专题汇报、白云鄂博西矿地质和矿产综合评价汇报，提出了“加速开发西矿，保障包钢的钢铁生产的需要；根据国内的需要和出口的可能，有计划地对主、东矿进行开采，实行提取稀土、铌为主，兼对铁、磷、锰、氟进行综合利用”方针。

1978 年 3 月 25 日，冶金部批准了《开采白云鄂博西矿方案》，明确指示包钢“保护主矿，强化东矿，抢建西矿”。同年 7 月，白云鄂博铁矿召开抢建西矿誓师大会。当年 10 月底前，西矿自营工程建设完成了 11. 1km 的高压输电线路、6. 3km 的通讯线路、2. 3km 输水管线、5km 铁路，胜利实现通电、通水、通车三大目标。白云鄂博铁矿成立西矿小分队投入生产。到 1984 年 2 月 9 日，西矿小分队（西矿车间）并入主矿车间后，西矿停采。

1978 年 12 月，党的十一届三中全会做出了“把全党工作重点转移到社会主义现代化建设上来”的战略决策。围绕“调整、整顿、改革、提高”八字方针，针对铁矿穿爆落后、掘沟落后、采剥失调的问题，铁矿大力调整治理。1979 年 1 月，280-B 型电铲投入 1582m 水平掘沟作业，采用铁路运输上装车掘沟新工艺，生产效率比铁路运输独头掘沟旧工艺提高了 4.75 倍，实现了两年一个台阶的速度，突破了掘沟落后制约生产的瓶颈。1979 年底实现了穿孔设备的更新，淘汰了全部冲击式穿孔机，装备了潜孔钻机和牙轮钻机。同时研制成功防水抗冻浆状炸药和塑料导爆管，解决了穿爆落后的问题。

“七五”至“八五”期间（1986~1995 年）是白云鄂博铁矿第二个建设高潮。在全国率先采用国产千万吨级露天矿山大型配套设备，生产能力由 600 万吨/年提升到 1020 万吨/年，主、东矿大规模扩建技术改造工程竣工。生产基础设施建设完成了汽运车间电动轮保养间、总油库，运输车间翻斗车修理库，黑沙图水源输水管道，东矿 1 号、2 号矿石转载台、新东 3 号白云岩堆置场、4-1 号含铌混合岩堆置场、南排土场 45 号排土线、西排土场 33 号、34 号排土线，15 号联络公路、北宽沟公路排土场及环东矿联络干线道路等。主矿、东矿扩建改造工程如图 7-6 所示，有用岩部分汽车排土场堆置保护情况如图 7-7 和图 7-8 所示。

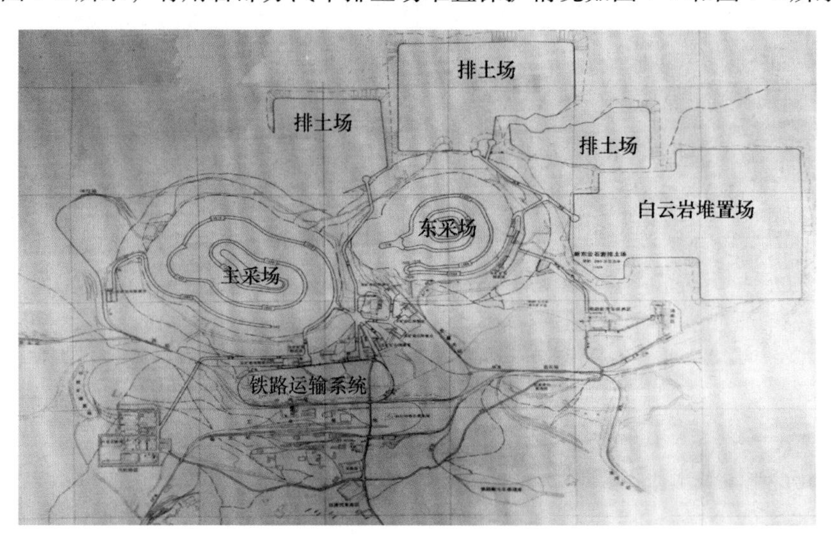

图 7-6　主矿、东矿扩建改造示意图

这一时期，主、东矿生产的高稀土中贫矿（REO≥7.2%）、稀土白云岩、萤石岩、含稀土霓石岩等稀土矿源不断供包钢有色（一、二、三）厂、东风钢铁厂、达茂稀选厂、白云博宇公司稀选厂等单位选稀土，难处理的TFe 20%~25%的霓石型高稀土铁矿石堆存于 3-1 汽车排土场。

图 7-7 3号有用岩汽车排土场

图 7-8 4-1号含铌混合岩汽车排土场

到“八五”末期，稀土采选工业生产稳步发展，稀土产业结构调整明显加快。

7.1.3 “十五”至“十二五”发展时期（2002~2015年）

西矿（巴润矿业公司）于2004年开始恢复生产建设，由于白云西矿稀土品位远小于主、东矿（西矿铁矿石伴生稀土平均品位1.18%），主、东矿铁矿石伴生平均稀土品位6%左右，为缓解包钢铁原料增长需求，同时压缩主、东矿铁矿石产量，保护主矿，开发西矿。2005年5月，包钢（集团）公司委托中国冶金建设集团秦皇岛冶金设计研究总院，进行白云鄂博铁矿西矿 600 万吨/年采矿工程初步设计。2007 年 8 月，完成了西矿 1000 万吨/年规模采矿工程和 700 万吨/年规模选矿工程初步设计。2008 年 4 月，包钢（集团）公司根据上级指示精神和整体发展战略要求，将西矿采矿工程设计规模提高到 1500 万吨/年规模，选矿工程设计规模提高到 1000 万吨/年规模。目前，西矿矿山已按设计建成东（含南、北采场）、西两个露天采矿场的矿石和岩石开拓运输系统。两采场均采用公路开拓汽车运输。

包头至白云鄂博铁矿西矿的输水管线（年输送能力 2000 万吨）、白云鄂博至包钢的铁精矿输送系统（年输送能力 550 万吨）及采、选、运等重大工程均已建成投产，运行稳定，经济、社会效益良好[9]。

特别是铁精矿矿浆输送管道工程，是目前我国管径最大、输送能力最强、单极泵站输送距离最长的铁精矿矿浆输送管道，是我国第三条高压长距离输矿浆管线，也是首条建设在高原严寒地带的矿浆管线。包括一条铁精矿矿浆输送管道（起点在白云西矿选厂精矿泵站，终点在包钢厂区综合料场落地接收系统，全长 145km）和一条供水管道（起点在黄河高压水泵站，终点在西矿选厂高位水池，全长 150km），高程自 1048~1624m，落差 576m。该项目于 2007 年启动，2008 年 4 月 12 日正式开工，2009 年 8 月 14 日试压成功，2009 年 12 月 23 日打水上山，2010 年 1 月 4 日矿浆落地，目前已运行 7 年，状态良好，创巨大经济效益。

西矿尾矿坝采用了尾矿干堆处理新技术，年处理原矿 1000 万吨，产生尾矿量约 700 万吨/年。由于白云地区年蒸发量大，严重影响尾矿的回水利用，采用了国际先进的尾矿处理工艺——高浓度尾矿堆存（干堆）技术。巴润公司尾矿高浓度堆放工程由美国 PSI 公司设计，包钢设计院配合，由包钢建安、中国二冶担任机械施工，整个尾矿干堆系统由一次浓缩、二次浓缩及尾矿库三个部分组成。

高浓度尾矿堆存（干堆）技术的优点如下：

（1）节水。将浓度为 9.5%的尾矿矿浆经过两次浓缩，最终浓缩浓度为 70%以上，将大部分的水资源回收利用，有效地利用了引黄（黄河）入白（白云鄂博）的珍贵水源。另外，白云鄂博地区的年蒸发量为降雨量的 20 倍以上，采用常规尾矿排放方式，必定造成尾矿库区内水分的大量蒸发，不能进行有效回收，对水资源造成极大浪费，同时也不能为选矿提供足够的生产用水。高浓度尾矿堆存（干堆）技术的运用，最大程度减少了排入到尾矿库中的尾矿含水量，最大限度降低了新水消耗。

（2）投资少。库区主要坝体一次性建成，基本不需要后期维护投入。

（3）安全系数高。高浓度矿浆在流动过程中经高效脱水，库区内几乎没有漏水现象，同时坝体采用采矿废岩分层碾压而成，实现了良好的坝体稳定性。能很好地满足相关国家安全条例对尾矿库运行的安全规定。

(4) 对周边环境影响小。尾矿排放采用多点轮流排放，实现了新排尾矿浆对前期排放矿浆的逐层覆盖，避免了因矿浆水分蒸发后产生扬沙，有效地保护了周边环境。

(5) 占地面积少。尾矿的排放采用每两年在尾矿堆场基础上建设子坝的方式，逐年向南推移，有效地利用了库容[9]。

该项目2017年获冶金科学技术奖一等奖。

白云西矿采场开拓运输系统示意图如图7-9所示。

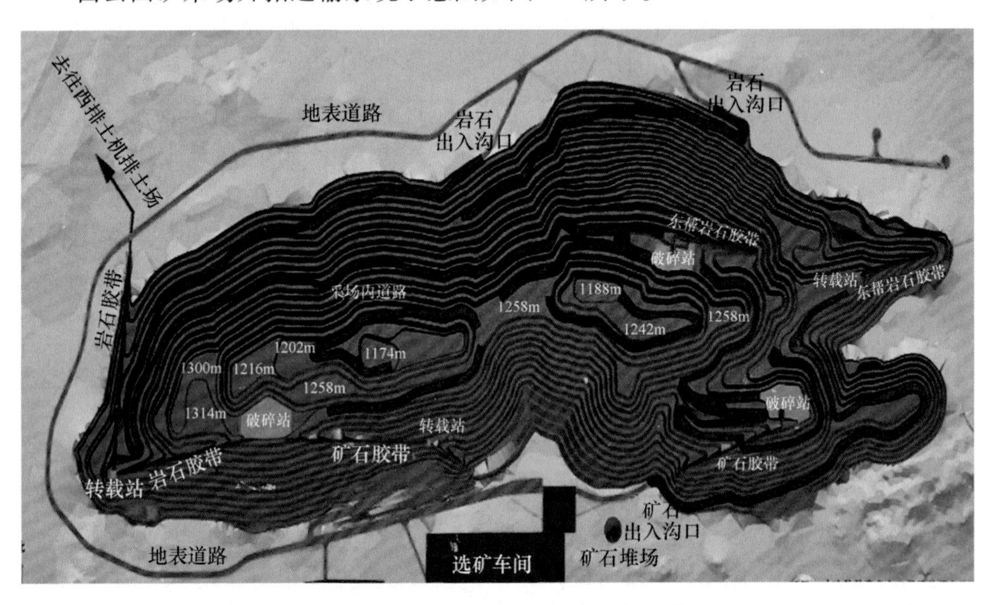

图7-9 白云西矿采场开拓运输系统示意图

随着东矿开采台阶的不断下降，矿岩提升高度逐步增加、运营成本急剧攀升、汽车运输矿岩经济合理性越来越差等问题也随之出现，2003年3月包钢委托鞍钢集团矿业设计院完成了东矿岩石汽车—破碎胶带—排土机半连续运输工艺设计，并于2006年建成投产。东矿坑内固定破碎站—斜井胶带—排土机半连续岩石运输系统如图7-10和图7-11所示。

“十二五”期间（2010~2015年），包钢推进再创业建设“大包钢”，充分发挥稀土资源和区位优势。为实现产业协调发展、低碳绿色发展、开放多元发展和创新驱动发展，开始建设世界最大的稀土钢生产基地和全国矿产资源综合利用示范基地。

主矿岩石破碎胶带运输系统2011年2月设计，2013年建成投产，胶带排土机排弃岩种为废石和稀土白云岩。主矿半固定破碎站—斜井胶带—排土机半连续岩石运输系统如图7-12~图7-14所示。

图 7-10 东矿坑内固定破碎站图

图 7-11 东矿斜井胶带排土系统

图 7-12 主矿坑内半固定破碎站

图 7-13 排岩斜井胶带

图 7-14 排土机

7.2 选矿工业的发展

7.2.1 新中国成立到改革开放前期（1949~1976年）

1956年4月，国务院批准在包头建钢铁厂，规模为钢产量316.5万吨。中科院金属研究所完成了矿石重选、浮选、磁选、焙烧磁选工业性试验。原苏联有色冶金部国立有用矿物机械处理科学研究设计院在我国研究的基础上，进行了补充试验。对矿石选矿提出三种流程：富矿用反浮选法、磁铁矿用磁选—浮选法、氧化矿赤铁矿用焙烧—磁选—浮选法，白云鄂博铁矿按三种选矿流程要求，铁矿石生产分三个品种，即平均含铁47%的富矿、平均含铁34.5%的磁铁矿、平均含铁31%的氧化矿，供给选矿厂入选。矿石破碎后通过铁路将矿石运送到包钢厂区。

1959年10月，包钢一号高炉投产，当时执行了富块矿直接入高炉炼铁导致矿山采选被迫改变原设计供矿方案。1965~1966年5月选矿厂一、二系列建成投产，一、二系列投产后由原设计处理富矿改为入选中贫氧化矿石。浮选三、四系列分别于1967年5月和1968年11月建成投产。到1981年陆续建成五、六、七系列，到2010年又续建八、九、十系列，其中一、二、四、五系列处理主、东矿氧化矿，六、七、八、九系列处理磁铁矿，三、十系列处理外购铁精矿再磨再选。

自1965年选矿厂投产后，对反浮选铁流程的浮选泡沫采用摇床进一步选别，从而开始了稀土精矿的小规模试生产，精矿品位达到15%左右。

第四系列投产后，1970年经过弱磁选选铁、弱磁选尾矿浮选稀土工艺流程的生产调试，生产出了品位15%左右的稀土精矿。

1973年，在中贫氧化矿石弱磁选—强磁选选铁流程中增设了半优先半混合浮选作业，在提高强磁选入选品位的同时综合回收了稀土。

1974 年，摇床重选车间投产，稀土精矿品位提高到 30%左右，形成了弱磁选选铁、弱磁选尾矿浮选稀土、再经摇床进一步选别稀土精矿。

1975 年，取消了该流程中的浮选作业，将得出的稀土泡沫给入摇床进行重选，进一步抛除稀土泡沫中的轻质脉石，形成了弱磁选—浮选—重选稀土精矿生产的工艺流程。

7.2.2　改革开放时期（1977~2001 年）

1977 年，包头冶金研究所（现包头稀土研究院）、北京有色金属研究院广东分院、包钢选矿厂等单位在包钢有色三厂进行了羟肟酸浮选白云鄂博稀土精矿半工业试验，稀土精矿品位达到 60%，是白云鄂博稀土资源综合利用上的一大突破，这项成果结束了从白云鄂博矿中只能选出低品位稀土精矿的历史。

1980 年 5~8 月，北京矿冶研究院、包头冶金研究所和中国稀土公司三厂共同完成了“浮选—选择性絮凝脱铌流程选别白云鄂博主东矿中贫氧化矿半工业试验”。试验规模为日处理原矿 30t，原矿含 Fe 30. 29%、REO 6. 79%、F 9. 06%，获铁精矿 TFe 62. 83%、F 0. 18%、铁收率为 82. 44%；高品位稀土精矿 61. 10%（REO）、稀土收率为 25. 13%；稀土次精矿 39. 44%（REO）、稀土收率为 14. 31%。该试验成果 1982 年获冶金部科技成果一等奖，1984 年和 1986 年两次在包钢选矿厂进行工业试验，试验成果于 1988 年获得国家科技发明奖一等奖，但未能实现产业化。

1982 年，包钢选矿厂采用装有钢板网介质的强磁选机进行了选别重选稀土精矿的试验。试验结果表明，稀土精矿可以被磁选介质俘获而进入磁性产品，稀土品位提高幅度为 11 个百分点，稀土作业回收率为 78%以上。

根据浮选—选择性絮凝脱泥新工艺和分离稀土矿物新工艺，于 1983 年将浮选—磁选流程的第二系列改为细磨、浮选—选择性絮凝脱泥工艺流程，1984 年和 1986 年先后进行过两次工业生产试验。

1984 年进行了以重选稀土精矿为原料分选氟碳铈矿精矿的批量生产。氟碳铈矿的稀土品位为 70. 34%，稀土回收率为 28. 72%；两种混合稀土精矿的品位分别为 55. 32%、31. 65%，稀土回收率分别为 16. 09%、35. 51%。

1986 年，包头稀土研究院最新研制出新型稀土捕收剂 H_{205}，在包钢选矿厂进行稀土选矿工业试验，试验进行了 6 个多月，用 23. 12%品位的重选稀土精矿进行再浮选，获得稀土精矿品位为 62. 32%，稀土回收率达到 74. 74%。作为稀土矿物捕收剂属国内外首创。1986 年 12 月由冶金部组织鉴定，于 1990 年荣获国家科技发明奖三等奖，该成果实现了工业化应用。

1990 年，随着中贫氧化矿石选矿工艺的改造，稀土精矿生产工艺也过渡成对强磁选中矿再浮选处理的工艺流程。

1992 年，长沙矿冶研究院余永富院士团队开展了“弱磁—强磁—浮选综合回收铁、稀土、铌的选矿工艺流程”的研究工作，1982~1984年进行了两次扩大连续试验。1986~1987年在包钢选矿厂做工业分流试验，1990年按此工艺改造包钢选矿一、三系列，经过一年的试生产，取得了较好的生产指标：铁精矿品位大于60%、铁回收率大于70%；稀土精矿品位大于55%、稀土回收率大于12%、稀土次精矿品位大于34%，稀土次精矿的稀土回收率大于6%、稀土总收率大于18%。1991~1993年又对二、四和五3个系列按弱磁—强磁—浮选工艺进行了技术改造并取得了成功。

进入21世纪以来，由于白云鄂博铁矿从过去的山坡露天开采逐步转入深凹露天开采，地表风化氧化的难选赤铁矿的比例逐步下降，深部原生磁铁矿比例逐步加大，整体矿的磁性率提高，从原料上为选矿提供了优质的产品，同时这些年选矿技术及装备也有了突飞猛进的发展，通过逐年的工艺技术升级改造，白云鄂博矿的选矿问题已不再制约下游的炼铁和稀土分离，品位和收率都有大幅度提高。

7.2.3　“十五”至“十二五”发展时期（2002~2015年）

2011年4月~2012年8月，中冶京城（秦皇岛）工程技术有限公司完成了包钢选矿厂氧化矿选矿系列和稀土选冶搬迁工程方案设计、初步设计、施工设计，利用西矿建设工程中的输水、输矿浆管道，将选矿厂搬迁到白云鄂博，同时争取国家资金投资建设资源综合利用选矿设施，计划产品除铁、稀土外，还有硫、萤石、铌、钪等。2012年9月3日，包钢选矿厂氧化矿选矿系列搬迁及白云鄂博矿产资源综合利用工程开工建设。2015年末，选铁区、选稀土区建成投产。包钢选矿厂氧化矿选矿系列搬迁新建厂区原矿供矿胶带系统、储矿仓、包钢氧化矿选矿搬迁及资源综合利用工程总平面布置、选铁区、选稀土区、选铌区、主要工艺设备及其尾矿库系统全貌如图7-15~图7-22所示。

图7-15　原矿供矿胶带系统

图 7-16　储矿仓

图 7-17　包钢氧化矿选矿搬迁及资源综合利用工程总平面布置

图 7-18　选铁、稀土厂区

图 7-19 磨矿

图 7-20 磁选

图 7-21 浮选

图 7-22 尾矿库

2016 年是“十三五”开局之年，中国稀土产业将步入战略结构调整和产业升级的关键时期，国家和地方政府及六大稀土企业集团均布局我国稀土采选产业的“十三五”规划，未来市场将会成为稀土矿产品、产业乃至政策最为重要的引导因素。目前的突出矛盾是产能过剩、价格水平低、行业盈利能力弱，因此，稀土采选工业需要着力解决产能过剩问题，进一步优化产品结构，提高产品质量，加强环境保护，推动产业升级，促进稀土采选工业可持续健康发展。

8 白云鄂博采矿和选矿工艺技术的发展

8.1 采矿工艺技术的发展

矿床的开采方式分为三大类型。第一类为露天开采（内蒙古白云鄂博铁铌稀土矿、四川凉山州冕宁牦牛坪稀土矿、德昌稀土矿），需要先将矿体上覆的岩土剥离，然后开采矿体。硬岩矿物的露天开采多采用台阶式机械化开采。砂矿也常用露天开采，包括台阶式机械化开采、水利机械化开采、采砂船开采等方式。第二类为地下开采，用于开采剥采比过大或者地表需要保护而不宜采用露天开采的矿床。需要从地表掘进井巷到达矿体，然后采矿。根据采场地压管理的特点，地下采矿方法可分为空场采矿法、充填采矿法（山东微山稀土矿）和崩落采矿法等。第三类为特殊开采，包括溶浸（池浸、堆浸、原地浸矿）、水溶、热熔、盐湖采矿和海洋采矿等。

经过“六五”和“七五”国家科技攻关，我国基本上解决了白云鄂博矿和南方离子型矿采选产业化技术问题。白云鄂博矿是世界罕见的特大型多金属矿，稀土与铁、铌等复杂共生，国外无选冶技术可供借鉴，全部采选冶技术均为自主知识产权。

我国露天矿开拓方法，按运输方式主要分为铁路运输、汽车运输和联合运输，汽车运输和联合运输在露天矿开采中的使用量占主导地位，白云鄂博铁矿率先采用国产千万吨级露天矿采装运设备及其配套的辅助设备，如孔径310mm牙轮钻机、$10m^3$电铲、108t及154t电动轮汽车、300马力推土机等大型设备。近年，白云鄂博铁矿采用了坑内固定、半固定破碎站、胶带运输机及排土机等设备，实现了矿、岩半连续运输方式。

白云鄂博主、东矿均为露天开采，联合开拓运输，主矿采场矿石采用汽车—采场外电铲转载—铁路联合运输方式，岩石采用汽车—半固定破碎—胶带联合运输；东矿采场矿石采用汽车—采场外转载—铁路联合运输方式，岩石采用汽车—坑内固定破碎—胶带联合运输方式。

铁铌稀土矿石经穿孔、爆破、电铲装汽车，经转载台—铁路运输至矿石破碎，其中铁矿石（含铁矿伴生的铌稀土）经粗破碎后胶带运输运至白云鄂博主、东选矿厂（宝山）或经包白铁路运输至包钢选矿厂选别。异体共生稀土白云岩、霓石岩、混合岩等含稀土铌的有用岩经胶带运输或汽车运输至堆置场分类堆存保护，废岩排至废石排土场。露天开采穿孔、爆破、采装、运输、破碎、排土等工艺和白云鄂博主、东矿采坑如图 8-1～图 8-8 所示。

图 8-1　穿孔

图 8-2　爆破

图 8-3　采装

图 8-4　汽车运输

图 8-5　破碎

图 8-6　矿石输出

图 8-7　白云鄂博主矿采坑

西矿矿石采用公路汽车开拓，后期设计采用采场内汽车—可移动破碎机组—胶带运输机—选矿厂的开拓运输方式。在采矿过程中，铁稀土矿石、稀土白云

图 8-8 白云鄂博东矿采坑

岩、废岩采用自卸汽车从采场运往岩矿破碎站，采用分时破碎、分时运输、分别堆存，破碎后的矿石经胶带机运往选矿，破碎后的岩石经胶带机接排土机排土。考虑到采场深部第四系、铌矿数量较少，采用汽车直接运输单独堆存。在岩石排土场，利用矿山专用自卸汽车运输，将各种岩石剥离物采用分层塔式结构分类集中堆放。最大排土高度 80m，根据排放岩石的种类和数量的不同，堆放层数分为 1~4 层，每层高度 20~40m。

目前西矿分东、西两个采场，铁矿伴生的铁铌稀土矿石（混合矿）经爆破开采后直接运往选矿厂，巴润公司进行破碎及铁选矿工作，铁精矿经矿浆管道输回包头市，由包钢进行冶炼深加工。而氧化矿由其他的 7 个小选矿厂带料加工，年选矿能力原矿 500 万吨，选矿尾矿排民营尾矿库。

总之，主、东矿和西矿开采方式均为露天，采矿工艺流程基本一致。区别在于西矿开采深度较浅，西矿稀土品位要比主、东矿低，如 2011 年西矿铁矿石原矿中稀土平均品位 0.64%（REO）（达不到工业品位）。主、东矿稀土原矿品位 5.80%（REO）。

矿石开采发展历程如图 8-9 所示。

8.2 选矿工艺技术的发展

8.2.1 选矿工艺发展概述[10]

由于白云鄂博稀土矿物、铁矿物及脉石矿物紧密共生，且物理、化学性质相近，因此与国内外单一氟碳铈矿相比，分选难度要大。自 50 年代末期起，许多科研单位对合理开发利用白云鄂博稀土矿物进行了大量的选矿试验研究。经过几十年对稀土矿物浮选药剂及工艺流程的探索研究，90 年代初期，稀土选矿的主

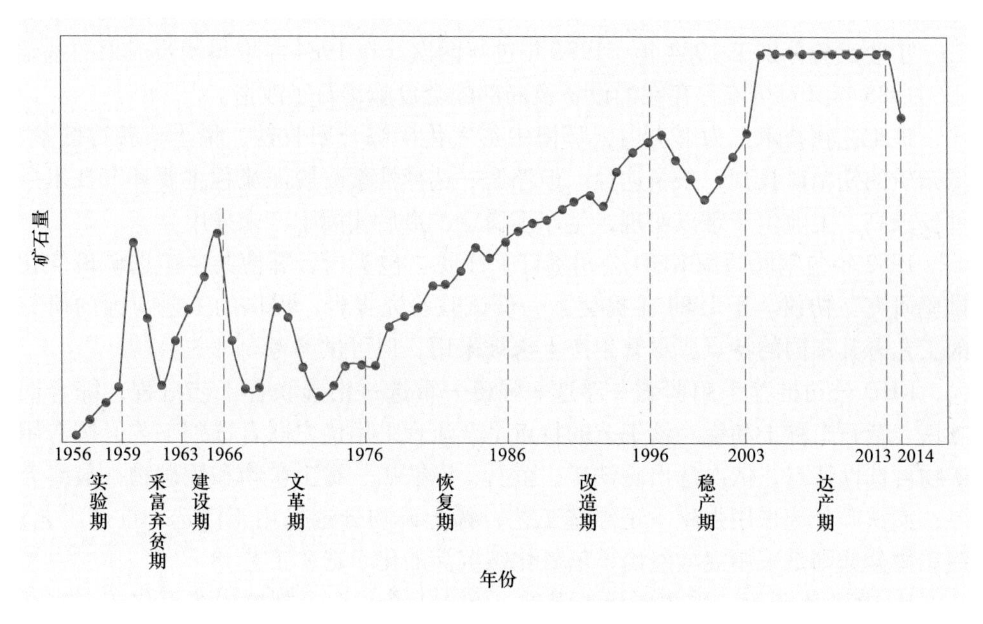

图 8-9 白云鄂博矿石开采发展历程示意图

要关键技术基本得以突破，可以从铁矿石中选取出高品位和较高回收率的混合稀土精矿或单一稀土精矿[11]。

1965 年，包钢选矿厂建成投产后曾试验过原矿磨细后，在弱碱性矿浆中用氧化石蜡皂反浮选，反浮选泡沫脱药，进行浮选萤石和稀土的分离，或将反浮选稀土泡沫用刻槽床面摇床进行重选的工艺流程试验：混合浮选—优先浮选、混合浮选—重选。浮选分离出萤石。稀土产品或重选精矿作为稀土精矿，试生产的稀土精矿品位只有 15%。

1970 年，试验了原矿石磨细后先经弱磁选，弱磁选尾矿在弱碱性矿浆中用氧化石蜡皂混合浮选、混合浮选粗精矿脱药后用氧化石蜡皂浮选回收稀土矿物的工艺流程：弱磁选—混合浮选—优先浮选。该流程只能获得品位为 15%的稀土精矿。

1974 年，进行了原矿石弱磁选后尾矿进行半优先半混合浮选的工艺研究，含 REO15%的浮选泡沫经摇床重选（弱磁选—优先浮选脱萤石—混合浮选稀土泡沫—摇床重选），得到品位为 30%的重选稀土精矿。这一时期，由于稀土精矿品位低，稀土冶金提取工业发展受到严重制约，高纯单一稀土分离也更难向前推进。

80 年代初，包钢曾根据实验室浮选—选择性絮凝脱泥工艺在有色三厂进行了半工业试验，取得成果：原矿（SFe）30. 34%、（REO）6. 79%、（F）8. 88%，铁精矿（SFe）61. 3%、（F）0. 18%、（P）0. 07%、（K_2O+Na_2O）0. 36%，铁理论回收率 82. 72%；稀土精矿 61. 91%（REO），稀土次精矿 42. 56%（REO），稀

土理论回收率为40%以上。

工业试验分别于1984年、1986年进行两次。在1984年取得初步成果的基础上，1985年又对全流程存在的设备及局部配套设施进行了改造。

该工艺在技术上为解决白云鄂博中贫氧化矿综合回收铁、稀土，获得低氟、低杂质的铁精矿找到一条新途径。但浮选—选择性絮凝脱泥流程主要环节技术条件要求高，工业生产难以实现，生产不稳定，最后实际生产未采用。

1982年包钢同西德KHD公司签订了开展“包头白云鄂博共生矿选矿最佳化试验研究”协议。于1984年提交了一份试验研究报告，提供的工艺与国内研究的工艺有其不同的特点，尽管生产上未被采用，但可供参考。

KHD公司推荐采用弱磁—浮选—强磁—重选—化选联合工艺流程，综合回收铁、萤石、稀土和铌。该工艺的特点是全流程采用优先联合选别工艺，按有用矿物可选性特点，依次选出磁铁矿、萤石、赤铁矿、稀土矿物和铌矿物，最终弃尾；赤铁矿分选采用强磁—正浮选工艺；稀土矿物分选采用正浮选—重选工艺；铌矿物分选则是采用混酸浸出、氢氧化铵沉淀的化学选矿工艺。

从1978年开始，采用弱磁—强磁—浮选工艺对白云鄂博中贫氧化矿石进行综合回收铁、稀土、铌及降低铁精矿中杂质含量的研究工作。在适当细磨的条件下，（-74μm（-200目）占95%）获得了好的选别指标，并于1987年和1988年进行过目的不同的工业分流试验。结合现场实际，对一、三系列进行了技术改造，于1990年4月正式投入运行。经过一年的试生产，取得了较好的生产指标：铁精矿品位大于60%、含氟小于1%、含磷小于0.15%、铁回收率大于70%；稀土精矿品位大于55%、稀土回收率大于12%、稀土次精矿品位大于34%，稀土次精矿的稀土回收率大于6%、稀土总收率大于18%。1991~1993年又对二、四和五系列进行了技术改造。采用弱磁—强磁—浮选工艺对中贫氧化矿石选矿流程进行技术改造并取得了成功，达到了第一步攻关目标，解决了多年困扰选矿厂生产发展的一大技术难题。

1979~1986年环烷基羟肟酸及H_{205}相继应用后，稀土选矿技术获得突破。包钢开始在工业上大规模生产品位>60%的稀土精矿，但回收率仅为1.2%~2.5%。

为了提高稀土矿物的回收率，1990~1991年包钢选矿厂按长沙矿冶研究院研究的弱磁选—强磁选—浮选工艺流程，改造选矿厂中贫氧化矿石生产的原工艺流程，强磁中矿（含REO 12%，对原矿稀土回收率25%~30%）作为浮选稀土的原料，浮选组合药剂为H_{205}、水玻璃、H_{103}。1990年6~11月，试生产期间的稀土精矿品位为50%~60%，平均55.62 %，浮选作业回收率52.20 %，稀土次精矿品位34.48%，浮选作业回收率20.55%，两个稀土精矿总的作业回收率为72.75%，对原矿稀土精矿回收率为13.18%，稀土次精矿回收率5.19%，总回收率为18.37%，较选矿工艺流程改造前的弱磁选—半优先半混合浮选—重选—浮选流程的稀土精矿回收率提高了 4~6 倍。

1986 年，包头稀土研究院发明了新型稀土捕收剂 H_{205}，至此，包钢的稀土选矿进入一个崭新时期。用 H_{205} 作为稀土矿物捕收剂，调整剂只添加水玻璃，增加了相应的起泡剂，浮选品位进一步提高，浮选作业回收率显著提高。实际操作中，添加的药剂种类少，流程比较稳定，易于控制。在工业试验生产期间，浮选给矿（重选稀土精矿）品位为 23.12%，浮选稀土精矿品位为 62.32%，浮选作业回收率为 74.74%，实现了稀土选矿药剂最重大的突破。另一个最重大的突破就是包钢根据长沙矿冶研究院研究成果，以弱磁—强磁—浮选选铁、稀土工艺流程处理白云鄂博中贫氧化矿改造包钢选矿厂一、三系列成功，在国内外中贫氧化矿的攻关史上是罕见的。该成果被列为 1990 年国内科技进步十大成果之一，1992 年获冶金科技技术奖特等奖，1993 年获国家科学技术进步奖二等奖，国家技术发明奖一等奖。弱磁—强磁—浮选综合回收铁、稀土工艺原则流程如图 8-10 所示。

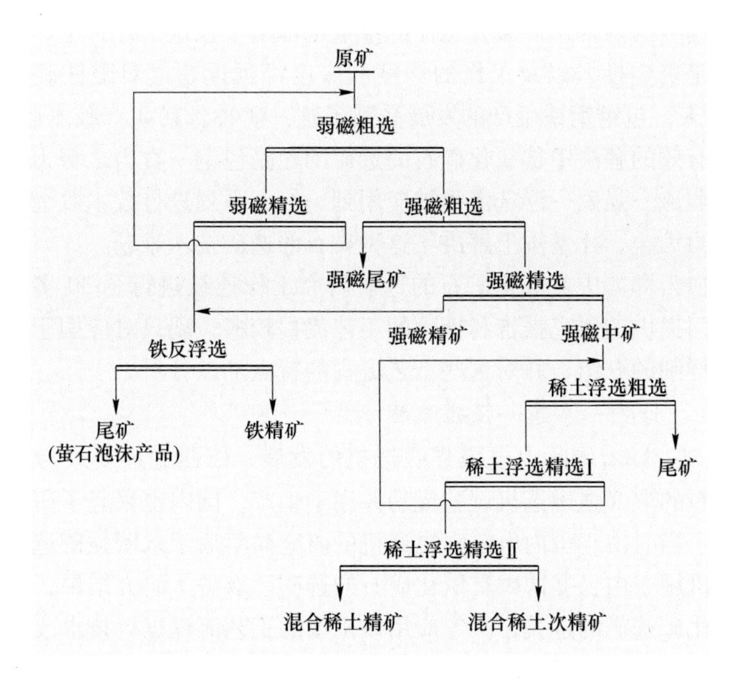

图 8-10　弱磁—强磁—浮选综合回收铁、稀土工艺原则流程

1997 年，包钢选矿厂焙烧磁选停止生产，白云鄂博中贫氧化矿全部进行弱磁—强磁—浮选工艺流程选矿。原矿处理量从每年不到 100 万吨增加到 1000 万吨，2005 年后更增至 1200 万吨左右。

1990 年以后，铁回收率超过 65%，2000 年以后达到 70%以上，氟和磷含量逐年明显降低，特别是2000年以后，F为0.5%，P为0.08%，稀土精矿品位达到50%以上，稀土选矿回收率达到30%以上，铁精矿质量显著提高，包钢稀土可生产30%~60%各品级稀土精矿，具备年产稀土精矿25万吨能力。

1990~1992年，长沙矿冶研究院与包钢合作，采用弱磁选—强磁选—浮选回收铁、稀土工艺流程先后改造包钢选矿厂5个生产系列，进行工业试验获得成功，该工艺流程充分地体现了“以铁为主，综合回收稀土矿物”的指导思想。

8.2.2 中贫氧化矿的选矿工艺研究

白云鄂博氧化矿石及原生赤铁矿石中，铁矿物主要有赤铁矿、假象—半假象赤铁矿、磁铁矿、菱铁矿、褐铁矿组成，并含有稀土矿物、铌矿物，还含有氟、磷等有害元素。它的储量仅次于磁铁矿石，并且氧化矿石是矿山开采初期几十年内的主要矿种。选矿厂自投产到80年代末的20余年中，流程不定型、工艺不过关，生产中铁精矿产量低、质量差，金属回收率低的主要矛盾就是集中在氧化矿石的选矿方面。国内外选矿研究工作的重点也都集中在这个矿种上，不论是研究工作量，还是资金投入以及工作的深度和广度都远远超过对磁铁矿石的选矿研究。20多年来，包钢钢铁生产的发展受到了这一矿种选矿生产技术状况的制约。因此，如何有效的解决中贫氧化矿石的选矿问题是包钢一直为之努力寻找的关键所在。直到弱磁—强磁—浮选流程被应用到一、三系列进行技术改造获得成功并转化为生产力为止，才基本上解决了这种矿石的选矿技术难题。

由于对白云鄂博中贫氧化矿石的选矿研究工作连续进行了30多年，国内外科研设计部门提供的研究报告和推荐的工艺流程较多，现只对应用于生产的几种典型流程作详细的介绍，并对这些工艺流程的特点加以分析。

8.2.2.1 *弱磁—浮选—强磁流程*

60年代末，随着国际上电磁强磁选机的发展，以西德琼斯式为代表的用于处理赤铁矿石的湿式强磁选机试验成功并用于生产，国内也兴起了研究湿式强磁选机的热潮。当时由于国内电磁强磁选机的研究尚落后于永磁强磁选机，而永磁平环式磁选机用于白云鄂博中贫氧化矿石的选矿已取得了研究结果，包钢为了促进选矿厂氧化矿选矿的过关，决定应用该机型的工艺流程进行技术改造和工业试验，首先采用的是弱磁—强磁流程，后来又改成弱磁—浮选—强磁流程，现仅以1975年的工艺流程及试验结果为例。

该工艺流程的生产指标是：铁精矿品位55%左右，含氟3%以上，铁回收率65%左右。铁精矿品位低、回收率低、杂质含量高的问题还是没有得到解决。特别是该流程中的关键设备——永磁平环式强磁选机因存在一些技术难题，致使这一流程不能长期维持生产。该磁选机在选别中存在的主要技术难题有：其一，球型介质充填的选箱堵塞严重；其二，分选区磁感应强度较低，只有0.6T，难以捕捉磁性较弱的铁矿物颗粒，该作业铁矿物的作业回收率仅为43%；其三，大量的含铁硅酸盐脉石夹杂在强磁选精矿中，总精矿的品位难以提高。

从整个工艺结构看，尽管弱磁选作业后有萤石稀土的浮选作业，能够抛出大量的萤石和选出一定量的稀土粗精矿，从而提高了强磁作业的入选品位，但仍没有彻底解决强磁精矿中含氟高的问题，致使总精矿中氟含量高达3%以上。

其后采用过笼式强磁选机，多梯度磁选机，但都没有解决平环式强磁选机存在的上述问题；生产上逐渐停止使用，仅用弱磁选作业和萤石稀土浮选作业维持铁和稀土粗精矿的生产。

8.2.2.2　磁化焙烧磁选—浮选流程

对贫赤铁矿石采用还原焙烧方法使之变成人造磁铁矿石，然后用弱磁场磁选机进行分选，以获得铁精矿，这是铁选矿方法中的一种较早且行之有效的方法。尽管该方法基建投资大，生产维持费用高，能耗高，但在50年代前期，赤铁矿的浮选剂及强磁选机尚处于研究阶段，还原焙烧磁选方法在工业生产中一直被广泛应用着。如我国鞍钢采用的竖炉焙烧，原苏联采用的回转窑焙烧，生产规模都比较大。60年代我国酒钢采用了竖炉焙烧工艺，70年代包钢采用了竖转炉联合方案进行了建设。

白云鄂博中贫氧化矿石的焙烧磁选研究始于1953年，并进行了建厂技术设计。国内从50年代开始进行过六次工业竖炉焙烧试验，转炉试验及沸腾焙烧试验，都取得了不同的结果。70年代国内为了增加稀土回收作业，对设计的工艺流程做了修改并以此建成了七系列。

还原焙烧车间的18座50m^{3}和2座70m^{3}竖炉于1981年11月建成投产，第一台回转窑1984年9月建成并进行了调试，在调试期间用竖转炉同时生产的焙烧矿在七系列进行了生产与考察。磁选的铁精矿品位为59%左右，含氟2.5%左右，铁回收率72%左右。

从工业生产实践及在鞍钢进行的多次工业试验结果看出，对白云鄂博矿含硅较低（13%）、含萤石较高（约20%）、结构比较致密的中贫氧化矿石，与鞍山式高硅赤铁矿石的焙烧制度有明显的差别。为了保证大块矿石能够充分还原，设计上采用了磁滑轮与竖炉构成闭路的焙烧工艺。即使这样仍难保证焙烧矿的选别指标，不得不将竖炉的台时处理量从设计的10.5t/h降到8t/h左右，延长了焙烧时间，增加了能耗。从竖炉生产取样统计选别结果看，为了获得铁回收率大于80%的结果，不得不采取过还原的措施，这样又进一步增加了能耗。

回转窑焙烧0~20mm粉矿，由于矿石性质的原因，最佳指标时的处理量为32t/h，比设计的40t/h低。从焙烧矿的筛分结果看，大于15mm的矿石还原度只有34%，回收率仅67%，还原不足。

在焙烧过程中氟碳酸盐稀土矿物中的氟，部分进入大气中，造成环境污染。

同时，因稀土矿物产生相变，表面又被煤气污染，给回收稀土矿物造成了困难。能耗高是该工艺的一大缺点。

8.2.2.3 浮选—选择性絮凝工艺

浮选—选择性絮凝工艺是借鉴国内外絮凝工艺的实践经验并结合白云鄂博矿矿石特点的一种新的选别工艺。

选择性絮凝工艺有其自身的特点，一般应具备下述基本条件：各矿物组分必须充分单体分离，并达到絮凝工艺所特殊要求的细度；各种类型矿物之间不产生凝结作用，矿粒在未絮凝沉淀以前处于良好的分散状态；絮凝剂只对混合物料中的一种组分有吸附作用，并具有良好的选择性。

70年代末期，进行了该工艺的研究，工业试验采用稀土和萤石的混合—分离浮选工艺与絮凝脱泥工艺联合的流程，并改造了选矿厂第二系列。1984年和1986年进行了两次工业生产试验。产品的化学成分与粒度组成分别见表8-1和表8-2。

表8-1 浮选—选择性絮凝工艺流程的产品主要成分分析（质量分数）（%）

化学成分	产品名称		
	铁精矿	稀土精矿	稀土次精矿
TFe	63.10	2.45	7.45
SFe	62.30	—	—
REO	0.49	62.25	39.02
F	0.37	8.18	15.59
SiO_2	5.17	1.23	4.91
CaO	1.18	8.22	22.52
MgO	0.50	0.64	2.09
Mn	0.66	1.17	1.39
TiO_2	0.34	0.27	0.13
P	<0.05	3.95	3.15
K_2O	0.16	—	—
Na_2O	0.26	—	—
Al_2O_3	0.43	0.14	0.17
S	0.14	0.18	0.41
Th	0.0074	0.19	0.14
BaO	—	0.38	1.19
Nb_2O_5	0.054	0.052	0.097

表 8-2 浮选—选择性絮凝工艺流程的产品粒度组成分析 (%)

粒度/μm	粗磨粒度		细磨粒度		铁精矿		稀土精矿		稀土次精矿	
	个别	累计	个别	累计	个别	累计	个别	累计	个别	累计
-125~+88	2.00	100.0	—	—	—	—	—	—	—	—
-88~+62	5.20	98.0	0.8	100.0	1.1	100.0	0.2	100.0	2.3	100.0
-62~+44	9.40	93.8	6.3	99.2	2.8	98.9	5.7	99.8	14.0	97.7
-44~+31	13.10	83.4	9.1	92.9	4.0	96.1	18.2	94.1	23.0	83.7
-31~+22	12.20	70.3	11.5	83.8	7.1	92.1	28.0	75.9	25.9	60.7
-22~+16	10.10	58.1	13.4	72.3	14.5	85.0	23.5	47.9	15.9	34.8
-16~+11	10.30	48.0	12.8	58.9	16.7	70.5	16.1	24.4	10.0	18.9
-11~+7.8	9.70	37.7	12.2	46.1	14.1	53.8	6.7	88.3	6.4	8.9
-7.8	28.0	28.0	33.9	33.9	39.7	39.7	1.6	1.6	2.5	2.5

注：粒度组成系采用美国 7995-11 激光粒度分析仪测定。

该工艺所需要的磨矿细度过细，使磨矿费用大幅度上升，也给磨矿分级工艺的技术改造带来了困难。

工业试验证明，絮凝工艺用水要求严格，水的总硬度不得大于 25 德国度。而选矿厂尾矿回水的总硬度大于 50 德国度，不得不大量使用黄河新水或对回水进行软化处理。稀土、萤石混合浮选后的分离工艺技术要求严格，难于稳定操作以保证产品质量和各项指标的实现。铁精矿粒度很细，给脱水、过滤、干燥、打散带来了一系列的困难。铌矿物大部分集中在絮凝脱泥的细泥中，要回收铌矿物还要对细泥进行浓缩，实施时难度较大。因此，该工艺未能转化为工业实践。

8.2.2.4 弱磁—强磁—浮选工艺

强磁选工艺常用于处理含弱磁性铁矿物的矿石。自 1965 年以来，在强磁选机的磁路设计中采用了多层感应磁极，强磁选机的磁场强度、磁场梯度及处理能力都大为提高。琼斯式强磁选机实现了工业化，对强磁选工艺的推广应用，特别是在分选细粒和微细粒嵌布的铁矿石选矿方面，起到了重要的推动作用。国内电磁强磁选机的研制工作进展迅速，磁感应强度超过 1T 的工业机先后在酒钢、大冶、海南的选矿厂得到应用。

采用单一强磁选工艺处理白云鄂博矿石难以获得合格的精矿，必须同其他选矿方法结合，才能取得满意的技术经济指标。从 1978 年开始，根据白云鄂博矿石的特点，开展了弱磁—强磁—浮选综合回收铁、稀土、铌矿物的研究。历时 10 余年，从小型试验、扩大连续试验直到两次工业分流试验，该工艺达到了工业应用的要求。1986年包钢又引进了一台琼斯DP-317型湿式强磁选机，为了验证其对分选白云鄂博中贫氧化矿石的适应性，进行了生产实践，加速了上述选矿工艺工业化的进程。从1989年一、三系列改造开始，到1993年先后完成了一、二、三、四、五共5个系列应用弱磁—强磁—浮选工艺综合回收铁、稀土的技术改造。获得了铁精矿品位大于60%、铁回收率大于70%、铁精矿含氟小于1%、含磷小于0.15%的指标。

弱磁—强磁—浮选工艺是根据白云鄂博矿石矿物粒度特性、矿物间的可选性差异以及当前的选矿工艺、设备、技术水平制定的。首先利用矿石中的磁性差异，采用弱磁选及强磁选将矿物按磁性分组，得到富含铁的磁选铁精矿、富含稀土和铌矿物的强磁中矿及以脉石矿物为主的强磁尾矿。然后分别对前两个有用组分进行深选加工，强磁选尾矿直接排弃。这样各组分中的矿物成分相对简化，对两组产物分别采用合理的浮选工艺及有效的浮选药剂进行分选，容易得到高质量的铁精矿和稀土精矿。

该选矿工艺有以下技术特点：

原矿只需磨细到-74μm（-200目）（占95%），矿石中的有用矿物即可基本单体解离到选别工艺要求的入选粒度范围，然后通过分选就可获得合格的铁精矿和稀土精矿，同时又能回收铌矿物。

采用将矿物首先按磁性分组的方法，提高了分选性，简化了选别工艺流程。

研制出适合白云鄂博矿石特点的大型强磁选机，场强高、控制系统先进、结构合理。改变了强磁选机聚磁介质的技术参数，提高了分选效果，研制出了铁反浮选的经济有效的浮选捕收剂。

该工艺的不足之处，一是微细粒的弱磁性铁矿物回收率偏低；二是强磁选中矿中稀土回收率低，大部分稀土矿物进入强磁尾矿；三是铁精矿中含铁硅酸盐矿物含量较高；四是在处理难选型矿石时选别指标还有所波动。

从该工艺的选别结果可以看出，细粒级铁矿物在强磁尾矿中损失了一大部分，强磁中矿中又损失了一部分可以回收的铁矿物。因此，如何完善该工艺流程，以便进一步提高该工艺的铁金属回收率，是今后值得研究的一个方向。

三系列试生产期间对原矿和产品的分析查定结果列于表8-3~表8-11。

表8-3 一、三系列原矿平均试样的化学成分 （%）

组成	TFe	SFe	FeO	Fe_2O_3	REO	Nb_2O_5	F	SiO_2	Al_2O_3
含量	31.50	30.65	7.40	36.81	5.20	0.08	7.85	12.72	1.30
组成	MgO	CaO	BaO	Na_2O	K_2O	P	S	灼失	TFe/FeO
含量	2.10	12.40	1.75	0.58	0.74	0.80	0.80	5.50	4.26

表 8-4 一、三系列原矿平均试样铁的化学物相分析结果 (%)

物相	磁性铁之铁	赤、褐铁矿之铁	碳酸铁之铁	硫化铁之铁	硅酸铁之铁	合计
含量	16.55	12.25	0.40	0.25	2.20	31.65
分布率	52.29	38.70	1.26	0.79	6.96	100.0

表 8-5 一、三系列原矿平均试样矿物含量 (%)

矿物	磁铁矿	赤铁矿 褐铁矿	氟碳铈矿	独居石	萤石	钠辉石 钠闪石	石英 长石
含量	23.6	18.4	4.90	2.40	14.6	7.8	8.2
矿物	白云石 方解石	黑云母 金云母	重晶石	磷灰石	黄铁矿	其他	—
含量	6.7	6.5	2.7	3.0	0.5	0.5	—

表 8-6 一、三系列原矿矿石中目的矿物的粒度组成 (%)

粒级/mm	铁矿物		稀土矿物	
	分布率	累计分布率	分布率	累计分布率
0.15	61.8	61.8	15.0	15.0
0.076	15.7	77.5	19.6	34.6
0.04	11.0	88.5	25.9	60.5
0.02	6.0	94.5	21.5	82.0
-0.02	5.5	100.0	18.0	100.0

表 8-7 一、三系列磨矿产品平均试样主要矿物的单体解离度

粒级/mm		+0.074	-0.074~+0.053	-0.053~+0.041	-0.041~+0.030	-0.030~+0.020	-0.020~+0.010	-0.010	合计
产率/%		9.2	9.7	15.2	14.6	16.3	4.1	30.9	100.0
单体解离度/%	铁矿物	37.8	72.6	77.6	82.0	88.1	93.4	98.5	82.9
	稀土矿物	—	45.1	57.4	69.8	80.2	89.1	94.5	69.6
	萤石	14.6	25.4	41.3	61.5	75.7	86.1	92.0	63.4

表 8-8 一、三系列各选别产品铁物相分析

产品名称	铁物相含量/%					
	磁性铁之铁	赤褐铁矿之铁	碳酸铁之铁	黄铁矿之铁	硅酸铁之铁	合计
铁精矿	43.75	14.85	0.65	0.25	2.30	61.81
强磁选中矿	0.35	12.90	0.40	0.30	5.00	18.95
强磁选尾矿	0.30	8.05	0.40	0.20	1.20	10.15
强磁选给矿	0.35	15.05	0.40	0.20	3.00	19.00
铁反浮泡沫	5.3	13.40	1.2	0.20	1.65	21.75

表 8-9 一、三系列稀土产品的稀土物相分析 (%)

产品名称	稀土含量		
	氟碳酸盐中	磷酸盐中	合计
稀土精矿	34.45	20.20	54.65
稀土次精矿	21.20	12.70	33.90

表 8-10 一、三系列选矿产品化学多元素分析 (%)

产品名称	化学成分								
	Fe_2O_3	TFe	FeO	SFeO	SiO_2	Al_2O_3	CaO	MgO	F
铁精矿	70.95	61.10	14.75	59.50	5.68	0.69	0.80	0.86	0.80
稀土精矿	—	6.30	—	—	2.99	—	6.70	0.86	6.60
稀土次精矿	—	12.55	—	—	7.13	—	11.40	2.81	7.40
强磁中矿	21.16	17.60	3.60	15.00	21.33	1.87	12.60	3.46	6.40
强磁精矿		41.00	3.60	39.60	10.40	1.08	7.20	2.36	5.80
铁反浮泡沫	23.70	20.00	4.40	19.40	4.05	少量	27.60	1.66	15.70
强磁尾矿	12.52	10.00	1.60	8.90	20.10	0.16	2.70	2.59	13.65
稀土浮选尾矿	—	18.40	3.40	15.80	30.00	0.60	7.50	4.68	6.70
产品名称	化学成分								
	REO	P	Nb_2O_5	BaO	S	K_2O	Na_2O	ThO_2	烧失
铁精矿	1.20	0.075	0.042	0.066	0.21	0.27	0.40	—	0.29
稀土精矿	54.50	4.10	0.033	0.85	1.11	0.14	0.10	0.35	9.72
稀土次精矿	32.60	3.10	0.10	1.58	1.21	0.48	0.42	0.40	8.12
强磁中矿	9.00	1.00	0.20	1.47	0.75	1.08	1.24	—	7.25
强磁精矿	4.00	0.43	0.12	0.37	0.51	0.55	0.62	—	3.89
铁反浮泡沫	9.80	1.15	0.075	1.63	0.48	0.10	0.22	—	9.17
强磁尾矿	7.20	1.40	0.14	4.35	1.26	0.86	1.36	—	6.20
稀土浮选尾矿	4.00	0.60	0.27	1.38	0.53	1.08	1.36	—	6.57

表 8-11 一、三系列选矿主要产品粒度分析 (%)

产品名称	粒级/mm		+0.074	-0.074~+0.038	-0.038~+0.029	-0.029~+0.020	-0.020~+0.010	-0.010	合计
原矿	产率		10.20	25.80	15.00	15.50	3.70	29.70	100.00
	品位	TFe	27.20	45.32	34.60	29.80	27.60	27.55	32.64
		REO	3.35	4.95	5.90	6.80	6.40	4.65	5.17

续表 8-11

产品名称	粒级/mm		+0.074	-0.074~+0.038	-0.038~+0.029	-0.029~+0.020	-0.020~+0.010	-0.010	合计
强磁铁精矿	产率		28.60	39.30	15.90	9.30	2.40	4.50	100.00
	品位	TFe	26.50	46.35	36.10	34.2	35.75	27.30	37.25
		REO	3.20	3.83	3.00	3.00	2.60	1.80	3.32
强磁中矿	产率		18.20	41.30	16.40	11.40	4.50	8.20	100.00
	品位	TFe	17.55	21.24	15.90	16.60	22.70	16.35	18.83
		REO	5.10	12.28	10.10	8.70	7.10	4.35	9.32
强磁尾矿	产率		10.70	18.10	10.20	11.40	4.60	45.00	100.00
	品位	TFe	6.30	6.31	5.50	5.70	6.80	13.15	9.26
		REO	4.70	11.21	10.90	9.60	9.30	6.70	8.10
反浮铁精矿	产率		17.67	34.82	2.22	6.09	20.58	18.62	100.00
	品位	TFe	48.50	62.00	67.80	68.80	64.68	64.30	61.13
		REO	2.70	0.45	0.19	0.14	0.18	0.17	0.72
萤石泡沫	产率		11.84	42.50	5.88	8.32	21.85	9.61	100.00
	品位	TFe	18.20	26.20	38.70	29.50	20.46	21.75	24.58
		REO	23.70	15.50	8.55	10.00	11.41	11.20	14.30
稀土精矿	产率		0.51	17.95	5.64	9.74	40.42	25.74	100.00
	品位	REO	48.90	69.75	67.58	63.47	54.94	32.15	53.25
稀土次精矿	产率		1.88	25.42	10.39	14.98	23.40	23.93	100.00
	品位	REO	41.05	42.15	47.05	55.85	38.87	16.55	37.79

8.2.2.5 连续磨矿磁选—浮选（选稀土）流程

为了综合回收稀土、铌等有用矿物，于 1966 年对白云鄂博矿磁铁矿石进行了试验研究工作，并完成了扩大连续试验。鞍山黑色冶金矿山设计研究院据此于 1967 年做了修改设计，1970 年 3 月，四系列建成投产。

投产后曾进行过全流程的调试，获得了铁精矿品位大于 60%、回收率 70%~73%、稀土精矿品位为 21.15%、稀土回收率为 23.65%的指标。后来，选矿厂稀土选矿工艺有所改变，该流程不再生产稀土精矿。1988 年对该流程考察的结果是铁精矿品位 60.41%，回收率 73.46%，铁精矿含氟 1.69%。该生产系列自投产以来，原矿处理量一直没有达到设计指标，磨矿产品最终细度也没有达到 -0.074mm占 90%的工艺要求，铁精矿回收率与设计的回收率指标（80%）相差甚远，铁精矿含氟一直在 1.5%左右波动。

该流程中的稀土浮选是采用氢氧化钠、水玻璃、氧化石蜡皂、硫酸、明矾药剂组合，先混合浮选，然后进行萤石和稀土矿物的分离浮选。

经过长期实践和不断认识，白云鄂博矿的开发利用原则逐渐形成，遵循“在保护中开发、在开发中保护”的总原则，在铁矿石选矿过程中，含稀土岩石、含铌岩石、稀土白云岩和含铌板岩采取分穿、分爆、分采、分运、分堆的处理措施，并将稀土白云岩和含铌板岩分设专门排土场进行单堆保护。选矿主要以强磁中矿、强磁尾矿为入选原料生产稀土精矿，其中稀土精矿选别回收率 REO 12.8%，作业回收率为 70%；铁精矿中稀土含量占 REO 0.65%~1.0%，大部分稀土排入尾矿库中堆存保护，稀土综合利用率约 10%，90%左右的稀土全部进入尾矿库堆存保护，尾矿库堆置总量约 2 亿吨，尾矿中铁的品位 TFe 15%，REO 6.82%、Nb_2O_5 0.14%、ThO_2 0.043%、F 11.03%，稀土氧化物总量达 1300 多万吨，除铁以外其他有用元素均不同程度的有所富集，成了特大规模的铌、稀土二次资源。

稀土精矿产量发展示意图如图 8-11 所示。

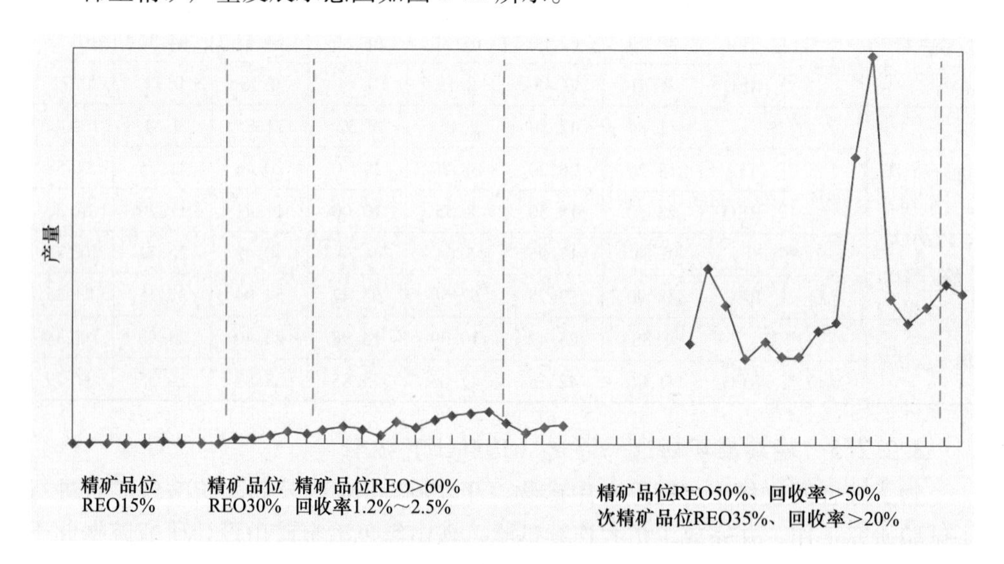

图 8-11 白云鄂博稀土精矿产量发展示意图

8.3 稀土选矿工艺技术的发展

8.3.1 高品位稀土精矿选矿工艺技术开发

8.3.1.1 现状

1991 年经过选矿工作者多年来对稀土矿物浮选药剂及工艺流程的研究，形成白云鄂博矿弱磁选—强磁选—浮选工艺流程，稀土选矿技术水平得到了较大的提高。

50%（REO）的稀土精矿含有20%以上的其他矿物，包括萤石、铁矿物、钠闪石、石英、长石和重晶石等。目前，稀土冶炼企业主要以50%（REO）混合稀土精矿为原料，采用浓硫酸高温焙烧工艺生产氯化稀土、碳酸稀土，同时产生大量的含氟含硫烟气和水浸渣。由于水浸渣中含有放射性元素钍，属于放射性废物，全部存入包头市环保局指定的放射性渣库。由于稀土精矿中含有大量的非稀土元素，增加了焙烧工艺中原辅材料消耗和三废的产生量，造成了极大的环保压力。

近年包头稀土研究院资源研究所对现行浮选工艺进行了深入研究，在小型浮选试验的基础上，与北方稀土稀选厂合作，开展了通过“一粗一精一扫”、“一粗二精一扫”和“一粗三精一扫”三个浮选工艺流程试验，确定“一粗一精一扫”为最佳工艺流程，实现了65%（REO）高品位精矿的工业化生产；同时，兼顾50%（REO）矿的生产，实现50%、65%（REO）稀土精矿的共线产出；为白云鄂博氧化矿强磁尾矿在高品位稀土精矿工艺研究方面的初步探索奠定了基础。

8.3.1.2 矿石工艺矿物学性质

A 矿石化学分析

原矿（强磁中矿和强磁尾矿）的主要化学成分分析结果见表8-12，稀土化学物相分析结果见表8-13。

表8-12 原矿的主要化学成分 （%）

组成	Na_2O	K_2O	MgO	CaO	BaO	MnO_2	SiO_2	TiO_2	ThO_2	FeO
含量	1.07	0.58	3.36	23.71	5.20	2.00	13.91	0.75	0.034	2.59
组成	REO	Nb_2O_5	F	P	S	Sc	TFe	mFe	P-REO	
含量	10.98	0.21	11.94	1.19	3.05	0.010	9.64	1.48	3.05	

表8-13 原矿稀土物相分析结果 （%）

稀土相	P-REO	F-REO	合 计
含 量	3.05	7.93	10.98
分布率	27.78	72.22	100.0

由表8-12和表8-13可以看出原矿的化学成分较为复杂，含有REO 10.98%，而TFe含量为9.64%，与白云鄂博氧化矿相比，含量较低。其余大量存在的化学元素包括CaO 23.71%，SiO_2 13.91%，F11.94%。原矿中稀土以氟碳酸盐和磷酸盐形式存在，比例约为2.8：7.2，介于7：3和8：2之间，与白云鄂博原矿中比例接近。

B 矿相组成及含量

原矿中主要矿物的含量见表8-14。

表 8-14 原矿中主要矿物的含量 (%)

矿物	铁矿物	氟碳铈矿	独居石	磷灰石	萤石	白云石、方解石
含量	11.6	8.5	3.6	0.8	28.5	15.6
矿物	钠辉石	钠闪石	黑云母	石英、长石	重晶石	其他
含量	5.5	9.5	4.4	2.5	6.7	2.8

注：铁矿物主要是赤铁矿，还有少量磁铁矿、硫铁矿。

根据原矿主要矿物的含量，结合化学元素分析结果可以看出，原矿中目的矿物氟碳铈矿和独居石的含量分别为8.5%和3.6%，此外还有大量的脉石矿物，其中萤石含量最高，达到28.5%，铁矿物主要以赤铁矿的形式存在，霓辉石和钠闪石等硅酸盐矿物含量分别占到5.5%和9.5%。因此在浮选稀土过程中，需考虑对萤石、硅酸盐矿物和碳酸盐矿物的抑制，以期达到较高的技术指标。

C 粒度分布

原矿的粒度分布数据表见表8-15。

表 8-15 原矿的粒度分布数据表（小试原料） (%)

粒 级	产 率	REO
+74μm（+200目）	5.18	2.97
-74~+37μm（-200~+400目）	21.75	8.71
-37μm（-400目）	73.07	10.46
	合计：100.00	平均：9.69

试验室小试原料采用74μm、37μm筛析，并检测各粒级的REO含量，由表8-15可以看出，随着粒度变细，稀土含量呈上升趋势。

8.3.1.3 浮选试验

A 稀土浮选试验

采用“一粗一精一扫”工艺流程可得到精矿品位64.49%（REO），产率2.50%，回收率16.37%；次精矿品位51.27%（REO），产率7.65%，回收率39.82%。采用“一粗二精一扫”可获得精矿品位65.56%（REO），产率3.2%，回收率22.10%；次精矿品位51.68%（REO），产率6.30%，回收率34.29%。采用“一粗三精一扫”可获得精矿品位65.07%（REO），产率3.60%，回收率24.84%；扫精品位51.15%（REO），产率5.59%，回收率30.31%。三种工艺流程产生的精矿和次精矿分别达到65%（REO）、50%（REO），但由于设计流程的不同，所以65%、50%（REO）精矿的产率、回收率有所不同。

参考北方稀土稀选厂原有的工艺流程及选矿厂矿量输送情况，扩大试验设计处理量1200t/d，月处理量为36000t，设计月生产65%（REO）高品位稀土精矿

800t，50%（REO）精矿产量视65%（REO）精矿的产出而定。

试验工序由泵输送、浓缩、浮选、过滤工序组成。首先采用泵输送工序将稀土原矿矿浆从包钢选矿厂输送至北方稀土选矿厂三车间的浓缩大井进行浓缩，然后经过浮选工序生产65%（REO）品级的稀土精矿和50%（REO）品级的稀土精矿，其中浮选工序在流程设计上考虑有灵活性，在三车间原有流程的基础上，65%（REO）精选工序，在精选流程位置设计两套方案，泡沫槽位置设置活动挡板，加上挡板精选流程为二精，去掉挡板为一精，确保两套流程都能顺利完成。

原矿经管道运输至浓缩大井进行浓缩，然后通过“一粗二精”的浮选流程选别65%（REO）品级稀土精矿，再将一精二精的中矿进行扫选生产50%（REO）品级稀土精矿，工艺流程如图8-12所示。

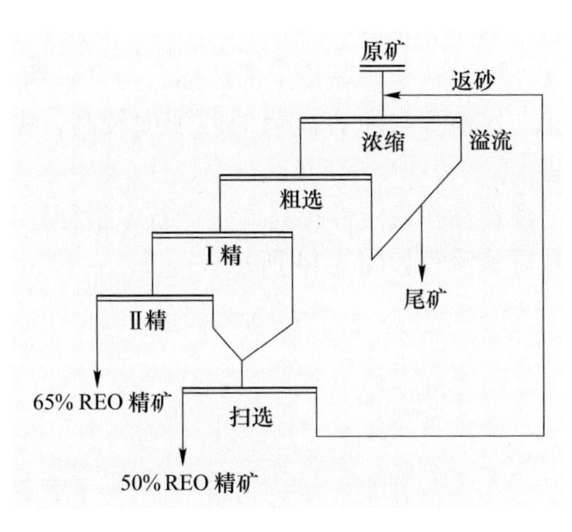

图8-12　浮选稀土工艺流程图

B　浮选工艺设备联系图

浮选稀土试验设备联系图如图8-13所示。

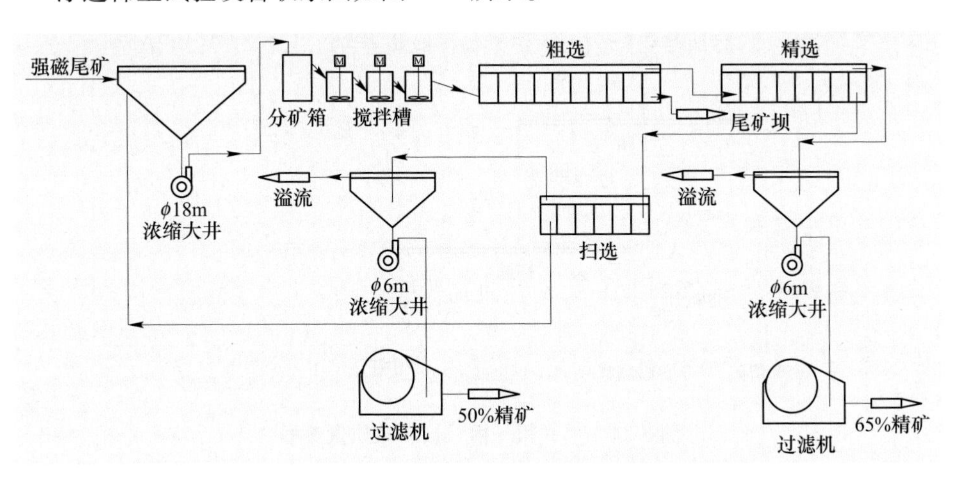

图8-13　浮选稀土试验设备联系图

C　“一粗二精一扫”工业生产试验指标

“一粗二精一扫”工艺运行了两天时间，65%（REO）精矿日均产量9.29t，平均品位64.09%（REO），50%（REO）精矿日均产量28.1t，平均品位53.86%

(REO)。在生产过程中，浮选温度控制在75~85℃，矿浆浓度在55%~62%的生产条件下，一精精矿品位（REO）可以达到65%，已经能够满足产品品位要求，再经过二精，反而增加了生产控制的难度，同时也弱化了一精的浮选效果，因此，采用“一粗一精一扫”流程。

“一粗一精一扫”工艺流程总计运行41天，在原矿处理量不变的情况下，平均日产65%（REO）精矿27.69t，平均日产50%（REO）精矿46.59t，65%、50%（REO）精矿品位全部达标，与“一粗二精一扫”工艺流程相比产量提高约一倍。该流程与原有流程的匹配度较高，中矿返回量大幅下降，浮选效果明显改善。

浮选操作稳定性提高，生产技术指标稳定。“一粗一精一扫”工艺的工业试验数质量流程如图8-14所示。

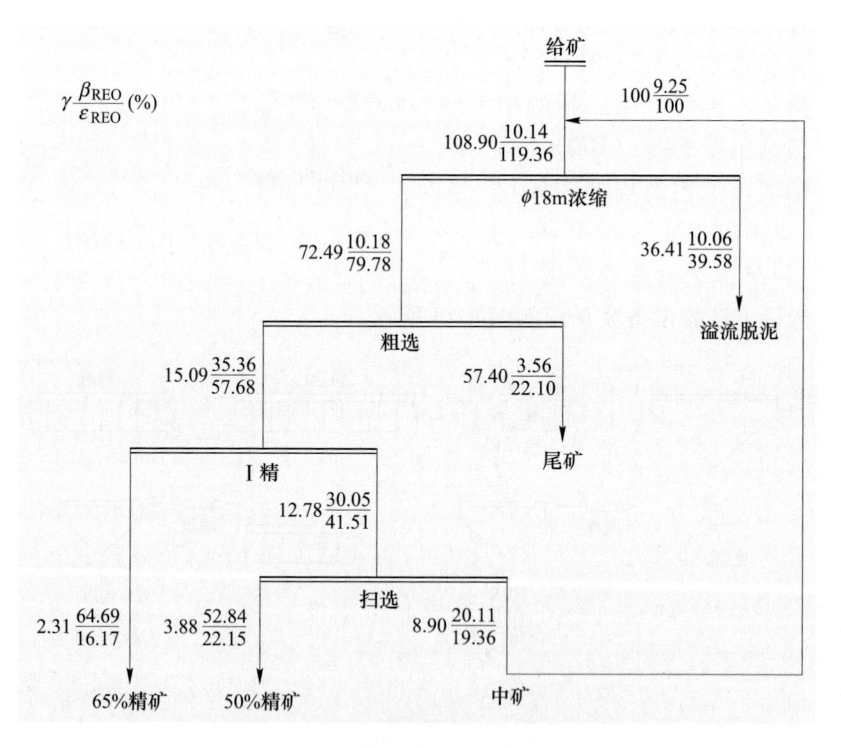

图8-14 “一粗一精一扫”数质量流程

粗选原矿平均品位为10.18%（REO）、粗选精矿平均品位为35.36%（REO），尾矿平均品位为3.56%（REO），一精精矿平均品位为64.69%（REO），一精尾矿平均品位为30.05%（REO），扫选精矿平均品位为52.84%（REO），扫选尾矿平均品位为20.11%（REO）以及溢流脱泥平均品位为10.06%（REO）。原矿量每天1200t，共计49200t；65%精矿产量共计1135.18t，产率2.31%，回收率16.17%；50%精矿产量共计1910.07t，产率3.88%，回收率22.15%。精矿的总产收率为6.19%和38.32%。

D　50%、60%（REO）稀土精矿的共线生产

在50%、65%（REO）精矿完成既定目标后，为了进一步测试"一粗一精一扫"流程的稳定性，进行了50%、60%（REO）稀土精矿的共线生产，总计运行14天。在工艺流程不变的情况下，转为50%、60%（REO）精矿的生产。

从生产日报表分析：原矿量每天1200t，品位9.24%（REO），14天共计16800t；生产60%（REO）稀土精矿446.23t，日均产量31.87t，产率2.66%，品位59.69%（REO），回收率17.18%；50%精矿产量共计571.05t，日均产量40.79t，产率3.40%，品位50.27%（REO），回收率18.50%。精矿的总产收率为6.06%和35.68%。

8.3.1.4　产品分析

A　化学成分分析

精矿的多元素分析见表8-16。

表8-16　精矿的多元素分析　（%）

试样名称	Na_2O	K_2O	MgO	CaO	BaO	MnO_2	SiO_2	TiO_2	ThO_2	FeO
50精矿	0.19	0.044	0.77	11.13	1.31	0.45	1.87	—	0.18	<0.50
原50精矿	0.24	0.046	0.49	13.63	2.14	0.50	2.53	0.36	0.17	2.61
65精矿	0.076	0.019	0.20	5.09	0.39	<0.10	0.54	0.38	0.13	<0.50
试样名称	REO	Nb_2O_5	F	P	S	Sc	TFe	mFe	P-REO	—
50精矿	52.11	0.13	8.34	3.92	0.45	0.0044	4.76	<0.50	13.35	—
原50精矿	51.90	0.088	9.35	2.51	0.58	0.0023	2.68	<0.50	14.91	—
65精矿	66.20	0.087	7.44	2.04	0.30	0.0014	1.64	<0.50	13.02	—

注：原50精矿为现行生产线50%（REO）稀土精矿产品。

尾矿的多元素分析见表8-17。

表8-17　尾矿的多元素分析　（%）

编号	Na_2O	K_2O	MgO	CaO	BaO	MnO_2	SiO_2	TiO_2	ThO_2	FeO
尾矿-1	1.27	0.38	3.93	27.16	5.29	0.92	16.06	—	0.037	2.26
尾矿-2	1.34	0.66	3.65	26.09	4.59	2.29	16.88	0.81	0.016	2.80
编号	REO	Nb_2O_5	F	P	S	Sc	TFe	mFe	P-REO	—
尾矿-1	3.77	0.20	12.90	1.36	2.29	0.014	13.59	1.33	1.20	—
尾矿-2	3.18	0.30	12.39	0.97	3.18	0.0090	11.76	2.43	1.05	—

B 矿物组成

扩大试验产品的矿物组成见表8-18。

表8-18 扩大试验产品的矿物组成 (%)

样品名称	铁矿物	氟碳铈矿	独居石	磷灰石	萤石	白云石、方解石
原矿	11.6	8.5	3.6	0.8	28.5	15.6
50精矿	4.0	51.5	18.9	—	16.3	—
65精矿	—	69.5	22.3	—	4.3	—
原50精矿	2.5	49.5	21.3	—	17.5	—
尾矿	20.4	2.3	1	0.5	28.6	15.7

样品名称	霓辉石	钠闪石	黑云母	石英、长石	重晶石	其他
原矿	5.5	9.5	4.4	2.5	6.7	2.8
50精矿	—	2.5	0.5	1.6	2.1	2.6
65精矿	—	—	—	—	2.1	1.8
原50精矿	—	2.9	—	1.3	3.2	1.8
尾矿	7.3	8.1	4.5	3.9	5.6	2.1

50%（REO）精矿稀土矿物含量达70.4%，其余矿物主要是萤石、铁矿物、钠闪石、石英、长石、黑云母和重晶石。其中萤石含量最高占16.3%，与原50%精矿相比，略有降低；65%（REO）精矿稀土矿物含量达91.8%，其余矿物主要是萤石和重晶石，其中萤石含量为4.3%；而尾矿中铁矿物和萤石含量达到49%，硅酸盐矿物霓辉石、钠闪石和黑云母含量共计19.9%，稀土矿物含有3.3%。

C 产品粒度分析

（1）65%（REO）精矿。65%（REO）稀土精矿的粒度分布如图8-15所示。

（2）50%（REO）精矿。50%（REO）稀土精矿的粒度分布如图8-16所示。原50%（REO）稀土精矿粒度分布如图8-17所示。

（3）尾矿。尾矿的粒度分布如图8-18所示。

65%（REO）稀土精矿粒度小于61.16μm的占99%，最大粒度为105μm，D_{50}为18.38μm；50%（REO）稀土精矿粒度小于75μm的占96.45%，最大粒度为180μm，D_{50}为26.09μm；原50%（REO）稀土精矿粒度小于75μm的占98.54%，最大粒度为150μm，D_{50}为18.18μm；尾矿粒度小于75μm的占83.42%，最大粒度为255μm，D_{50}为31.29μm。详见图8-15~图8-18。

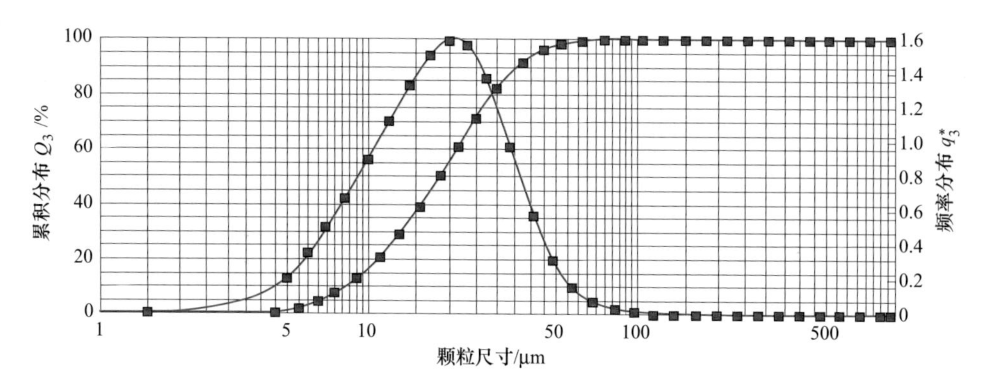

图 8-15 65%（REO）稀土精矿的粒度分布

（D_{10} = 8.21μm，D_{50} = 18.38μm，D_{90} = 36.41μm，SMD = 15.28μm，VMD = 20.90μm，D_{16} = 9.82μm，D_{84} = 31.64μm，D_{99} = 61.16μm，D_{90}/D_{10} = 4.43）

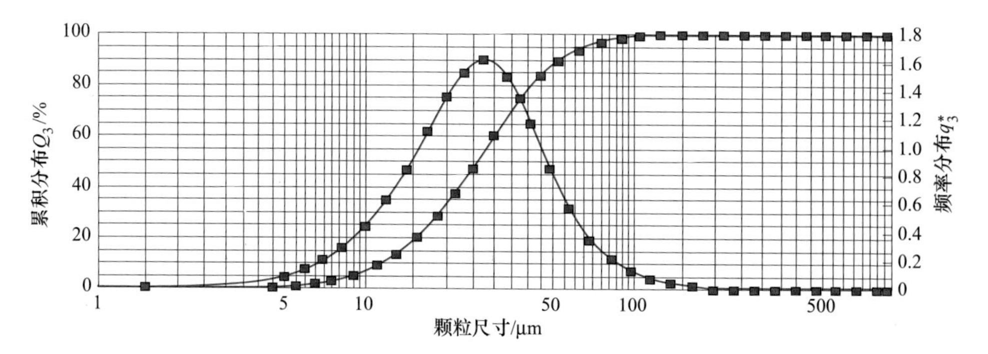

图 8-16 50%（REO）稀土精矿的粒度分布

（D_{10} = 11.47μm，D_{50} = 26.09μm，D_{90} = 53.84μm，SMD = 21.18μm，VMD = 30.63μm，D_{16} = 14.00μm，D_{84} = 45.31μm，D_{99} = 106.33μm，D_{90}/D_{10} = 4.69）

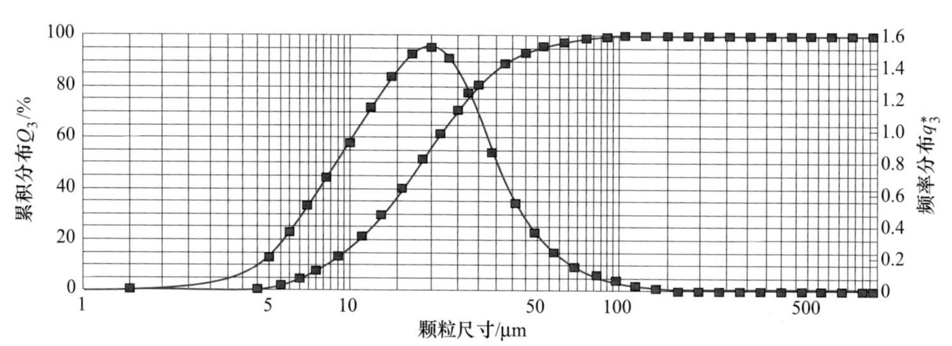

图 8-17 原 50%（REO）稀土精矿粒度分布

（D_{10} = 8.11μm，D_{50} = 18.18μm，D_{90} = 39.52μm，SMD = 15.26μm，VMD = 22.02μm，D_{16} = 9.67μm，D_{84} = 33.17μm，D_{99} = 84.08μm，D_{90}/D_{10} = 4.87）

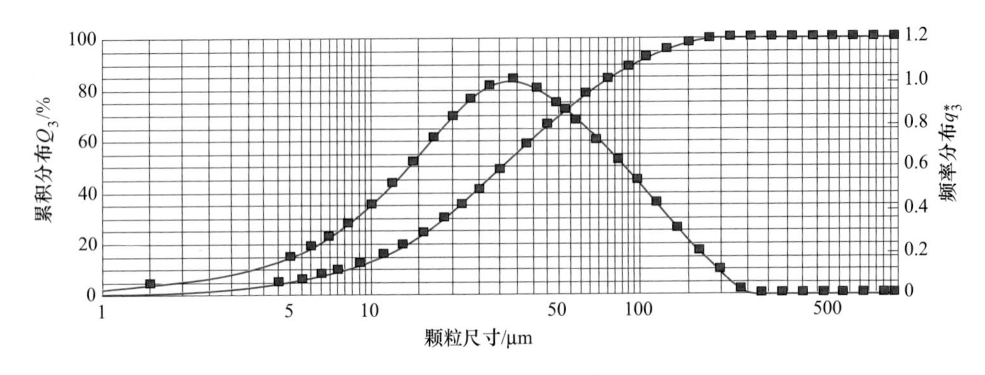

图 8-18 尾矿的粒度分布

（D_{10}= 8.09μm，D_{50}= 31.29μm，D_{90}= 96.91μm，SMD= 17.00μm，VMD= 43.37μm，D_{16}= 11.43μm，D_{84}= 76.75μm，D_{99}= 179.31μm，D_{90}/D_{10}=11.98）

8.3.1.5 结论

（1）以白云鄂博氧化矿强磁尾矿为原料，采用“一粗一精一扫”试验流程，共线生产 65%、50%（REO）品位稀土精矿，品位 64.69%（REO），产率 2.31%，回收率 16.17%；品位 50%（REO）精矿，产率 3.88%，回收率 22.15%。精矿的总产收率为 6.19%和 38.32%。

（2）白云鄂博氧化矿强磁尾矿共线生产 60%、50%（REO）品位稀土精矿，60%（REO）稀土精矿：产率 2.66%，品位 59.69%（REO），回收率 17.18%；品位 50%（REO）精矿：产率 3.40%，品位 50.27%（REO），回收率 18.50%。精矿的总产收率为 6.06%和 35.68%。

（3）65%（REO）稀土精矿中脉石矿物含量明显降低，CaO、MgO 等含量相对于 50%（REO）品位稀土精矿降低一半以上甚至更多，为后续稀土冶炼分离过程中减少化工原材料，降低工艺指标提供了重要支持。

8.3.2 混合型轻稀土矿稀土选矿

包头稀土研究院资源研究所依据理论研究的结果设计工艺流程的技术路线，首先研究白云鄂博中深部矿石弱磁尾矿的工艺矿物学、矿物与选矿药剂和气泡间的界面作用与微区行为和浮选过程的影响因素，设计并优化矿物选别的工艺流程和制度；其次为高效回收弱磁尾矿中的有价成分，最终形成弱磁尾矿综合回收稀土、铁等有价元素的选矿联合流程，为白云鄂博稀土资源的高效绿色选冶新流程的开发提供科学依据。

8.3.2.1 研究成果

A 弱磁尾矿综合回收铁、稀土、氟的选冶联合流程

包钢目前采用的选矿工艺是长沙矿冶研究院、包头稀土研究院和广州有色金

属研究院等单位共同开发的弱磁—强磁—浮选联合选矿流程。该流程的开发原则是以铁矿需求量定产，稀土只是从强磁精选铁的中矿回收，为了保铁的产量和质量，54%的稀土随强磁粗选尾矿排入尾矿库。1999 年应用至今，原矿石年开采量已达千万吨以上，稀土资源利用率不到 20%。

针对上述问题和铁、稀土、铌共生矿的特点，在国家“973 计划”项目的支持下，包头稀土研究院与东北大学合作，提出并贯通了弱磁尾矿综合回收铁、稀土、氟等有价元素的选冶联合流程，主要由选矿流程和还原焙烧深度回收有价组元流程组成。

B 弱磁尾矿的工艺矿物学研究

白云鄂博矿随着开采深度的增加，矿石由氧化矿石逐渐转变为赤铁矿和磁铁矿的混合矿石，矿石的矿物组成、矿物工艺性质、元素分布等出现明显变化，这些变化对白云鄂博矿的资源综合利用有着重要影响。因此，首先对白云鄂博中深部混合矿的选铁弱磁尾矿的工艺矿物学进行系统研究，从而为科学地制定白云鄂博弱磁尾矿高效回收铁、稀土、磷、氟等有价元素的选冶联合流程提供理论依据和技术基础。

以白云鄂博中深部混合矿弱磁尾矿为原料，取自包钢选矿厂一系列永磁尾矿排出口，样品采用断流截取，阴干混匀制样。试样性质如下。

a 弱磁尾矿的多元素分析

试样多元素分析结果见表 8-19，其中目的元素的品位分别为：REO 9.60%，TFe 14.38%，P 1.54%，F 12.57%；其他有价元素 Nb_2O_5、ThO_2、Sc_2O_3 含量分别为 0.17%、0.056%和 0.012%。从物相分析结果看出（见表 8-20），稀土在磷酸盐中分布为 25.10%，在稀土氟碳酸盐分布为 74.90%。铁在氧化铁相（赤铁矿）中分布 66.13%，其次在硅酸盐相中分布 17.18%，其他相分布很少。

表 8-19 试样的多元素分析 (%)

元素	Na_2O	K_2O	MgO	CaO	BaO	MnO	SiO_2	TiO_2	ThO_2	Al_2O_3
含量	0.95	0.35	2.50	22.99	4.10	1.09	11.43	0.90	0.056	1.12
元素	FeO	Sc_2O_3	REO	Nb_2O_5	F	P	S	TFe	mFe	Ig
含量	1.51	0.012	9.60	0.17	12.57	1.54	1.76	14.38	0.65	9.18

注：表中数据由包头稀土研究院理化检测中心提供。

表 8-20 试样的物相分析结果 (%)

物 相	C-Fe	O-Fe	S-Fe	m-Fe	Si-Fe	TFe	P-REO	F-REO	REO
含量	1.21	9.51	0.54	0.65	2.47	14.38	2.41	7.19	9.60
分布率	8.41	66.13	3.76	4.52	17.18	100.00	25.10	74.90	100.00

注：表中数据由包头稀土研究院理化检测中心提供。

b 弱磁尾矿的矿相组成分析

采用AMICS（全自动矿物分析系统）、SEM方法测定了弱磁尾矿的矿物组成及各矿物的嵌布特征，结果如下：稀土矿物主要为独居石和氟碳铈矿，铁主要是以赤铁矿形式存在，氟主要赋存在萤石、氟碳铈矿中，磷主要赋存在磷灰石和独居石中；中深部矿物中氟碳铈矿和独居石的比例由浅部（氧化矿）的7∶3~6∶4变化为接近3∶1，说明氟碳铈矿的比例有明显增加趋势，对科学地制定稀土精矿的提取工艺有着重要的意义；矿物中脉石矿物是角闪石、辉石、磷灰石、方解石、白云石等，详见表8-21。

表8-21 试样矿物组成分析 （%）

矿物	萤石	闪石	辉石	赤铁矿	氟碳铈矿	磷灰石	白云石	方解石
含量	23.84	5.51	6.44	15.12	10.07	5.04	8.88	3.11
矿物	云母	重晶石	独居石	石英	长石	磁铁矿	黄铁矿	菱铁矿
含量	2.63	6.73	3.51	2.46	2.13	0.58	0.92	0.17
矿物	钛铁矿	铁金红石	金红石	褐帘石	易解石	褐钇铌矿	黄绿石	包头矿
含量	0.39	0.02	0.04	0.12	0.08	0.02	0.06	0.01
矿物	铌铁矿	铌铁金红石	软锰矿	菱锰矿	硅灰石	蛇纹石	绿泥石	其他
含量	0.09	0.14	0.05	0.19	0.15	0.16	0.12	1.22

注：表中数据由包头稀土研究院理化检测中心提供。

在弱磁尾矿中首次发现了钪钇石 $Sc_2[Si_2O_7]$ 形式存在的钪独立矿物（见表8-22），钪钇石与其他矿物的连生关系如图8-19所示 。

钪钇石能谱分析结果见表8-22。

表8-22 钪钇石能谱分析结果 （%）

测点	化学成分及含量							
	Sc_2O_3	SnO_2	FeO	MnO	K_2O	CaO	SiO_2	Al_2O_3
1	57.65	0.00	2.72	0.00	0.00	1.16	38.47	0.00
2	57.30	0.64	2.42	0.00	0.21	0.00	39.43	0.00
3	54.62	0.00	8.47	0.00	0.00	1.38	35.27	0.26
4	56.70	1.24	0.82	0.21	0.00	0.00	41.03	0.00
平均	56.57	0.47	3.61	0.05	0.05	0.64	38.55	0.07

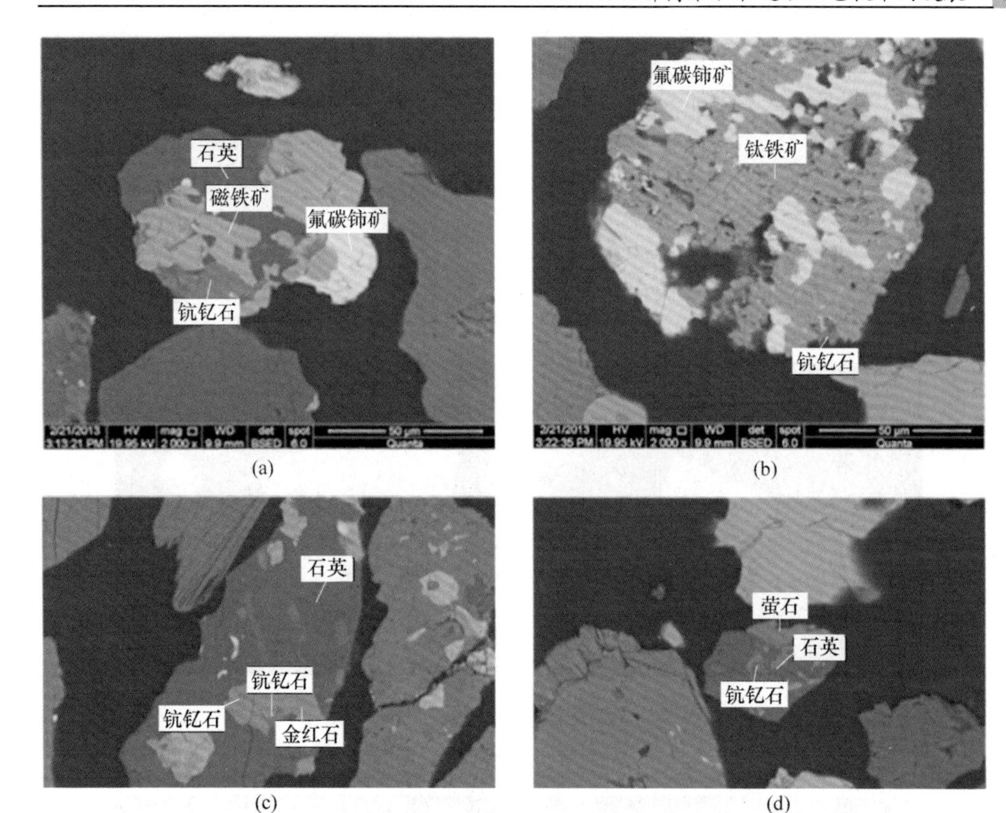

图 8-19　弱磁尾矿中钪钇石（BSE 2000×）

（a）钪钇石与磁铁矿、石英、氟碳铈矿的三相连生体；（b）半包含于钛铁矿中的微细粒钪钇石；（c）包含于石英中的微细粒钪钇石与铌铁金红石连生体；（d）包含于石英中的微细粒钪钇石

c　矿物的嵌布、连生和解离规律

采用 AMICS 和 SEM 对弱磁尾矿中主要矿物的嵌布粒度及特征进行分析，如图 8-20 和图 8-21 所示。结果显示：弱磁尾矿中氟碳铈矿和独居石主要以单体形式存在，少量呈连生和包裹嵌布形式。氟碳铈矿、独居石、赤铁矿和萤石在 38μm 以下（−400 目）的累积量均超过 90%，说明弱磁尾矿中主要的矿物颗粒较细。其中，10μm 以下氟碳铈矿和独居石分别占 47. 14%和 24. 17%。

白云鄂博矿属于矿物微细粒嵌布的矿石类型。在主要的有用矿物中，铁矿物的嵌布粒度相对稍粗，稀土矿物更细。主要工艺矿物的嵌布粒度见表 8-23。

表 8-23 的数据表明，各种矿物大部分的嵌布粒度小于 43μm，氟碳铈矿为 30. 51%，独居石为 41. 83%，萤石为 53. 76%，磷灰石为 64. 20%。

采用偏光显微镜统计法对矿物单体解离度及连生特性进行分析，结果见表 8-24～表 8-26。结果表明，稀土矿物单体解离度较高，达 87. 28%，易于分选。铁矿物、萤石矿物解离度较低。

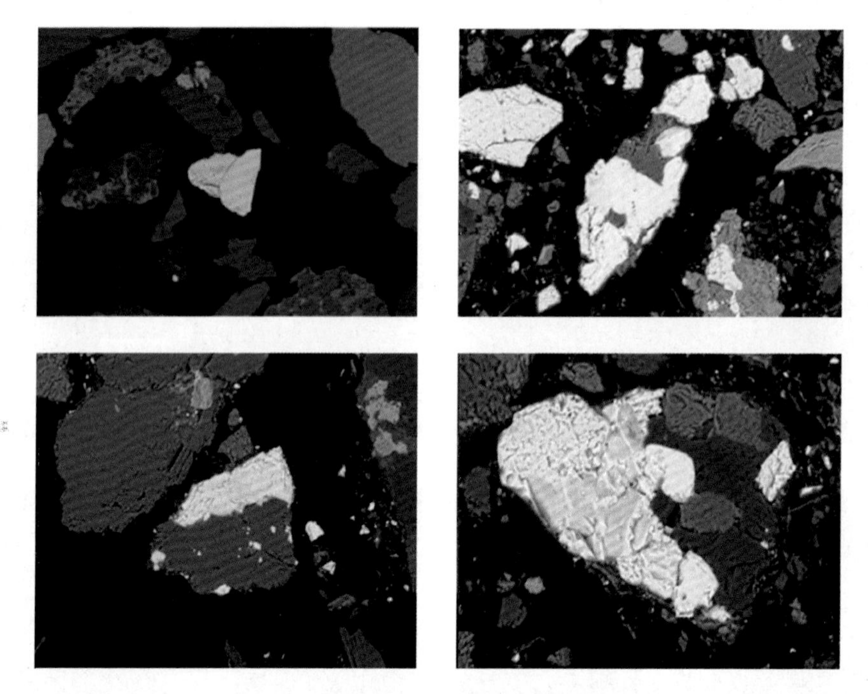

图 8-20 弱磁尾矿中氟碳铈矿的嵌布状态
（亮白色为氟碳铈矿）

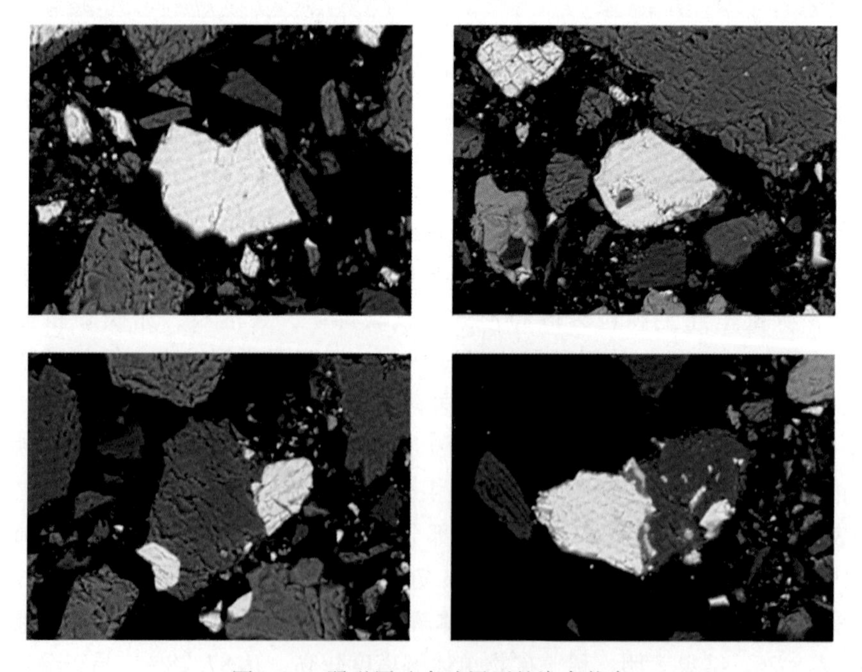

图 8-21 弱磁尾矿中独居石的嵌布状态
（白色为独居石）

表 8-23 主要矿物嵌布粒度

矿物名称	一般范围/mm	粒度分布率/%		
		+70μm	+43μm	+20μm
磁铁矿	0.02~0.5	67.84	79.60	93.11
赤铁矿	0.01~0.1	63.70	74.69	89.95
黄铁矿	0.02~0.2	77.01	86.02	92.20
氟碳铈矿	0.015~0.07	44.74	69.49	86.15
独居石	0.01~0.07	35.10	58.17	71.79
磷灰石	0.01~0.05	13.41	35.80	59.50
萤石	0.01~0.3	20.03	46.24	81.20
方解石、白云石	0.02~0.1	29.41	53.54	89.11
钠辉石、钠闪石	0.02~0.3	85.59	85.54	98.18
重晶石	0.03~0.3	48.53	72.79	94.62

表 8-24 稀土矿物单体解离度及连生特性 (%)

稀土单体	连生体				
	稀土-硅酸盐	稀土-铁矿物	稀土-萤石	稀土-碳酸盐	稀土-其他
87.28	4.48	3.43	2.46	1.53	0.82

注：表中数据由包头稀土研究院理化检测中心提供。

表 8-25 铁矿物单体解离度及连生特性 (%)

铁单体解离度	连 生 体			
	与萤石连生	与碳酸盐矿物连生	与硅酸盐矿物连生	与稀土矿物连生
71.46	11.06	9.31	5.93	2.23

注：表中数据由包头稀土研究院理化检测中心提供。

表 8-26 萤石矿物单体解离度及连生特性 (%)

萤石单体解离度	连 生 体			
	与铁矿物连生	与碳酸盐矿物连生	与硅酸盐矿物连生	与稀土矿物连生
63.53	14.32	10.14	3.24	8.76

注：表中数据由包头稀土研究院理化检测中心提供。

d 矿物的分选性

矿物的密度、比磁化系数和晶格能是判断各矿物选别性能的重要参数，表 8-27 中列出了弱磁尾矿中主要矿物的参数。依据表 8-27，按照磁选、浮选、重选方法所需要的矿物性质，弱磁尾矿中主要矿物可按照表 8-28 所列情况予以分类。

表 8-27 主要矿物可选性性质对比

矿物名称	密度/$g \cdot cm^{-3}$	比磁化系数 ($\times 10^{-6}$)/$cm^3 \cdot g^{-1}$	晶格能/$J \cdot mol^{-1}$
磁铁矿	5.12	>4600	22993
赤铁矿	5.20	203.3	16028
黄铁矿	5.05	3.9	3503
氟碳铈矿	4.97	11~13.5	5069
独居石	5.25	12.6	14320
磷灰石	3.25	5.4	—
萤石	3.20	4.2	2679
白云石	2.98	23.1	5797
方解石	2.76	1.4	—
钠闪石	3.25	37.9	30414
钠辉石	3.57	67.3	34412
黑云母	3.13	48.3	30230
石英	2.66	3.5	—
重晶石	4.62	1.3	2185

注：表中数据引自《白云鄂博矿冶工艺学（上）》512页。

表 8-28 主要矿物可选性分类

分类			
按密度分类	重矿物（密度≥4.5g/cm^3）	中重矿物（密度 3.6~4.5g/cm^3）	轻矿物（密度≤3.6g/cm^3）
	磁铁矿、赤铁矿、独居石、氟碳铈矿、铌铁矿、易解石、黄铁矿、重晶石	铌铁金红石、黄绿石、褐铁矿	钠辉石、钠闪石、磷灰石、萤石、黑云母、白云石、方解石、石英
按磁性分类	强磁性矿物（比磁化系数>$3000\times10^{-6}cm^3/g$）	弱磁性矿物（比磁化系数 3000×10^{-6} ~ 30×10^{-6} cm^3/g）	极弱磁性矿物（比磁化系数<$30\times10^{-6}cm^3/g$）
	磁铁矿（半假象赤铁矿）	赤铁矿、褐铁矿、铌铁矿、铌铁金红石、钠辉石、钠闪石、黑云母	氟碳铈矿、独居石、易解石、黄绿石、萤石、白云石、方解石、磷灰石、石英、黄铁矿
按可浮性分类	易浮矿物（晶格能<4185J/mol）	较易浮矿物（晶格能：4185~14650J/mol）	难浮矿物（晶格能>14650J/mol）
	重晶石、萤石、黄铁矿	氟碳铈矿、独居石、白云石、黄绿石、铌铁金红石	磁铁矿、赤铁矿、褐铁矿、铌铁矿、易解石、钠辉石、钠闪石、黑云母

注：表中数据引自《白云鄂博矿冶工艺学（上）》513页。

表 8-27、表 8-28 数据说明，稀土矿物（氟碳铈矿和独居石）、萤石、铁矿物分选性质顺序为可浮性：萤石>稀土矿物（氟碳铈矿和独居石）>铁矿物；磁性：铁矿物>稀土矿物和萤石；矿物的密度相差不大。根据这一规律，参照稀土矿物（氟碳铈矿和独居石）、萤石、铁矿物及弱磁尾矿中其他矿物的工艺矿物学特征，先浮选稀土，再从尾矿中强磁选铁，最后从强磁选铁尾矿中浮选萤石工艺路线是可行的，其特点是优先保证稀土的高效回收的同时兼顾了铁矿和萤石的回收。

e　工艺矿物学结论

中深部矿物中氟碳铈矿和独居石的比例由浅部的 7∶3~6∶4 变化为接近 3∶1，说明氟碳铈矿的比例有增加趋势，对科学地制定稀土精矿的提取工艺有着重要的意义。

在弱磁尾矿中首次发现了钪独立矿物：钪钇石 $Sc_2[Si_2O_7]$，填补了白云鄂博独立钪矿物的空白，具有重要的科学意义。

弱磁尾矿中稀土矿物单体解离度较高，达 87.28%，有利于分选。矿物粒度细，氟碳铈矿、独居石、赤铁矿和萤石在 38μm 以下（-400 目）的累积量均超过 90%，其中 10μm 以下氟碳铈矿和独居石分别占 47.14%和 24.17%。

根据稀土矿物（氟碳铈矿和独居石）、萤石、铁矿物及弱磁尾矿中其他矿物的工艺矿物学特征，设计了优先保证稀土的高效回收的浮选稀土—强磁选铁—浮选萤石工艺路线，该方法有利于提高弱磁尾矿的资源综合利用率。

C　弱磁尾矿浮选过程的工艺研究

以弱磁尾矿为原料，P8 为捕收剂进行了浮选稀土过程的工艺研究，获得浮选的经济技术指标。

通过试验得到稀土精矿及尾矿的多元素分析结果及与现行工艺的对比，见表 8-29。可以看到，得到的稀土精矿品位 51.13%（REO），REO 回收率 83.12%；稀选尾矿品位 1.92%（REO）。该工艺从元素分析的角度得到的稀土精矿与现行工艺生产的稀土精矿无大的差异，预计在后续的冶炼过程中无不利影响。

另外，原料浮选过程铌、钪大部分进入浮选尾矿，而钍进入稀土精矿。因此，该工艺流程或有利于铌、钪进一步富集。

混合稀土精矿化学成分及矿物组成分析结果见表 8-30，精矿中主要含氟碳铈矿和独居石，还有少量的磷灰石、萤石、赤铁矿及其他矿物。

表 8-29　浮选所得精矿尾矿的成分与现行工艺的比较　(%)

工　艺	产　品	REO	F	P	TFe	ThO_2	Sc_2O_3	Nb_2O_5
新工艺	精矿（品位）	51.13	9.52	4.42	3.10	0.26	0.0021	0.10
	尾矿（品位）	1.92	13.13	1.01	16.47	0.018	0.014	0.18
现行工艺	精矿（品位）	52.98	9.06	3.40	5.83	0.17	0.0017	0.11
	尾矿（品位）	3.51	11.96	1.34	15.07	0.029	0.021	0.22

表 8-30 稀土精矿的矿物组成 （%）

矿物	磁铁矿	赤铁矿	黄铁矿	菱铁矿	钡铁钛石	钛铁矿	铁金红石	金红石	菱锰矿	软锰矿
含量	<0.70	3.93	0.76	0.03	0.01	0.06	0.01	0.02	0.01	0.01
矿物	闪锌矿	辉钼矿	氟碳铈矿	独居石	易解石	铌铁矿	铌铁金红石	黄绿石	褐钇铌矿	石英
含量	0.06	0.01	54.22	21.86	0.03	0.03	0.10	0.03	0.05	0.27
矿物	长石	闪石	辉石	云母	白云石	方解石	萤石	磷灰石	重晶石	其他
含量	0.01	0.18	0.10	0.04	0.62	0.19	5.93	9.11	0.76	1.55

经过“一粗三精一扫”的闭路浮选流程，得到稀土精矿品位 51.13%（REO），REO 回收率 83.12%；稀选尾矿品位 1.92%（REO），同时铌钪富集于浮选尾矿中，约 72%的 ThO_2 进入稀土精矿，有利于进一步的回收利用。

8.3.2.2 经济指标分析

弱磁尾矿综合回收铁、稀土、氟等有价元素的选冶联合流程可获得品位 51.13%的稀土精矿（REO），回收率为 83.12%；与现行工艺相比收率提高了 30.9%，以年开采 600 万吨铁矿石（REO 含量 6.79%）计，产出弱磁尾矿约 420 万吨，采用选冶联合新工艺，可增加稀土精矿产量（以 50%（REO）计）约 25 万吨，具有显著的经济效益。

8.4 中贫氧化堆置矿的综合利用

8.4.1 中贫氧化堆置矿现状

20 世纪 50 年代，由于采用了“富矿不经选矿而直接入炉”的指导思想，包钢（集团）有限责任公司采取富铁矿直接入高炉炼铁的方式生产，造成“采富弃贫，采富压贫”。为了采掘到更多的富矿石，剥离了大量的中贫铁矿石，堆积在白云鄂博矿山的中贫矿堆置场，经过 50 多年的堆存及回收，中贫氧化矿的总量保有约 1500 万吨，矿堆表面积约 420000m^2、矿堆高 5～30m，铁平均品位 25.25%（TFe），稀土平均品位 6.65%（REO）。

中贫堆置矿对环境造成的一定影响主要有三点：一是雨水渗透对周围地下水的影响；二是堆置矿完全裸露在地上，风季造成粉尘空中迁移，破坏周围空气环境；三是少量的放射性元素钍也给环境保护增加了压力。对中贫堆置矿进行综合利用不仅能大大改善堆存带来的环境问题，而且可以大幅提高矿产资源的回收利用率，可以减少原矿的开采量，从而达到节约资源和保护资源的目的。由于白云鄂博中贫矿堆置时间长、组分复杂，矿石经受长期风化、水浸及氧化，表面的物理化学性质已发生变化，造成矿石选别难度大，选别工艺复杂，现行的连续磨矿一弱磁—强磁—反、正浮选工艺不能完全适应中贫氧化矿的选别。因此需要开发一种中贫氧化矿选别的工艺流程，充分利用长期闲置的资源，提高白云鄂博矿资源的总体利用率，同时创造经济效益，把资源优势转化为经济优势，促进企业可持续发展。

8.4.2 中贫氧化堆置矿综合利用研究进展

自2000年以来，包钢矿山研究院、包钢选矿厂以及一些药剂生产厂针对此低品位的中贫氧化矿做了大量的研究工作，白云博宇公司也做了很多小型试验和工业试验。效果虽不理想，但是对这种矿的物理化学性质和选别性能有了一定的了解，并积累了大量的经验。

2012年11月，包钢稀土委托核工业208大队对白云鄂博稀土堆置矿进行了资源评价工作。通过现场取样，分析评价全铁、稀土总量及共（伴）生矿产资源，并根据平均品位估算资源量。核工业208大队出具了《白云鄂博铁矿中贫矿堆及西矿稀土白云岩矿堆采样评价报告》。

2013年3月初，博宇分公司对中贫矿进行了工业试验并出具了工业实验报告。前期实验结果表明：中贫矿堆综合利用方案为“铁稀并举”，分选出高品位铁精矿及稀土精矿，最终尾矿进行堆存，待技术成熟后回收其他有用金属。尾矿采用干堆（高浓度）技术，水蒸发量及渗入地下的量比传统尾矿减少，矿石及水资源利用率高。在此基础上需进一步进行系统深入的研究，找到适合这种中贫氧化矿的选别流程，并推广到工业生产。

包头稀土研究院资源与环境研究所2015~2016年进行了以白云鄂博中贫氧化堆置矿为原料的选别试验。针对中贫氧化堆置矿的矿物特性，首先对原矿的工艺矿物学性质进行了研究，测定了原矿的多元素、矿物组成的含量，以及原矿中稀土矿物的粒度分布，在现有连续磨矿—弱磁—强磁—反、正浮选流程基础上，系统深入的研究工艺各环节中的各因素对矿物选别效果的影响。在实验室进行了中贫矿的选别试验，通过调整捕收剂和抑制剂的用量，找到了最优的药剂制度及选别流程。在实验室试验的基础上，结合白云博宇公司多年的实际生产经验，2014年12月~2015年1月在白云博宇公司稀选厂开展了第一阶段的工业试验，首先进行“一粗三精”稀土浮选流程的工业试验，由于该稀土浮选流程较长，不便控制，导致“三精”的品位不能达到预期指标。将稀土浮选流程改为“一粗两精”并进行了工业试验。根据两次工业试验的选别情况，为了提高稀土的回收率，在“一粗两精”流程中二精尾矿增加扫选，扫选的精矿与一精精矿合并，扫选尾矿返回原矿浓密机，开展了“一粗二精一扫”稀土浮选流程的工业试验。

通过三次工业试验最终确定了中贫氧化矿选别的最佳工艺流程，得到了大量工业生产试验数据，测算出了工业生产成本，为中贫氧化矿大规模的工业生产提供了可靠的依据。

8.4.3 研究成果介绍

8.4.3.1 试样性质

小型试验试料采用多点取样的方式取自博宇公司稀土选矿厂原料堆，矿样首先破碎至0~3mm，然后磨至粒度为-74μm（-200目）92.20%，晾干，混匀后作为稀土浮选的原料，原矿品位为6.50%（REO）。

工业试验选矿试料取自博宇公司稀土选矿厂原料堆，矿样经磨矿工序后，细度-74μm（-200目）产率为88%~92%。

A 试样化学分析

原矿的主要化学成分及稀土配分分析结果见表8-31和表8-32。

表8-31 原矿的主要化学成分 （%）

编号	Na_2O	K_2O	MgO	CaO	BaO	MnO_2	SiO_2	TiO_2	ThO_2	FeO
原矿1	0.95	0.620	2.30	18.60	1.92	1.57	15.06	0.26	0.032	3.33
原矿2	0.51	0.27	1.28	19.51	2.13	1.24	8.71	0.56	0.093	2.7
编号	REO	Nb_2O_5	F	P	S	Sc_2O_3	TFe	CeO_2	Al_2O_3	—
原矿1	5.87	0.12	10.37	0.95	0.72	0.012	26.65	2.86	1.33	—
原矿2	5.8	0.14	12.03	0.80	0.64	0.012	32	—	1.18	—

表8-32 原矿的稀土配分 （%）

编号	Y_2O_3	La_2O_3	CeO_2	Pr_6O_{11}	Nd_2O_3	Sm_2O_3	Eu_2O_3	Gd_2O_3	Tb_4O_7	Dy_2O_3
原矿0312	0.51	24.64	50.13	5.47	17.57	0.99	0.24	0.25	<0.10	<0.10
编号	Ho_2O_3	Er_2O_3	Tm_2O_3	Yb_2O_3	Lu_2O_3	—	—	—	—	—
原矿0312	<0.10	<0.10	<0.10	<0.10	<0.10	—	—	—	—	—

由表8-31和表8-32可以看出原矿的化学成分较为复杂，含有REO 5.87%，与白云鄂博矿相比，稀土含量较低，TFe含量为26.65%。其余大量的化学成分主要有CaO含量为18.60%，SiO_2含量为15.06%，F含量为10.37%。

B 试样物相分析

采用化学分析方法对试样进行矿物物相分析，从化学物相分析结果看出，在7.13% REO中，P-REO仅占2.02%，而大部分稀土氧化物是与氟键合，占矿物组成的4.03%。原矿中稀土以氟碳酸盐和磷酸盐形式存在，比例约为2∶1。原矿稀土物相分析结果见表8-33。

表 8-33 原矿稀土物相分析结果 (%)

稀土相	P-REO	F-REO	合 计
含 量	2.02	4.03	6.05
分布率	33.39	66.61	100

C 试样矿相组成及含量

根据原矿主要矿物的含量（见表 8-34），结合化学元素分析结果，可以看出原矿中目的矿物氟碳铈矿和独居石的含量分别为 5.37%和 2.89%，此外还有大量的脉石矿物，其中萤石含量最高，达到 20.14%，铁矿物主要以赤铁矿的形式存在，霓辉石和钠闪石等硅酸盐矿物含量占到 9.87%。因此在浮选稀土过程中，需考虑对萤石和赤铁矿的抑制，以获得较高的技术指标。

表 8-34 原矿中主要矿物的含量 (%)

矿物	磁铁矿	赤铁矿	黄铁矿	氟碳铈矿	独居石	白云石、方解石	萤石
含量	10.85	24.30	0.60	5.37	2.89	4.38	20.14
矿物	辉石、闪石	云母	磷灰石	重晶石	石英、长石	其他	合计
含量	9.87	6.74	3.40	2.92	6.49	2.05	100.00

D 试样粒度分布

原矿粒度分析结果如图 8-22 所示。

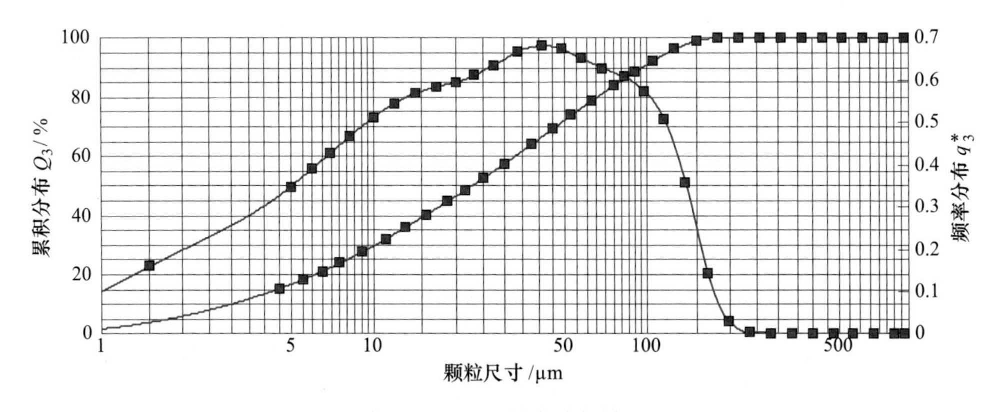

图 8-22 原矿粒度分析结果

(D_{10} = 3.17μm, D_{50} = 23.08μm, D_{90} = 97.03μm, SMD = 9.52μm, VMD = 37.60μm, D_{16} = 4.84μm, D_{84} = 76.86μm, D_{99} = 158.81μm D_{90}/D_{10} = 30.58)

原矿的粒度分布数据见表 8-35。

表 8-35 原矿的粒度分布数据 (%)

粒级/μm	产率	REO	TFe
+74（+200 目）	13.99	4.01	24.99
-74~+43（-200~+325 目）	16.75	4.29	32.36
-43~+29.6（-325~+500 目）	14.49	5.63	30.62
-29.6（-500 目）	54.77	8.17	24.57

试料矿物粒度检测所用设备为德国新帕泰克激光粒度分析仪，测试原理为米氏粒度分析法。原料采用 74μm（200 目）、43μm（325 目）、29.6μm（500 目）筛析，并检测各粒级的 REO、TFe 含量，由表 8-35 可以看出，随着粒度变细，稀土含量呈上升趋势，-29.6μm（-500 目）产率为 54.77%，说明该矿泥化较严重。

E 试样中稀土矿物单体解离度

试样采用显微镜进行单体解离度及连生体特性的分析，结果见表 8-36，稀土矿物的解离度为 86.69%。稀土主要与铁、萤石连生。

表 8-36 稀土矿物单体解离度分析结果 (%)

粒级/μm	产率	单体解离度	连生体				
			稀土-铁矿物	稀土-萤石	稀土-白云石	稀土-硅酸盐	稀土-其他
+74（+200 目）	13.99	73.92	12.59	6.87	4.38	1.09	1.14
+43~-74（+325~-200 目）	16.75	82.58	13.45	2.23	1.65	0.10	0.00
+29.6~-43（+500~-325 目）	14.49	85.19	8.52	5.96	0.17	0.17	0.00
-29.6（-500 目）	54.77	91.61	4.24	3.68	0.00	0.47	0.00
合计	100.00	86.69	7.57	4.21	0.91	0.45	0.16

8.4.3.2 中贫氧化矿稀土矿物浮选小型试验结果

“一粗三精”工艺流程稀土精矿品位 52.52%（REO），产率 5.40%，回收率 44.87%，指标较理想。

捕收剂、水玻璃、起泡剂的总用量分别为 1.5kg/t、2.8kg/t、0.374kg/t，药剂用量比较高。考虑到工业试验有中矿返回，其中带有少部分药剂，工业试验药剂用量可能会降低。

小型试验三精捕收剂用量为 0.1kg/t，工业试验可依据三精浮选现象，在品位能够保证的前提下，可不加捕收剂。

8.4.3.3 中贫氧化矿工业试验

根据小型试验的结果，由包头稀土研究院资源与环境研究所、北方稀土白云博宇分公司、北方稀土稀选厂及林峰药剂公司组成联合课题组，于 2014 年 12 月 17 日在白云博宇分公司稀土选矿厂开展工业试验，浮选工艺流程设计为“一粗三精”，根据工业生产的实际情况，选择最佳的工业浮选流程。

A 工序组成及生产流程

生产流程由皮带输送、磨矿、分级（螺旋分级机及水力旋流器）、泵输送、弱磁选、立磨、浓缩、浮选、过滤等生产工序组成。

将中贫氧化矿经皮带输送至球磨机，经螺旋分级机分级后将合格矿源由泵输送到二段磨机、三段磨机，经水力旋流器分级后，将合格矿源输送至弱磁选（粗选、立磨、一精、二精），精矿经浓缩、过滤产出铁精粉，弱磁尾矿作为稀土原矿，浮选原矿经浓缩、浮选（一粗二精）、过滤生产稀土精矿。稀土精矿平均品位可达到 50%以上，生产较为稳定，“一粗两精”浮选流程运行 12.5 天。

B “一粗二精一扫”浮选工艺生产情况

通过前期稀土浮选流程的工业试验（第一阶段），为提高稀土精矿回收率、降低药剂消耗，课题组调整和优化了试验流程，有针对性地对工艺流程进行调整，在“一粗两精”流程中二精尾矿增加扫选，扫选的精矿与一精精矿合并，扫选尾矿返回原矿浓缩大井。中贫氧化矿“一粗二精一扫”工业试验（第二阶段）自 2015 年初开始进行材料准备、场地布置，经过工艺流程改造、设备调试、矿石储备等工作后，启动并理顺新工艺流程。通过对新工艺流程中各选别条件的不断摸索和调整，达到了预期的目的，从试验的整体运行情况、数据指标来看，各项指标有一定程度的提高。

全过程数质量流程如图 8-23 所示。

8.4.3.4 产品分析

A 精矿的多元素分析

精矿的多元素分析见表 8-37。

表 8-37 精矿的多元素分析 (%)

编 号	REO	Na_2O	K_2O	MgO	CaO	BaO	MnO_2	SiO_2	TiO_2	ThO_2
稀土成品 1228	51.86	0.082	0.020	0.12	11.96	4.14	0.21	0.67	0.31	0.16
稀土成品 1229	53.98	0.078	0.018	0.12	10.59	3.42	0.21	0.92	0.35	0.17
稀土成品 1230	52.94	0.080	0.017	0.12	10.43	3.26	0.23	1.01	0.23	0.18
精矿 20150817	51.76	0.076	0.019	<0.1	12.41	1.14	0.1	1.11	0.26	0.22
编 号	Al_2O_3	FeO	Sc_2O_3	Nb_2O_5	F	P	S	TFe	mFe	独居石
稀土成品 1228	0.28	<0.50	0.0038	0.049	6.24	4.93	1.18	2.64	<0.50	16.5
稀土成品 1229	0.22	<0.50	0.0042	0.052	6.25	4.89	1.01	3.02	<0.50	16.38
稀土成品 1230	0.20	<0.50	0.0041	0.051	6.07	4.87	0.87	3.07	<0.50	16.4
精矿 20150817	0.17	0.38	0.0054	0.07	8.41	4.63	0.52	5.32	<0.5	4.5

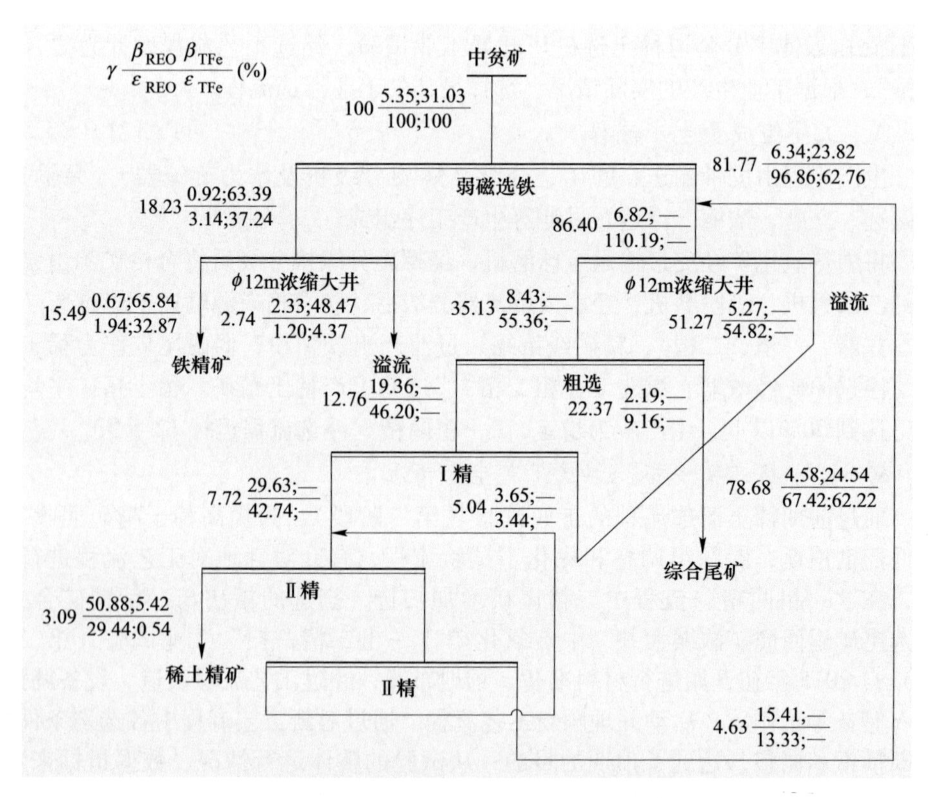

图8-23 “一粗二精一扫”流程数质量流程

（“一粗二精一扫”稀土浮选试验，累计生产51天。原矿量共计52194t，原矿稀土品位5.35%（REO）；经弱磁后出铁精矿8082.53t，稀土品位0.67%（REO）；铁弱磁选三精尾矿及铁精矿ϕ12m浓缩大井溢流估算量1430t，稀土品位2.33%（REO）；稀土精矿1614.62t，品位50.88%（REO））

稀土精矿的稀土配分见表8-38。

表8-38 稀土精矿的稀土配分 （%）

样品名称	Y_2O_3	La_2O_3	CeO_2	Pr_6O_{11}	Nd_2O_3	Sm_2O_3	Eu_2O_3	Gd_2O_3
稀土成品	0.27	26.25	50.56	5.08	15.87	1.08	0.22	0.38
样品名称	Tb_4O_7	Dy_2O_3	Ho_2O_3	Er_2O_3	Tm_2O_3	Yb_2O_3	Lu_2O_3	
稀土成品	<0.10	<0.10	<0.10	<0.10	<0.10	<0.10	<0.10	

B 综合尾矿的多元素分析

综合尾矿的多元素分析见表8-39。

表 8-39 综合尾矿的多元素分析 (%)

编 号	REO	Na_2O	K_2O	MgO	CaO	BaO	MnO_2	SiO_2	TiO_2	ThO_2
综尾 1228	5.83	0.76	0.60	2.61	22.80	2.93	2.27	14.99	0.85	0.031
综尾 1229	8.71	0.70	0.56	2.47	23.20	3.34	2.11	13.71	0.81	0.043
综尾 1230	5.43	0.81	0.63	2.56	22.18	2.75	2.19	14.24	0.78	0.029
综尾 0817	3.79	0.54	0.33	1.52	19.97	2.49	1.34	9.36	0.57	0.064
编 号	Al_2O_3	FeO	Sc_2O_3	Nb_2O_5	F	P	S	TFe	mFe	独居石
综尾 1228	2.39	<0.05	0.014	0.14	11.62	1.02	0.79	20.65	0.62	2.32
综尾 1229	2.39	<0.05	0.013	0.13	11.68	1.67	0.82	18.72	<0.05	3.27
综尾 1230	2.09	<0.05	0.013	0.11	11.06	1.01	0.69	20.84	2.1	2.09
综尾 0817	1.78	3.27	0.01	0.11	9.17	0.65	0.78	—	—	0.9

综合尾矿的稀土配分见表 8-40。

表 8-40 综合尾矿的稀土配分 (%)

编 号	Y_2O_3	La_2O_3	CeO_2	Pr_6O_{11}	Nd_2O_3	Sm_2O_3	Eu_2O_3	Gd_2O_3
综合尾矿 0312	0.54	24.45	50.15	5.43	17.69	1.03	0.25	0.25
编 号	Tb_4O_7	Dy_2O_3	Ho_2O_3	Er_2O_3	Tm_2O_3	Yb_2O_3	Lu_2O_3	
综合尾矿 0312	<0.10	<0.10	<0.10	<0.10	<0.10	<0.10	<0.10	

C 铁精粉的多元素分析

铁精粉的多元素分析见表 8-41。

表 8-41 铁精粉的多元素分析 (%)

送样号	REO	Na_2O	K_2O	MgO	CaO	BaO	PbO	SiO_2
铁精粉-1	0.79	0.065	0.066	0.38	1.65	0.14	0.026	1.35
铁精粉-2	0.67	0.057	0.032	0.27	1.23	0.094	0.02	1.27
送样号	ZnO	ThO_2	Al_2O_3	F	P	S	TFe	—
铁精粉-1	0.049	0.01	<0.10	0.41	0.12	0.25	65.97	—
铁精粉-2	0.05	0.072	0.15	0.77	0.07	0.14	66.64	—

D 产品粒度分析

精矿和综合尾矿粒度分布情况如图 8-24 和图 8-25 所示。

8.4.3.5 结论

(1) 通过对白云鄂博中贫氧化堆置矿系统的工艺矿物学研究，补充和完善了中贫氧化堆置矿基础数据。

(2) 针对中贫氧化堆置矿资源的特点，系统深入地研究了各工艺环节中的

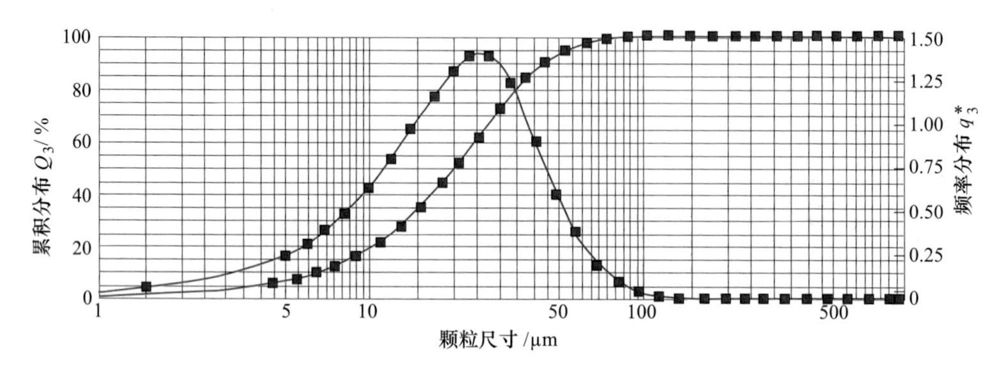

图 8-24 50%（REO）稀土精矿的粒度分布

（D_{10}=6.52μm，D_{50}=20.80μm，D_{90}= 44.21μm，SMD=12.83μm，VMD=23.75μm，D_{16}=8.93μm，D_{84}=37.80μm，D_{99}= 74.97μm，D_{90}/D_{10}=6.78）

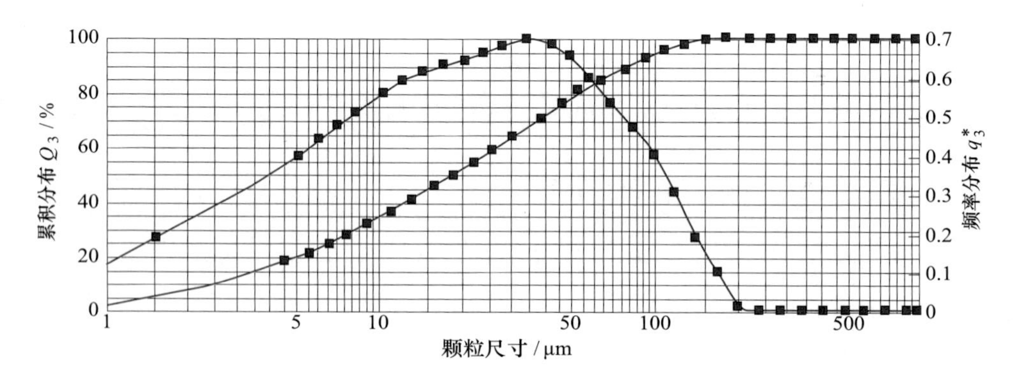

图 8-25 综合尾矿的粒度分布

（D_{10}= 2.76μm，D_{50}= 18.55μm，D_{90}= 78.98μm，SMD= 8.39μm，VMD= 31.00μm，D_{16}= 4.11μm，D_{84}= 60.71μm，D_{99}= 147.42μm，D_{90}/D_{10}=28.63）

各因素对矿物选别效果的影响。通过两个阶段的工业试验，最终确定白云鄂博中贫氧化堆置矿综合利用的最佳的选别流程、浮选药剂制度及经济技术指标，实现了中贫氧化堆置矿的工业化生产。

（3）小型试验达到稀土精矿品位52.53%（REO），稀土回收率44.87%的指标；工业试验达到铁精矿品位65.84%（TFe）、回收率32.87%；稀土精矿品位50.88%（REO）、回收率29.44%；捕收剂LF-P86、水玻璃、起泡剂的每吨原矿单耗分别为：0.63kg、1.35kg、0.06kg。

（4）针对中贫矿研制出新的稀土捕收剂具有选择性好、适应性强、药剂用量少等特点。

8.4.3.6 存在的问题及改进意见

进一步优化稀土浮选药剂制度和工艺流程，降低尾矿和溢流的稀土含量，提高稀土精矿回收率。

全面开发回收稀土、铁、萤石和铌的工艺流程，提高白云鄂博矿资源综合利用率，创造更大的经济效益。

8.5 选矿药剂的发展[10]

1975 年以前，浮选稀土矿物所用的捕收剂为长碳链饱和或不饱和脂肪酸类，如氧化石蜡皂和油酸，但选矿效果较差，只能得到稀土品位 15%～20%（REO），且回收率很低的稀土精矿。60 年代末期，我国科技工作者开始将浮选氧化铜等有效的烷基羟肟酸用于浮选稀土矿物，对原矿石或重选稀土精矿均作过试验，效果不明显。当将与之相配合使用的抑制剂作了重大调整后，包钢选矿厂重选稀土精矿 25%～30%（REO）浮选试验得到稀土精矿品位可达 60%（REO）以上。1976 年，该技术在半工业试验中也获得成功。1978 年迅速转入工业生产。

由于 $C_{5\sim9}$ 羟肟酸捕收能力弱，1979～1980 年，捕收剂环烷基羟肟酸用于工业生产。使用该药剂能获得含 REO >60%、浮选作业回收率 60%～65%的稀土精矿。从此，包钢选矿厂开始大规模工业生产高品位的稀土精矿。在工业生产中又发现烷基羟肟酸及环烷基羟肟酸的选择性较差，与之配合使用的调整剂、抑制剂也比较复杂，影响稀土矿物浮选的技术指标。1986 年，新一代稀土捕收剂 H_{205}（芳基邻羟基羟肟酸 $C_{10}H_6OHCOHNOH$）用于工业生产。结果表明 H_{205} 浮选稀土矿物的选择性好，捕收能力强。在增添起泡剂后，抑制剂简化到只需添加水玻璃，就使稀土精矿品位及回收率显著提高。工业试生产期间，浮选给矿（重选精矿）稀土品位 23.12%（REO），浮选稀土精矿品位 62.32%（REO），浮选作业回收率 74.74%。稀土矿物浮选药剂的重大突破是我国稀土选矿工业发展的重要转折点[11]。

经过几十年的试验和生产实践，基本上形成了两条铁稀土矿石的选矿工艺，一条是磁铁矿的弱磁—反浮（除氟）流程；另一条是中贫氧化矿的弱磁—强磁—浮选工艺。这两条工艺都能生产出较高质量的铁精矿，工艺成熟，运行可靠。白云鄂博矿的各种铁矿石（包括西矿的铁矿石）都采用了相似的选矿工艺，这表明白云鄂博矿铁的选矿技术基本解决了。

至此，在稀土的分选上，都可以从白云鄂博矿各种形式的原料中选出稀土精矿，可以从原矿中生产出高品位稀土精矿，可以从各种尾矿中包括强磁尾矿、强磁中矿、现行排出的总尾矿和堆存几十年的尾矿坝的尾矿分选出高品位的稀土精矿。包头稀土研究院发明的特效稀土捕收剂——H_{205} 对白云鄂博矿的稀土选矿技术突破发挥了关键作用。以至于铁的选矿工艺可以不用考虑稀土的回收，不但能选出高品位稀土精矿，还能分选出氟碳铈精矿和独居石精矿，而且都进行过工业试验和工业生产。

9 近期白云鄂博矿床研究

9.1 主矿、东矿深部及外围探矿[12]

白云鄂博矿床稀土矿体的形态不等同于铁矿体的形态，其分布范围远远大于铁矿体。历史上多次的地质勘探工作都是以铁矿的形态来圈定稀土矿体，未能按稀土矿体的真实形态进行勘探与圈定，造成稀土资源量的局限性，而实际上铁矿体包含在稀土矿体之中，是稀土矿体的一部分。随着稀土元素应用范围的不断扩大，稀土已成为我国重要的战略资源，整体价值进一步凸显，因此研究新的勘察方式、查明稀土矿体的分布范围、矿体的延伸深度和储量，既可以为白云鄂博矿今后的开发利用提供准确可靠依据，也可以保证矿山可持续发展。

9.1.1 矿床深部及外围探矿

白云鄂博稀土矿床的勘探与研究多是在1980年以前进行的，均为主、东矿开采范围内浅部的资料。2005年，白云鄂博矿几个深部钻孔岩芯所得证明东矿深部稀土铁矿体并未尖灭，矿体厚大，有必要进行进一步勘探。随着白云鄂博矿主、东矿采掘深度的增加，资源储量逐渐减少。按照设计主、东矿最终开采境界的底部标高为1230m，在此范围内的保有储量已开采大半，寻找接替资源已势在必行。同时必须要关注菠萝头山白云石型稀土矿因含铁而被盗采的情况。

总之，白云鄂博稀土资源量总量巨大但尚未完全控制，自1927年发现以来一直作为铁矿来进行勘查，各类探矿工程的布置主要以控制铁矿体为目的，与主、东矿异体共生的稀土和铌矿体的圈定仅限于有钻孔资料之处，一些可能的含矿区段并未单独圈定出来；钻孔深度多为200~300m之间，许多钻孔的终孔位置稀土含量仍然很高，稀土矿体厚度大多数没有打穿，矿床的基底未控制，近年施工的几个深度大于800m的钻孔仍未打穿白云岩稀土矿体；对外围地区勘查投入较少。

因此，开展白云鄂博资源地质整装勘探新技术应用，对铁、稀土、钪、铌、钍、富钾板岩等有用元素边界品位优化研究，深部各种矿物分布特征研究，对未探明的周边资源进行勘查，进一步进行成矿理论和成矿预测研究，扩大资源远景量，形成白云鄂博矿系统的资源详实资料，非常必要甚至是应刻不容缓。

9.1.2 矿床成因理论及勘察范围研究

据20世纪50年代参加过白云鄂博勘察工作的因深源热动力成矿理论研究荣

获国家科技进步一等奖、原地质部教授级高工陈荫祥先生回忆介绍："白云鄂博航天遥感图像曾发现一个直径 135km 的圆环形深部地质结构，圆心在西斗铺附近，白云鄂博矿床就坐落在圆环形深部地质结构北部的边缘。白云鄂博超大型铁稀土铌矿的发现与勘探，在世界地球科学领域揭示了自然界新的矿藏类型。这一地带还有没有同类型、同储量规模的潜在矿产资源呢？据陈教授的深源岩浆热动力成矿理论，在同一深部的强地质热动力背景场上，矿床，特别是大型、超大型富组分矿床，即深源高温粹集喷射聚合类矿床，往往是严格集合对称地聚集在热动圆环形构造地几个特定部位、节点上。这种成矿的深矿岩浆属强热漩涡，能量级别很高，按照极高温喷射流体力学原理粹矿聚矿，有很强的自形性，对表浅地壳的物质，结构依附性不是很大，能够有效的预测大矿富矿和多组分、多期次成矿型潜在资源远景。这个巨型结构的根源深在地下 60~90km 的下地壳上地幔，潜在的矿床群应位于本圆环形结构的中心、边缘通道的特定点阵处，这个预测结果我们曾向很多部门、专家通报过。可能它牵扯到一定的探索研究资金、技术保证和论证过程，所以一直萦回在人们的脑海中，飘飘忽忽地存在了二三十年却未能引起有关方面的重视。作为一个白云鄂博地质队的老队友，我现在借写回忆录的机会，再次做出大胆预言，深信在本地区能够寻找到第二个、第三个甚至更多的潜储白云鄂博矿床群[13]。"

9.2 通过主矿、东矿自然减产加强稀土资源保护力度，延长矿山服务年限

白云鄂博主、东矿均为露天开采，铁稀土铌矿石经穿孔、爆破、电铲装汽车，经矿石转载台——铁路运输至矿石破碎厂，其中铁矿石（含铁矿伴生的稀土铌矿）粗破碎后经包白铁路运输至包钢选矿厂选别。异体共生的稀土白云岩经胶带运输至专门堆置场分类堆存。目前，东矿产量逐年递减，今后数年主矿产量将逐年递减，自然减产。

9.3 主矿、东矿采选冶工艺过程产品采样分析

9.3.1 矿样种类及数量的确定

9.3.1.1 按铁矿石成因分类

（1）块状稀土铌铁矿石；（2）萤石型稀土铌铁矿石；（3）白云石型稀土铌铁矿石；（4）霓石型稀土铌铁矿石；（5）钠闪石型稀土铌铁矿石；（6）云母型稀土铌铁矿石。

9.3.1.2 按围岩成因分类

（1）稀土白云岩（白云石型铌稀土矿石）；（2）含铌霓石岩（霓石型铌稀土矿石）；（3）含铌板岩（云母型铌稀土矿石）。

9.3.1.3 矿样包装及运输

分类袋装，附说明卡片，注明矿样种类、矿石类型、采样地点、样品重量、样品编号等事项。

按主矿、东矿铁矿石和围岩成因类型分类，共18个矿样，见表9-1~表9-3。

表9-1 白云鄂博主矿、东矿矿石采样检测报告（一） （%）

序号	送样号	矿样种类	TFe	mFe	FeO	TiO_2	ThO_2	Sc_2O_3	REO	Y_2O_3	La_2O_3	采样地点
1	13	块状铌稀土铁矿石	57.52	52.17	23.67	0.22	0.029	0.0056	1.53	0.011	0.14	主矿中部
2	14*	块状铌稀土铁矿石	53.31	50.76	23.40	0.16	0.023	0.016	1.95	0.014	0.27	东矿中部
3	12*	萤石型铌稀土铁矿石	29.86	19.92	9.31	0.34	0.0042	0.0068	4.83	0.040	0.92	主矿下盘
4	11	萤石型铌稀土铁矿石	34.63	25.62	8.48	0.30	0.020	0.0084	8.49	0.036	2.02	东矿下盘
5	2	霓石型铌稀土铁矿石	24.30	10.53	9.24	0.86	0.016	0.0093	9.30	0.035	2.60	主矿上盘
6	6	霓石型铌稀土铁矿石	19.23	12.82	6.69	0.22	0.036	0.013	11.18	0.044	3.27	东矿上盘
7	4*	白云石型铌稀土铁矿石	26.55	22.10	12.41	0.20	0.021	0.010	2.20	0.012	0.40	主矿东部
8	10	白云石型铌稀土铁矿石	23.21	18.43	12.95	0.19	0.031	0.0075	8.68	0.034	0.66	东矿下盘
9	1	钠闪石型铌稀土铁矿石	26.32	17.43	5.56	0.62	0.013	0.010	6.28	0.029	1.82	主矿上盘
10	14	钠闪石型铌稀土铁矿石	32.72	26.51	12.95	0.29	0.037	0.013	3.08	0.016	0.60	东矿上盘
11	9	云母型铌稀土铁矿石	29.52	26.46	12.65	0.18	0.044	0.0070	2.84	0.012	0.34	主矿上盘
12	15	云母型铌稀土铁矿石	22.87	14.02	15.11	0.35	0.013	0.0028	1.59	0.0066	0.38	东矿下盘
13	3	稀土白云岩	6.96	2.51	6.16	0.33	0.0047	0.0038	3.93	0.013	1.21	主矿下盘
14	5*	稀土白云岩	11.56	5.22	8.31	0.084	0.012	0.0040	4.67	0.018	1.33	东矿下盘
15	16	含铌霓石岩	13.70	5.29	1.14	0.25	0.024	0.0065	10.67	0.028	3.12	主矿上盘
16	18*	含铌霓石岩	17.38	8.53	4.74	0.51	0.030	0.012	6.15	0.057	1.27	东矿下盘
17	7*	含铌板岩	11.00	<0.50	12.26	0.42	0.020	0.0012	0.41	0.0094	0.091	主矿上盘
18	8*	含铌板岩	6.38	1.94	5.81	0.36	0.0085	0.0012	1.91	0.0086	0.56	东矿上盘

注：送样号加“*”的是2014年5月份采样，未加“*”的是2014年1月采样。

表 9-2 白云鄂博主矿、东矿矿石采样检测报告（二） （%）

序号	送样号	矿样种类	CeO_2	Pr_6O_{11}	Nd_2O_3	Sm_2O_3	Eu_2O_3	Gd_2O_3	Tb_4O_7	Dy_2O_3	Ho_2O_3	采样地点
1	13	块状铌稀土铁矿石	0. 66	0. 11	0. 56	0. 040	0. 0061	0. 010	0. 0028	0. 0030	<0. 0010	主矿中部
2	14*	块状铌稀土铁矿石	0. 97	0. 14	0. 48	0. 040	0. 0063	0. 019	0. 0024	0. 0028	<0. 0010	东矿中部
3	12*	萤石型铌稀土铁矿石	2. 42	0. 28	0. 99	0. 096	0. 016	0. 046	0. 0058	0. 0094	<0. 0010	主矿下盘
4	11	萤石型铌稀土铁矿石	4. 44	0. 44	1. 36	0. 098	0. 020	0. 046	0. 0083	0. 014	0. 0016	东矿下盘
5	2	霓石型铌稀土铁矿石	4. 67	0. 45	1. 38	0. 11	0. 023	0. 045	0. 0078	0. 015	0. 0018	主矿上盘
6	6	霓石型铌稀土铁矿石	5. 68	0. 52	1. 52	0. 11	0. 022	0. 044	0. 0097	0. 018	0. 0020	东矿上盘
7	4*	白云石型铌稀土铁矿石	1. 11	0. 14	0. 46	0. 036	0. 0066	0. 024	0. 0028	0. 0038	<0. 0010	主矿东部
8	10	白云石型铌稀土铁矿石	4. 33	0. 38	1. 12	0. 082	0. 018	0. 040	0. 0079	0. 015	0. 0016	东矿下盘
9	1	钠闪石型铌稀土铁矿石	3. 17	0. 29	0. 86	0. 065	0. 014	0. 031	0. 0045	0. 011	0. 0015	主矿上盘
10	14	钠闪石型铌稀土铁矿石	1. 51	0. 18	0. 68	0. 068	0. 012	0. 023	0. 0047	0. 0065	<0. 0010	东矿上盘
11	9	云母型铌稀土铁矿石	1. 38	0. 22	0. 86	0. 059	0. 0091	0. 035	0. 0048	0. 0048	<0. 0010	主矿上盘
12	15	云母型铌稀土铁矿石	0. 78	0. 082	0. 30	0. 20	0. 0034	0. 016	0. 0011	0. 0020	<0. 0010	东矿下盘
13	3	稀土白云岩	1. 92	0. 18	0. 54	0. 040	0. 0091	0. 021	0. 0044	0. 0064	<0. 0010	主矿下盘
14	5*	稀土白云岩	2. 36	0. 22	0. 64	0. 047	0. 0096	0. 029	0. 0038	0. 0055	<0. 0010	东矿下盘
15	16	含铌霓石岩	5. 45	0. 48	1. 42	0. 092	0. 018	0. 040	0. 0065	0. 011	0. 0012	主矿上盘
16	18*	含铌霓石岩	3. 07	0. 35	1. 16	0. 11	0. 026	0. 070	0. 0093	0. 020	<0. 0010	东矿下盘
17	7*	含铌板岩	0. 19	0. 022	0. 070	0. 012	0. 0027	0. 0068	<0. 0010	0. 0014	<0. 0010	主矿上盘
18	8*	含铌板岩	0. 96	0. 088	0. 25	0. 021	0. 0042	0. 012	0. 0016	0. 0020	<0. 0010	东矿上盘

注：送样号加“*”的是 2014 年 5 月份采样，未加“*”的是 2014 年 1 月采样。

表 9-3 白云鄂博主矿、东矿矿石采样检测报告（三） （%）

序号	送样号	矿样种类	Er_2O_3	Tm_2O_3	Yb_2O_3	Lu_2O_3	Nb_2O_5	F	P	S	采样地点
1	13	块状铌稀土铁矿石	0. 0053	<0. 0010	<0. 0010	<0. 0010	0. 022	5. 42	0. 39	0. 032	主矿中部

续表 9-3

序号	送样号	矿样种类	Er_2O_3	Tm_2O_3	Yb_2O_3	Lu_2O_3	Nb_2O_5	F	P	S	采样地点
2	14*	块状铌稀土铁矿石	0.0016	<0.0010	<0.0010	<0.0010	0.065	1.30	0.33	0.026	东矿中部
3	12*	萤石型铌稀土铁矿石	0.0035	<0.0010	0.0021	<0.0010	0.069	17.87	0.72	0.14	主矿下盘
4	11	萤石型铌稀土铁矿石	0.011	<0.0010	0.0011	<0.0010	0.11	6.61	1.06	1.94	东矿下盘
5	2	霓石型铌稀土铁矿石	未检出	未检出	未检出	未检出	0.28	1.49	0.49	2.85	主矿上盘
6	6	霓石型铌稀土铁矿石	0.020	<0.0010	0.0015	<0.0010	0.12	3.49	1.79	0.30	东矿上盘
7	4*	白云石型铌稀土铁矿石	0.0012	<0.0010	<0.0010	<0.0010	0.079	2.32	0.45	0.72	主矿东部
8	10	白云石型铌稀土铁矿石	0.015	<0.0010	0.0011	<0.0010	0.076	2.68	1.41	0.41	东矿下盘
9	1	钠闪石型铌稀土铁矿石	未检出	未检出	未检出	未检出	0.26	0.91	1.13	2.05	主矿上盘
10	14	钠闪石型铌稀土铁矿石	0.0095	<0.0010	<0.0010	<0.0010	0.043	3.71	0.58	0.25	东矿上盘
11	9	云母型铌稀土铁矿石	0.0099	<0.0010	<0.0010	<0.0010	0.015	5.01	0.52	0.24	主矿上盘
12	15	云母型铌稀土铁矿石	0.0062	<0.0010	<0.0010	<0.0010	0.010	1.00	0.23	0.88	东矿下盘
13	3	稀土白云岩	0.011	<0.0010	<0.0010	<0.0010	0.052	0.66	0.47	0.15	主矿下盘
14	5*	稀土白云岩	0.0018	<0.0010	<0.0010	<0.0010	0.033	2.56	0.23	0.53	东矿下盘
15	16	含铌霓石岩	0.014	<0.0010	<0.0010	<0.0010	0.052	1.96	1.70	1.12	主矿上盘
16	18*	含铌霓石岩	0.0050	<0.0010	0.0020	<0.0010	0.20	2.40	1.92	3.57	东矿下盘
17	7*	含铌板岩	<0.0010	<0.0010	<0.0010	<0.0010	0.035	0.89	0.46	0.67	主矿上盘
18	8*	含铌板岩	<0.0010	<0.0010	<0.0010	<0.0010	0.23	3.57	0.73	1.20	东矿上盘

注：送样号加“*”的是2014年5月份采样，未加“*”的是2014年1月采样。

9.3.2 采选冶工艺过程产品采样分析

稀土矿物在选铁过程中绝大部分由尾矿排出，稀土的回收生产流程主要以强磁中矿、强磁尾矿为入选原料生产稀土精矿。通过采选冶工艺过程中采样、分析、研究，探寻了矿石中主要有用元素走向及分布规律，取得氧化矿、磁铁矿、铁精矿、综合尾矿、稀土精矿、水浸液、水浸渣等工艺过程产品的稀土配分及其他有用元素含量，见表9-4~表9-19（现行硫酸高温焙烧工艺过程中，稀土精矿经过焙烧，所得焙烧矿用水浸出，浸出所得溶液为水浸液，不溶物为水浸渣）。

表 9-4 氧化矿主要元素含量

(%)

样品名称	送样号	REO	TiO_2	ThO_2	FeO	Sc_2O_3	Nb_2O_5	F	P	S	TFe	mFe
氧化矿	0529-1	8.16	0.54	0.035	7.90	0.011	0.14	12.78	3.73	1.48	25.02	16.52
氧化矿	0529-2	8.48	0.57	0.031	7.76	0.010	0.17	11.82	2.79	1.38	25.96	17.84
氧化矿	0529-3	8.62	0.55	0.027	7.17	0.0091	0.16	13.05	2.03	1.42	26.20	16.18
氧化矿	0529-4	8.46	0.58	0.034	7.62	0.010	0.16	12.72	3.55	1.40	24.70	15.92
氧化矿	0529-5	6.89	0.70	0.030	10.90	0.0093	0.18	10.79	1.05	1.40	33.55	24.10
平均值		8.12	0.59	0.031	8.27	0.010	0.16	12.23	2.63	1.42	27.09	18.11

表 9-5 氧化矿稀土配分

(%)

样品名称	送样号	Y_2O_3	La_2O_3	CeO_2	Pr_6O_{11}	Nd_2O_3	Sm_2O_3	Eu_2O_3	Gd_2O_3	Tb_4O_7	Dy_2O_3	Ho_2O_3	Er_2O_3	Tm_2O_3	Yb_2O_3	Lu_2O_3
氧化矿	0529-1	0.43	25.61	50.37	5.02	15.93	1.14	0.27	0.77	0.10	0.17	0.02	0.05	<0.10	0.02	<0.10
氧化矿	0529-2	0.44	25.83	50.35	4.95	15.80	1.18	0.26	0.75	0.10	0.17	0.02	0.05	<0.10	0.02	<0.10
氧化矿	0529-3	0.48	25.87	50.35	4.99	15.78	1.15	0.24	0.72	0.10	0.16	0.02	0.05	<0.10	0.02	<0.10
氧化矿	0529-4	0.45	25.77	50.35	4.96	15.84	1.13	0.26	0.77	0.10	0.18	0.03	0.05	<0.10	0.02	<0.10
氧化矿	0529-5	0.45	25.25	50.22	5.22	16.11	1.16	0.28	0.81	0.11	0.17	0.02	0.05	<0.10	0.02	<0.10
平均值		0.45	25.67	50.33	5.03	15.89	1.15	0.26	0.77	0.10	0.17	0.02	0.05	<0.10	0.02	<0.10

表 9-6 磁铁矿主要元素含量

(%)

样品名称	送样号	REO	TiO_2	ThO_2	FeO	Sc_2O_3	Nb_2O_5	F	P	S	TFe	mFe
磁铁矿	0624-1	6.27	0.62	0.038	13.32	0.012	0.15	6.47	0.071	1.32	35.44	28.66
磁铁矿	0624-2	6.32	0.62	0.038	12.03	0.012	0.16	6.89	0.082	1.22	34.76	26.64
磁铁矿	0624-3	6.50	0.64	0.042	12.00	0.012	0.16	7.23	0.084	1.26	32.37	23.36
磁铁矿	0624-4	6.14	0.61	0.040	11.92	0.012	0.16	6.79	0.079	1.29	33.11	25.49
磁铁矿	0624-5	6.08	0.70	0.041	12.41	0.014	0.14	6.63	0.079	1.33	34.46	25.88
平均值		6.26	0.64	0.040	12.34	0.012	0.15	6.80	0.079	1.28	34.03	26.01

表 9-7 磁铁矿稀土配分

（%）

样品名称	送样号	Y_2O_3	La_2O_3	CeO_2	Pr_6O_{11}	Nd_2O_3	Sm_2O_3	Eu_2O_3	Gd_2O_3	Tb_4O_7	Dy_2O_3	Ho_2O_3	Er_2O_3	Tm_2O_3	Yb_2O_3	Lu_2O_3
磁铁矿	0624-1	0. 431	24. 40	51. 36	5. 10	16. 27	1. 164	0. 255	0. 670	0. 0861	0. 1435	0. 0207	0. 0399	<0. 10	0. 0175	<0. 10
磁铁矿	0624-2	0. 411	25. 32	49. 84	5. 22	16. 77	1. 203	0. 253	0. 696	0. 0886	0. 1472	0. 0222	0. 0380	<0. 10	<0. 10	<0. 10
磁铁矿	0624-3	0. 431	25. 23	49. 85	5. 23	16. 77	1. 200	0. 262	0. 692	0. 0908	0. 1477	0. 0215	0. 0400	<0. 10	<0. 10	<0. 10
磁铁矿	0624-4	0. 456	25. 08	49. 84	5. 21	16. 78	1. 254	0. 277	0. 749	0. 0945	0. 1498	0. 0228	0. 0391	<0. 10	0. 0163	<0. 10
磁铁矿	0624-5	0. 444	25. 16	49. 84	5. 26	16. 78	1. 250	0. 263	0. 724	0. 0938	0. 1513	0. 0230	0. 0395	<0. 10	<0. 10	<0. 10
平均值		0. 435	25. 04	50. 14	5. 21	16. 67	1. 214	0. 262	0. 706	0. 0907	0. 1479	0. 0221	0. 0393	<0. 10	0. 0169	<0. 10

表 9-8 铁精矿各元素含量

（%）

样品名称	送样号	REO	TiO_2	ThO_2	FeO	Sc_2O_3	REO	Nb_2O_5	F	P	S	TFe	mFe
铁精矿	0614-1	0. 86	0. 20	0. 012	24. 52	0. 0074	0. 86	0. 060	1. 04	0. 11	0. 60	63. 63	58. 79
铁精矿	0614-2	0. 98	0. 22	0. 012	24. 40	0. 0068	0. 98	0. 070	1. 26	0. 10	0. 64	62. 65	57. 84
铁精矿	0614-3	0. 60	0. 16	0. 012	26. 25	0. 0063	0. 60	0. 055	0. 48	0. 071	0. 59	66. 07	61. 91
铁精矿	0614-4	0. 68	0. 17	0. 010	26. 34	0. 0058	0. 68	0. 062	0. 76	0. 066	0. 64	64. 89	60. 69
铁精矿	0614-5	0. 73	0. 18	0. 011	26. 61	0. 0060	0. 73	0. 064	0. 64	0. 069	0. 66	64. 43	61. 21
铁精矿	0614-6	0. 59	0. 20	0. 0092	26. 51	0. 0070	0. 59	0. 059	0. 49	0. 055	0. 58	66. 33	61. 34
平均值		0. 74	0. 19	0. 01	25. 77	0. 0066	0. 74	0. 06	0. 78	0. 08	0. 62	64. 67	60. 30

表 9-9 铁精矿稀土配分

（%）

样品名称	送样号	Y_2O_3	La_2O_3	CeO_2	Pr_6O_{11}	Nd_2O_3	Sm_2O_3	Eu_2O_3	Gd_2O_3	Tb_4O_7	Dy_2O_3	Ho_2O_3	Er_2O_3	Tm_2O_3	Yb_2O_3	Lu_2O_3
铁精矿	0614-1	0. 75	22. 54	46. 08	6. 34	20. 73	1. 81	0. 36	0. 88	0. 11	0. 23	<0. 10	0. 10	<0. 10	<0. 10	<0. 10
铁精矿	0614-2	0. 73	22. 64	46. 23	6. 25	20. 66	1. 72	0. 34	0. 90	0. 11	0. 23	<0. 10	0. 11	<0. 10	<0. 10	<0. 10
铁精矿	0614-3	0. 89	21. 59	48. 85	5. 96	19. 08	1. 82	0. 34	0. 89	0. 11	0. 25	<0. 10	0. 15	<0. 10	<0. 10	<0. 10
铁精矿	0614-4	0. 81	21. 79	48. 85	5. 88	19. 26	1. 69	0. 33	0. 84	0. 11	0. 23	<0. 10	0. 13	<0. 10	<0. 10	<0. 10
铁精矿	0614-5	0. 81	21. 66	48. 95	6. 04	19. 07	1. 71	0. 35	0. 88	0. 11	0. 26	<0. 10	0. 15	<0. 10	<0. 10	<0. 10
铁精矿	0614-6	0. 83	21. 65	48. 90	5. 82	19. 18	1. 72	0. 34	0. 89	0. 12	0. 30	<0. 10	0. 16	<0. 10	<0. 10	<0. 10
平均值		0. 80	21. 98	47. 98	6. 05	19. 66	1. 75	0. 34	0. 88	0. 11	0. 25	<0. 10	0. 13	<0. 10	<0. 10	<0. 10

表 9-10 综合尾矿各元素含量 (%)

样品名称	送样号	REO	TiO_2	ThO_2	FeO	Sc_2O_3	Nb_2O_5	F	P	S	TFe	mFe
综合尾矿	0529-1	9.34	0.59	0.044	3.40	0.012	0.17	13.19	2.55	1.90	21.77	1.13
综合尾矿	0529-2	10.10	0.66	0.042	3.23	0.0097	0.18	13.65	2.04	1.94	11.96	1.60
综合尾矿	0529-3	10.72	0.68	0.042	3.01	0.012	0.18	14.50	1.33	1.92	11.48	1.26
综合尾矿	0529-4	10.88	0.61	0.044	2.91	0.012	0.18	14.49	1.03	1.86	10.93	1.45
综合尾矿	0529-5	9.57	0.62	0.043	3.65	0.014	0.18	14.28	1.34	1.80	10.67	0.93
平均值		10.12	0.63	0.04	3.24	0.012	0.18	14.02	1.66	1.88	13.36	1.27

表 9-11 综合尾矿稀土配分 (%)

样品名称	送样号	La_2O_3	CeO_2	Pr_6O_{11}	Nd_2O_3	Sm_2O_3	Y_2O_3	Eu_2O_3	Gd_2O_3	Tb_4O_7	Dy_2O_3	Ho_2O_3	Er_2O_3	Tm_2O_3	Yb_2O_3	Lu_2O_3
综合尾矿	0529-1	25.37	50.11	5.14	16.27	1.18	0.48	0.27	0.76	0.10	0.16	0.02	0.05	<0.10	0.02	<0.10
综合尾矿	0529-2	25.45	50.20	5.05	16.24	1.19	0.48	0.26	0.75	0.10	0.17	0.02	0.05	<0.10	0.02	<0.10
综合尾矿	0529-3	25.56	50.19	5.04	16.14	1.21	0.45	0.25	0.74	0.10	0.16	0.02	0.04	<0.10	0.02	<0.10
综合尾矿	0529-4	25.64	50.18	5.06	16.18	1.10	0.48	0.26	0.73	0.10	0.17	0.02	0.05	<0.10	0.02	<0.10
综合尾矿	0529-5	25.29	50.16	5.12	16.30	1.25	0.48	0.27	0.77	0.10	0.18	0.03	0.05	<0.10	<0.10	<0.10
平均值		25.46	50.17	5.08	16.23	1.19	0.47	0.26	0.75	0.10	0.17	0.02	0.05	<0.10	0.02	<0.10

表 9-12 稀选尾矿各元素含量 (%)

样品名称	送样号	REO	TiO_2	ThO_2	FeO	Sc_2O_3	Nb_2O_5	F	P	S	TFe	mFe
稀选尾矿	0627-1	2.84	1.01	0.027	2.15	0.017	0.21	13.31	1.420	2.34	16.12	<0.50
稀选尾矿	0701-2	1.88	1.02	0.021	1.70	0.016	0.23	13.14	1.290	2.10	14.42	<0.50
稀选尾矿	0710-3	4.23	1.09	0.032	2.08	0.022	0.22	10.33	1.310	1.87	16.49	<0.50
稀选尾矿	0710-4	4.56	1.11	0.033	2.03	0.024	0.26	11.60	1.210	2.16	16.51	0.66
稀选尾矿	0715-5	4.86	0.86	0.035	2.64	0.024	0.19	11.41	1.370	1.42	12.47	<0.50
稀选尾矿	0715-6	2.66	0.85	0.023	2.56	0.023	0.20	11.99	1.450	1.71	14.38	<0.50
平均值		3.51	0.99	0.029	2.19	0.021	0.22	11.96	1.342	1.93	15.07	0.66

表 9-13 稀选尾矿稀土配分

(%)

样品名称	送样号	Y_2O_3	La_2O_3	CeO_2	Pr_6O_{11}	Nd_2O_3	Sm_2O_3	Eu_2O_3	Gd_2O_3	Tb_4O_7	Dy_2O_3	Ho_2O_3	Er_2O_3	Tm_2O_3	Yb_2O_3	Lu_2O_3
稀选尾矿	0627-1	0.98	22.98	49.81	5.52	17.93	1.38	0.40	0.80	<0.10	<0.10	<0.10	<0.10	<0.10	<0.10	<0.10
稀选尾矿	0701-2	1.45	22.72	49.35	5.56	17.96	1.46	0.46	0.85	<0.10	<0.10	<0.10	<0.10	<0.10	<0.10	<0.10
稀选尾矿	0710-3	0.78	24.11	49.88	5.20	16.78	1.28	0.33	1.04	0.09	0.28	0.04	0.07	<0.10	0.03	<0.10
稀选尾矿	0710-4	0.72	24.34	49.78	5.26	16.67	1.32	0.31	1.14	0.09	0.26	0.03	0.07	<0.10	0.03	<0.10
稀选尾矿	0715-5	0.70	24.07	50.21	5.14	16.67	1.23	0.31	1.09	0.09	0.25	0.03	0.06	<0.10	0.02	<0.10
稀选尾矿	0715-6	1.13	22.18	50.38	5.26	17.67	1.28	0.36	1.17	0.11	0.36	0.05	0.10	<0.10	0.04	<0.10
平均值		0.96	23.40	49.90	5.33	17.28	1.32	0.36	1.01	0.10	0.29	0.04	0.07	<0.10	0.03	<0.10

表 9-14 稀土精矿各元素含量

(%)

样品名称	送样号	REO	TiO_2	ThO_2	FeO	Sc_2O_3	Nb_2O_5	F	P	S	TFe	mFe
稀土精矿	0529-1	51.40	0.3	0.18	0.27	0.0019	0.12	8.35	4.44	0.42	4.96	<0.50
稀土精矿	0529-2	52.35	0.31	0.17	0.35	0.0016	0.12	8.48	4.2	1.15	5.88	<0.50
稀土精矿	0529-3	52.38	0.34	0.17	0.21	0.0018	0.12	8.66	4	0.78	5.64	<0.50
稀土精矿	0529-4	52.20	0.34	0.17	0.56	0.0023	0.13	9.85	2.07	0.4	5.22	<0.50
稀土精矿	0529-5	52.21	0.36	0.17	0.35	0.0024	0.12	9.57	4.12	0.97	5.84	<0.50
稀土精矿	0529-6	52.67	0.29	0.17	0.42	0.0016	0.093	9.4	1.47	1.8	6.22	0.63
稀土精矿	0529-7	55.08	0.35	0.17	0.21	0.0015	0.11	9.53	3.8	1.55	5.95	<0.50
稀土精矿	0529-8	53.64	0.25	0.18	0.26	0.0013	0.088	9.05	3.6	2.08	6.14	0.52
稀土精矿	0529-9	53.97	0.25	0.17	0.21	0.0013	0.095	9.29	3.12	2.12	5.82	<0.50
稀土精矿	0529-10	53.94	0.35	0.16	0.21	0.0016	0.11	8.43	3.15	2.33	6.6	<0.50
平均值		52.98	0.31	0.17	0.31	0.0017	0.11	9.06	3.40	1.36	5.83	0.58

表 9-15 稀土精矿稀土配分

（%）

样品名称	送样号	Y_2O_3	La_2O_3	CeO_2	Pr_6O_{11}	Nd_2O_3	Sm_2O_3	Eu_2O_3	Gd_2O_3	Tb_4O_7	Dy_2O_3	Ho_2O_3	Er_2O_3	Tm_2O_3	Yb_2O_3	Lu_2O_3
稀土精矿	0529-1	0.23	26.85	51.38	4.92	14.69	1.09	0.19	0.39	0.08	0.12	0.01	0.02	<0.10	0.01	<0.10
稀土精矿	0529-2	0.25	26.90	51.27	4.93	14.73	1.17	0.19	0.34	0.08	0.11	0.01	0.02	<0.10	0.01	<0.10
稀土精矿	0529-3	0.25	26.82	51.32	4.93	14.66	1.18	0.21	0.38	0.09	0.11	0.01	0.02	<0.10	0.01	<0.10
稀土精矿	0529-4	0.25	26.72	51.34	4.92	14.73	1.15	0.21	0.42	0.08	0.11	0.01	0.02	<0.10	0.01	<0.10
稀土精矿	0529-5	0.25	26.85	51.35	4.94	14.67	1.13	0.21	0.34	0.08	0.11	0.01	0.02	<0.10	0.01	<0.10
稀土精矿	0529-6	0.25	26.75	51.11	4.96	14.96	1.16	0.21	0.36	0.08	0.11	0.01	0.02	<0.10	0.01	<0.10
稀土精矿	0529-7	0.24	26.82	51.03	4.96	14.96	1.18	0.22	0.33	0.09	0.11	0.01	0.02	<0.10	0.01	<0.10
稀土精矿	0529-8	0.22	26.79	51.08	4.94	14.95	1.21	0.21	0.35	0.08	0.11	0.01	0.02	<0.10	0.01	<0.10
稀土精矿	0529-9	0.22	26.94	51.07	4.93	14.90	1.15	0.20	0.35	0.08	0.10	0.01	0.02	<0.10	0.01	<0.10
稀土精矿	0529-10	0.22	27.36	50.91	4.89	14.68	1.11	0.20	0.37	0.08	0.11	0.01	0.02	<0.10	0.01	<0.10
平均值		0.24	26.88	51.19	4.93	14.79	1.15	0.21	0.36	0.08	0.11	0.01	0.02	<0.10	0.01	<0.10

表 9-16 水浸液各元素含量

（mg/L）

样品名称	送样号	REO	TiO_2	ThO_2	SO_4^{2-}	Sc_2O_3	Nb_2O_5	F	P	Fe
水浸液	0605-1	31380	<0.50	<0.50	47420	<0.50	<0.50	41	<10	<1.0
水浸液	0610-2	25940	<0.50	<0.50	55050	<0.50	<0.50	26	<10	<1.0
水浸液	0610-3	27700	<0.50	<0.50	50040	<0.50	<0.50	29	<10	<1.0
水浸液	0611-4	32430	<0.50	<0.50	54260	<0.50	<0.50	34	<10	<1.0
水浸液	0611-5	27340	<0.50	<0.50	53380	<0.50	<0.50	35	<10	<1.0
平均值		28350	<0.50	<0.50	53180	<0.50	<0.50	30	<10	<1.0

表 9-17 水浸液稀土配分

(%)

样品名称	送样号	Y_2O_3	La_2O_3	CeO_2	Pr_6O_{11}	Nd_2O_3	Sm_2O_3	Eu_2O_3	Gd_2O_3	Tb_4O_7	Dy_2O_3	Ho_2O_3	Er_2O_3	Tm_2O_3	Yb_2O_3	Lu_2O_3
水浸液	0605-1	0.08	26.35	51.27	5.07	15.42	1.02	0.18	0.35	0.06	0.08	0.01	0.01	<0.005	0.0044	<0.005
水浸液	0610-2	0.17	28.10	50.93	4.74	14.49	0.96	0.16	0.28	0.05	0.06	0.01	0.01	<0.005	<0.005	<0.005
水浸液	0610-3	0.17	26.61	51.30	4.98	15.20	1.05	0.20	0.32	0.06	0.07	0.01	0.01	<0.005	<0.005	<0.005
水浸液	0611-4	0.20	25.53	51.46	5.06	15.88	1.11	0.21	0.37	0.06	0.09	0.01	0.02	<0.005	<0.005	<0.005
水浸液	0611-5	0.22	25.31	51.43	5.12	16.06	1.10	0.22	0.37	0.06	0.09	0.01	0.02	<0.005	<0.005	<0.005
平均值		0.19	26.39	51.28	4.98	15.41	1.05	0.20	0.33	0.06	0.08	0.01	0.01	<0.005	<0.005	<0.005

表 9-18 水浸渣各元素含量

(%)

样品名称	送样号	REO	TiO_2	ThO_2	FeO	Sc_2O_3	Nb_2O_5	F	P	S	TFe	mFe
水浸渣	0731-1	3.85	0.41	0.26	0.16	0.0066	0.13	0.13	4.84	12.64	7.47	<0.50
水浸渣	0731-2	3.27	0.41	0.30	0.15	0.0078	0.14	0.12	5.26	11.65	9.22	<0.50
水浸渣	0731-3	3.31	0.48	0.30	0.15	0.0077	0.16	0.13	5.23	13.45	7.68	<0.50
水浸渣	0731-4	3.61	0.47	0.30	0.15	0.0075	0.15	0.11	5.37	11.78	9.63	<0.50
水浸渣	0731-5	3.70	0.46	0.30	0.15	0.0073	0.14	0.11	5.35	12.08	9.05	<0.50
平均值		3.55	0.45	0.29	0.15	0.0074	0.14	0.12	5.21	12.32	8.61	<0.50

表 9-19 水浸渣稀土配分

(%)

样品名称	送样号	Y_2O_3	La_2O_3	CeO_2	Pr_6O_{11}	Nd_2O_3	Sm_2O_3	Eu_2O_3	Gd_2O_3	Tb_4O_7	Dy_2O_3	Ho_2O_3	Er_2O_3	Tm_2O_3	Yb_2O_3	Lu_2O_3
水浸渣	0731-1	1.74	17.14	54.81	4.42	16.62	1.74	0.62	1.84	0.19	0.62	0.08	0.14	<0.10	0.04	<0.10
水浸渣	0731-2	1.65	15.29	53.82	4.28	19.57	1.62	0.67	1.83	0.20	0.61	0.08	0.16	<0.10	0.04	<0.10
水浸渣	0731-3	1.93	17.22	51.66	4.83	18.43	1.99	0.69	2.02	0.22	0.73	0.09	0.16	<0.10	0.04	<0.10
水浸渣	0731-4	1.55	18.28	52.35	4.71	18.01	1.77	0.58	1.80	0.19	0.58	0.07	0.14	<0.10	0.04	<0.10
水浸渣	0731-5	1.62	16.22	56.22	4.32	16.22	1.76	0.59	1.95	0.19	0.62	0.08	0.15	<0.10	0.04	<0.10
平均值		1.70	16.83	53.77	4.51	17.77	1.78	0.63	1.89	0.20	0.63	0.08	0.15	<0.10	0.04	<0.10

9.4 各工序样品稀土配分及其分布规律的新认识

在采、选、冶工艺过程各工序采取样品 10 种，分别为原矿石及有用岩、原矿石、氧化矿、磁铁矿、铁精矿、综合尾矿、稀选尾矿、稀土精矿、水浸液、水浸渣。其中，原矿石及有用岩样品数据由表 9-1～表 9-3 中列出的 18 个矿样数据取平均得出，原矿石样品数据由 18 个矿样中的 12 个铁矿石型矿样数据取平均得出（18 个矿样中 7 号样品中钇、15 号样品中钐数值异常偏高，此节的图表均采取以下计算方法：剔除 7、15 号样品后对其余 16 个样品取平均的数值；水浸液剔除 1 号样品后取平均；氧化矿剔除 5 号样品后取平均）。各工序样品平均稀土配分见表 9-20 和表 9-21。

各工序样品稀土配分分布见图 9-1～图 9-7。

表 9-20 10 种样品平均稀土配分（一） （%）

样品名称	Y_2O_3	La_2O_3	CeO_2	Pr_6O_{11}	Nd_2O_3	Sm_2O_3	Eu_2O_3	Gd_2O_3
原矿石及有用岩	0.51	23.17	49.71	5.49	18.67	1.48	0.28	0.71
原矿石	0.53	21.12	49.52	5.80	20.55	1.63	0.29	0.73
氧化矿	0.45	25.67	50.33	5.03	15.89	1.15	0.26	0.77
磁铁矿	0.46	23.95	50.64	5.22	16.74	1.47	0.26	0.78
铁精矿	0.80	21.98	47.98	6.05	19.66	1.75	0.34	0.88
综合尾矿	0.47	25.46	50.17	5.08	16.23	1.19	0.26	0.75
稀土精矿	0.24	26.88	51.19	4.93	14.79	1.15	0.21	0.36
稀选尾矿	0.96	23.40	49.90	5.33	17.28	1.32	0.36	1.01
水浸液	0.19	26.39	51.28	4.98	15.41	1.05	0.20	0.33
水浸渣	1.70	16.83	53.77	4.51	17.77	1.78	0.63	1.89

表 9-21 10 种样品平均稀土配分（二） （%）

样品名称	Tb_4O_7	Dy_2O_3	Ho_2O_3	Er_2O_3	Tm_2O_3	Yb_2O_3	Lu_2O_3
原矿石及有用岩	0.11	0.17	0.02	0.16	<0.10	0.02	<0.10
原矿石	0.12	0.17	0.02	0.17	<0.10	0.02	<0.10
氧化矿	0.10	0.17	0.02	0.05	<0.10	0.02	<0.10
磁铁矿	0.13	0.15	0.02	0.05	<0.10	0.02	<0.10
铁精矿	0.11	0.25	<0.10	0.13	<0.10	<0.10	<0.10
综合尾矿	0.10	0.17	0.02	0.05	<0.10	0.02	<0.10
稀土精矿	0.08	0.11	0.01	0.02	<0.10	0.01	<0.10
稀选尾矿	0.10	0.29	0.04	0.07	<0.10	0.03	<0.10
水浸液	0.06	0.08	0.01	0.01	<0.0050	<0.0050	<0.0050
水浸渣	0.20	0.63	0.08	0.15	<0.10	0.04	<0.10

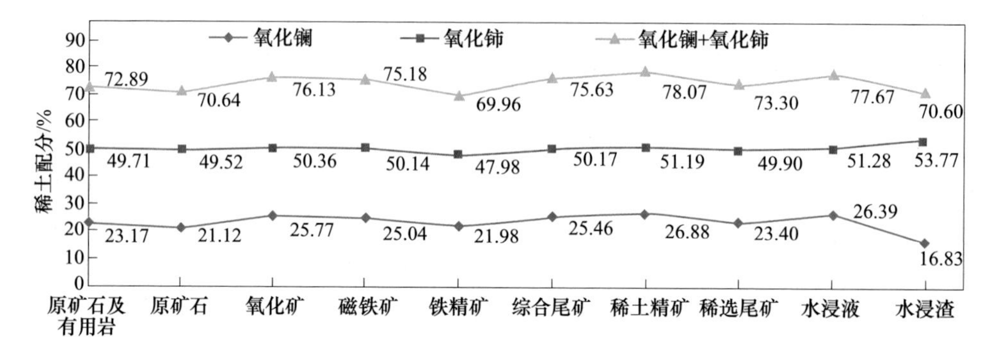

图9-1　各工序样品稀土配分分布（La、Ce、La+Ce）

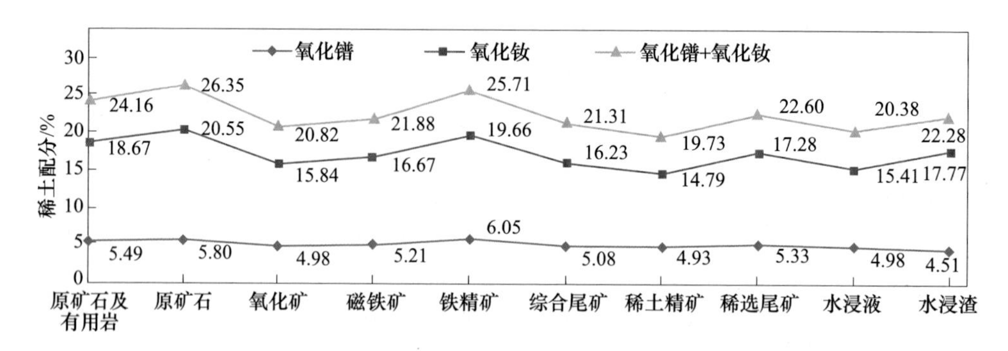

图9-2　各工序样品稀土配分分布（Pr、Nd、Pr+Nd）

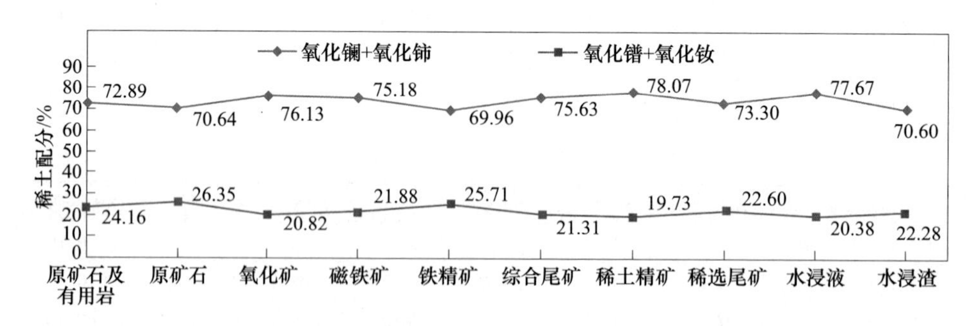

图9-3　各工序样品稀土配分分布（La+Ce、Pr+Nd）

由各工序样品稀土配分分布图可以看出，铁精矿、水浸渣中镧、铈配分低于前后各工序。而镨、钕配分分布情况恰好与镧、铈配分分布呈互补态势，原矿石、铁精矿、水浸渣中镨、钕配分高于前后工序。在整个流程中，中重稀土分别在铁精矿、稀选尾矿中出现了小峰值，而在水浸渣中则得到了明显的富集。几个中重稀土元素中，钇、铕、镝、钬在水浸渣中富集趋势最为显著（原矿石及有用岩、原矿石中铒含量高于后续各工序样品，原矿石及有用岩和原矿石检测报告中

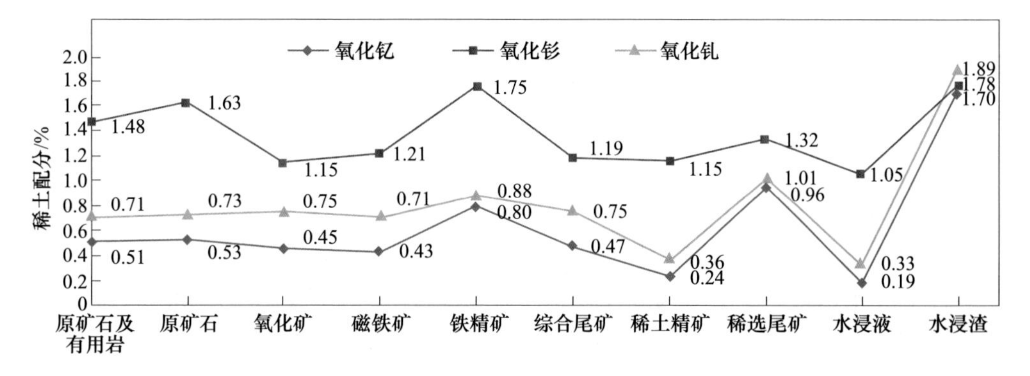

图 9-4 各工序样品稀土配分分布（Y、Sm、Gd）

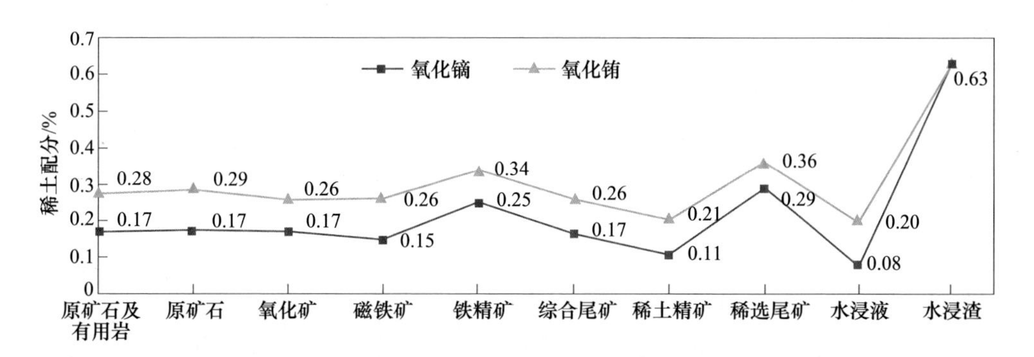

图 9-5 各工序样品稀土配分分布（Dy、Eu）

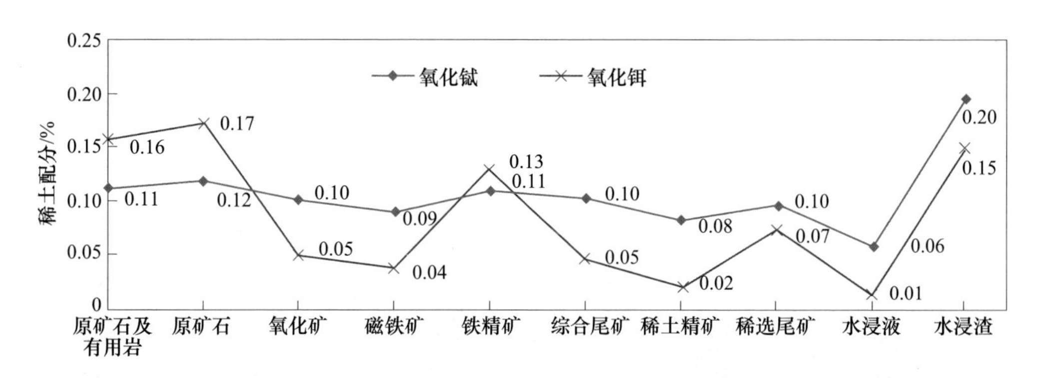

图 9-6 各工序样品稀土配分分布（Tb、Er）

部分样品铒的绝对量非常低，以<0.001%的形式给出，取平均值时未计入这些以“<”形式给出的值。这个计算偏差可能是造成数据异常现象的主要原因）目前，水浸渣中中重稀土资源没有得到有效的回收，资源利用率存在较大的提升空间。

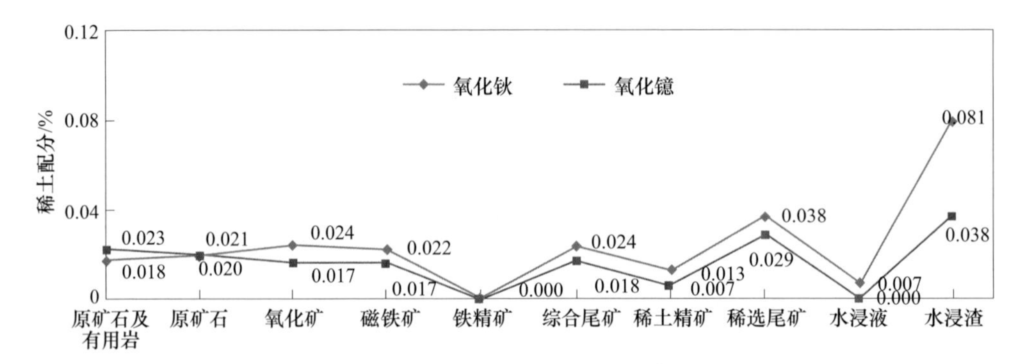

图9-7　各工序样品稀土配分分布（Ho、Yb）

各工序样品稀土配分对比情况如图9-8所示。与图9-1～图9-7得出的结论一致，中重稀土在水浸渣中得到了显著的富集，以价值高的铕、铽、镝尤为显著。

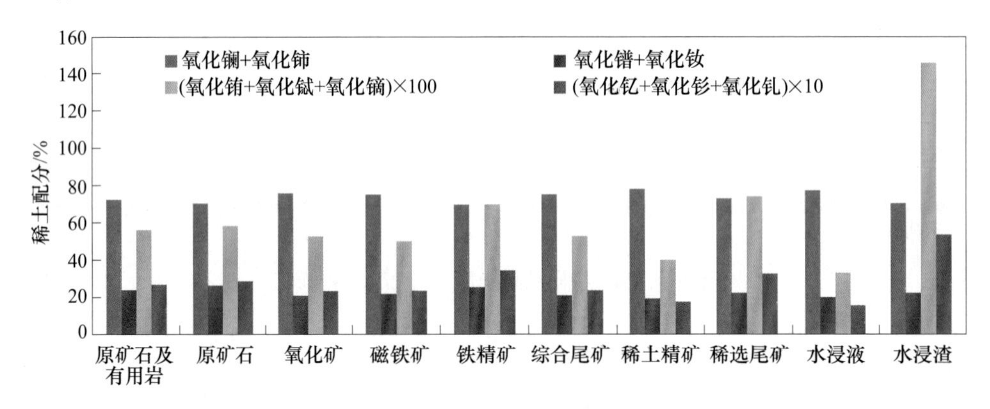

图9-8　各工序样品稀土配分对比

各工序样品元素配分对比如图9-9～图9-12所示。

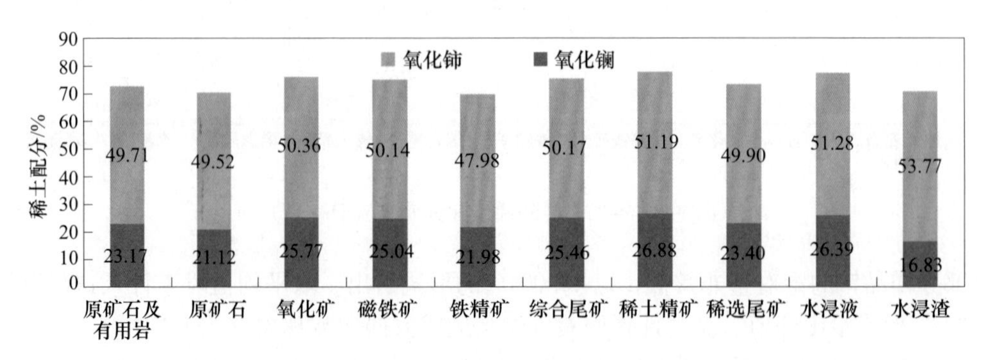

图9-9　各工序样品镧、铈配分对比

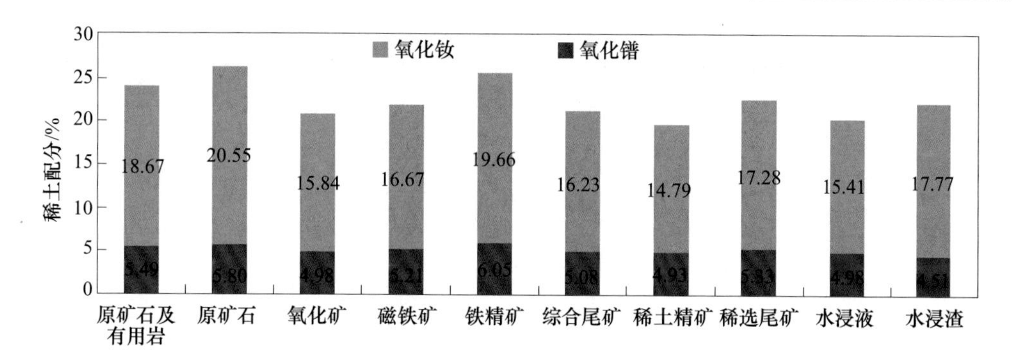

图 9-10　各工序样品镨、钕配分对比

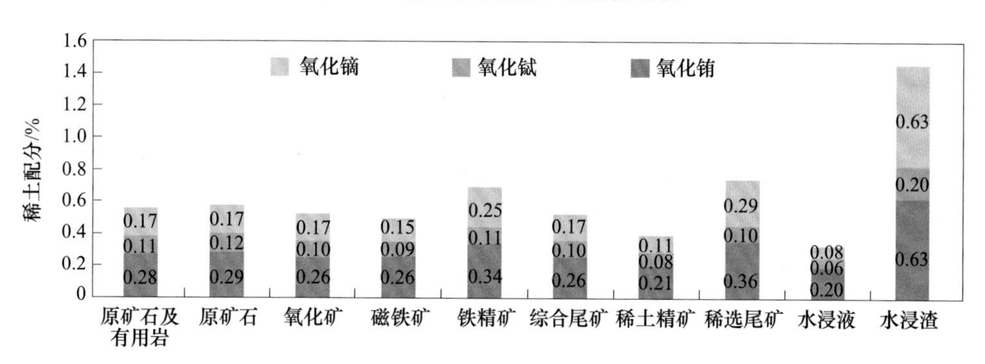

图 9-11　各工序样品铕、铽、镝配分对比

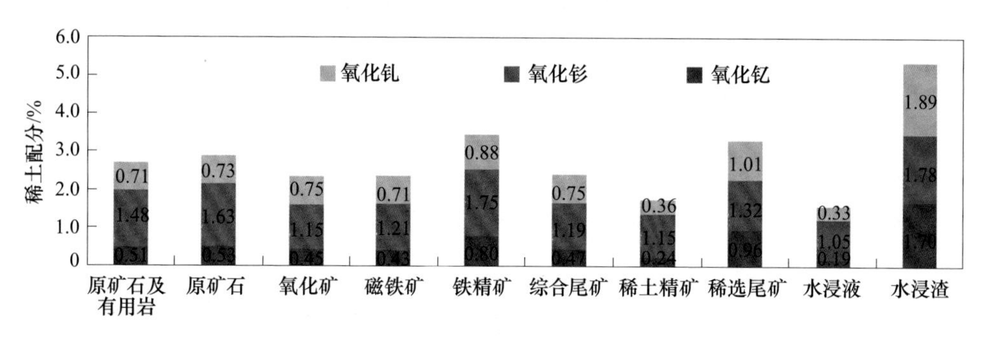

图 9-12　各工序样品钇、钐、钆配分对比

白云鄂博矿稀土矿物及稀土含量见表 9-22。

表 9-22　白云鄂博矿稀土矿物及稀土含量　（%）

矿物名称	REO	矿物名称	REO
氟碳铈矿	65～70	β-褐铈铌矿	47
氟碳钙铈矿	61～64	褐钇铌矿	46
氟碳铈钡矿	31～32	铈磷灰石	46～54

续表 9-22

矿物名称	REO	矿物名称	REO
黄河矿	40	褐帘石	21~25
氟碳钡铈矿	47	硅钛铈矿	44~46
中华铈矿	22.9	铌钛铀矿	37
独居石	64~71	水碳铈石	41.7
易解石	32~37	碳酸铈钠矿	24
铌易解石	26~39	大青山矿	20.79
钛易解石	33~36	方铈石	77~83
褐铈铌矿	47		

白云鄂博稀土资源采、选、冶各工序样品稀土配分见表 9-23 和表 9-24。

表 9-23 白云鄂博稀土资源采选冶各工序样品稀土配分（一） （%）

样品名称	Y_2O_3	La_2O_3	CeO_2	Pr_6O_{11}	Nd_2O_3	Sm_2O_3	Eu_2O_3	Gd_2O_3
原矿石及有用岩	0.46	25.80	49.89	5.05	16.13	1.26	0.26	0.66
原矿石	0.47	24.78	49.99	5.19	16.92	1.32	0.25	0.60
氧化矿	0.45	25.79	50.40	4.99	15.85	1.15	0.26	0.75
磁铁矿	0.43	25.04	50.15	5.21	16.67	1.21	0.26	0.71
铁精矿	0.80	21.99	48.01	6.05	19.68	1.75	0.34	0.88
综合尾矿	0.47	25.47	50.19	5.08	16.23	1.19	0.26	0.75
稀土精矿	0.24	26.88	51.19	4.93	14.80	1.15	0.21	0.36
稀选尾矿	0.88	23.60	49.88	5.28	17.08	1.30	0.34	1.04
水浸液	0.19	26.33	51.30	4.98	15.44	1.06	0.20	0.34
水浸渣	1.70	16.83	53.78	4.51	17.77	1.78	0.63	1.89

表 9-24 白云鄂博稀土资源采选冶各工序样品稀土配分（二） （%）

样品名称	Tb_4O_7	Dy_2O_3	Ho_2O_3	Er_2O_3	Tm_2O_3	Yb_2O_3	Lu_2O_3
原矿石及有用岩	0.10	0.17	0.03	0.17	<0.005	0.02	<0.005
原矿石	0.10	0.17	0.03	0.16	<0.005	0.02	<0.005
氧化矿	0.10	0.17	0.02	0.05	<0.005	0.02	<0.005
磁铁矿	0.09	0.15	0.02	0.04	<0.005	0.02	<0.005
铁精矿	0.11	0.25	<0.005	0.13	<0.005	0.00	<0.005
综合尾矿	0.10	0.17	0.02	0.05	<0.005	0.02	<0.005
稀土精矿	0.08	0.11	0.01	0.02	<0.005	0.01	<0.005
稀选尾矿	0.11	0.32	0.04	0.08	<0.005	0.03	<0.005

续表 9-24

样品名称	Tb_4O_7	Dy_2O_3	Ho_2O_3	Er_2O_3	Tm_2O_3	Yb_2O_3	Lu_2O_3
水浸液	0.06	0.08	0.01	0.01	<0.005	<0.005	<0.005
水浸渣	0.20	0.63	0.08	0.15	<0.005	0.04	<0.005

各工序样品稀土配分对比如图 9-13 所示。

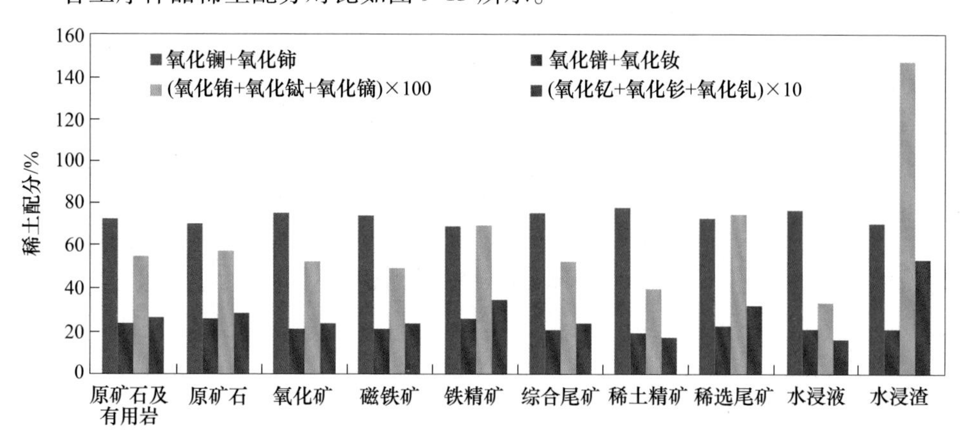

图 9-13 各工序样品稀土配分对比

在白云鄂博稀土矿整个采选冶过程中，中重稀土元素配分变化显著。中重稀土在水浸渣中得到了明显的富集。其中，钇、铕、镝、钐的富集趋势最为显著。

但水浸渣中中重稀土资源没有得到有效的回收，资源利用率存在较大的提升空间。

原矿石及有用岩（铁低于边界品位或共伴生其他有用元素）、铁原矿石、氧化矿、磁铁矿、铁精矿、综合尾矿、稀土精矿、精选尾矿、水浸液及水浸渣的矿样中氧化镝、氧化铕、氧化钇、氧化钐、氧化钆、氧化铽、氧化钬及氧化镱配分如图 9-14~图 9-17 所示。

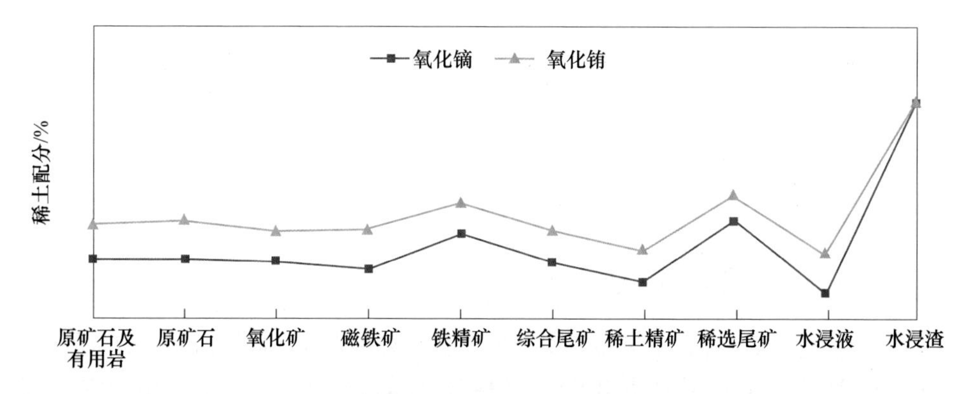

图 9-14 矿样中氧化镝、氧化铕配分

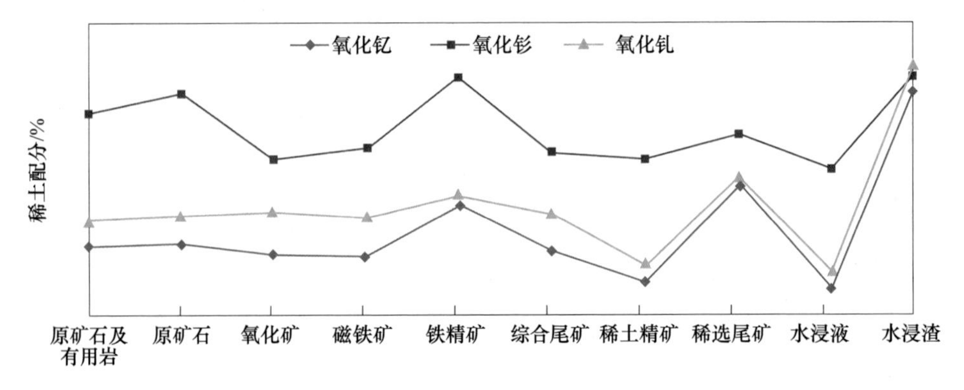

图 9-15 矿样中氧化钇、氧化钐、氧化钆配分

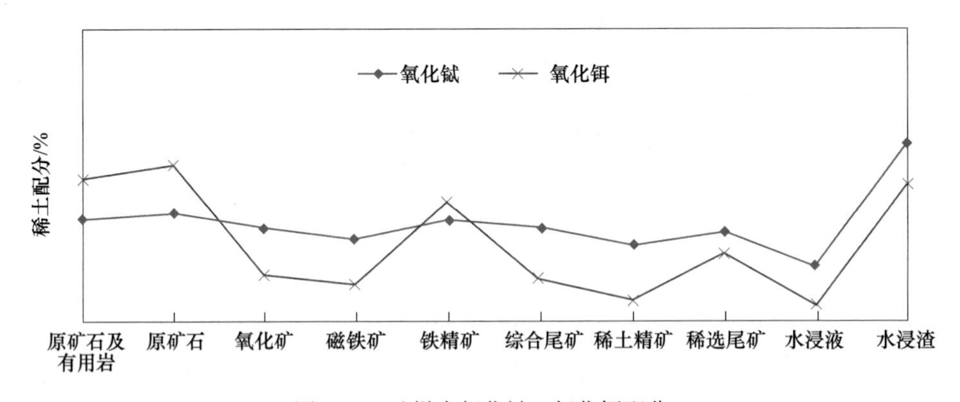

图 9-16 矿样中氧化铽、氧化铒配分

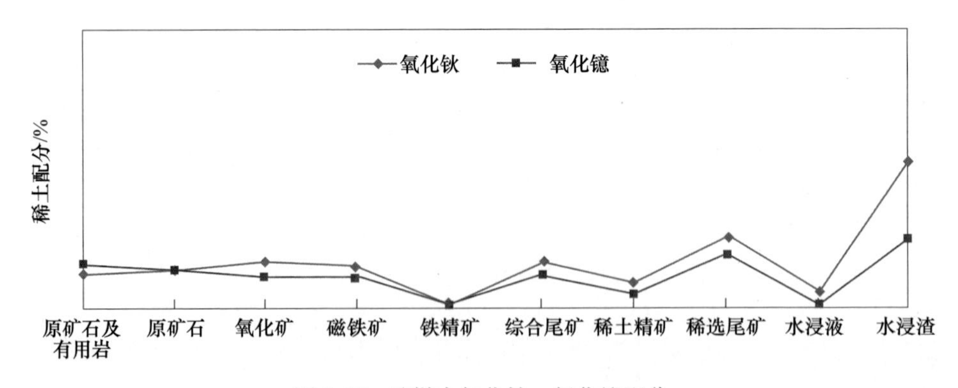

图 9-17 矿样中氧化钬、氧化镱配分

9.5 各工序样品钪、铌元素分布规律

各工序样品钪、铌含量见表 9-25（原矿石及有用岩样品数据由表 9-17～表 9-19 中列出的 18 个矿样数据取平均得出，原矿石样品数据由 18 个矿样中的 12 个铁

矿石型矿样数据取平均得出。18 个矿样中 7 号、16 号样品中铌含量异常低，此节计算铌平均含量时剔除 7 号、16 号样品数值；水浸液剔除 1 号样品后取平均；水浸渣剔除 4 号样后取平均。氧化矿数据剔除 5 号样后取平均。水浸液中钪、铌含量折合百分含量后均<0. 00005%，因此未列入图中比较）。

表 9-25 各工序样品钪、铌平均含量 （%）

样品名称	Sc_2O_3	Nb_2O_5
原矿石及有用岩	0. 0077	0. 0973
原矿石	0. 0091	0. 0958
氧化矿	0. 0100	0. 1575
磁铁矿	0. 0384	0. 1567
铁精矿	0. 0066	0. 0617
综合尾矿	0. 0119	0. 1780
稀选尾矿	0. 0210	0. 2200
稀土精矿	0. 0017	0. 1106
水浸液	<0. 50mg/L	<0. 50mg/L
水浸渣	0. 0074	0. 1440

各工序样品钪含量分布如图 9-18 所示。

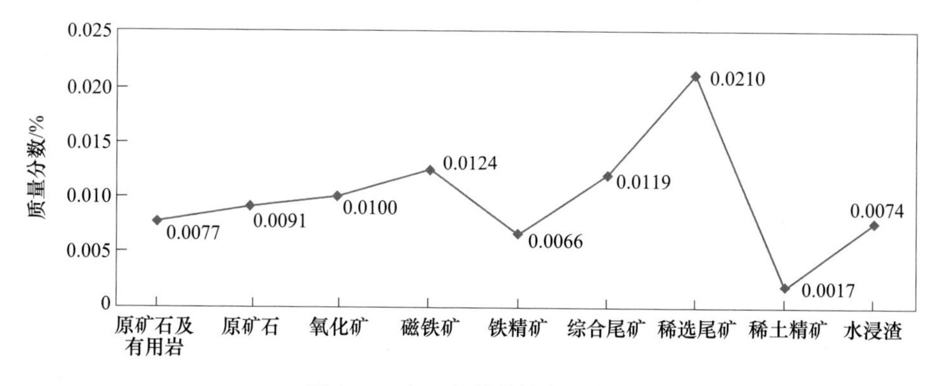

图 9-18 各工序样品钪含量分布

由图 9-18 可以看出，稀选尾矿中钪含量高于其他各样品，稀土精矿、水浸渣中钪含量低于前端各工序样品中钪含量，大量的钪进入了稀选尾矿。

名工序样品铌含量分布如图 9-19 所示。

由图 9-19 铌含量分布情况看出，铁精矿中铌含量最低，稀选尾矿最高，而后续稀土冶炼工序各样品中铌含量反而降低。因此，与钪的走向类似，大部分铌进入稀选尾矿富集。

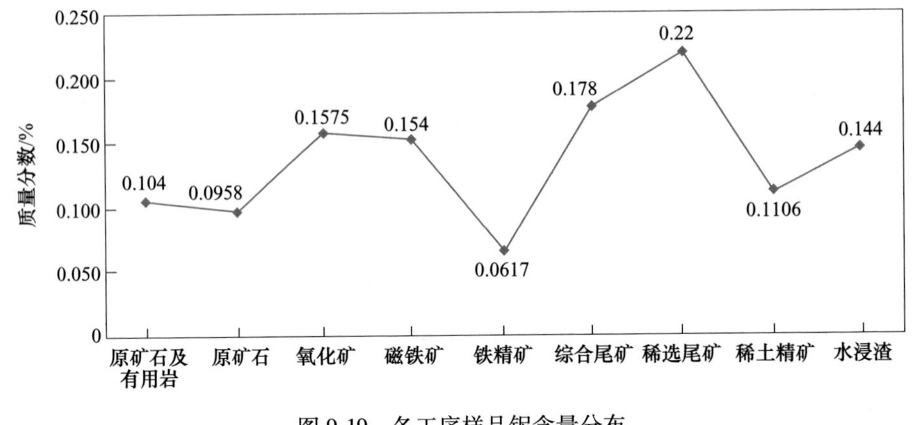

图 9-19　各工序样品铌含量分布

9.6　铁矿石自然类型铁、氟、钍、磷含量与稀土含量相关关系

白云鄂博主矿、东矿铁矿石自然类型铁含量随着稀土含量的增加有减小趋势，如图 9-20 所示。

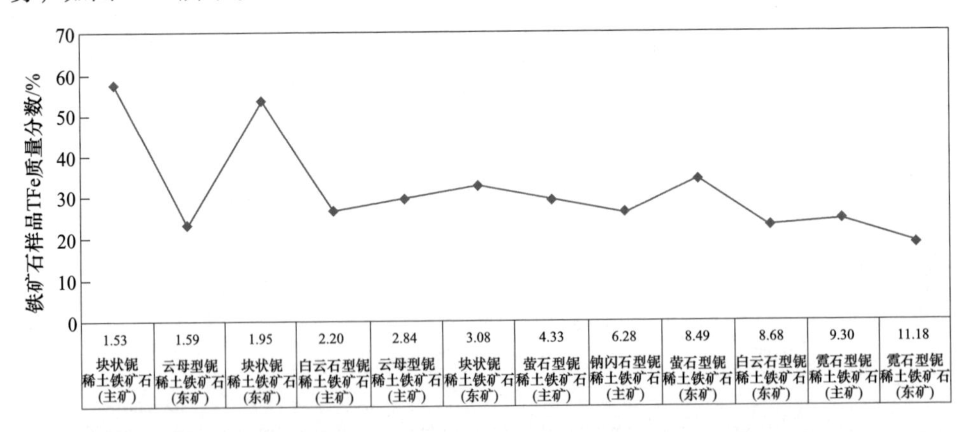

图 9-20　白云鄂博主矿、东矿铁矿石自然类型稀土、铁含量相关关系

白云鄂博主矿、东矿铁矿石自然类型氟含量随着稀土含量的增加没有明显变化，如图 9-21 所示。

白云鄂博主矿、东矿铁矿石自然类型钍含量随着稀土含量的增加波动较大，如图 9-22 所示。白云鄂博主矿、东矿铁矿石自然类型磷含量随着稀土含量的增加而增加，如图 9-23 所示。

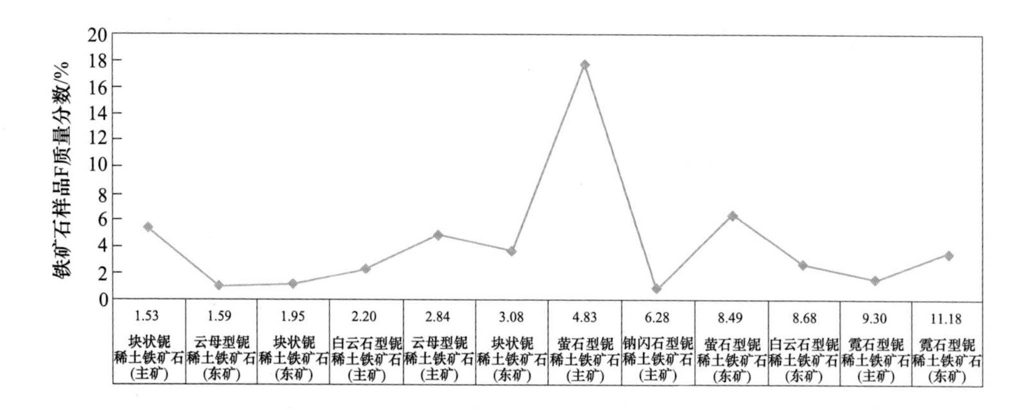

图 9-21 白云鄂博主矿、东矿铁矿石自然类型稀土、氟含量相关关系

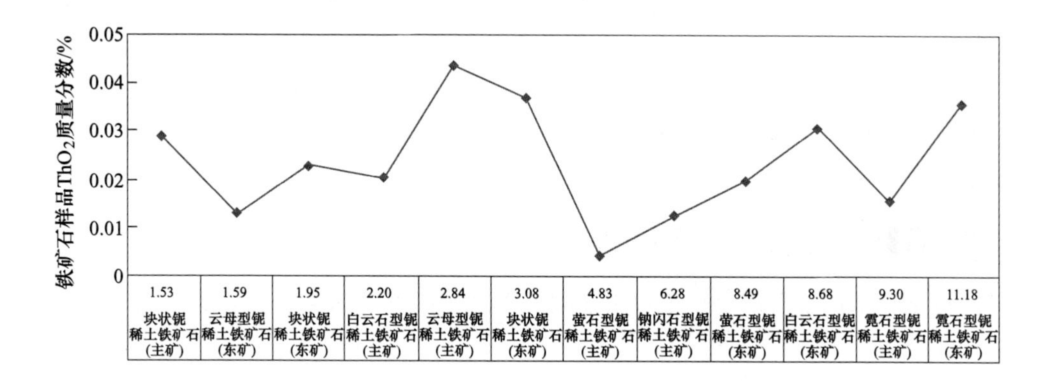

图 9-22 白云鄂博主矿、东矿铁矿石自然类型稀土、钍含量相关关系

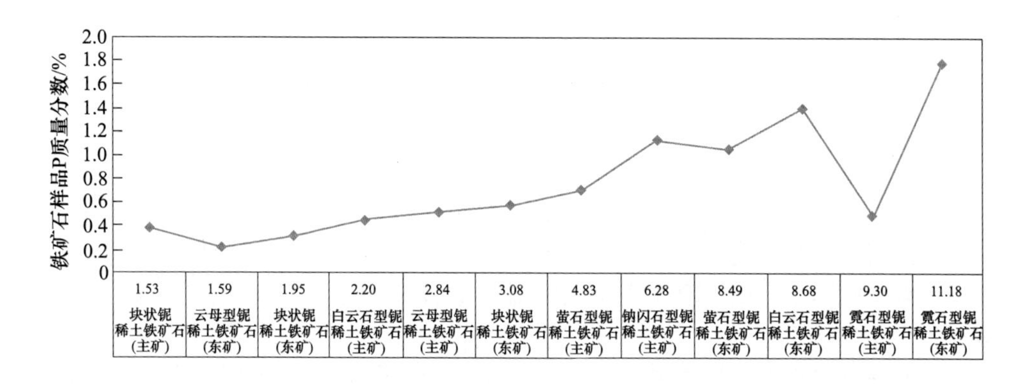

图 9-23 白云鄂博主矿、东矿铁矿石自然类型稀土、磷含量相关关系

9.7 稀土富集物中各稀土元素的全面回收

稀土富集物中中重稀土元素含量估算见表9-26。

表9-26 稀土富集物中中重稀土元素含量估算

元　素	Y_2O_3	Eu_2O_3	Tb_4O_7	Dy_2O_3
配分/%	0.47	0.25	0.10	0.17
按设计年生产铁矿石1000万吨计算/t	5200	2800	1100	1900
铁矿石中绝对含量/%	0.0282	0.0150	0.0060	0.0102

白云鄂博铁矿石中仅钇、铕、镝、铽四种元素含量就超过0.05%（可开采的南方离子型矿稀土品位约0.03%~0.05%）。

在选铁—选稀土—稀土冶炼分离整个流程中，中重稀土元素在水浸渣中得到了明显的富集。几个中重稀土元素中，钇、铕、镝、钐在水浸渣中富集趋势最为显著。而目前，水浸渣中中重稀土资源没有得到有效地回收，资源利用率存在较大的提升空间。

9.8 选铁、选稀土尾矿回收稀土

随铁开采的部分综合尾矿及稀选尾矿进入尾矿库，伴生的稀土资源（包括大量中重稀土）没有得到充分利用。

可以考虑将所有选铁尾矿全面回收稀土，进一步提高稀土资源利用率。

9.9 尾矿的综合回收利用

9.9.1 尾矿库现状

1955年以前，由苏联编制包钢尾矿库设计方案，1957年鞍山设计院完成初步设计，1959年开始建设，1963年建成，1965年8月投入使用。该尾矿库为我国最大的一座平地型尾矿库，坝底标高1025m，坝顶标高1045m，总库容量0.85亿立方米，有效库容量0.6883亿立方米，使用年限至1997年。1995年鞍山冶金设计研究院对尾矿库进行加高扩容改造设计，分为两期工程，一期标高1055m，二期标高1065m。一期工程于2004年完成。设计增加库容1.65亿立方米，总有效库容为2.3亿立方米。

尾矿库是包钢选矿厂重要的生产、安全、环保设施，是包钢选矿厂主要的生产供水基地，是包钢事故备用水源地，是国家重要的稀土、铌等战略资源储备库。尾矿库资源品位见表9-27。

表 9-27 尾矿库资源品位一览表 (%)

铁品位（TFe）	稀土氧化物品位（REO）	铌金属氧化物品位（Nb_2O_5）
15.88	7.01	0.138

尾矿矿物组成分析结果见表 9-28～表 9-31。

表 9-28 尾矿矿物组成分析结果 (%)

矿物名称	磁铁矿	赤铁矿	磁黄铁矿 黄铁矿	氟碳铈矿	独居石	磷灰石	萤石
含量	2.0	17.4	3.0	6.4	3.4	3.1	25.4
矿物名称	白云石、方解石	霓辉石	钠闪石	黑云母	石英、长石	重晶石	其他
含量	8.8	10.4	6.9	3.2	3.2	5.1	1.7

表 9-29 尾矿矿物物相分析结果 (%)

物相	稀土物相			铁 物 相					
项目	P-REO	F-REO	合计	m-Fe	O-Fe	Si-Fe	S-Fe	C-Fe	合计
含量	1.18	5.95	7.13	2.60	10.00	1.90	0.50	0.60	15.80
分配率	16.55	83.45	100.00	16.46	63.29	12.03	3.16	3.80	100.00

表 9-30 尾矿多元素分析结果 (%)

元素	TFe	FeO	mFe	SiO_2	P	S	F	REO	K_2O	Na_2O	CaO
含量	15.35	3.51	2.84	14.17	1.23	2.1	12.98	7.13	0.4	1.06	24.49
元素	MgO	Al_2O_3	BaO	MnO	Nb_2O_5	ThO_2	TiO_2	Co_2O_3	Sc	Ig	—
含量	3.02	1.06	3.28	1.21	0.16	0.045	0.8	<0.0050	0.0059	9.29	—

表 9-31 尾矿稀土配分分析结果 (%)

REO	Y_2O_3	La_2O_3	CeO_2	Pr_6O_{11}	Nd_2O_3	Sm_2O_3	Eu_2O_3	Gd_2O_3
含量	0.44	26.17	49.94	5.11	15.8	1.16	0.32	0.88
REO	Tb_4O_7	Dy_2O_3	Ho_2O_3	Er_2O_3	Tm_2O_3	Yb_2O_3	Lu_2O_3	—
含量	<0.10	<0.10	<0.10	<0.10	<0.10	<0.10	<0.10	—

9.9.2 尾矿综合利用研究进展

包钢尾矿库中的尾矿主要为前期生产抛弃的尾渣和近年来选矿后的尾矿，由于技术条件的限制和选铁后的相对富集，尾矿中 REO 的平均品位在7%左右，与稀土原矿品位相当，其价值相当可观。尾矿库尾矿成分复杂，稀土矿物多以独立矿物存在，少部分分散于铁矿物和萤石矿物中，由于稀土矿物的可浮性与萤石、磷灰石、重晶石等矿物相近，磁性与赤铁矿等矿物相近，密度与铁矿物、重晶石相近，且难选矿物及细粒级的矿泥较多，因此，分离回收尾矿库中的稀土矿物难度较大。由于尾矿库区的进水种类较多，成分复杂，矿物表面受到了一定程度上的污染，增加了矿物综合回收难度。研究尾矿选稀土的同时，发现铌、铁等元素也有一定的富集，经济、合理、有效地采用新工艺回收利用尾矿中的有用资源不仅可以解决尾矿库尾矿综合利用的难题，还对提高我国矿产的资源利用率具有重要意义。为了寻求简易可行的选矿流程，有效地利用尾矿库中的宝贵资源，近几年已有科研单位对包钢选矿厂尾矿库的尾矿进行了稀土回收研究和试验。

1982 年，包钢公司采用高效稀土捕收剂从总尾矿中回收稀土，稀土精矿品位不仅突破了 60%，而且可以达到品位为 68%的特级稀土精矿。

2002 年，内蒙古地质矿产实验研究所[14]采用重选—浮选联合流程和单一浮选流程来选别包钢选矿厂尾矿库中的稀土。重选精矿进行浮选，稀土品位由原来的 6.17%提高到 47.3%。采用单一浮选流程时，通过“一粗一扫二次精选”流程，稀土精矿品位可达 43.80%，回收率 59.72%。

2005 年，沈阳化工院[15~17]开始进行利用化学方法从包钢选矿厂尾矿中富集并提取稀土的研究工作。首次在低温下通过碳热氯化反应使尾矿中的铁、铌、钙、钡、镁等元素氯化除去，从而达到提高稀土品位的目的。

包钢矿山研究院[18]以包钢尾矿库的尾矿为原料，采用混合浮选—优先浮选—磁选（浮选）工艺流程，使稀土精矿品位达到 60%以上，回收率达到 87%，同时得到萤石富集物。

内蒙古科技大学[19]以水杨羟肟酸作为捕收剂，从包钢稀土浮选尾矿中回收稀土。通过单一流程的正交试验确定了浮选稀土的最佳试验条件；通过“一次粗选、两次精选及一次扫选”的全流程试验研究，最终获得品位为 53.24%、回收率为 25.31%的稀土精矿。

内蒙古科技大学[20]采用微波磁化焙烧—磁选—浮选工艺处理稀选尾矿，分别获得品位为 60%的铁精矿和品位 50%（REO）的稀土精矿。

包头稀土研究院资源与环境研究所开展了以尾矿库尾矿为原料的选别试验。针对尾矿库尾矿的矿物特性，分析矿物中目的矿物的含量、粒度分布及赋存状态，进行了稀土矿物和各种非目的矿物的分选试验，为有效分离目的矿物和非目的矿物提供了理论依据。依据基础理论研究及试验分析结果，优化了矿物分选工艺，解决白云鄂博资源综合利用过程中资源利用率不高的问题，稀土精矿品位达到 60%，回收率 70%；萤石精矿品位 95%，回收率 75%；铁精矿品位 64%，回收率 60%；同时得到铌富集物。在此基础上，确定了白云鄂博尾矿全面回收稀土、铁、萤石和铌等资源综合利用的工艺流程。

9.9.3　研究成果介绍

9.9.3.1　试样性质

包钢尾矿库中的尾矿主要为前期生产抛弃的尾渣和近年来选矿后的尾矿，其中稀土氧化物（REO）的平均品位在7%左右。对尾矿库的尾矿采取如图9-24所示的布点方式取样，取样深度0~50cm，获取试验样品约2t。

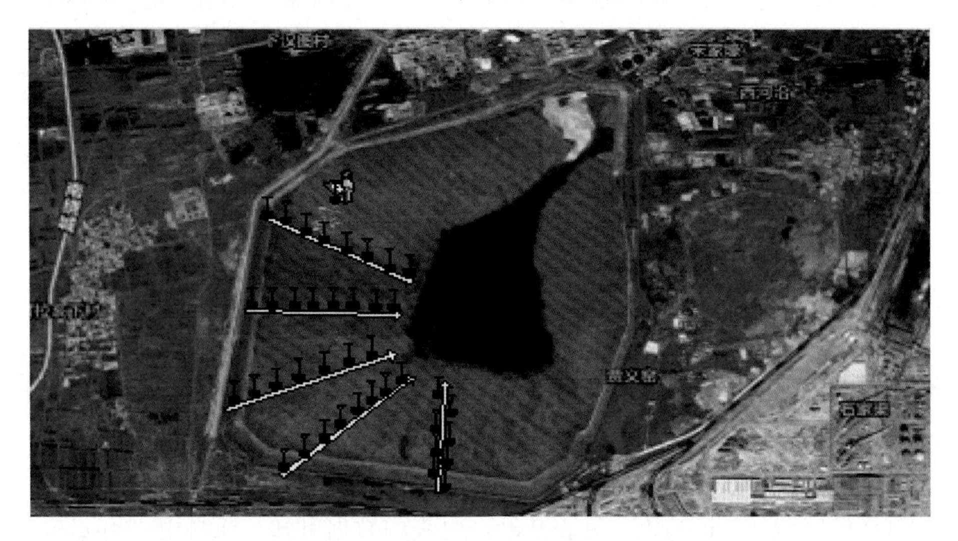

图9-24　包钢尾矿库中的尾矿布点取样

A　试样化学组成

试样多元素分析见表9-32。从多元素分析结果可以看出，矿样中含量较高的元素分别为TFe 15.35%、SiO_2 14.17%、F 12.98%、CaO 24.49%以及目标元素REO 7.13%，试样中的REO含量略高于白云铁矿主、东矿铁矿石中的平均含量。

表9-32　试样多元素分析　（%）

元素	TFe	FeO	mFe	SiO_2	P	S	F	REO	K_2O	CaO
含量	15.35	3.51	2.84	14.17	1.23	2.1	12.98	7.13	0.40	24.49
元素	MgO	Al_2O_3	BaO	MnO	ThO_2	Nb_2O_5	TiO_2	Na_2O	Sc	
含量	3.02	1.06	3.28	1.21	0.045	0.16	0.80	1.06	59×10^{-6}	

B　试样分析

对试样进行化学物相分析，见表9-33。从分析结果可以看出，在7.13%（REO）中，P-REO仅占1.18%，大部分是F-REO，占矿物组成的5.95%。铁含量占15.80%，其中O-Fe占10%。

表 9-33 矿样的化学物相分析结果 (%)

物相	稀土物相			铁 物 相					
项目	P-REO	F-REO	合计	m-Fe	O-Fe	Si-Fe	S-Fe	C-Fe	合计
含量	1.18	5.95	7.13	2.60	10.00	1.90	0.50	0.60	15.80
分配率	16.55	83.45	100.00	16.46	63.29	12.03	3.16	3.80	100.00

C 试样矿物组成分析

采用SEM、XRD、EDS等对矿物进行结构、组成分析，其结果见表9-34。从矿物组成来看，该矿样中含有较多的铁矿物、萤石和稀土矿物。稀土矿物主要是氟碳铈矿和独居石，占总矿物的9.8%，氟碳铈矿：独居石为1.88：1；与稀土伴生的矿物以铁矿、萤石、硅酸盐类矿物、碳酸盐类矿物为主；铁矿物主要有赤铁矿、黄铁矿和磁铁矿，其中赤铁矿含量最多，为17.4%。其他矿物含量较少，但矿物种类较多。

表 9-34 试样矿物组成 (%)

矿物名称	磁铁矿	赤铁矿	黄铁矿	氟碳铈矿	独居石	磷灰石	萤石
含量	2.0	17.4	3.0	6.4	3.4	3.1	25.4
矿物名称	白云/方解石	霓辉石	钠闪石	石英，长石	黑云母	重晶石	其他
含量	8.8	10.4	6.9	3.2	3.2	5.1	1.7

D 试样粒度分析

试样粒度筛分分析结果，见表9-35。由表中数据可知，原料中-74μm粒级(-200目)占70.12%。由于白云鄂博矿矿石呈条带状、浸染状构造为主，各种矿物间紧密伴生，稀土矿物嵌布粒度较细，一般小于50μm。因此，可以初步推断原料在此粒度下，稀土矿物与其伴生矿物解离度不高。

表 9-35 试样粒度筛分分析结果 (%)

粒度/μm	产率	品 位				分布率			
		REO	TFe	CaF_2	Nb_2O_5	REO	TFe	CaF_2	Nb_2O_5
+115	8.11	2.56	7.35	21.90	0.08	3.04	3.77	7.48	6.25
-115~+74	21.77	4.51	11.21	27.25	0.12	14.39	15.42	24.98	10.92
-74~+38	29.08	7.29	18.49	24.59	0.133	31.06	33.99	30.1	22.96
-38~+30	7.8	8.03	19.75	22.56	0.12	9.18	9.74	7.41	10.10
-30	33.24	8.69	17.65	21.47	0.12	42.33	37.08	30.04	49.78

E 单体解离度及连生体特性分析

试样采用显微镜进行单体解离度及连生体特性的分析，结果见表9-36和图9-25，稀土矿物的解离度为84.18%。稀土主要与铁、萤石连生，再磨矿细度-200目(-74μm)90.7%后解离度提高至92.99%。

表 9-36 尾矿库尾矿稀土矿物解离度分析结果 (%)

样品名称	稀土矿物单体	稀土连生体				
		与铁矿物连生	与萤石连生	与碳酸盐连生	与硅酸盐连生	与其他
试样	84.18	7.56	6.85	1.10	0.16	0.16
试样（球磨）	92.99	2.59	3.88	0.54	—	—

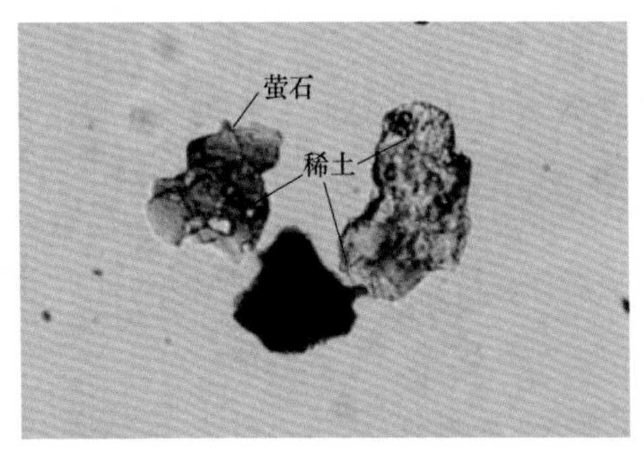

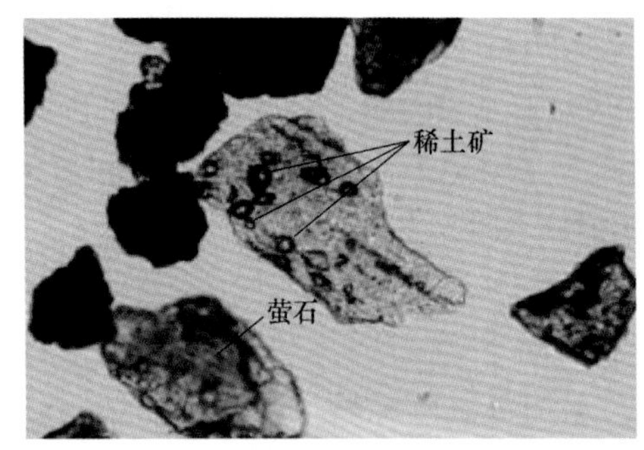

(a)

稀土
萤石

(b)

萤石
铁
氟碳铈矿

(c)

独居石
铁矿

(d)

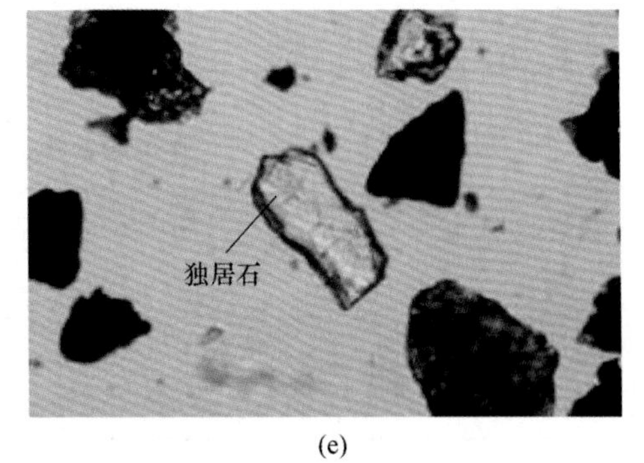

(e)

图 9-25 稀土矿物连生情况

（a）稀土矿物包裹于萤石中；（b）稀土矿物与萤石连生；（c）稀土矿物与萤石、铁矿物连生；（d）稀土矿物与铁矿物连生；（e）稀土矿物单体

由上述工艺矿物学研究可见，试样主要包含萤石、赤铁矿、氟碳铈矿、独居石以及硅酸盐和碳酸盐类等脉石矿物，其中萤石矿物含量为25.4%，稀土矿物占9.8%，赤铁矿和磁铁矿分别为17.4%和2.0%，Nb_2O_5含量为0.16%，含铌矿物主要有铌铁金红石、铌铁矿和易解石等。稀土矿物嵌布粒度较细，一般小于0.05mm，稀土矿物与其伴生矿物的解离度为84.18%，磨矿产品解离度达到92.99%。

9.9.3.2 稀土矿物浮选试验

试验结果表明，对尾矿库尾矿进行磨矿（-74μm（-200目）92%）后，采用“一次粗选、三次精选、一次扫选”试验流程，可获得稀土精矿品位60.32%（REO），回收率为71.19%。

对尾矿及稀土精矿进行了多元素分析及筛分分析，其结果分别见表9-37、表9-38和表9-39。

表9-37 闭路尾矿产品多元素分析 （%）

元素	REO	TFe	SiO_2	P	S	CaO	F
含量	2.18	17.90	18.93	0.24	1.79	26.92	11.47
元素	Na_2O	MgO	ThO_2	BaO	MnO_2	Nb_2O_5	Sc
含量	1.17	3.77	0.014	4.15	1.74	0.16	0.013

表9-38 精矿产品多元素分析结果 （%）

元素	REO	TFe	SiO_2	P	S	CaO	F
含量	60.32	2.74	0.74	2.98	0.092	3.84	7.04
元素	Na_2O	MgO	ThO_2	BaO	MnO_2	Nb_2O_5	Sc
含量	0.05	0.22	0.23	1.07	0.10	0.085	0.0022

表9-39 精矿产品矿物组成 （%）

样品	氟碳铈矿	独居石	磷灰石	萤石	辉石、闪石	云母
精矿	65.14	23.65	1.28	2.11	0.67	0.06
样品	磁铁矿	赤铁矿	石英、长石	重晶石	碳酸盐	其他
精矿	1.43	1.8	0.51	0.67	1.88	0.80

9.9.3.3 萤石矿物浮选试验

以浮选稀土尾矿为原料，采用脂肪酸类捕收剂浮选萤石，采用“磁选—浮选”工艺流程选别萤石精矿。

A 萤石浮选原矿化学组成

萤石浮选试验的原矿即稀土闭路浮选试验的尾矿，试样多元素分析见表9-37。从多元素分析结果可以看出，矿样中含量较高的元素分别为TFe 17.90%、SiO_2 18.93%、F 11.47%、CaO 26.92%等。在浮选萤石试验中要考虑抑制铁矿物和硅酸盐矿物。

B 单体解离度及连生体特性分析

试样采用光学显微镜进行单体解离度及连生体特性的分析，结果见表9-40。萤石矿物的解离度为76.50%，由于萤石矿物与铁矿物、碳酸盐矿物、硅酸盐矿物大量连生，如要获得高品位萤石精矿，必须进行磨矿，再磨矿细度29.6μm（-500目）67.4%后萤石的解离度提高至92.83%。萤石原矿磨矿筛分分析结果见表9-41。

表9-40 尾矿库尾矿萤石矿物解离度分析结果 （%）

样品名称	萤石矿物单体	萤石连生体			
		与铁矿物连生	与碳酸盐连生	与硅酸盐连生	与其他
试样	76.50	11.6	5.4	4.5	2.0
试样（球磨）	92.83	3.79	1.54	1.02	0.82

表9-41 萤石原矿磨矿筛分分析结果 （%）

试样名称	粒度/μm	质量/g	产率	Nb_2O_5		F		TFe	
				品位	收率	品位	收率	品位	收率
萤石原矿	+53（+270目）	4	4.17	0.11	3.02	10.18	2.81	11.24	2.84
	-53~+47（-270~+325目）	3.6	3.75	0.12	2.96	12.58	3.41	11.91	2.71
	-47~+38（-325~+400目）	9.1	9.49	0.14	8.74	12.63	10.11	13.95	8.03
	-38~+25（-400~+500目）	11.8	12.30	0.14	11.33	11.8	12.24	15.63	11.66
	-25（-500目）	67.4	70.28	0.16	73.95	10.49	71.04	17.54	74.76
	原矿	95.9	100	0.15	100	10.92	100	16.49	100

采用“一粗六精”流程可得到的品位为95.13% CaF_2，回收率78.79%的萤石精矿。

C 萤石浮选所得精矿尾矿的分析

对萤石精矿及尾矿进行了多元素分析，见表9-42和表9-43。偏光显微镜下观察萤石精矿如图9-26所示。

表 9-42 萤石尾矿产品多元素分析 (%)

元素	REO	TFe	SiO_2	P	S	K_2O	F
含量	2.17	21.73	24.84	0.27	1.37	0.72	2.91
元素	Na_2O	MgO	Al_2O_3	BaO	MnO_2	Nb_2O_5	Sc
含量	1.96	3.12	1.36	6.71	1.59	0.18	0.028

表 9-43 萤石精矿产品多元素分析 (%)

元素	REO	TFe	SiO_2	P	S	K_2O	CaF_2
含量	0.91	0.80	0.69	0.03	0.039	0.008	95.63
元素	Na_2O	MgO	Al_2O_3	BaO	MnO_2	Nb_2O_5	Sc
含量	0.26	0.01	0.11	0.98	0.08	0.037	0.00014

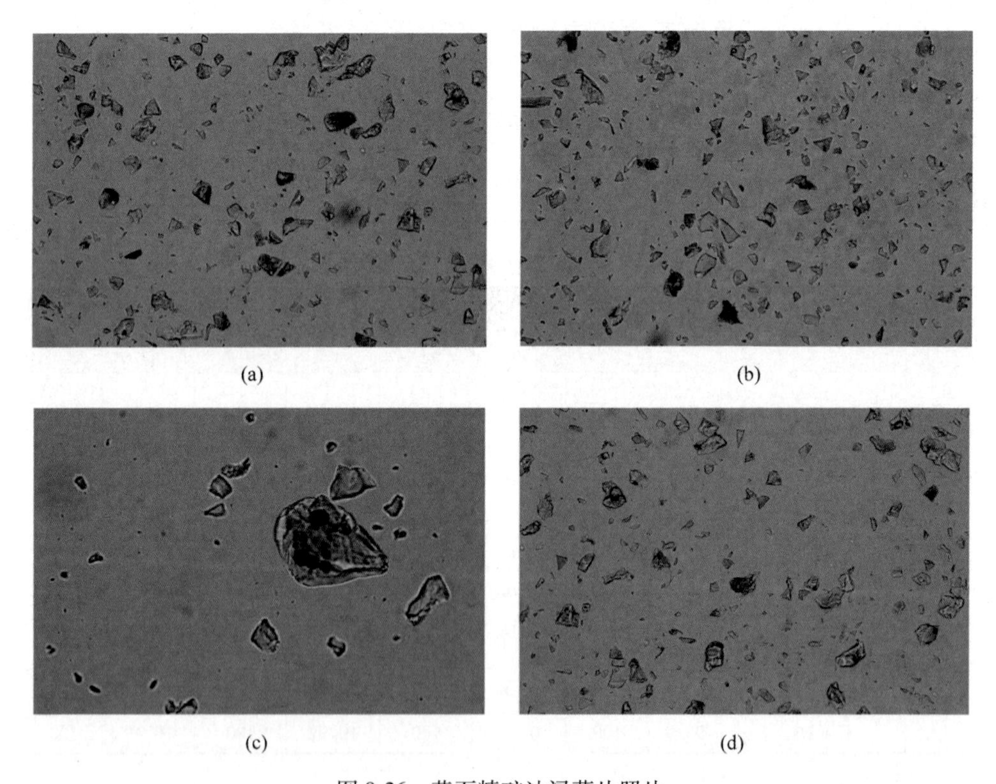

图 9-26 萤石精矿油浸薄片照片

9.9.3.4 铁矿物"强磁-浮选"试验

以闭路浮选萤石尾矿为原料，从多元素分析结果可以看出经过稀土浮选和萤石浮选，矿物中的全铁含量由原矿的15.35%富集到21.73%。采用"磁选—浮选"的工艺流程，首先将萤石尾矿进行强磁选，铁在强磁精矿中富集，提高 TFe

的浮选品位和浮选作业入选量，铁浮选采用石油磺酸盐类作为捕收剂，氟硅酸铵作为抑制剂，最终得到铁精矿品位大于64%（TFe），回收率大于60%。

A 铁矿物的单体解离度及赋存状态

试样采用显微镜进行单体解离度的分析，结果见表9-44。由铁矿物单体解离度分析结果可以看出铁矿物的解离度达到了92.2%，铁矿物主要以单体和连生体形式存在。对不同粒级的铁矿物分析可知，除+0.10mm粒级外，其余各粒级中铁矿物解离度都比较高，有利于磁选回收。但是微细粒级（-0.020mm）中铁矿物的单体解离度也很高，这些铁矿物因粒度细，回收难度较大。

表9-44 铁矿物解离度分析结果 （%）

样品名称	铁矿物单体	铁连生体			
		与萤石矿物连生	与碳酸盐连生	与硅酸盐连生	与其他
原矿石	92.2	1.4	1.3	4.0	1.1

铁的赋存状态有以下几个特点：铁矿物主要以独立矿物形式分布于磁铁矿、假象半假象赤铁矿、赤铁矿、褐铁矿四种矿物中，表明原料中大部分铁可供选矿综合利用回收。其他呈分散状态分布于硅酸盐矿物、碳酸盐矿物中的铁不能有效的回收，视为合理流失。

B 强磁选试验

在场强8000Gs条件下，强磁选铁精矿中品位可达43.13%（TFe），回收率为79.06%。

通过“一粗两精”浮选流程试验，可得到品位64.41%（TFe）、浮选作业回收率为78.50%的铁精矿。

对“强磁—浮选”流程得到的铁精矿及其尾矿进行了多元素分析，结果见表9-45和表9-46。

表9-45 铁精矿产品多元素分析 （%）

送样号	REO	Na_2O	K_2O	MgO	CaO	BaO	PbO	SiO_2
铁精粉-1	0.79	0.065	0.066	0.38	1.65	0.14	0.026	1.35
铁精粉-2	0.67	0.057	0.032	0.27	1.23	0.094	0.02	1.27

送样号	ZnO	ThO_2	Al_2O_3	F	P	S	TFe	
铁精粉-1	0.049	0.01	<0.10	0.61	0.12	0.25	64.97	
铁精粉-2	0.05	0.072	0.15	0.77	0.07	0.14	64.64	

表 9-46 铁尾矿产品多元素分析 (%)

送样号	REO	Na_2O	K_2O	MgO	CaO	BaO	MnO_2	SiO_2
铌富集物	3.01	1.76	1.60	3.61	12.80	2.93	2.27	24.99
送样号	Al_2O_3	FeO	Sc_2O_3	Nb_2O_5	F	P	S	TFe
铌富集物	2.39	<0.05	0.014	0.19	4.19	1.02	0.79	9.87

9.9.3.5 铌富集物分析

包钢尾矿库中的尾矿经过稀土、萤石浮选以及“强磁-浮选”铁工艺后，铌矿物在最终尾矿中富集，铌矿物的品位达到了0.19%（Nb_2O_5）。

A 铌富集物光学显微镜分析结果

通过光学显微镜对铌富集物进行分析可知，铌主要以独立矿物形式存在，主要铌矿物包括铌铁矿、钛铁金红石、黄绿石、易解石、铌钙矿等；此外还发现了一些含量很低且成分特殊的铌矿物，包括锶铌钙矿、铌褐铁矿、钍易解石、钇铌矿等。

对铌矿物的微细包裹体检测结果表明，几乎各种矿物中均含有铌矿物的微细包裹体，其中以铁矿物、萤石中较为普遍，而碳酸盐矿物、石英中不常见。在铁矿物、稀土矿物、硅酸盐矿物中的铌包括类质同象和微细包裹体两种形式；而在萤石、碳酸盐矿物、重晶石、石英中，铌主要以微细铌矿物（3μm以下）包裹体形式存在。这里将含有类质同象状态的铌和含有微细铌矿物包裹体的矿物均称为载体矿物。

B 铌的赋存状态

铌富集物中铌的赋存状态有以下特点：铌主要以独立矿物形式存在于铌铁矿等五种铌矿物中，呈分散状态。在五种铌矿物中以铌铁矿物中铌的分配量最大，从铌矿物在原料中的含量看，钛铁金红石含量最高，表明原料中低铌含量的铌矿物所占比例较大。呈分散状态存在的铌，包括类质同象和微细包裹体两种形式。呈类质同象者主要分布于除萤石、碳酸盐矿物之外的铁矿物、稀土矿物和硅酸盐矿物中；呈微细包裹体者主要与铁矿物、萤石、钠辉石、云母等矿物关系密切。在铌的载体矿物中铁矿物与铌的关系最密切，特别是在赤铁矿中铌的含量及分配率均较高。原料中铌矿物颗粒细、解离度低，属难选矿物，但铌矿物与铁矿物的连生关系密切。

根据铌的赋存状态特点，建议进一步研究其综合利用的合理途径，特别是利用铌矿物与铁矿物密切连生的特点，研究使二者同步富集并综合利用回收。

采用“浮选稀土—浮选萤石—磁浮选铁”流程处理包钢尾矿库中的尾矿，可分别得到稀土精矿、萤石精矿、铁精矿产品和铌富集物，实现尾矿资源的综合利用。

采用“一粗三精一扫”流程浮选稀土，得到的稀土精矿品位60.32%（REO），回收率71.19%；

稀选尾矿磨矿粒度达到-500目67.4%后，采用“一粗六精”流程浮选萤石，其中尾矿、中矿1抛尾，中矿2、中矿3、中矿4合并集中返回至萤石浮选原矿，得到品位为95.13%（CaF_2）、回收率为78.79%的萤石精矿。

浮选萤石尾矿采用“磁选—浮选”工艺，得到的铁精矿品位64.81%（TFe），回收率61.53%。

铌矿物在选铁尾矿中富集，品位0.19%（Nb_2O_5），回收率79.49%。

通过以上研究，对尾矿库尾矿选别工艺及目的元素迁移规律进行了深入、系统的基础理论研究，进一步完善了尾矿库尾矿综合回收稀土、萤石、铁和铌矿物的选矿工艺流程，提高选别指标，有望提供可供产业化的选矿工艺技术。同时，针对铌富集物，开展铌矿物的选别工艺研究，提高资源利用率，创造更大的经济效益。

9.10 堆置白云岩的综合利用

目前，对白云鄂博堆存的稀土白云岩矿进行有用成分及分布特征勘测，进行综合回收利用的工艺技术研究。白云鄂博主矿、东矿堆置场基本情况见表9-47～表9-49和图9-27。

表9-47 白云鄂博主矿、东矿堆置场基本情况

堆置场名称	区 段	岩 性	稀土品位/%
北堆置场	西区	板岩	0.90
	东区底层	白云岩	4.16
	东区二层	白云岩	4.45
东堆置场	—	板岩	0.74
南堆置场	北段	板岩	0.88
	南段	白云岩	2.99
西堆置场	东段	白云岩	2.6
	西段	板岩	1.31
中贫矿堆置场	—	中贫氧化矿	5.2

表9-48 白云鄂博主矿、东矿下盘白云石型铌稀土矿石中REO含量 (%)

岩石类型	白云岩	铁矿化白云岩	萤石化白云岩	钠闪石化白云岩	黑云母化白云岩
REO	3.91	3.62	4.02	2.61	2.20

表 9-49　白云鄂博主矿、东矿白云岩、板岩多元素分析结果　（%）

项　目	TFe	mFe	FeO	TiO_2	ThO_2	Sc_2O_3	REO	Nb_2O_5	F	P	S	采样地点
稀土白云岩	6.96	2.51	6.16	0.33	0.0047	0.0038	3.93	0.052	0.66	0.47	0.15	主矿下盘
稀土白云岩	11.56	5.22	8.31	0.084	0.012	0.0040	4.67	0.033	2.56	0.23	0.53	东矿下盘
含铌板岩	11.00	<0.50	12.26	0.42	0.020	0.0012	0.41	0.035	0.89	0.46	0.67	主矿上盘
含铌板岩	6.38	1.94	5.81	0.36	0.0085	0.0012	1.91	0.23	3.57	0.73	1.20	东矿上盘

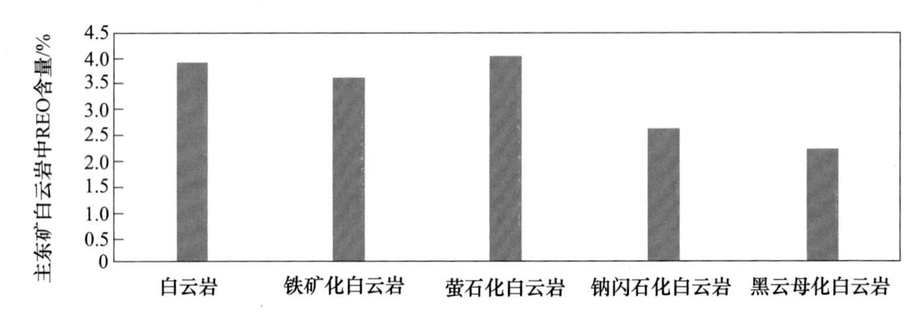

图 9-27　白云鄂博主矿、东矿下盘白云石型铌稀土矿石中 REO 含量对比

9.11　铌的赋存特点及其综合利用

白云鄂博矿床蕴藏丰富的铌资源。几十年来，国内外众多科研院所和高等院校对白云鄂博矿从地质、采矿、选矿、炼铁、炼钢、钢渣、铌铁生产及铌在钢中的应用等诸多方面，开展了大量研究工作。其中，包钢选矿厂一、三系列“弱磁—强磁—浮选”工艺从强磁中矿选稀土尾矿中选铌的研究和白云鄂博东部接触带2号矿体“铌资源选矿新工艺”研究；还有当年国家“八五”重点科技攻关项目。通过艰辛工作，取得了一大批技术成果。

9.11.1　选铌技术进步历程回顾

早在1965年，赋存于白云鄂博主矿上盘的粗、中粒、细粒霓石岩就进行过人工单独开采，当时采用的方法是依照采场分层平面图结合现场标定，将主矿上盘的粗、中、细粒霓石岩岩体即Ⅰ号、Ⅱ号、Ⅲ号铌矿体（主要是富含易解石）用钉木桩（铁桩）洒上白灰线的方法现场标注出岩体地质界线，而后采用露天浅孔和深孔爆破两种方式进行露天小台阶（高6m）开采和全段高（高12m）开采，工作面上采用小铁道、0.7m^3翻斗式矿车人力推运矿岩，矿石用放矿溜槽、人工控制闸门装入运矿汽车到指定地点（西站北侧堆存场）[21]。

伴随着铌矿体的单独开采，针对主矿上盘粗、中、细粒钠辉石型铌矿（粗、中、细粒霓石岩），北京有色研究院、长沙矿冶研究院、包头稀土研究院分别进行了选铌试验，当时采用的工艺是“重选—磁选”工艺，在原矿含铌品位0.53%、0.51%、0.55%的原料条件下，得到精矿产率2.015%、0.84%、1.22%，铌精矿品位15.12%、20.06%、19%，回收率57.46%、38.73%、42%的指标。

20世纪60、70年代至今，选铌的技术探索和研究工作始终没有停止。包头稀土研究院对白云东部接触带磁铁矿化白云岩铌矿，采用“重选—磁选—浮选”的方法进行实验室小型试验，在原矿品位0.215%条件下，获得精矿产率0.7%、铌精矿品位13.96%、回收率45.38%的指标。

内蒙古地质局对白云鄂博都拉哈拉白云岩稀土铌矿样采用“重选—浮选—磁选”的方法进行实验室小型试验，在原矿品位0.199%试料情况下，获得铌精矿品位4.11%、精矿产率2.88%，回收率46.97%的指标。

从1978年开始，长沙矿冶研究院采用“弱磁—强磁—浮选”工艺对白云鄂博中贫氧化矿进行综合回收铁、稀土、铌及降低铁精矿中P、S、F等杂质含量的研究。到80年代，白云鄂博铌资源选矿研究的规模有所扩大，长沙矿冶研究院对白云鄂博主、东矿中贫氧化矿利用还原焙烧磁选尾矿进行了选铌研究，焙烧磁选尾矿中的铌比原矿有所富集，达到0.15%，通过优先浮选铌和混合浮选萤石稀土后再进行浮选铌的工艺，分别得到铌精矿品位0.525%、回收率21.341%和铌精矿品位0.52%、回收率27.17%的试验指标。还采用“弱磁—强磁—浮选”工艺利用强磁中矿直接浮选铌[2]，于1983年进行了小型试验，原矿品位是0.26%，获得铌精矿品位是0.75%，回收率是69.43%。于1984年进行了连选试验，原矿品位是0.259%，精矿品位是0.68%，回收率是24.47%。1987年又针对主、东矿中贫氧化矿强磁中矿选稀土后的尾矿进行选铌，原矿品位是0.24%，选得铌精矿品位是0.94%，回收率是45.39%；1988年同样对主、东矿中贫氧化矿强磁中矿选稀土后的尾矿再选铌，试验规模是工业分流试验，原矿的品位是0.163%，得到精矿产率1.93%，铌精矿品位0.82%，回收率50.14%。在1985年，长沙矿冶研究院还对包钢选矿厂的总尾矿进行了选铌的小型试验，采用的方法是“细筛—浮选”，原矿品位是0.13%，精矿产率是2.4%，铌精矿品位是1.15%，回收率是21.15%。

1980年，长沙矿冶研究院除了针对主、东矿矿石选铌的研究，还针对西矿的中贫氧化矿选铌进行了研究，采用的方法是“焙烧—磁选—浮选”，利用磁选尾矿选铌，选矿工艺指标是原矿品位0.161%，铌精矿产率8.36%，获得的铌精矿品位0.93%，回收率是48%。

当时包钢矿山研究所（包钢矿山研究院前身）作为包钢自己的科研机构，对白云鄂博铌资源综合利用探索研究更是全力以赴，投入了大量工作，对于西矿的含铌白云岩选铌和西矿中贫氧化矿焙烧磁选尾矿中选铌两个项目都取得了成果，特别是白云东部接触带2号铌矿体含铌白云岩选铌项目有突破性进展。

1987年，包钢矿研所利用白云东部接触带2号铌矿体含铌白云岩（2号铌矿体162-1和163-1探槽矿样），采用“重选—浮选—磁选”的方法进行实验室小型试验，原矿品位是0.22%，获得铌精矿品位13.14%、回收率37.24%的指标。早在1980年，西矿就进行了中贫氧化矿焙烧磁选尾矿选铌的小型试验，采用的方法是“强磁—重选—浮选”，原矿品位是0.094%，铌精矿产率是0.44%，品位5.55%，回收率26.25%。

1988年，包钢矿山研究所针对西矿的含铌白云岩，采用重选—强磁—浮选—重液分离的方法，试验室小型试验原矿品位0.297%，得到精矿产率0.461%，铌精矿品位25.51%、回收率39.47%的指标（所用矿样为西矿44线27号钻孔104.8~178.9m和178.9~252.2m处的岩心）。

1989年，包钢矿研所在对于白云东部接触带2号铌矿体含铌白云岩选铌取得重要成果的基础上，又采用“重选—浮选—磁选—酸处理”的工艺对白云东部接触带2号铌矿体162、163、165探槽23个点上取样56t，进行了连选试验，原矿品位是0.26%，精矿品位是0.75%，回收率是69.43%。

1989年，包钢选矿厂一、三系列依据长沙矿冶研究院多年的研究成果，采用“弱磁—强磁—浮选”工艺处理主矿、东矿中贫氧化矿，进行了大规模技术改造，到1993年共完成一、二、三、四、五5个系列应用“弱磁—强磁—浮选”工艺综合回收铁和稀土的技改工程，从而稳定了包钢选矿厂的生产，是包钢选矿厂生产的转折，选别指标：铁精矿品位由20世纪60年代的平均52.04%、70年代的平均54.51%、80年代的平均57.74%提高到了62%左右，回收率达到71%左右，氟含量降到了1%以下，磷含量降到了0.15%以下。大型强磁选机装备、浮选药剂、选别工艺技术都取得了历史性突破，具有里程碑意义。1992年该项目被评为冶金部科技进步特等奖、国家科技进步二等奖。但铌的选矿难题没有解决，在选矿流程强磁中矿、稀选尾矿中的铌实际有所富集（由含铌平均0.08%富集至0.2%~0.27%）。原矿已经过“三段磨矿—弱磁—强磁—浮选”工艺流程，其稀选尾矿矿物组成已相对简单，且矿泥不多粒度也比较均匀，铁矿物已大部分选出，稀土矿物已部分选出，脉石矿物已排除一部分，是比较经济的选铌原料。当时许多专家认为从选矿厂流程中综合回收铌是突破白云鄂博矿铌资源利用的关键问题和重点，但现行选矿厂工艺中没有铌的回收，铌自然的分配在选矿过程的各产品和尾矿中。要改变这种情况，还需要结合选矿厂生产工艺，继续开展回收铌的研究，并且应加大科研力量和投资力度，若能从强磁中矿、稀选尾矿中选出$Nb_2O_5 \geqslant 5\%$的铌精矿，会对包钢铌的开发利用产生重大影响，必将推动打造“特色包钢”。作为国家“八五”重点科技攻关项目，长沙矿冶研究院、包头稀土研究院、北京有色研究总院、东北大学、赣州有色研究所等知名科研院所、高等院校都进行过大量研究。长沙矿冶研究院通过以浮选为主的重选、磁选、浮选不同组合的9个联合工艺的研究，筛选了近百种浮选捕收剂、调整剂、起泡剂以及一些主要的矿物表面处理药剂，取得如下研究成果：（1）采用全浮选工艺可得到铁精矿品位 TFe 60.80%，铁回收率 14.49%，铌精矿含 Nb_2O_5 1.53%、TFe 47.17%、P 0.3%，Nb_2O_5 回收率48.31%。（2）采用磁选—浮选工艺可得到含 $Nb_2O_5$2.41%、TFe 35.42%，Nb_2O_5 回收率24.12%的铌精矿和含 $Nb_2O_5$0.72%、TFe 55.77%，Nb_2O_5 回收率20.13%的次铌精矿。（3）对全浮选流程得到的铌精矿，通过强磁选精选一次，获得含 $Nb_2O_5$3.27%、TFe 30.15%，Nb_2O_5 回收率25.89%的铌精矿和含 $Nb_2O_5$0.95%、TFe52.85%，Nb_2O_5 回收率22.42%的次铌精矿。

包头稀土研究院对不同选矿工艺包括重选、浮选、中强场磁选和各类选矿药剂及其组合进行了深入研究，制定出了不同捕收剂及其组合药剂制度的以浮选为主的和“浮选—磁选”联合工艺。取得的研究成果为：（1）采用全浮选工艺获得了含 Nb_2O_5 3.12%的铌精矿。（2）采用“浮选—磁选”流程获得精矿产率1.38%，铌精矿品位 Nb_2O_5 3.69%、TFe 45.18%，Nb_2O_5 回收率23.15%，次铌精矿产率0.61%、品位含 Nb_2O_5 1.582%、TFe 65.05%，Nb_2O_5 回收率4.38%。

北京有色研究总院对试料不再磨矿（粒度-0.074mm 含量占68%）入选，经过浮选—磁选—浮选得到铌精矿产率5.96%，Nb_2O_5 品位1.64%，含 TFe 42.94%、P 0.242%、S 0.3%，Nb_2O_5回收率42.48%和铌铁精矿产率9.24%，TFe 62.26%，含 Nb_2O_5 0.39%、P 0.086%、S 0.68%两种产品。

1984~1986年，北京矿冶研究院、包头稀土研究院对“细磨—浮选—絮凝脱铌”综合回收铁、稀土、铌研究成果进行了工业试验，当时是将包钢选矿厂二系列按“混合浮选—絮凝脱铌”工艺流程要求进行了改造，同时进行了从“浮选—絮凝脱铌”流程的尾矿中选铌的研究，采用“酸清洗—浮选—中矿再浮选”的方法，获得铌精矿含 Nb_2O_5 6.33%，回收率41.85%和次铌精矿含 $Nb_2O_5$1.29%、回收率25.88%的指标。

赣州冶金研究所采用“磁选—重选—浮选—磁选”的方法，获得铌精矿产率4.75%，Nb_2O_5 品位1.56%、回收率33.60%的试验指标，采用“磁选—重选—浮选—化选”的方法，获得铌精矿产率4.25%，Nb_2O_5 品位1.98%，Nb_2O_5 回收率38.41%的试验指标。

东北大学采用细筛分级，摇床重选首先脱除产率约55%的脉石矿物，而后进行铌、铁混合浮选得到粗铌铁精矿，粗铌铁精矿分别用浮选法和磁选法进行分离，得到铌精矿和铁精矿，铌精矿产率6.56%，品位含 $Nb_2O_5$1.55%、Nb_2O_5 回收率43.64%；铁精矿产率21.47%，含 Nb_2O_5 0.17%，SFe 62.76%，Nb_2O_5 回收率16.07%，SFe 回收率51.61%。

1994年，长沙矿冶研究院、包头稀土研究院、包钢矿研所、包钢选矿厂等单位在大量试验研究的基础上，利用主、东矿中贫氧化矿4个生产系列（一、二、三、四）“弱磁—强磁—浮选”工艺流程的稀选尾矿（试料主要成分：TFe 26.70%，REO 4.8%，$Nb_2O_5$0.18%；矿物组成：赤褐铁矿35.2%，氟碳铈矿独居石6.2%，萤石21.4%，钠辉石、钠闪石、云母24.2%，铌铁矿0.08%，黄绿石0.04%，易解石0.26%，铌铁金红石0.62%）进行工业分流试验（半工业试验），选定“浮选工艺”和“浮选—磁选联合工艺”流程，工业分流试验的结果为：试验期间生产了含$Nb_2O_5$1.5%、TFe 45%左右的铌精矿近10t，含$Nb_2O_5 \geq$ 2.5%的强磁铌精矿约2t，含$Nb_2O_5$0.9%左右、TFe≥50%铌次精矿约3t[22]。

据有关专家的估算，目前包钢选矿厂的5个中贫氧化矿生产系列，年产稀土浮选尾矿约50万吨，按单一浮选工艺估算，可年产铁品位>60%的铁精矿13万吨，含Nb_2O_5>1.5%的铌精矿2.2万吨；按照“浮选—磁选联合工艺”流程选别稀土浮选尾矿，可年产铁精矿13万吨，含Nb_2O_5>2.5%的铌精矿0.88万吨，含$Nb_2O_5$0.9%左右的次铌精矿1.3万吨，两种工艺的易浮泡沫经摇床重选可年产含REO 30%以上的稀土次精矿约2万吨，或再精选可年产REO>50%的稀土精矿0.75万吨。由此，选铁的回收率提高5%，达到75%左右，稀土的回收率提高2.5%，而铌的回收率可达到12%左右，社会效益、经济效益将十分显著。

在国内众多知名的科研院所进行技术攻关的同时，1982年，包钢同原西德KHD公司签定了“包头白云鄂博共生矿选矿最佳化试验研究”协议，原西德·卡哈德·胡母伯特·维达克公司（KHD公司）提出采用“弱磁—浮选—强磁—重选—化选”联合工艺流程，综合回收铁、萤石、稀土、铌，其有别于国内研究单位的主要不同点是按有用矿物的可选性特点，依次选出磁铁矿、萤石、赤铁矿、稀土、铌，最后弃尾。赤铁矿的分选是采用正浮选工艺；稀土矿物的分选是采用“正浮选—重选”工艺；而铌矿物的分选是采用混酸浸出、氢氧化铵沉淀的化学选矿工艺。该联合流程虽然生产上没有被采用，但可供继续研究参考。

上述列举的仅是20世纪60~90年代前这一段历史上围绕白云鄂博矿选铌工作的主要研究历程和成果，还有很多的科研院校及单位工作成果未在此一一列出。近十几年，有关白云鄂博矿选铌技术攻关或取得选铌方面的技术成果报道不多，从1963年4月15日，国家科委、冶金部、中国科学院共同召开的北京“4·15会议”即白云鄂博矿综合利用和稀土应用工作会议之后，陆续组织了8次全国性“包头白云鄂博资源综合利用科研工作会议”，这些全国性的会议，影响非常大。时任国务院副总理国家科委主任方毅同志亲自带队七下包头指导工作，极大地推动了包钢的钢铁生产、稀土产业和矿业发展。

9.11.2　铌的赋存特点

白云鄂博矿床中的铌主要赋存于主矿、东矿、西矿等铁矿体及H_8白云岩和

H_9板岩中。其矿床的类型可分为两大类，一类是独立的铌矿体，另一类是共生铌矿体，即铌与其他有用元素（如铁）共生在一起的矿体，主要是主、东矿体。在这两类铌矿体中，独立铌矿体的平均品位较高，如西矿的独立铌矿体平均品位达到0.268%，东部接触带的独立铌矿体平均含Nb_2O_5 0.146%~0.202%。与铁共生的铌矿体平均品位较低，主矿0.141%、东矿0.135%、西矿0.079%。但铌的存在形式主要是以独立铌矿物的形式存在，主要是铌铁矿、黄绿石、易解石、铌铁金红石、包头矿、铌钙矿、褐钇铌矿、褐铈铌矿等8种铌矿物。这些铌矿物在不同的矿石类型和不同的矿体产出部位赋存又各不相同，从而给选矿工作带来了难度。

白云鄂博矿区各矿段铌矿石类型，所含主要铌矿物种类、粒度，含Nb_2O_5平均品位等情况见表9-50。

表9-50 白云鄂博各矿段铌赋存一览表

序号	矿石类型	铌矿物	粒度	平均品位(Nb_2O_5)/%
1	萤石型铌稀土铁矿石 钠辉石型铌稀土铁矿石 钠闪石型铌稀土铁矿石	铌铁矿、黄绿石、易解石、铌铁金红石、包头矿、铌钙矿等	铌铁矿：>0.02mm占55%左右	0.138
	白云石型铌稀土矿石 钠辉石型铌稀土矿石 板岩型铌稀土矿石			
2	白云石型铌稀土铁矿石（氧化带） 白云石型铌稀土铁矿石 云母闪石型铌稀土铁矿石	铌铁矿、易解石、黄绿石、铌钙矿、铌铁金红石、褐钇铌矿	铌铁矿：>0.02mm占95%	0.079
3	白云石型铌稀土矿石 云母闪石型铌稀土矿石 板岩型铌稀土矿石	铌铁矿、易解石、黄绿石、铌铁金红石、铌钙矿、褐钇铌矿、包头矿、铁矿、钛铁金红石	铌铁矿：>0.02mm占95%	0.268
4	磁、铁矿化白云石型铌矿石	易解石、铌铁矿、黄绿石、铌钙矿、铌铁金红石、包头矿、褐铈铌矿	铌铁矿：>0.02mm占85%以上	0.097
5	金云母透辉石型铌矿石 磁铁矿化白云岩型铌矿石 金云母透辉石白云岩型铌矿石	主要矿物：铌钙矿 次要矿物：黄绿石、铌铁矿 偶尔见到：褐铈铌矿、易解石	工业铌矿物：>0.02mm占90%左右	0.174

白云鄂博矿铌的赋存特点还有一个情况需要给予重视的是主、东矿东部的白云石型磁铁矿，该部位的白云石型磁铁矿含 Nb_2O_5一般都大于 0.12%，含 TR_2O_3 大于 8%，进一步分析其主要含铌矿物是铌铁矿，约占到 70%以上。因此，利用这种矿石综合回收铁、铌、稀土应该是工艺相对简单、成本低廉，有前景的一种设想，需要进一步加强铌资源的勘查和研究。

现在所掌握的矿床基础资料，包括范围、储量、资源量、矿物、质量等，都是基于 20 世纪 50~80 年代的勘查成果，主、东矿和西矿 16~48 线的矿产勘查工作达到了勘探要求的详细程度，其余的矿段有的是详查，有的是普查，有的是预查，而预查仅相当于踏勘，这些未查明的潜在矿产资源，将来肯定是需要搞清楚，特别是矿床成因、矿化范围、确切的圈定出矿体界线、确切定位各有用矿物特别是稀土、中重稀土的空间位置、赋存状态，实现精准采矿。在这个过程中，要吸收消化新技术，大力推广应用地矿勘探数据采集技术、地矿数据库和图形库技术、地矿勘查图件机助编制与多维图示技术，以便实现庞杂、浩繁的地质数据形象化、立体化、动态化，提高可视性和推断解释地质原理的准确性、科学性。

10 部分省区稀土矿的开发与利用

10.1 四川稀土矿的开发与利用

10.1.1 采矿

四川稀土矿床属于单一氟碳铈矿型稀土矿床。矿体裸露或埋藏较浅，所有露天矿山均为山坡露天开采，小部分为堑沟式露天开采，局部凹陷露天开采（依据罗丽萍，四川采矿）。

四川稀土矿开采最初仅有冕宁昌兰稀土公司、冕宁县稀土开发有限公司、德昌大陆乡稀土多金属采选试验厂等少数几家企业有组织编制开采设计方案，多数企业属于无设计盲目开采、而且无证开采，乱采滥挖现象严重。鉴于此，凉山州和冕宁县政府于 1995 年进行了第一次矿山清理整顿工作，将稀土矿山企业由 80 多家减少到 30 家。

2011 年，四川省基本完成了稀土采矿权整合工作，将全省 22 宗稀土采矿权整合为 7 宗[23]，分别为四川江铜稀土有限责任公司（牦牛坪稀土矿区）、四川冕宁矿业有限公司（哈哈三岔河稀土矿区）、冕宁县友盛稀土公司（南河木洛稀土矿区硐楼山矿段）、冕宁县阴山稀土采选厂（南河木洛稀土矿区郑家梁子矿段）、冕里稀土矿选厂（里庄羊房沟稀土矿区）、四川汉鑫矿业发展有限责任公司（大陆槽稀土矿 1 号矿体）、西昌志能公司（德昌大陆槽稀土矿 3 号矿体）。为实现四川省稀土矿产资源集约化、有序化、规模化开采奠定了基础。

2014 年 3 月，四川汉鑫矿业公司完成技术升级改造，规模扩大至 3500t/d。

2016 年，江铜稀土采矿场和选矿厂建成，矿山开采全部改为露天采矿，选矿厂设计处理规模为 2500t/d。

四川凉山冕宁和德昌稀土精矿生产能力（REO）见表 10-1，选矿技术指标见表 10-2。

表 10-1 四川凉山冕宁和德昌稀土精矿生产能力（REO） (t)

企业名称	项目设计产能	实际产能	获国家生产开采指标情况
四川江铜公司	30000	14500	各年均获得工信部、国土资源部稀土指令性计划
汉鑫矿业公司	5460	4200	各年均获得工信部、国土资源部稀土指令性计划
德昌厚地稀土公司	10000	1320	各年均获得国土资源部采矿指标

续表 10-1

企业名称	项目设计产能	实际产能	获国家生产开采指标情况
冕宁稀土矿业公司	—	—	获工信部、国土资源部指令性计划，项目设计中
冕里稀土采选公司	5000	1600	获工信部、国土资源部指令性计划
合 计	50460	21620	

表 10-2 四川凉山冕宁和德昌主要稀土矿选矿技术指标 (%)

矿 区	平均入选矿石品位	选矿回收率	磁精矿品位	浮精品位	尾矿品位	备 注
冕宁牦牛坪矿区（四川江铜）	2.78	80	70	63	0.71	主矿体、已剥离
大陆乡1号矿体（汉鑫矿业）	2.50	60.1	68	53	1.19	主矿体、部分剥离
大陆乡号矿体（德昌厚地稀土）	2.50~2.80	60.1	64	49	1.20	部分剥离
三岔河矿体（冕宁稀土矿业）	—	—	—	—	—	整合后尚未开展采选工作
冕宁里庄羊房沟（冕里稀土采选）	1.20	55	68	—	0.7	全剥离

10.1.2 选矿

四川氟碳铈矿资源集中分布在冕宁县的牦牛坪和德昌县。冕宁牦牛坪稀土矿属单一氟碳铈矿轻稀土型；针对冕宁牦牛坪稀土矿，四川江铜稀土有限责任公司采用分级入选—强磁抛尾的重、磁、浮联合工艺流程，回收稀土矿中的有用元素。

冕宁牦牛坪稀土矿石中的共（伴）生有用矿物主要是方铅矿、辉钼矿、钼铅矿、重晶石、萤石。四川江铜稀土有限公司采用浮选的方法，回收稀土尾矿中的重晶石矿物和萤石矿物。稀土选别的尾矿经一段粗选、四次精选得到重晶石精矿，粗选尾矿经“一段粗选四次精选”后得到萤石精矿。尾矿通过隧洞堆存瓦都沟尾矿库，最终坝高 2460m，总容积 2419 万立方米，有效库容 1814 万立方米，可为矿山服务 24 年。尾矿库设有上游拦洪坝、排洪隧道。尾矿库下游设有截渗坝及渗水回收设施。年产稀土精矿 4.9 万吨（REO 含量 3 万吨）、萤石精矿 15 万吨、重晶石精矿 15 万吨，同时开展钼矿、铅矿回收项目。

德昌大陆槽稀土矿经初步查明矿物有 37 种，其中稀土矿物种类较少，主要为氟碳铈矿矿物相产生，原矿预先筛分，粗—细分离选矿技术和“重选—强磁—浮选”联合流程的工艺方法回收氟碳铈稀土矿。原矿按粒度分为不同颗粒矿群，分别采用重选方法回收粗颗粒矿群中的氟碳铈矿；磁选方法回收中颗粒矿群中的氟碳铈矿；浮选方法回收微细颗粒矿群中的氟碳铈矿。

10.1.2.1 矿物的自然组合类型及特征

矿床中矿物的自然组合类型主要有霓辉石、重晶石、黑云母、氟碳铈矿四种，这种类型组合的特征是矿物晶体粗大，氟碳铈矿是粗晶板状与造岩矿物互相嵌生，或其本身呈一种板状晶簇。霓辉石和重晶石都已经风化，霓辉石只保留空洞，空洞中全是铁、锰质黑色氧化物，重晶石呈骸晶被保留下来，这种共生组合的矿石具有很大的工业价值。

10.1.2.2 矿石性质

矿石风化严重，霓辉石多已风化为褐黑色土状粉末，氟碳铈矿风化弱已成碎片，结晶粒度较粗。矿石中发现的矿物有 20 多种，主要为方铅矿、辉钼矿、黄铁矿、彩钼铅矿、褐铁矿、针铁矿、磁铁矿、钠铁闪石、石英和长石等。其中主要矿物种类含量氟碳铈矿为 4.57%，方铅矿 0.81%，萤石 10.01%，钠铁闪石 10.32%，长石和石英之和为 20.52%，重晶石 33.44%，霓辉石 7.38%，方解石 4.39%，褐铁矿 3.45%，黑云母 3.07%，磷灰石 1.15%，其他 0.84%，总计 99.68%。

四川主要稀土矿物是氟碳铈矿，其次含极少量的氟碳钙铈矿。矿石的多元素分析列于表 10-3。

表 10-3 四川氟碳铈稀土矿的多元素分析结果 (%)

元素	REO	Fe_2O_3	FeO	SiO_2	BaO	CaO	Al_2O_3	K_2O
含量	3.70	4.00	0.43	31.00	21.97	9.62	4.17	1.39
元素	Na_2O	MgO	Pb	MnO	P_2O_5	F	S	CO_2
含量	1.35	1.10	0.81	0.73	0.55	5.50	5.33	4.11
元素	TiO_2	Nb_2O_5	SrO	ThO_2	U	Mo	Bi	Ag
含量	0.40	0.023	0.75	0.05	0.02	0.007	0.037	7.6

矿石的差热分析表明，原矿中含有一定数量的黏土矿物蒙脱石、针铁矿及水云母等可吸附一些稀土元素，高的矿样吸附稀土可达 0.2%左右，吸附稀土含量较高。

10.1.2.3 稀土在各粒级中分布

矿石碎后，经筛分分级，测出各种粒级中稀土含量见表 10-4。

表 10-4 矿石碎后各粒级的稀土分布 (%)

粒级/mm	A 号矿体矿石			B 号矿体矿石		
	产率	品位（REO）	占有率	产率	品位（REO）	占有率
+0. 076	7. 47	1. 99	5. 36	19. 71	3. 34	17. 15
-0. 076～+0. 045	13. 045	3. 01	14. 45	22. 86	4. 40	26. 13
-0. 045～+0. 0385	9. 03	3. 27	10. 62	6. 85	3. 89	7. 01
-0. 0385～+0. 030	12. 21	3. 01	12. 25	7. 58	4. 60	9. 09
-0. 030	58. 25	2. 70	56. 62	43. 00	3. 64	40. 52
-0. 030～+0. 025	—	—	—	3. 82	9. 26	9. 09
-0. 025～+0. 020	—	—	—	3. 29	4. 65	3. 90
-0. 020～+0. 015	—	—	—	3. 16	3. 89	3. 12
-0. 015	—	—	—	32. 73	2. 86	24. 41
合　计	100. 00	2. 78	100. 00	100. 00	3. 85	100. 00

10. 1. 2. 4 *矿石矿泥*

矿泥对分选的影响很大，对1号矿体的原矿脱泥与不脱泥进行浮选，比较结果列于表10-5。

表 10-5 1号矿体原矿脱泥浮选对比 (%)

脱泥方式	产品名称	产　率	品位（REO）	回收率
不脱泥直接浮选	粗精矿	21. 04	10. 20	74. 46
	尾矿	78. 96	0. 93	25. 54
	原矿	100. 00	2. 88	100. 00
预先脱泥浮选	粗精矿	4. 85	41. 86	70. 73
	尾矿	70. 34	0. 43	10. 45
	矿泥	24. 81	2. 18	18. 82
	原矿	100. 00	2. 87	100. 00
重选脱泥—浮选	浮选粗精矿	2. 85	62. 13	65. 10
	浮选尾矿	30. 61	1. 08	12. 15
	摇床尾矿	66. 64	0. 93	22. 75
	原矿	100. 00	2. 72	100. 00

原矿脱泥再浮选，品位会明显增高，脱泥的方式有两种，都已做过较深入的研究。

（1）预先脱泥。采用一般的脱泥方法在浮选之前先用水洗，然后沉降除泥。

（2）重选脱泥。在摇床上处理，进行脱泥，同时抛去了一部分轻矿物，使稀土得到富集，比用一般脱泥方法更好、脱泥量更大、分选效果更佳。不同脱泥方式药剂用量产率、稀土品位和回收率对比见表 10-6。

表 10-6 不同脱泥方式最终结果

矿体	方 案	药剂用量/kg·t^{-1}	产率/%	品位（REO）/%	回收率/%
A 号	预先脱泥—浮选	13.8	1.75	66.29	40.85
	重选脱泥—浮选	4.58	2.12	68.24	53.63
B 号	预先脱泥—浮选	14.94	3.70	67.00	66.84
	重选脱泥—浮选	2.14	3.75	69.07	66.92

“重选脱泥—浮选”工艺，由于脱泥更彻底，药剂用量明显低于“预先脱泥—浮选”工艺，且稀土精矿品位也有增加。因此，四川氟碳铈稀土矿在选矿生产中主要是要防止矿石泥化，并且要求在选矿生产中增加脱泥工艺，最大限度地采用好脱泥设备，以排除矿泥的干扰。

10.1.2.5 “重选脱泥—浮选”流程

将原矿磨至-0.074mm，占 92%，用摇床甩掉矿泥和部分轻的脉石矿物，再用水玻璃做抑制剂，碳酸钠做调整剂，异羟肟酸钠作捕收剂浮选稀土，经一次粗选，两次精选获得稀土精矿和稀土次精矿两种产品。

10.1.2.6 “预先脱泥—浮选”流程

同样将原矿磨至-0.074mm，占 90%，水洗脱去部分矿泥，用水玻璃做抑制剂，碳酸钠做调整剂，异羟肟酸钠做捕收剂，二次精选得到稀土精矿和稀土次精矿。两种流程选别指标都能达到要求。相比之下，“重选脱泥—浮选”工艺流程较为理想，选别指标更好。

10.1.2.7 “重选—浮选联合”工艺流程

在矿石磨矿工艺中，为防止氟碳铈矿过磨泥化，原矿在入磨之前先用水筛洗涤矿泥和筛出细粒矿石物料。然后与磨矿得到细粒物料混合，粗略地进行水力分级，分成粗粒、较粗粒、细粒、更细粒及矿泥五个部分分别进行摇床扫选，所得精矿与各粒级摇床精矿混合得到氟碳铈矿精矿，含 REO 为 30%~50%，供冶金生产稀土合金用。生产实践表明，由于氟碳铈矿晶体硬度小且脆性大，在磨矿中很容易过磨，造成矿石泥化，影响重选效果。因此，防止矿石过磨是获得高稀土回收率的关键。

用新药剂 L_{102} 做捕收剂，也进行了“重选—浮选”作业。矿石磨至-0.074mm 占62%，刻槽摇床预选，除去粗粒轻矿物和部分矿泥，获得含 7%~13%的稀土粗产品，经浓缩后同 L_{102}、水玻璃组合药剂浮选氟碳铈矿。重选只充当了预选作业，稀土的作业回收率为 78.05%。浮选作业包括一次粗选，得到含 REO 60.29%，作业回收率 86.32%。对原矿回收率 67.37%的稀土矿，经精矿精选一次可获 REO≥66%的优质稀土精矿，见表10-7。处理1t原矿耗药量1.1kg/t。

表10-7 四川氟碳铈稀土矿重选—浮选技术指标 (%)

作 业	产品名称	REO产率		REO回收率		品位(REO)
		作业	原矿	作业	原矿	
重选作业	稀土精矿	—	30.13	—	78.05	12.51
	尾矿	—	69.87	—	21.95	1.52
	原矿	—	100.00	—	100.00	4.83
浮选作业	高品位稀土精矿	15.37	4.63	81.76	63.81	66.56
	中矿	2.54	0.77	4.56	3.56	22.45
	综合稀土精矿	17.91	5.40	86.32	67.37	60.29
	尾矿	82.09	24.73	13.68	10.68	2.09
	给矿	100.00	30.13	100.00	78.05	12.51

10.2 山东微山稀土矿的开发与利用

10.2.1 采矿

山东微山湖稀土有限公司始建于1971年5月，原名715试验场，为全资国有企业。1974年，更改为“郗山稀土矿”，后因通信及地源问题，更改为山东省微山稀土矿。2011年8月，与中国钢研科技集团等三家企业合资组建成立股份制矿山企业，成为央企直属二级子公司。

微山矿目前采用地下开采，是山东省唯一的稀土矿山企业，矿山多年来一直采用浅孔留矿法采矿，事后尾砂充填采空区。矿山目前已有完整的开拓系统，开拓方式为中央下盘竖井开拓，在两翼设有回风斜井，主竖井布置于8勘探线附近、矿体下盘岩移界线20m外，最低开采水平为-160m，自上而下共设-40m、-100m和-160m共三个中段，+20m水平为上部回风水平。东部矿房为极薄矿脉，厚度一般为0.2~0.9m，矿房沿矿体走向布置，长度50~60m左右，矿房顶、底柱各为3m，间柱6m，采用底部漏斗放矿，矿房生产能力为50t/d，一般采幅控制在0.8~1.2m以内；西部矿体为12号脉，矿体厚度为3~5m，矿房沿矿体走向布置，长度40~50m左右，矿房顶柱为6m，间柱6m，采用无底柱进路采矿，矿房生产能力为150t/d，贫化率为10%左右。

工业场地、办公生活区布置在主井东南侧附近，包括办公楼、食堂、宿舍、锅炉房、仓库、机修间、变电所、空压机房、提升机房等。

10.2.2 选矿

10.2.2.1 矿石性质

山东氟碳铈稀土矿产于碱性正长岩、片磨岩等各种后期岩浆岩，以脉状产出。组成矿脉的矿物有氟碳铈矿、氟碳钙铈矿、铈磷灰石、少量独居石、钠铁闪石，其次为黄铜矿、黄铁矿、辉钼矿、方铅矿、闪锌矿、磁铁矿和钙钛矿等。脉石矿物有碳酸盐、重晶石、石英、萤石及少量白云母等。其中主要稀土矿物为氟碳铈矿，呈浅黄色、浅黄绿色、蜡黄色及红褐色。半自形板状、柱状及它形粒状，与重晶石、方解石、霓辉石、长石、石英、萤石等矿物连生，属于易解离类型矿石。例如，当磨矿细度为-0.074mm 占 75%时，稀土矿物单体解离度为 89.41%，稀土矿物的嵌布粒度 98%在+0.044mm 范围，脉石矿物的嵌布粒度主要在 0.5mm 范围内。

在矿床地表所产生的矿石，主要为疏松土状，浸染状构造。由风化的氟碳铈盐稀土矿物、赤-褐铁矿、软硬锰矿、黏土、石英及重晶石等矿物组成。

山东氟碳铈稀土矿的矿石稀土品位较低，分散量大，矿泥和伴生易浮矿物多。主要伴生矿物量及稀土元素平衡计算见表 10-8。

表 10-8 主要矿物及稀土元素平衡计算 (%)

矿物名称	稀土矿物	褐铁矿	重晶石	长石	石英	云母	磁铁矿	其他	合计
矿物含量	6.93	18.22	35.69	4.53	21.29	12.29	0.50	0.73	100.00
REO	70.00	0.45	0.05	0.30	0.05	0.05	—	—	—
稀土金属含量	4.85	0.08	0.02	0.01	0.01	0.01	—	—	4.98
占有率	97.39	1.65	0.36	0.36	0.21	0.12	—	—	100.00

矿石的组成较复杂，多元素分析见表 10-9。

表 10-9 矿石的多元素分析 (%)

元素	REO	$BaSO_4$	TiO_2	P_2O_5	MnO	TFe	SiO_2
含量	4.85	35.69	0.15	0.34	0.26	9.25	29.65
元素	CaO	MgO	Al_2O_3	S	Na_2O	K_2O	CO_2
含量	0.36	0.42	5.52	4.87	1.36	1.44	2.13

稀土元素主要赋存于氟碳铈矿和氟碳钙铈矿，共占稀土总量的 80.09%。独居石等其他稀土矿物占 17.30%，在脉石矿物中的分散量为 2.61%。氟碳铈矿和氟碳钙铈矿含氧化稀土分别为 77.80%和 66.78%，含矿综合平均为 70.43%。原矿含大量胶质矿泥，-17μm 含量矿粒在 10%以上，给分选带来一些困难。

10.2.2.2 矿石的可选性

众所周知，氟碳酸盐稀土矿物与硅酸盐矿物的分离比较容易，但与重晶石、褐铁矿的分离是比较困难的。因为它们有相近的比重和浮游度，而且在山东氟碳铈稀土矿石中共生密切。由于褐铁矿高度风化成矿泥，致使稀土矿物与褐铁矿的分离更加困难。

若采用“重—浮流程”可以提高稀土精矿的品位，也可以避免矿泥对浮选的干扰和降低浮选药剂的消耗，但该选矿工艺比较复杂，增加了重选工序，不利于工业生产。

山东氟碳铈稀土矿的选别试验进行了许多研究，分别使用过油酸、802、804和邻苯二甲酸作捕收剂。

在 pH = 10 时稀土矿物浮选最好，但精矿品位低；pH = 6 时，重晶石和碳酸盐矿物受到抑制，稀土精矿品位与回收率均较高。

10.2.2.3 选矿工艺

根据现场选矿工艺流程及生产实践，碎矿系统采用两段一闭路破碎流程，磨选系统采用一段闭路磨矿加单一浮选工艺流程。

入选矿石地质品位3.98%，入选品位3.70%，获得精矿产率为7.86%，回收率为85%、品位40%的稀土精矿的生产技术指标。

A 工艺流程

参照生产实践流程，确定选矿工艺流程如下：原矿经过两段一闭路破碎，一段闭路磨矿，采用单一浮选工艺流程。

粗碎：选用400mm×600mm颚式破碎机一台，排矿口为100mm，排矿最大粒度175mm。

细碎：选用250mm×1000mm颚式破碎机一台，排矿口确定为10mm。

磨矿、分级：选用 ϕ2100mm×3000mm 格子型球磨机一台。磨矿细度确定为-0.074mm占70%。选用一段闭路磨矿流程。

分级：分级选用 ϕ2000mm 单螺旋高堰式分级机与 ϕ2100mm×3000mm 球磨组成闭路磨矿系统。

选矿：根据选矿流程试验，设计采用单一浮选工艺流程，即粗选、二次扫选、二次精选。

脱水：稀土精矿脱水选用浓缩、过滤两段脱水流程。

选矿工艺流程如图10-1所示。

B 作业条件

设计确定选择磨矿细度为-0.074mm，占70%。

浮选作业时间：粗选15min。

扫选：15min。

精选：12min。

C 选矿技术指标

选矿流程试验指标设计根据实际情况进行了调整，设计技术指标见表10-10。

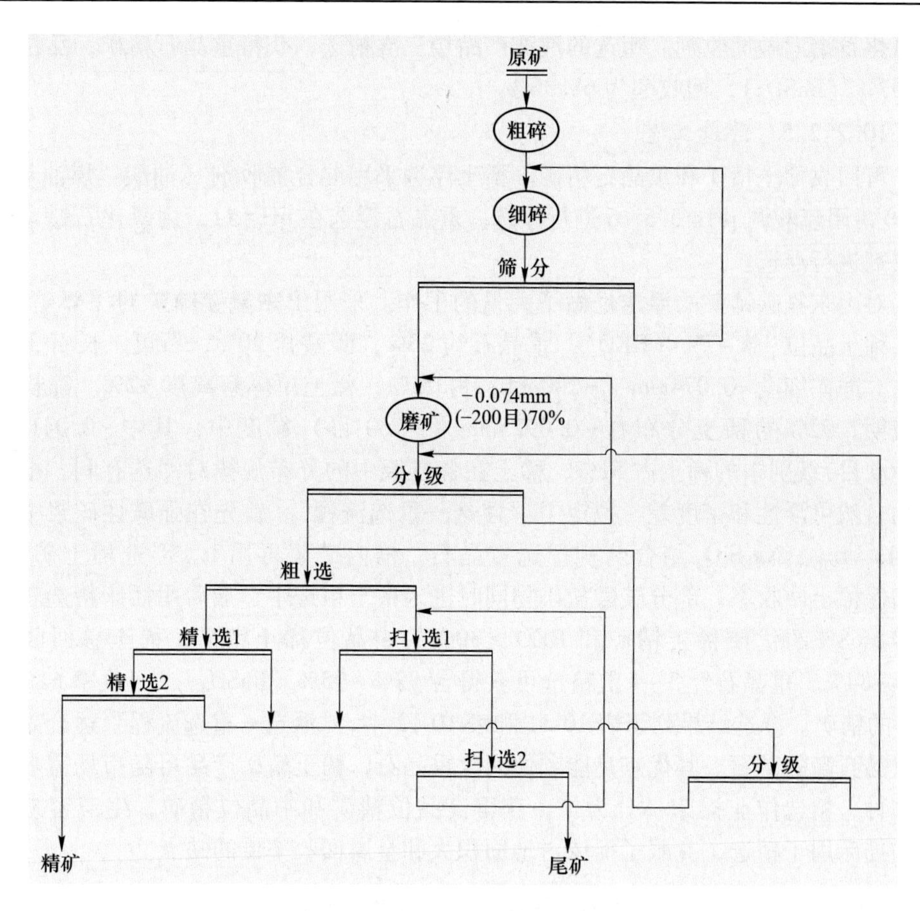

图 10-1　选矿工艺流程

表 10-10　技术指标表　（%）

名　称	产　率	品　位	回收率
稀土精矿	7.86	40.00	85.00
尾矿	92.14	0.602	15.00
原矿	100.00	3.70	100.00

10.2.2.4　重晶石的回收

重晶石是重要的钡盐矿物，也是重要的无机化工原料，广泛应用于涂料，化工和电子工业。山东氟碳铈稀土矿的矿石中重晶石含量高达35.69%，具有很大的回收价值，应加以综合利用。

稀土浮选尾矿中重晶石含量由浮选给矿时的39.17%富集到44.43%（$BaSO_4$）。重晶石属于易浮矿物，从稀土浮选尾矿中直接浮选重晶石，用氢氧化钠作为调整剂，使矿浆pH值控制在11，用水玻璃抑制硅酸盐矿物和铁矿物等，用氧化石蜡皂做捕收剂。粗选的泡沫产品经三次精选，获得重晶石精矿，品位为95.57%（$BaSO_4$），回收率为68.36%。

10.2.2.5 浮选工艺

可回收稀土精矿和重晶石精矿。稀土浮选采用混合捕收剂（油酸：煤油=1：1~2），用硫酸调pH=5.5~6进行浮选。重晶石浮选在pH=11，用氧化石蜡皂作捕收剂进行浮选。

对山东氟碳铈矿的浮选也做了大量的工作。采用山东氟碳铈矿的深部矿石，原矿稀土品位3%~7%（REO），重晶石约25%，碳酸盐20%，石英、长石30%左右。磨矿细度-0.074mm（-200目）占75%，稀土单体解离度92%。筛析结果表明，92%的稀土分布在-0.0925mm（-160目）粒度中，其中-0.041mm（-360目）级别中的稀土占51%，稀土在各粒级中的分布规律对浮选有利。根据矿物自然可浮性和密度差，拟定了“浮选—重选流程”。首先在强碱性矿浆中用NaOH、L_{101}、Na_2SiO_3组合药剂浮选重晶石，槽内矿浆再用L_{300}浮选稀土矿物，为确保稀土回收率，部分碳酸盐矿物同时进入稀土粗选中，最后用摇床精选获得REO≥68%的优质稀土精矿和REO≥30%的中品位稀土精矿，稀土总回收率77%~84%，重晶石经3~4次精选可获得含92%~95%（$BaSO_4$），回收率61%~68%的精矿。浮选结果列于表10-11和表10-12中。“浮选—重选流程”适合处理含重晶石高的矿石。其优点是能顺便回收重晶石，稀土精矿产品可随市场需求调整品种，精选作业摇床一分为二，获得高品位精矿和中品位精矿，生产容易控制，摇床用于精选，克服了摇床占地面积大和金属回收率低的缺点。

表10-11 浮选—浮选—重选工艺指标 （%）

产品	高品位精矿		中品位精矿		矿泥		尾矿		反浮泡沫	
矿样	A矿	B矿	A矿	B矿	A矿	B矿	A矿	B矿	A矿	B矿
产率	4.577	2.36	9.023	4.70	2.23	1.36	75.53	63.69	13.87	27.89
品位（REO）	68.49	68.67	30.08	31.53	6.00	3.70	1.09	0.41	1.85	0.99
回收率（REO）	44.09	43.92	38.18	40.16	1.88	1.36	16.06	1.43	5.00	7.48

注：原矿中A矿品位5.00%（REO），B矿品位7.84%（REO）。

表10-12 重晶石浮选指标 （%）

产品	技术指标				
	产率	品位（REO）	品位（$BaSO_4$）	回收率（REO）	回收率（$BaSO_4$）
精矿	16.99	0.02	92.98	0.04	68.57
中矿3	1.70	1.08	66.31	0.24	4.90
中矿2	5.38	1.58	64.80	1.11	15.15

续表 10-12

产品	技术指标				
	产率	品位（REO）	品位（$BaSO_4$）	回收率（REO）	回收率（$BaSO_4$）
中矿 1	6.84	5.13	27.89	4.60	8.17
尾矿	69.09	10.35	1.07	94.01	3.21
原矿	100.00	7.63	23.04	100.00	100.00
精矿	15.06	0.02	94.78	0.18	61.42
中矿 2	6.27	0.93	75.72	0.77	20.43
中矿 1	7.25	3.73	41.67	3.41	13.00
尾矿	71.42	9.82	1.71	95.63	5.15
原矿	100.00	7.33	23.28	100.00	100.00

采用同样的矿石也进行了全浮选的工艺流程研究，使用高效捕收剂合成的新型芳烃羟肟酸，代号 L_{102}，配合适量的水玻璃和起泡剂，在弱碱性（pH=8.0~8.5）的矿浆介质中，优先浮选氟碳铈矿。原矿经一次粗选，四次精选。四次精选的中矿 1、中矿 2、中矿 3 和中矿 4 合并，得到中品位精矿，含 32%~34%（REO），四次精选后的精矿稀土品位为 67%~68%（REO）。稀土总回收率可达到 90%以上，处理 1t 原矿的药剂总用量为 3.1~3.5kg。全浮选指标列于表10-13。全浮选流程的特点是能得到高稀土回收率和高品位精矿，但没有考虑回收重晶石。

表 10-13 山东氟碳铈矿全浮选流程工艺指标 (%)

产品	原矿 REO	高品位精矿			中品位精矿			尾矿		
		产率	品位（REO）	回收率（REO）	产率	品位（REO）	回收率（REO）	产率	品位（REO）	回收率（REO）
C-1	6.06	5.43	68.48	61.39	5.08	34.83	29.20	89.49	0.64	9.41
C-2	6.00	5.16	67.52	58.17	6.69	32.88	36.66	88.15	0.35	5.17
C-3	6.18	5.42	67.41	59.06	5.20	35.77	30.10	89.38	0.75	10.84
平均	6.08	5.34	67.81	59.58	5.65	34.34	31.93	89.01	0.58	8.49

在 pH=5 的常温下用邻苯二甲酸，对山东氟碳铈矿选择性捕收，获得了含 REO 69.55%，纯度为 98.75%，稀土回收率为 64.47%的高纯氟碳铈矿精矿。该矿目前采用全浮流程回收稀土精矿，并建成了日处理 1t 精矿的湿法冶炼车间，可生产各种品级含 REO 大于 30%~70%的稀土精矿和氯化稀土等。

10.3 离子型稀土矿的开发与利用

10.3.1 浸矿工艺的演变[24]

离子型稀土矿是我国独有的稀土矿种，最初采用露天开采和池浸方式，造成严重的水土流失。针对池浸工艺资源利用率低，水土流失严重等问题，我国科技工作者进行了长期的研究和实践，依据地下水动力学理论，开发了均衡布液、充分浸矿、密集导流孔截留、防渗处理集液工程等新技术，并开发了与该工艺相配套的专用设备和自动控制技术，采用电解质水溶液进行离子交换浸出稀土的方法，并逐步发展成三代浸出稀土工艺。

10.3.1.1 离子型稀土矿第一代“露采—池浸”开采工艺

原则流程：地表植被清除→剥离表土（无矿层）→矿体开挖→矿石搬运→在异地建筑的“浸矿池”中注入浸矿剂浸矿→浸出液进入除杂池除杂→尾矿渣搬运异地建筑的“尾矿场”中→沉淀池中稀土沉淀，得混合稀土富集物（碳酸或草酸稀土）→稀土沉淀物压滤、脱水→灼烧后得混合氧化稀土。

工艺流程参见图10-2。

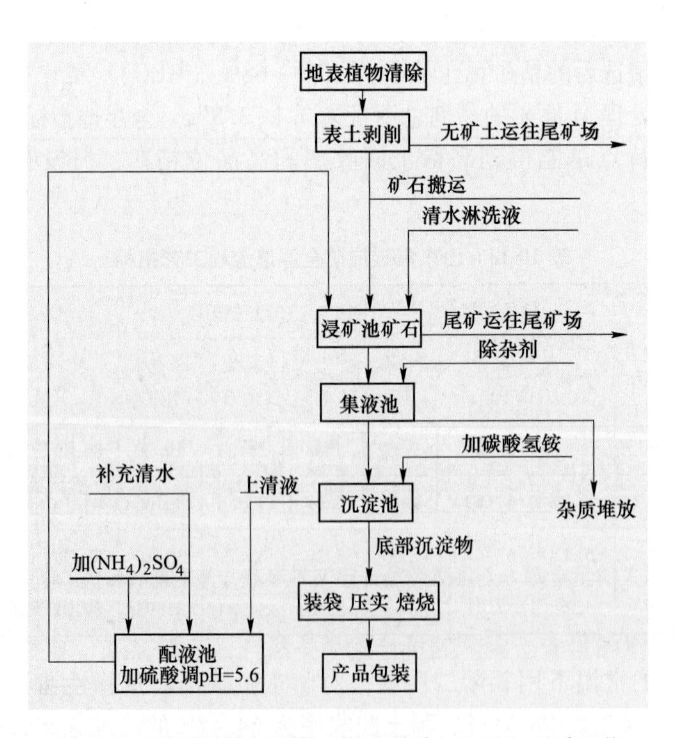

图10-2 离子型稀土矿第一代“露采—池浸”开采工艺

工艺特征：为典型的“搬山运动”与“异地浸矿”。

主要贡献：实现了中重稀土工业化的生产，满足了市场的需求。1985 年该项目获国家发明奖。

主要优点：建矿投资少、周期短、浸矿充分（浸矿层厚度小，一般为 1.5m 以内）、机动性强、工艺技术简单。

主要缺点：每生产 1t 混合稀土氧化物，约需消耗 1200~2000t 矿石，同时还将伴随产生尾砂 1200~2000t，砂化面积约 1 亩。所以，该工艺使矿区丧失水土保持功能，地表植被荡然无存，裸露山体治理困难，大量尾砂排放后，淹没农田、公路，淤塞、抬高河床，土地沙漠化，生态严重破坏；资源利用率低，一般在 40%左右（要求开采品位较高，在 0.08%以上，否则丢弃不采）；劳动强度大；劳动生产率低，生产产能很小；严重污染地表水系。在第二代工艺“原地浸出”工艺发明后，20 世纪 90 年代后期，国家产业技术政策将其淘汰。

10.3.1.2 离子型稀土矿“原地浸矿工艺”的研发过程

由于“池浸工艺”存在资源利用率低及对环境破坏特别巨大等突出缺点，离子型稀土资源的开发迎来了新一代的提取工艺“原地浸矿工艺”。“原地浸矿工艺”以其独特、鲜明的工艺特征，克服了第一代“池浸工艺”所存在的关键性缺陷，其研究过程可简单地分为以下几个阶段。

A “六五”期间的早期酝酿与探索试验阶段

“六五”期间，充分认识到池浸生产工艺造成了矿区丧失水土保持功能，地表植被荡然无存，裸露山体治理困难，大量尾砂排放后淹没农田、公路，淤塞、抬高河床，土地沙漠化，生态失去平衡。赣研所科技人员萌发采用“原地浸矿”的做法来解决这一问题。因此，在离子矿生产现场进行了“尝试性”的“原地浸矿”早期探索工作，但未获得有益结果。

B “七五”省、部级重点科技攻关——离子型稀土矿就地浸取工艺探索试验阶段

1986 年，原江西省科委和原中国有色金属工业总公司分别向赣研所下达“不搬山、无排尾、对生态环境破坏轻微和污染小”的“离子型稀土矿就地浸取工艺探索试验”研究任务，该项研究课题被分别列入省、部级“七五”重点科技攻关任务。科技人员努力探索各种技术方案，经充分讨论后认为，欲达到有效地实施“原地浸矿”的目标，从技术上必须解决两大核心难题：一是必须保证离子相稀土能在原地被有效地“浸出”，为此，技术上有“加压渗浸”和“自然渗浸”两套方案；二是必须保证浸出母液被有效地回收，防止其流失，为此，需在矿体内部适当位置封底、堵漏，从技术上有“真空负压”（邵亿生教授级高级工程师提出）与“高压旋喷”（唐宗和教授级高级工程师提出）两套方案，以形成人造假底，兼作收液。

1987年1月至1988年底，课题组在大量的实验室模拟工作基础上，于龙南联合中试厂选择两个废弃矿块地段，分别进行了矿石量250t和164t的两次现场原地浸矿探索试验。

采用的主体工艺技术如下：

（1）注液技术：沿矿体底板收液层水平，进行局部的松动爆破，以提高收液率；在矿体表面布设常压注液沟槽，并在沟槽中适当布设压力注液孔，进行浸矿液常压和压力注液。

（2）收液技术：在矿体下部收液水平布设负压孔，以负压封底，形成人工底板，同时负压孔兼作收液孔。

试验结果：在含矿山体原矿品位0.045%~0.06%的条件下，获得稀土浸出率92.0%、浸出液回收率66.07%、稀土浸取回收率68.88%、稀土母液平均浓度1.26g/L、浸取后原地尾矿品位0.0038%的良好指标。1989年5月，该研究课题经专家评议，给予高度评价，认为该工艺具有不搬山、无排尾、对生态环境破坏轻微和污染小等特点，具有重大的社会效益，为我国南方离子型稀土矿开采开辟了新的途径，建议上级“尽快组织工业试验”。

此次离子型稀土矿就地浸取工艺探索试验解决了离子型稀土矿原地浸取的可能性问题。

C “八五”国家科技攻关阶段（工业化生产试验）

原地浸矿探索试验的成功极大地鼓舞了人们的信心，也得到了上级领导部门的高度重视。

1991年7月，原国家计委下达“八五”国家重点科技攻关任务，由赣研所和长沙矿冶研究院、长沙矿山研究院共同承担“离子型稀土矿原地浸矿新工艺研究”任务，由江西省计划委员会组织实施。攻关要求：（1）矿石开采品位下降至平均工业品位以下；（2）稀土浸取率达70%；（3）成本低于或相当于池浸成本。

首次工业化生产试验是在江西龙南县稀土矿（高钇型稀土矿、裸脚式类型），开展了第一个万吨级矿石量（14697t）规模离子型稀土矿原地浸矿工业试验。

采用的主体工艺技术如下：

（1）注液技术：网井常压注液和钻孔压力注液。

（2）收液技术：“真空负压”收液和利用矿体自然底板作为隔水层条件自流相结合的综合收液。

试验结果：母液回收率83.5%，稀土浸出率92.26%，稀土浸取回收率76.95%。但在原地浸矿工业试验过程中，其母液回收主要体现在矿体自然底板作为隔水层条件下，母液回收自流为主的状况。

第二个工业化生产试验是在江西寻乌县稀土矿（低钇富铕型稀土矿、全复式类型，没有可利用的矿体自然底板作为隔水层的条件）展开，其母液收液方式为“真空负压”（该收液方式主要设备：真空泵、汽水分离器、负压表等），该收液方式为人为监控的间隙式收液方式，供电的连续性要求很高。第二个万吨级规模工业试验取得的主要指标如下：母液回收率 81.5%，稀土浸出率 88.30%，稀土浸取回收率 71.33%。

1996 年 1 月，该课题在北京通过国家鉴定和验收。专家鉴定认为：“该工艺成熟可靠，可操作性强，为大面积推广应用提供了先进技术”；“该工艺革除了池浸工艺剥、采、运工序，不开挖山体，不破坏植被，无尾砂排放，对保护生态和环境具有重大意义”；“资源利用率比原工艺有了大幅度提高，达到 70%以上，对保护资源具有重要意义”；“该工艺具有重大的社会效益和显著的经济效益”；“该成果具有国际领先水平”。

该课题的研究成功标志着我国在原地浸析采矿研究领域已跨入国际领先行列，解决了离子型稀土矿原地浸取工业化生产的难题。

10.3.1.3 原地浸矿工艺的主要特点及优越性

与第一代工艺相比，原地浸矿工艺呈现出显著的特点和优越性：

（1）对生态环境影响极小。该工艺不需开挖山体，不破坏地表植被，无工业固体废渣排放，工业用水、余液进入闭路循环。据资料，因各种工程的施工而造成对环境的影响相对第一代工艺而言是微乎其微的。

（2）大幅度地提高资源利用率。原因一是不至于因为“压矿”，而对资源造成损失；二是可将表外储量和未计算储量之矿量一并浸出。据资料，第二代工艺资源利用率普遍达 70%以上，比第一代工艺提高 20%~45%。

（3）较大幅度地降低生产成本。据工业试验指标，新工艺比老工艺单位成本可降低 10%~28%。

（4）如同第一代工艺一样，该技术集地质、地下水动力学、流体力学、化学、采矿、选矿、湿法冶金、计算机模拟技术、机械、自动控制技术等科学技术于一体，在矿山能直接获得 REO≥92%的混合稀土氧化物产品，工艺简单、可靠性强、易于推广。

（5）大幅度地提高工艺技术水平，有利于组织规模化工业生产。

正是由于上述优点，原地浸矿工艺问世后，对于离子型稀土矿山的开采，保持了旺盛的生命力和强大的竞争优势。然而，该工艺技术只在江西龙南县稀土矿（高钇型稀土矿、裸脚式类型）得到全面推广应用。而在江西寻乌县稀土矿（低钇富铕型稀土矿、全复式类型）及其他地区（全复式类型）则未能得到推广应用，究其原因就是全复式类型没有自然底板作为隔水层的条件，且“真空负压”收液条件苛刻，工艺技术复杂。

1999年，针对“八五”成果推广应用的问题。国家科技部下达了“九五”国家重点科技攻关（99-A30-02-02）“复杂地质类型全复式稀土矿原地浸矿试验”课题。课题负责人为袁长林教授级高级工程师，采用密集导流孔+坑道收液方案。

2001年10月，江西南方稀土高技术股份有限公司、赣州所在（离子矿轻稀土类型—寻乌矿）矿体内部施工收液工程，顺利完成国家“九五”重点科技攻关任务，提交了“复杂地质类型全复式稀土矿原地浸矿试验研究报告”。试验规模3万吨级矿量，稀土母液回收率90.5%，稀土综合回收率76.51%。

国家科技部下达了“十五”国家重点科技攻关（2002BA315A-2）“复杂离子型稀土原地浸取新工艺研究”课题。在“十五”期间，国家继续安排了针对不同类型和不同复杂程度的离子型稀土矿“原地浸出工艺”深入攻关任务。赣州所在执行各项任务时，针对不同的具体情况，采取不同的技术措施，均取得较好的科技攻关效果。袁长林教授级高级工程师首次针对注液与收液的关联性，于2003年提出了注-收液的数值模型。即：

$$Q = \frac{1}{1 - \eta}(1 - k)\sigma\delta S$$

式中 Q——每天注液量，m^3/d；

η——母液回收率,%；

δ——矿土渗透系数，m/d（浸出液控制面）；

S——注液面积，m^2；

k——工程控制系数；

σ——矿土饱和含水率,%。

建立了矿山数字化理论，阐明了注液与收液的关联性因素。

2004年，为推广“九五”技术，由袁长林教授级高级工程师、李建中教授级高级工程师、李纯高级工程师、蔡志双高级工程师组建了一个推广试验小组，选择在福建长汀和田杨梅坑稀土矿进行推广应用，前期的四个试验矿块浸出液的回收率只有24%、30%、33%、37.8%，推广失败。试验小组经过更深入研究，首次提出全面截流的人造地板的新概念（切割拉槽工艺），后续的试验结果迅速地使浸出液的回收率提升到80%左右（最高达82.3%），这个具有里程碑意义的工艺提升为以后的工艺完善奠定了技术基础。

10.3.1.4 应用原地浸矿工艺开采离子型稀土矿应特别注意的两个问题

应用原地浸矿工艺开采离子型稀土矿应特别注意地质类型的划分和工艺方法的对应使用。

应用原地浸矿工艺开采离子型稀土矿，要对离子型稀土矿床的地质类型有一个清晰的概念，不同的地质条件是采用不同的工艺方法的。如简单地质条件下（如龙南类型），则采用较简单的集液沟方法处理；在较复杂的地质条件下，则采用导流的方法处理；而在复杂的地质条件下，则采用人造底板全面截流的方法处理，所以其工艺过程不尽相同。

A 离子型稀土矿地质类型的划分

从矿体赋存状况划分为裸脚式离子型稀土矿和全复式离子型稀土矿。

裸脚式是指矿体下部基岩出露基准侵蚀面以上的离子型稀土矿；同时分矿体底部贴近下部基岩矿体和矿体底部远离下部基岩的两种离子型稀土矿体。

全复式是指矿体下部基准侵蚀面以上不出露基岩的离子型稀土矿体。同时分矿体渗透性较差和矿体渗透性好的两种离子型稀土矿体。

按矿体赋存空间状况划分，分矿体底部贴近下部基岩矿体和矿体底部远离下部基岩的离子型稀土矿体。

赣南地调大队还依据地质因素的不同，对“离子矿”类型进行了另外一种划类：一是“全复式风化壳—完全型矿体类型”；二是“全复式风化壳—部分型矿体类型”；三是“裸脚式风化壳—完全型矿体类型”；四是“裸脚式风化壳—部分型矿体类型”。对应不同类型的离子矿，工艺使用效果亦不尽相同。

按开采工艺划分：

（1）简单地质类型。简单地质类型是指矿体下部基岩出露基准侵蚀面以上，并且矿体底部贴近下部基岩的裸脚式的离子型稀土矿和矿体下部基准侵蚀面以上不出露基岩的全复式离子型稀土矿以及矿体底部边界贴近地下水的离子型稀土矿体三种类型。浸出液基本可回收，浸出液回收率一般可达95%以上的地质类型，其储量约占总储量的10%以下。

主要特征是裸脚式矿体底部有自然基岩底板和全复式矿体有地下水封闭，使浸出液不再下渗，予以回收，且对注液强度没有较高的要求。

（2）较复杂的地质类型。较复杂地质类型指全复式离子型稀土矿，但矿体的渗透性较差的离子型稀土矿体和矿体底部远离下部基岩及渗透性较差的裸脚式离子型稀土矿体两种类型。浸出液回收一般是处临界状态的地质类型，采用导流收液时，一般情况下浸出液回收率在50%左右，在3倍于浸出液自然流失量的注液强度时，最高可达70%，可这是一个很难达到的注液强度。该地质类型储量约占总储量的20%以内。

主要特征是矿体的渗透性较差，浸出液的回收难于控制，对注液强度有较高的要求。

（3）复杂地质类型。复杂地质类型是指全复式离子型稀土矿，但矿体的渗透性很好和矿体底部远离下部基岩及渗透性很好的裸脚式离子型稀土矿两种类型。浸出液一般状态是很难回收的地质类型，一般情况下矿体底板不作处理，浸出液回收率在30%以下，但该地质类型储量约占总储量的70%以上。目前，几乎没有采用全面截流的方法处理底板的矿山。

主要特征是矿体的渗透性好，浸出液的回收很难控制，必须采用全面截流的方法处理底板。如果处理到位，对注液强度则没有较高要求。

B 工艺方法、技术的逐步完善

注液技术与方法：自探索原地浸矿工艺开采离子型稀土矿以来，国内众多科研工作者提出了诸多的注液技术与方案，比较集中的是沟槽注液、控速淋喷、网井（网孔）注液、小浅井注液及加压注液等方法与技术。目前，通常使用的是网井（网孔）注液、加压注液方法。

收液技术与方法在不断创新的漫长历史过程中，收液技术与方法在国内众多科研工作者中一直深入试验研究，目标是致力于创造一个不透水的人工矿体底板，让离子型稀土矿浸出液（母液）充分回收。

首先提出的是高压旋喷注浆、真空负压、水封闭方案营造不透水的人工矿体底板法。在实施试验研究过程中，由于高压旋喷注浆方案的设备投资太大未被采用；真空负压方案在实施试验研究过程中被证明技术上是可行的，但使用条件苛刻，工艺复杂，成本较高，在后来的生产过程中未能得到推广应用。水封闭方案针对特定的离子型稀土矿（矿体底部有地下水的矿体）是行之有效的较好技术方案，工业一直沿用至今。

在以后试验研究过程中，针对不同的地质条件，采用不同的收液技术方案，取得了长足的技术进步。

（1）江西龙南县稀土矿（高钇型稀土矿、裸脚式类型），矿体有自然底板作为隔水层条件下，采用自然底板与集液沟相结合的综合收液方式。这种收液方式收液效果显著（一般浸出液的回收率可达95%）、简单易行、成本低廉、经济效果显著，是这类矿体采用的首选收液方式（“八五”国家科技攻关成果）。

（2）在山体较矮（比高小于50m）和渗透性较差的矿体，则采用巷道、导流孔或巷道+导流孔的收液方式收液，是这类矿体普遍采用的收液方式（“九五”国家科技攻关成果）。

（3）在复杂地质类型、渗透性很好的离子型稀土矿体，不论是全复式、还是裸脚式矿体，是很难控制浸出液回收的。该地质类型储量约占总储量的70%以上，必须采用全面截流的方案处理底板。目前，采用全面截流的方法是切割拉槽方式，如果处理到位，对注液强度则没有较高要求（“十五”国家科技攻关成果）。

综上所述，就地质类型的划分和工艺方法的对应使用情况，列于表10-14。

表10-14 离子型稀土矿山原地浸矿开采类型与对应开采技术一览表

地质条件	注液控制	集液沟收液	水封闭收液	巷道集液	导流孔收液	全面截流收液
矿体底部有自然底板（裸脚式）	自然注液	适合	不需要	不需要	（辅助用）	不需要

续表 10-14

地质条件	注液控制	集液沟收液	水封闭收液	巷道集液	导流孔收液	全面截流收液
矿体底部有地下水（全复式）	自然注液	不可用	适合	适合（配合）	适合	不需要
渗透性较差的矿体（裸脚式）	加强注液	不可用	不可用	适合（配合）	适合	适合（配合）
渗透性较差的矿体（裸脚式）	加强注液	不可用	不可用	适合（配合）	适合	适合（配合）
渗透性很好的矿体（全复式）	适当控制	不可用	不可用	（辅助用）	（辅助用）	适合
渗透性很好的矿体（裸脚式）	适当控制	不可用	不可用	（辅助用）	（辅助用）	适合

离子型稀土矿“原地浸矿工艺”开采典型工艺流程图如图 10-3 所示。

10.3.1.5 “原地浸矿工艺”开采技术存在的主要问题

离子型稀土矿“原地浸矿工艺”是化学采矿的溶浸采矿内容之一，溶浸采矿是建立在化学反应和物理化学作用的基础上，利用某些化学溶剂，有时还借助于微生物的催化作用，溶解、浸出和回收矿床或矿石有用成分的新型采矿方法。以一种集采矿、选矿、冶金于一体的新采矿理论和采矿方法，是一门涉及地质、地球化学、水文地质、采矿学、湿法冶金学、物理化学、流体力学等多学科交叉的边缘科学。溶浸采矿可解决许多有色金属、贵金属、稀有金属的开采问题。

溶浸采矿有易地溶浸采矿、就地溶浸采矿和原地溶浸采矿等开采形式，在离子型稀土矿开采过程中主要采用易地溶浸采矿和原地溶浸采矿，即池浸、堆浸和原地溶浸。

离子型稀土矿原地浸矿工艺是多学科交叉的边缘科学，是一个庞大而复杂的系统工程，要全面掌握并非易事。离子型稀土矿的经营者同时又拥有矿山山林经营权，并且离子型稀土矿床又在他们山林经营权范围内的当地村民在主持开采，这样在离子型稀土矿原地浸矿采矿过程中出现问题是必然的。纵观几十年的生产运行状况，离子型稀土矿原地浸矿采矿过程存在的许多重要问题如下：

（1）资源利用率仍偏低。目前采用原地溶浸开采方式，其资源利用率为 40%~60%，主要原因一是现行原地溶浸开采技术水平低，复杂地质类型条件下，其母液回收率只能在 70%左右；二是矿主一时较难掌握该工艺，如在底板状况不理想的情况下，收液工程技术控制不到位，其母液回收率只能在 50%以下，甚至

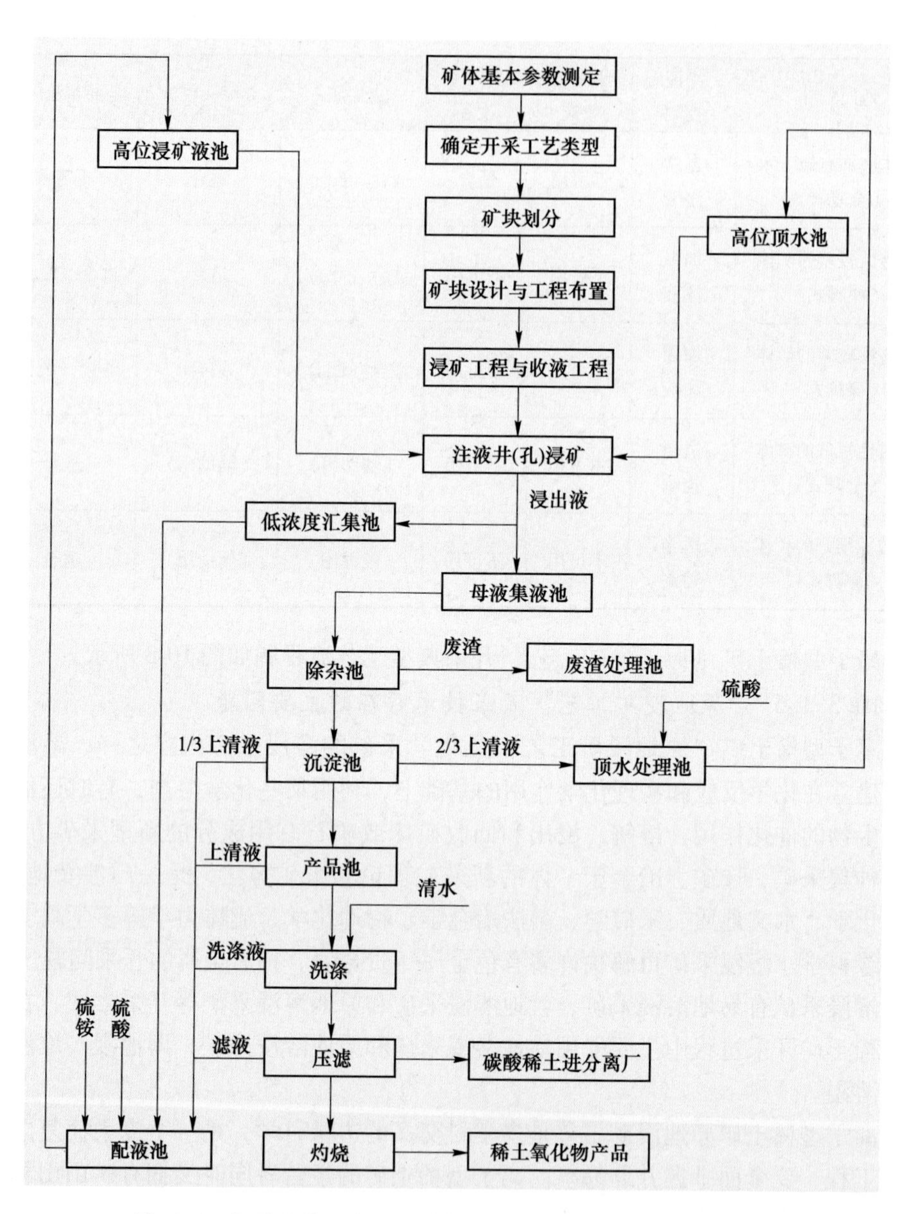

图10-3 离子型稀土矿“原地浸矿工艺”开采典型工艺流程图

颗粒无收，导致非常严重的资源流失现象。

（2）对地下水系的环境污染。原地溶浸开采方式对地下水系的污染主要表现为氨氮超标（实际上是不规范操作引起的）。其产生主要原因一是母液回收率低，使大量含氨氮的母液流入地下水体；二是盲目地增大氨氮注入总量，人为地提高注液浓度（一般都超过2%，有的达到10%以上，事实上，原地溶浸开采离子吸附型稀土是离子吸附型稀土成矿过程的再现，在大自然条件下的电解质浓度可能不到万分之几，甚至更低）。为确保环境与生态，降低氨氮的注入量是非常重要的措施，另外寻找既不污染环境、又不含氨氮的硫铵的代用品是值得探索和研究的。

（3）山体滑坡严重、地质灾害频发。引发山体滑坡现象是矿山在生产过程中人为地加大注液强度和注液量引起的，它使山体含水量长时间处在超饱和状态，山体边坡因水侵入，抗剪切能力下降，发生山体滑坡地质灾害现象是非常普遍的。

10.3.1.6 堆浸工艺的产生

在2000年左右，对生态环境破坏更为严重的堆浸工艺也应运而生，究其原因有如下几点：

（1）离子吸附型稀土由于配分齐全，中重稀土产品市场价值高，分离产能迅速膨胀，小规模的池浸工艺生产远不能满足分离厂的原料供应。

（2）现行原地溶浸开采技术要求高，在复杂地质类型条件下，其母液回收率只能在50%左右，一般矿业主较难掌握该技术，在实施过程中，失误现象严重。

（3）堆浸技术含量低，使得大量仅需要简单原地浸矿技术能够解决的矿体采用了堆浸技术。

（4）堆浸工艺简单、周期短、保障性强，不至于产生大的失误，给偷采盗挖制造了便利条件，致使偷采盗挖现象泛滥。

但堆浸工艺脱离不了池浸工艺剥离搬运矿土的基本操作，因此，严格的说堆浸工艺是机械化的池浸工艺。由于产能较大，又是机械化作业，要求矿土的工业品位较池浸工艺稍低，生产成本较低，资源回收率较高，一般可达70%以上，工艺技术简单也是它出现的优势所在。近十多年来，一些地方由于工程建设的需要，为使工程建设范围内的稀土资源不至浪费，而对含“离子型”稀土的山（矿）体“抢救性”开采，实行“堆浸”开采方式是可以考虑的方式。

原则流程：在有可能堆放稀土的场地平整→做隔水层（垫塑料薄膜）→形成收液系统→地表植被清除→剥离表土（无矿层）→堆矿土（一般用载重汽车挖掘机完成）→加浸矿剂→收液→后处理沉淀→产品（半成品）。

该工艺的主要特点是实现了大规模的生产，与原先的池浸工艺相比产能增加，降低劳动强度（机械化作业），稀土资源利用较池浸有较大的提高，一般可达70%以上，也使较低品位的矿体资源加以利用（一般控制在0.05%以上）。风化壳离子型稀土矿堆浸提取工艺流程见图10-4。

10.3.1.7 生产工艺的优缺点比较

风化壳淋积型稀土矿三种提取工艺比较，见表10-15。

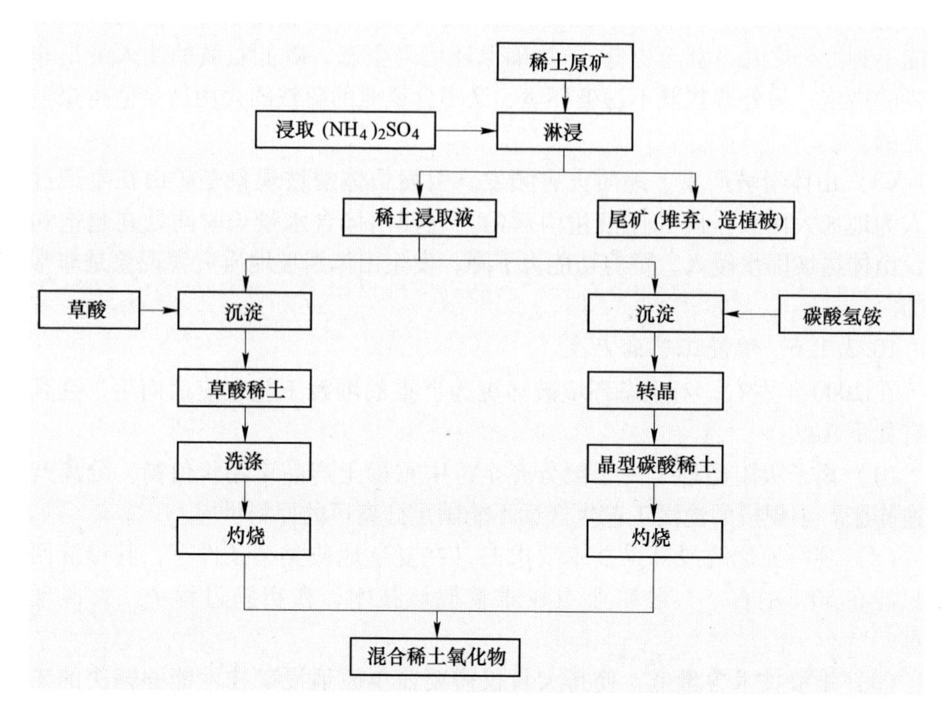

图10-4 风化壳离子型稀土矿堆浸提取工艺流程

表10-15 三种浸取工艺的对比

开采方法	优　点	缺　点
池浸	池内稀土回收率高，工艺技术简单	“采富弃贫”资源浪费大，资源综合利用率很低（$<50\%$），对环境破坏大，造成严重的水土流失危害，产能低，劳动强度大，国家明令禁止采用
堆浸	矿堆内稀土回收率高，生产效率较高，劳动强度低，工艺技术简单可用于拯救性资源开采，如高速公路、工业场地平整	“采富弃贫”资源浪费大，资源综合利用率很低，对生态环境破坏巨大，造成严重的水土流失危害
原地浸矿	资源综合利用率高，生产效率高，对生态环境破坏很小，不破坏植被，不会造成水土流失危害	工艺技术复杂，生产周期长，如处理不当，容易发生山体滑坡

注：洗提剂、沉淀剂使用技术进步曾经历以下四个阶段形成目前的提取方法：（1）最初是氯化钠作为洗提剂，石灰水作沉淀剂，获得混合稀土，产品质量很差。（2）改石灰水为草酸，获得的混合稀土产品质量明显提高，但不稳定。以上两种提取方法无铵介入。（3）改氯化钠为氯化铵或硫酸铵作为洗提剂，草酸作沉淀剂，获得的混合稀土产品质量很好，并且稳定。（4）由于草酸较碳铵成本高一倍以上，大多数矿山采用氯化铵或硫酸铵作为洗提剂，碳铵作沉淀剂。

10.3.2 江西稀土矿开发与利用

江西稀土资源主要集中在赣州，分布在赣州市 17 个县（市、区）146 个乡镇，主要集中在龙南、定南、寻乌、信丰、安远、赣县、全南、宁都等 8 个县，其中，寻乌县以低钇轻稀土为主，龙南县以高钇重稀土为主，其余 6 个县则以中钇富铕型稀土为主，构成了赣州市各具特色，轻、中、重齐全的离子型稀土矿山资源体系。

寻乌低钇轻稀土矿开采方式以往为直接露采，后为保持水土植被增加了原地浸矿采矿法。龙南高钇重稀土矿 1994 年以前开采方式为露天开采，后以原地浸矿开采为主。目前，赣州市稀土矿区已全面推广原地浸矿工艺，该工艺技术成熟。2000 年以前，赣州大部分采用池浸、堆浸等传统工艺开采稀土资源，加上乱采滥挖、采富弃贫，全市境内稀土矿区相当部分已属低品位资源及残次矿体，而且有大量的稀土废水产生，如何将这些稀土尾砂、残次矿体、矿区废水有效的综合利用，变废为宝，保护环境。应用先进工艺和装备推进低品位矿产资源综合利用。

南方离子型稀土资源是战略性资源，但各稀土开采企业往往只开采矿体的高品位部分而把低品位（低于 0.03%）部分丢弃不予开采利用，稀土资源的浪费是非常惊人的。低品位矿体未被利用的主要因素有：

（1）地质探矿矿体圈定品位偏高。由于离子型稀土发现及开采时间只有四十年历史，前期的市场价格较低，导致工业品位确定一般都在 0.08%左右，随着稀土产品市场价格的提升，圈定的品位没有修定，导致低品位资源未被纳入工业可采矿体范围内。由于旧观念的影响，现在的开采利用方案仍然把低品位资源不考虑在可控回收范围内。

（2）技术未能跟进，导致开采低品位资源直接成本较高。个别南方稀土矿山曾尝试着开采品位 0.03%左右的资源，生产中发现：每吨混合氧化稀土产品，消耗硫酸铵浸矿剂多达 35t 之多，硫酸 2t，碳铵 6t，比较高品位资源开采分别增加 6 倍、2 倍、2 倍之多；由于低品位资源浸出母液浓度较低，通常都在 0.2~0.3g/t 之间（一般在 0.8~1.2g/t），每吨动力消耗达 16000 元，较一般矿山开采多耗电 1 倍以上；由于低品位资源浸出母液浓度较低，造成稀土沉淀率下降，使资源回收率降低，劳动效率较低，直接生产成本升高（在 13 万元/吨左右）。

10.3.3 广东离子型稀土矿开发与利用

广东离子吸附型矿床成矿条件好，含离子稀土矿岩石（主要是花岗岩、混合岩及中酸性火山岩）的分布面积广泛，其中仅花岗岩的分布面积即达 7 万多平方千米，比以离子吸附型矿床数目多且储量大而著称的江西内花岗岩面积大得多。

广东又地处热带及亚热带，湿热的气候对于含矿岩石的分解和风化壳型稀土矿床的形成十分有利，显示了广东离子吸附型稀土矿产资源具有极好的前景。广东辽阔的滨海地带，是滨海沉积型稀土砂矿床的良好成矿地区。

广东离子吸附型稀土矿主要是花岗岩风化后的矿物及云母类矿物，与传统的化合物形式矿物存在明显区别。这种矿物中的稀土元素以离子形态被高岭石等铝硅酸盐矿物吸附，极少以微粒稀土矿物存在，一般无需经过选矿工序，只需采用特种化合物溶液淋洗剂淋洗就可以将稀土元素提取到溶液中，工艺过程比较简单。

广东稀土找矿勘查工作始于1960年代，早期以勘查矿物型稀土为主，在茂名、湛江、江门、云浮、惠州等地区部署了找矿工作区，先后发现新丰县雪山残积型稀土矿、电白县电城大桥河磷钇矿独居石砂矿、电白县博贺独居石砂矿等一批中大型稀土矿床。1987年，根据地质矿产部指示，广东省地质矿产局在全省范围组织实施了离子型稀土资源远景调查工作，划出一批重要的找矿远景区。同期还发现并评价了一批具有重要影响的矿床，如平远县仁居稀土矿、新丰县来石（回龙）稀土矿、和平县下车稀土矿等。共探明矿产地15处，勘查工作程度达到勘探的矿区2处，详查6处，普查7处。

2010年后，广东稀土矿山企业生产规模较小，均采用原地浸出工艺。

10.3.4 广西离子型稀土矿开发与利用

广西稀土矿产资源主要为风化壳淋积型稀土矿和少量的独居石、磷钇矿。其中风化壳淋积型稀土矿基本上属于中钇富铕型，主要分布在桂东、桂东南的贺州市、梧州市、玉林市、贵港市、崇左市等地，矿体赋存于花岗岩和中酸性火山岩风化壳中。独居石、磷钇矿主要分布在钦州市、玉林市南部。

根据广西崇左市六汤稀土矿矿体赋存状态、出露的地形特点及环保要求，该矿采用原地浸矿工艺开采。贵梧高速公路施工剥离出稀土矿及抢救性回收花岗岩伴生稀土矿，采用堆浸工艺开采。

根据目前的技术经济条件，广西的冲积砂矿型和矿物型稀土矿尚不具备工业开采价值。而离子型稀土矿由于地质工作程度低，地质成果少，也基本未开采。20世纪80年代中后期，南方掀起了一股稀土开发热潮，在贺州、凭祥、崇左、龙州等地陆续建成十多个小规模稀土开采点。广西全区仅有一个稀土采矿权（广西崇左市六汤稀土矿），贵梧高速公路施工剥离出稀土矿及抢救性回收花岗岩伴生稀土矿，稀土综合回收率80%。

10.4 海滨砂独居石开发与利用

独居石（Ce,La,Th)PO_4是提取铈、镧等稀土元素的矿物原料。由于含有的放射性元素钍会对环境造成危害，单一独居石矿已被国家禁止开采，但利用尾矿独居石提取氧化稀土或氯化稀土混合物，既可以节约国内稀有的稀土资源，又可实现尾矿综合利用、同时对尾矿独居石集中收集、集中处理、减少放射性钍对环境的污染，是国家鼓励类的综合利用产业。

海滨砂矿中主要由钛铁矿、锆英石、金红石、独居石、磷钇矿、锡石、石英砂等矿物伴生，在生产处理过程中常采用的流程是中矿（粗选丢弃大部分石英砂后的海滨砂矿）先用磁选把钛铁矿和部分钛矿与独居石混合矿分选出去，部分钛矿与独居石混合矿用电选将其分离，然后非磁性部分进摇床分选，把石英砂等无价值的矿物排出丢弃，摇床精矿烘干后进电选和磁选车间，磁选的磁性矿即为独居石生产原料。独居石生产流程现常采用重选、磁选等工艺，有少量的独居石处理会采用浮选。

在处理过程中选矿参数的选择很重要。因为独居石和磷钇矿的磁性相近，因此，在生产过程中独居石和磷钇矿的分离是采用磁选的方法，海滨砂矿生产的独居石的精矿品位（$REO+ThO_2$）一般为 60%，磷钇矿的品位为 20%~30%。我国主要独居石开发与利用情况见表 10-16。

表 10-16　我国主要独居石矿开发与利用情况

编号	矿产地名称	矿床类型	矿物储量规模	稀土类型	利用情况	备注
1	江西上犹长岭	风化壳砂矿	中型	独居石	已用	
2	湖南岳阳筻口	河流冲积砂矿	特大型	独居石	未用	
3	湖南华容三郎堰	河流冲积砂矿	大型	独居石	未用	
4	湖南湘阴望湘	河流冲积砂矿	大型	独居石	未用	
5	湖南平江南江桥	河流冲积砂矿	中型	独居石	未用	
6	湖北通城隽水	河流冲积砂矿	中型	独居石	已用	
7	海南万宁保定	海滨砂矿	中型	独居石	已用	共生矿
8	广东阳西南山海	海滨砂矿	大型	独居石	已用	
9	广东电白电城	海滨冲积砂矿	中型	独居石	已用	共生矿
10	广东电白博贺	海滨冲积砂矿	中型	独居石	已用	
11	广东广宁	风化壳砂矿	中型	独居石	已用	伴生矿
12	广东广宁	风化壳砂矿	中型	独居石	已用	伴生矿
13	广东新兴社墟	河流冲积砂矿	中型	独居石	未用	共生矿
14	广西上林水台	冲洪积砂矿	大型	独居石	未用	共生矿
15	广西钟山花山	风化壳砂矿	中型	独居石	已用	伴生矿
16	广西北流	风化壳砂矿	大型	独居石	未用	伴生矿

续表 10-16

编号	矿产地名称	矿床类型	矿物储量规模	稀土类型	利用情况	备注
17	广西北流石玉	河流冲积砂矿	中型	独居石	未用	伴生矿
18	广西陆川白马	风化壳砂矿	大型	独居石	已用	共生矿
19	云南勐海勐往	河流冲积砂矿	大型	独居石	未用	共生矿

采用挖机剥离，水力开采，砂泵提升至螺旋溜槽，在入选前先筛分和分级，大于10mm的颗粒因不含矿，筛出后回填，小于10mm的矿砂入水力分级箱，采用螺旋溜槽选矿，可产出原矿质量10%的混合粗精矿。工艺流程如图10-5所示。

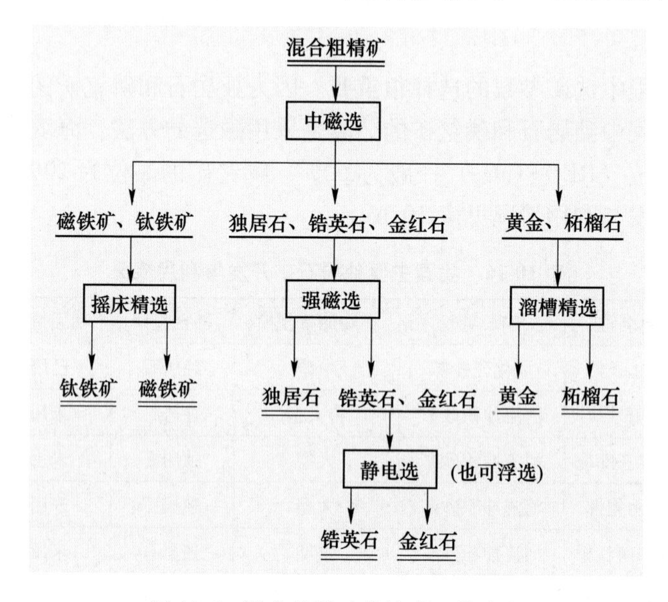

图10-5 混合粗精矿的精选工艺流程

独居石精矿产品收率：

独居石（REO>58%）收率80%；

钛铁石（TiO_2>48%）收率65%；

锆英石（ZrO_2>65%）收率70%；

金红石（TiO_2>87%）收率60%；

砂金（Au>70%）收率60%。

独居石精矿加工后的产品：

主产品：氯化稀土，可作稀土催化剂用，也可用于下一步深度分离。

副产品：（1）磷酸三钠，商业上又称磷酸钠，主要用于软水剂、锅炉清洗和洗涤剂、金属防锈剂、织物丝光增强剂等方面；（2）钍铀富集物矿渣，可用于制备钍铀锆合金或钍、铀化合物。

独居石精矿生产氯化稀土工艺流程如图 10-6 所示。

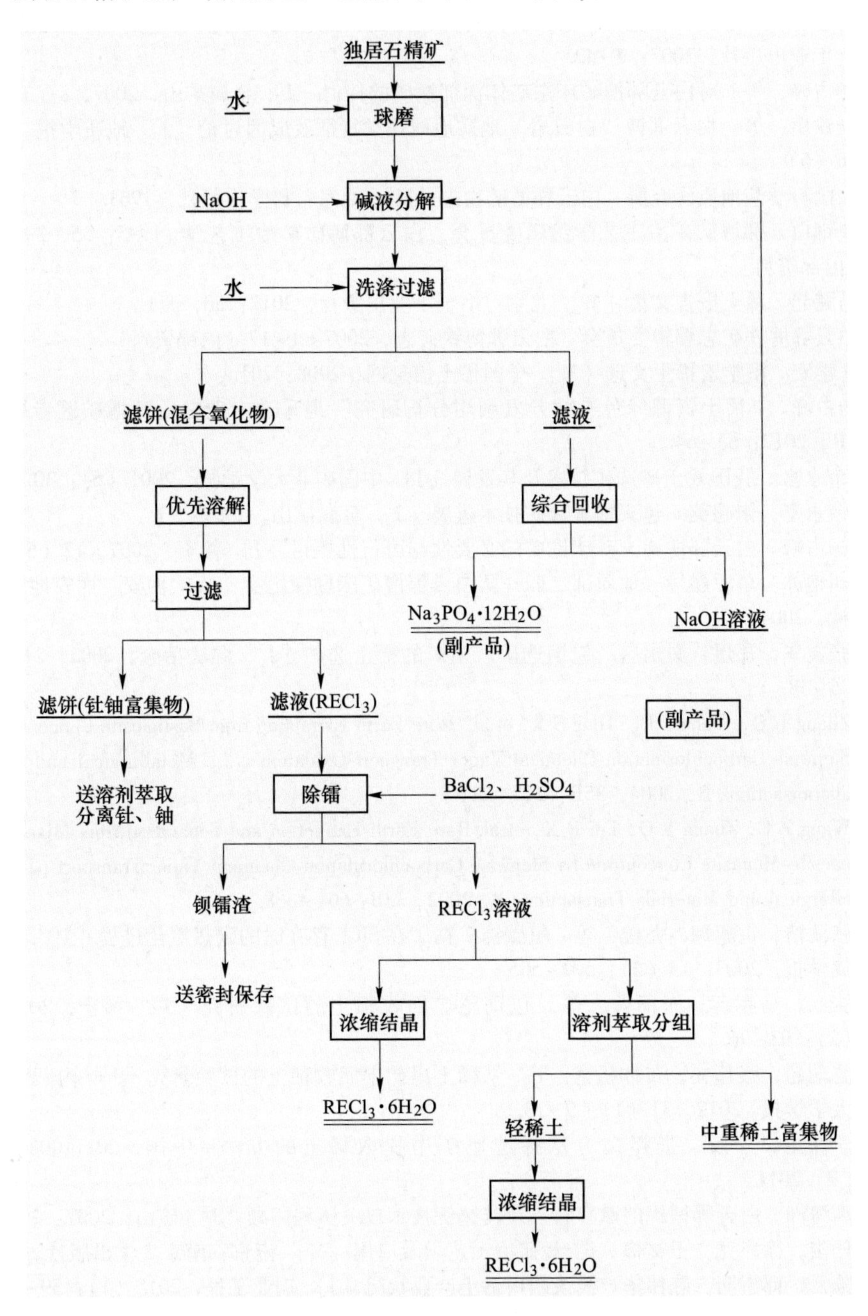

图 10-6 独居石精矿生产氯化稀土工艺流程

参考文献

[1] 林东鲁，李春龙，邬虎林．白云鄂博特殊矿采选冶工艺攻关与技术进步［M］．北京：冶金工业出版社，2007：1~42.
[2] 杨占峰，等．对白云鄂博矿床东矿体深部探矿的探讨［J］．金属矿山，2007，8（374）.
[3] 刘铁庚，等．白云鄂博“白云岩”地质地球化学特征及成因讨论［J］．地质学报，2012，86（5）.
[4] 中国科学院地质研究所．白云鄂博矿物志［M］．北京：科学出版社，1963.
[5] 包钢白云鄂博矿矿冶工艺学编辑委员会．白云鄂博矿矿冶工艺学．1995：55，295，296（内部资料）.
[6] 马鹏起．稀土报告文集［M］．北京：冶金工业出版社，2012：50，271.
[7] 白云鄂博铁矿志编辑委员会．白云鄂博铁矿志，2007：1~17（内部资料）.
[8] 窦学宏．窦学宏稀土文选［M］．全国稀土信息网，2008：201.
[9] 杨占峰．“稀土资源绿色有效开发利用分析研究”地采选专业白云鄂博矿区专题资料［R］．2012：63~64.
[10] 余永富．我国稀土矿选矿技术及其发展［J］．中国矿业大学学报，2001（6）：30.
[11] 余永富，朱超英．包头稀土选矿技术进展［J］．金属矿山，1999：11.
[12] 杨占峰．白云鄂博稀土矿床探矿的必要性与可行性探讨［J］．稀土，2007，12（6）.
[13] 胡抱冰．草原晨号—地质部二四一队白云鄂博矿床勘探纪实［M］．西安：西安地图出版社，2004.
[14] 张文华，郑煜，秦永启．包钢选矿厂尾矿的稀土选矿［J］．湿法冶金，2002，21（3）：36~38.
[15] Zhang L Q, Wang Z C, Tong S X, et al. Rare Earth Extraction from Bastnaesite Concentrate by Stepwise Carbochlorination-Chemical Vapor Transport-Oxidation [J]. Metallurgical and Materialstransactions B, 2004, 35B: 217~221.
[16] Wang Z C, Zhang L Q, Lei P X, et al. Rare Earth Extraction and Separation from Mixed Bastnaesite-Monazite Concentrate by Stepwise Carbochlorination-Chemical Vapor Transport [J]. Metallurgical and Materials Transactions B, 2002, 33B: 661~668.
[17] 张丽清，雷鹏翔，尤健，等．氟碳铈矿精矿在$SiCl_4$存在时的碳热氯化过程［J］．有色金属学报，2003，13（2）：502~505.
[18] 张永，马鹏起，车丽萍，等．包钢尾矿回收稀土的试验研究［J］．稀土，2010，31（2）：93~96.
[19] 赵瑞超，张邦文，布林朝克，等．从稀土尾矿中回收稀土的试验研究［J］．内蒙古科技大学学报，2012，31（1）：9~13.
[20] 李保卫，李解，张邦文．从稀选尾矿中提取稀土的方法：中国，201110084544.7［P］．2011.
[21] 高海洲．白云鄂博铌的赋存特点及其选铌技术攻关历程回顾［J］．矿山，2007：2.
[22] 任俊，徐广尧，王文梅．铌-铌矿冶工艺学及应用［M］．南京：南京大学出版社，2001.
[23] 陈云，邱雪明，陈伟华．浅谈四川稀土产业状况［J］．铜业工程，2015（1）：39~43.
[24] 马鹏起，窦学宏．中国稀土强国之梦［M］．北京：冶金工业出版社，2017：19~28.

第3篇

环境保护

11 稀土矿采选工艺环境污染及治理

11.1 主要污染源及污染物[1,2]

（1）大气污染物：主要有露天采场穿孔、爆破、铲装、运输、翻卸、破碎过程中产生的粉尘；爆破产生的有害气体 CO、NO_x；柴油设备及矿岩运输汽车尾气；锅炉房产生的烟尘和 SO_2；各种粉物料、堆场粉尘；转运站以及移动破碎卸料硐室扬尘。井下开采生产废气主要包括井下凿岩、爆破及矿岩转运过程中产生的含粉尘和氢氧化物、碳氧化物及硫化物等有害气体。

（2）废水：露天采矿场涌水，主要污染因子为 SS；办公区生活污水，主要污染因子为 SS、COD、BOD_5；井下开采的排水。

（3）固体废物：采矿过程中产生的固废包括剥离表层岩土形成的弃土、采矿过程中形成的废渣、开采后未运出的矿堆及选矿尾矿堆等。大量弃渣和尾矿堆可能造成阻塞河道、破坏植被和地貌景观、污染水体等，还存在地质灾害隐患。废渣堆阻塞河道如图 11-1 所示[3]。

图 11-1 废渣堆阻塞河道

（4）噪声和振动：露天采场爆破、穿孔、铲装和运输作业时产生的噪声以及各类风机噪声。振动主要来自露天开采爆破形成的地震波。

11.2 环境治理措施

11.2.1 大气污染控制措施

11.2.1.1 采场、排土场作业及运输粉尘、CO、NO_x

为减少粉尘的产生量，采用湿式凿岩、爆堆洒水、道路洒水等抑尘措施。生产中采取湿式作业可有效降低各工作面粉尘产生量，防止粉尘对大气的污染；道路洒水可使运输过程产生的粉尘减少50%~70%。采取上述措施后，粉尘周界外浓度最高点小于1.0mg/m^3（标态），NO_x周界外浓度最高点小于0.12mg/m^3（标态），满足《大气污染物综合排放标准》（GB 16297—1996）中无组织排放监控浓度限值要求。

11.2.1.2 爆破CO、NO_x

爆破为间断进行，采用污染物毒性较小、接近零氧平衡的炸药及空气稀释来减小爆破废气的影响。主要污染物为CO和NO_x，NO_x场周界外浓度小于0.12mg/m^3，满足《大气污染物综合排放标准》（GB 16297—1996）二级标准相关限值要求。

11.2.1.3 矿石破碎粉尘

矿石破碎过程中产生的粉尘通常采用电除尘、喷雾洒水等方式除尘。

11.2.1.4 堆场无组织排放粉尘

各类堆场产生的污染物主要为粉尘，采取洒水抑尘措施。场周界粉尘浓度小于1.0mg/m^3，满足《大气污染物综合排放标准》（GB 16297—1996）二级标准限值要求。

11.2.2 水污染控制措施

11.2.2.1 生产排水

露天采矿场采场涌水，主要污染因子为SS。经采场储水池沉淀后，回用于道路洒水、采场洒水等，使水资源得到综合利用。

生产排水主要为锅炉房排水及富余矿坑涌水，均排至生产杂水储水池，经处理后回用于选矿工艺。

11.2.2.2 生活污水

生活污水主要污染物为SS、COD、BOD_5和氨氮。选用化粪池+WSZ-30FB型地埋式生活污水处理设备进行处理，处理后回用于现有选矿工艺，不外排。

11.2.3 固体废物污染控制措施

矿山开采过程中，采出矿石与剥离出的岩石分别堆置。

11.3 选矿环境保护措施

11.3.1 精料场扬尘控制

矿石在堆放过程中产生扬尘。为减少料场扬尘，在料场内设置喷淋设施，并在料场四周设置防风抑尘网，综合抑尘率达到90%以上。

11.3.2　尾矿库扬尘控制

尾矿筑坝的过程中，扬尘量较大。在筑坝过程中，辅以洒水抑尘措施。尾砂含水率大于8%，筑坝过程中的扬尘量大大减少。

在正常情况下，尾矿库干滩结壳，不易扬尘。

11.3.3　翻车机站粉尘控制

采用水喷抑尘和干雾抑尘系统控制翻车机站粉尘，抑尘效率大于90%。

11.3.4　尾矿库废水污染控制

筑坝采取防渗措施，防止坝内水体污染周围地下水。

实施浓缩尾矿堆放方案，厂区内采用尾矿高效浓缩机（一次浓缩）接受来自选厂约8%浓度的尾矿。实施浓缩尾矿堆放方案后，降低了尾矿库内的水位浸润线标高。

11.4　尾矿库综合治理与保护方案

尾矿库及周边地区环境绿化。

尾矿库周围主要建设防风林带，修整覆土，种植植物；建设库区周围渗水回收灌溉系统及坝体喷灌系统，保证植物成活。建设尾矿冲积滩喷雨雾抑尘系统，防止冲积滩矿粉起尘。

11.5　矿山采选生产对土地资源的影响

矿山采选生产对土地资源的影响主要有三个方面：一是地下开采形成采空塌陷并伴生地裂缝等地质灾害后，使地面塌陷区的土地失去原有使用功能，土地资源遭到破坏。二是矿石无序开采时堆放的废石，长期堆放会占用一定的土地资源，造成了土地资源的浪费。三是矿山开采后不及时排除对原地貌的影响、不及时恢复植被可能造成水土流失或山体滑坡。

11.6　离子型稀土矿开采对环境的影响[1]

离子型稀土矿的开采工艺先后经历池浸工艺、堆浸工艺和原地浸矿工艺三个阶段。池浸和堆浸工艺对生态环境破坏严重，开挖含矿山体、浸矿池（场）、尾砂排放等作业形成大量的露天采场、浸矿池（场）、尾砂场，水土流失严重，生态恢复困难，造成严重的资源浪费、植被破坏、水土流失等问题，且资源利用率较低。

目前池浸、堆浸两种开采工艺在赣南已基本不被使用。相关资料表明，利用池浸工艺开采稀土，每获得1t混合稀土，就要破坏地表植被200m^2，剥离的地表土达300m^3，形成尾砂2000m^3，每年造成水土流失为1200万立方米。在20世纪80年代无序开采，整个赣州地区的稀土开采点一度达到1035个，造成了资源浪费、水土流失、环境污染和地质灾害隐患等一系列严重的历史问题。龙南县因稀土开采被破坏的矿山面积达17.77km^2，水土流失、土地荒漠严重。

原地浸矿工艺是原地打注液孔→注液浸矿→母液收集→母液车间处理，不需开挖山体、仅打少量注液孔、收液巷道（孔），因此，原地浸矿工艺对生态破坏较小，不会形成露天采场、浸矿池（场）、尾砂场等废弃地，生态恢复容易。因此，池浸工艺和堆浸工艺为限制和淘汰工艺，原地浸矿工艺为鼓励工艺。但是，大部分原地浸矿采场收液系统不完善，母液收集率不高，采1t稀土氧化物要向地下注入7t硫酸铵，大量的硫酸铵长期滞留在地下，一旦下雨将会严重污染地下水资源；浸矿液流失较严重，原地浸矿采场下游溪流水中稀土和氨氮含量较高，溪流水中稀土含量可达到0.02g/L左右，氨氮浓度100mg/L左右。浸矿母液流失不仅造成稀土资源流失，而且浸矿母液通过地下水进入地表水体，使得地下水和地表水氨氮超标，造成水体污染。原地浸矿带来的问题归纳起来主要有引发和加剧地质灾害的发生、对山体植被的破坏、对水质造成污染等三个方面。

12 稀土废弃物污染现状[1]

在矿物开采冶炼及功能材料的制备过程中会产生一定数量的“废弃物”，即废气、废水、废渣及放射性物质。这些废弃物往往含有毒有害物质，如果不经处理而任意排放，就会对周围环境造成污染。

12.1 废气来源、类型及其对环境的影响

一是含尘气体，通过以下生产过程产生：采矿、破碎、选矿过程，稀土精矿的焙烧过程，稀土中间产品或成品的干燥、粉碎、研磨及包装过程。二是放射性气体，主要来自于含铀、钍的粉尘以及氡及其离子体的气溶胶。三是含毒气体，稀土生产中还会产生含有液体颗粒（雾）和杂质气体的有毒气体。产生这一类废气的主要工艺有稀土精矿的酸法焙烧、稀土矿物氯化分解、氯化稀土熔盐电解、湿法冶炼中的各种化学操作过程等。其主要毒物有氟化氢、四氟化硅、二氧化硫、氯气、各种酸碱雾、有机萃取剂及溶剂的蒸汽等。

12.2 废水来源、类型及其对环境的影响

主要包括选矿废水、设备和地面冲洗水、废气净化洗涤水、湿法冶炼中的各种废液、冷却水、化验室下水及生活污水等。其有害成分主要是悬浮物、酸、碱、氟化物、天然放射性元素（铀、钍和镭）、各种无机盐和部分有机溶剂等。例如，浓硫酸焙烧分解混合型稀土精矿冶炼过程中产生的酸性含氟废水、碱分解独居石冶炼过程中产生的碱性低放射性废水等。

稀土冶炼生产过程会产生大量废水，排放量大、组分复杂、浓度高，废水中含有高浓度氨氮、高浓度盐类、重金属元素等污染物，必须妥善处置。稀土萃取分离过程中萃取剂皂化、沉淀过程中都存在大量含高浓度氨氮废水的排放问题，严重影响所在区域、流域的水质安全。以我国北方稀土所在地包头市为例，年排放生产废水近千万吨，废水中约有 6 万~8 万吨的氨氮，曾经在黄河内蒙古流域的稀土湿法冶炼企业氨氮废水大部分未进行回收处理，大量氨氮流入黄河，造成了黄河内蒙古段水质下降，不仅影响河流的水生生态与环境，同时也对下游城市饮用水源的安全构成威胁。过剩的氨氮、盐类和未提取完全的稀土元素排放到环境中造成水体严重污染。近年来包头市加大环境治理力度，黄河沿岸稀土企业搬迁，黄河水氨氮含量有所下降，但稀土企业氨氮废水的治

理仍不容忽视。

12.3 废渣来源、类型及其对环境的影响

主要来源是选矿后的尾矿、冶炼中的熔炼渣、酸碱分解后的不溶渣、湿法冶炼中的各种沉淀渣、除尘系统的积尘、废水处理后的沉渣以及在含稀土的功能材料生产和使用过程中产生的固废。稀土冶炼厂每处理1t稀土精矿所产生的各种残渣量随处理的矿种不同而有所不同，以白云鄂博稀土精矿为例，处理1t稀土精矿产生0.7~0.8t废渣，有些渣带有一定量的放射性。在含稀土的功能材料生产、使用过程中产生的固废随产生过程不同，其资源特性也有所不同。

12.4 含稀土固体废弃物的资源特性及现状

12.4.1 火法冶炼废渣

稀土金属及合金的工业制备方法有金属热还原法和熔盐电解法等[4]，其中金属热还原法又包括钙还原法和镧还原法。从火法冶金的角度将稀土金属制备方法分为三组。第一组是La、Ce、Pr、Nd等熔点低的金属或合金，可用熔盐电解法制取，使用的原料是稀土氧化物；第二组是Sm、Eu、Yb等蒸气压高的金属，采用它们的氧化物与廉价的镧或铈金属直接还原-蒸馏制取；第三组是Tb、Dy、Ho、Er、Y、Lu等熔点高、蒸气压低的金属，则适用钙热还原法制取，使用的原料是稀土氟化物。

目前，熔盐电解法已广泛应用于大规模工业化生产稀土金属及其合金，如金属镧、铈、镨、钕、镨钕合金、混合稀土金属、镨钕镝合金、镝铁合金、钕铁合金、钆铁合金、钬铁合金等。这种方法分为两种电解质体系，其一是氯化稀土电解质体系，即两元体系如$RECl_3$-KCl；其二是氧化稀土电解质体系，即三元体系如RE_2O_3-REF_3-LiF。氯化物体系电解适用于熔点较低的稀土金属或中间合金的制取，氟化物-氧化物体系电解则适合于制取熔点较高的稀土金属。氟化物体系氧化物电解工艺已经成为当今生产稀土金属及其合金的最重要的和最主要的生产工艺，仅有少数几个稀土金属如Sm、Tb、Y等还采用传统的热还原工艺生产。稀土氧化物-氟化物熔盐电解生产金属钕或镨钕的工艺过程主要包括电解、去皮、包装。电解生产过程中，许多非稀土杂质累积于熔盐中，在金属出炉、更换阳极等操作过程中带出、溅出的熔盐常易污染，在清炉、拆炉等过程也产生一些遭到污染的熔盐。因此，废熔盐的种类很杂。稀土氧化物-氟化物熔盐电解钕或镨钕形成的电解渣的化学成分见表12-1。

表 12-1 电解钕或镨钕形成的电解渣化学成分[10] (%)

元素	REO	SiO_2	F	Fe	CaO	Li	Al
含量①	≤45	≤1.0	≤15	≤10	≤1.0	1.0~2.0	—
含量②	34.74（Nd）	—	—	0.82	—	6.35	0.14

① 数据来源于某稀土金属生产公司。

② 数据来源于林河成《稀土生产中废渣的处置》。

按照国家相关标准对金属电解渣的浸出毒性、腐蚀性和放射性进行了研究。按照《固体废物 浸出毒性浸出方法 水平振荡法》（GB 5086.2—1997）得到的浸出毒性结果见表 12-2。按照《固体废物 腐蚀性测定 玻璃电极法》(GB/T 15555.12—1995）得到的 pH 值为 7.85。总 α 比放为 254Bq/kg，总 β 比放为 131Bq/kg，总比放为 385Bq/kg。

表 12-2 金属电解渣浸出毒性结果 (mg/L)

浸出元素	F	Cr	Ni	Cu	Zn	As	Se
电解渣	—	0.20	0.14	0.50	<0.10	<0.10	—
限 值	100	15	5	100	100	5	1
浸出元素	Be	Ag	Cd	Ba	Hg	Pb	
电解渣	—	—	<0.10	0.19	<0.10	0.16	
限 值	0.020	5	1	100	0.1	5	

注：数据来源于包头稀土研究院现场采样检测数据。

依照表中数据和腐蚀性及放射性结果，按照《危险废物鉴别标准 浸出毒性鉴别》（GB 5085.3—2007）和《危险废物鉴别标准 腐蚀性鉴别》（GB 5085.1—2007)，可以判断金属电解渣属于第Ⅰ类一般工业废物。依据《电离辐射防护与辐射源安全基本标准》（GB 18871—2002)，放射性核素的活度浓度小于 1×10^3Bq/kg 时，可判断此固废为豁免废物。

按照各稀土公司的生产经验可知，电解稀土过程中损失的稀土大多数在废熔盐中，还有部分稀土残留在电极上，这两部分废渣成为电解渣，电解渣中的稀土占原料中稀土的 2%以上，即每生产 1t 稀土金属产品相应的会有 0.02t 稀土存在于电解渣中。

12.4.2 稀土永磁材料固废

12.4.2.1 钐钴磁性材料废料

钐钴永磁材料生产工艺过程包括：原料配制→熔炼→制粉→成型→烧结→热处理→切割→打磨→充磁→检测。

钐钴磁体在生产过程中会产生三种废料[11]，其一为合金渣，造渣率为 1.5%左右；其二为性能未达标的不合格产品；其三为加工过程中产生的边角废料。其中，部分不合格产品和边角废料返回合金熔炼工序重炼。钴基磁性材料废料化学成分见表12-3。

表12-3 钴基磁性材料废料化学成分 (%)

元 素	Sm	Co	Fe	Cu	Zr	Gd
含 量	18~30	≤50	<20	≤8	≤4	<9

按照国家相关标准对稀土钴基永磁材料固废的浸出毒性、腐蚀性和放射性进行了研究。按照《固体废物 浸出毒性浸出方法 水平振荡法》(GB 5086.2—1997) 得到的浸出毒性结果见表12-4。按照《固体废物 腐蚀性测定 玻璃电极法》(GB/T 15555.12—1995) 得到的pH值为7.15。总比放为290Bq/kg。

依照表中数据、腐蚀性和放射性结果，按照国家相关标准可以判断稀土钴基永磁材料固废属于第Ⅰ类一般工业废物，为豁免废物。

表12-4 钐钴磁性材料废料浸出毒性结果 (mg/L)

浸出元素	F	Cr	Ni	Cu	Zn	As	Se
稀土钴基永磁固废	—	<0.010	—	—	0.060	<0.010	—
限 值	100	15	5	100	100	5	1
浸出元素	Be	Ag	Cd	Ba	Hg	Pb	
稀土钴基永磁固废	—	—	<0.010	0.22	—	0.022	
限 值	0.020	5	1	100	0.1	5	

注：数据来源于包头稀土研究院检测数据。

钐钴永磁材料的生产过程从原料的预处理到最后的产品检测，每一道工序都不可避免的产生废料或废品，主要有在原料的预处理阶段产生的各单一原料的损耗；工序过程中的废品；机加过程中的边角料和削磨粉；不合格品；合金熔炼过程中产生的合金渣等。废料总量占产量的20%~30%，即生产1t合格产品产出0.2~0.3t废料。

钐钴废料的处理和钐、钴金属价格紧密相关。过去，由于金属钐、钴价格较低，回收经济成本较高，钐钴废料总量较小且分散等因素，钐钴磁性废料的回收一直没有受到足够的重视，这些废料几乎全部作为垃圾进行堆放，没有进行有效的管理及利用[12]。近几年，随着有色金属价格回暖，有些私人企业开始把目光转向废物回收方面，已有企业在回收钐钴磁性废料。

12.4.2.2 钕铁硼永磁材料废料

烧结钕铁硼永磁材料的制备主要应用粉末冶金方法，采用真空感应熔炼炉冶炼浇铸、氢破碎、气流磨制粉、磁场成型、烧结、后续热处理工艺流程。合金成分及其微观组织最优化是高性能化烧结NdFeB永磁材料的关键。因此，采用先进的铸片（甩带）工艺并与氢爆工艺相配合，在气流磨过程中加入防氧化剂可以在不降低矫顽力的前提下，获得磁能积超过 400kJ/m^3（50MGOe）的烧结 NdFeB 永磁体[13]。

冶炼环节：主要是冶炼过程中合金形成的烟尘黏结在炉壁上及在浇铸时残留在坩埚壁上的凝结合金。整个过程的损失比重跟坩埚的大小及装料量有关，一般小于总装炉量的 2%。

制粉环节：主要是磨粉过程中形成的超细粉以及残留在磨腔中的残余料，废料比重跟料的脆性及每次制粉总投入量有关。另外，在极特别情况下，粉料由于收集不当等原因造成粉料着火会形成废料。

成型环节：由于压裂、进油而造成的废料。

烧结环节：一般情况下很少造成废料，但由于气氛的情况造成毛坯的氧化会形成整炉的废料。

加工环节：此环节是废料产生的最大环节，主要是根据用户的要求将毛坯加工成特定尺寸形状的磁体，往往会产生切割剩余的边角料、磨床的磨屑等。

钕铁硼固体废物化学成分见表 12-5。

表 12-5 钕铁硼固体废物化学成分 （%）

序号	REO	Nd_2O_3/REO, Pr_6O_{11}/REO, La_2O_3/REO, CeO_2/REO, Dy_2O_3/REO	B	Co	Fe
样品①	33	95.3, 0.35, 0.011, 0.012, 4.3	1.1	4.1	余量
样品②	27	73.9, 23.6, 0.09, 0.1, 2.05	1.03	—	71.74

① 数据来源于许涛《钕铁硼废料中钕、镝及钴的回收》。

② 数据来源于调研取样结果。

按照国家相关标准对稀土铁基永磁材料固废的浸出毒性、腐蚀性和放射性进行了研究。按照《固体废物 浸出毒性浸出方法 水平振荡法》（GB 5086.2—1997）得到的浸出毒性结果见表 12-6。按照《固体废物 腐蚀性测定 玻璃电极法》（GB/T 15555.12—1995）得到的 pH 值为 9.82。依照表中数据和腐蚀性结果，按照《危险废物鉴别标准 浸出毒性鉴别》（GB 5085.3—2007）和《危险废物鉴别标准 腐蚀性鉴别》（GB 5085.1—2007）标准中 pH≥12.5 或者 pH≤2.0 的危险废物指标，该固废属于一般工业废物。由于 pH 值为 9.82 超出《城镇污水处理厂污染标准》（GB 18918—2002）中 $6<pH<9$ 的指标，所以该固废属于第Ⅱ类一般性工业废物。

表 12-6 稀土铁基永磁材料固废浸出毒性结果 （mg/L）

浸出元素	Se	Ni	Cu	Zn	As	Cr	Pb
稀土铁基永磁固废	<0.010	<0.010	<0.010	<0.010	<0.010	0.021	<0.010
限 值	1	5	100	100	5	15	5

续表 12-6

浸出元素	Be	Ag	Cd	Ba	Hg	F	
稀土铁基永磁固废	<0.010	<0.010	<0.010	0.091	<0.010	0.16	
限　值	0.020	5	1	100	0.1	100	

注：数据来源于包头稀土研究院检测数据。

其总 α 比放为 175Bq/kg，总 β 比放为 100Bq/kg，总比放为 275Bq/kg，按照《电离辐射防护与辐射源安全基本标准》（GB 18871—2002）判别该固废为豁免废物。

在整个 NdFeB 磁性材料的制造加工过程中，钕和镝的利用率只有 70%～80%，即每生产 1t 合格的钕铁硼产品就会产生 25%～30%的废料。

早在 1990 年我国部分稀土企业就开始利用国内的稀土磁性材料废料回收利用其中的稀土成分，并且有部分工艺已申请专利，有关钕铁硼废料加工回收工艺也有文献报道，国内目前有众多稀土企业在使用钕铁硼废料加工回收稀土成分。相关文献报道，钕铁硼废料的回收主要分为直接溶解分离、火法熔炼、氧化焙烧—酸浸出工艺三种方式。

12.4.3 稀土抛光粉固废

抛光粉的生产过程[14]主要为：碳酸铈、氢氟酸或氟化稀土→球磨→调浆→干燥→烧结→分级、包装→抛光粉产品。抛光粉的生产过程不产生废物，抛光粉经使用失效后成为含有稀土的固体废弃物。用稀土抛光粉抛光制品时，将抛光浆（抛光粉与水的混合液）注加到制品上，反复抛光，直至失效。形成的固体废粉中稀土成分随着杂质的增多略发生降低，增加了被研磨材料的部分成分。

一般认为，稀土抛光粉是一种非常有效的抛光化合物，它既有化学溶解又有机械研磨的抛光作用，是物理性研磨与化学性研磨共同作用。稀土抛光粉由于在使用过程中掺杂进入一些杂质，二氧化铈晶格被破坏导致抛光能力降低，但其中仍含有很高的稀土含量，以二氧化铈为主，含量一般为 40%～90%。

根据抛光粉及被抛光物体的化学成分，可以得出废弃抛光粉的化学成分，见表 12-7～表 12-10。其中，REO 以轻稀土元素为主，其配分大致范围为 CeO_2/REO 为 50%～99%，La_2O_3/REO 为 0～35%，Nd_2O_3/REO 为 0～15%，Pr_6O_{11}/REO 为 0～5%。

表 12-7 废弃抛光粉的化学成分表 (%)

元　素	REO	Al	Si	CaO	BaO
含　量	66～95	≤1.5	<0.5	≤5.0	≤2.0

注：数据来源于许涛，彭会清，林忠，等．稀土固体废物的成因、成分分析及综合利用［J］．稀土，2010，32(2)，34～39。

表 12-8 触屏用稀土抛光粉废粉的成分分析 (%)

元素	REO	Si	Ca	Mg	Fe	Al	Cu	Mn	Pb	As
含量	94.86	0.14	0.20	0.017	0.28	0.011	0.006	0.11	0.073	0.31

注：数据来源于包头稀土研究院调研取样检测结果。

表 12-9 水晶制品废旧抛光粉的成分分析 (%)

路边渣 1	元素	P	Si	Ca	Mg	Fe	Al	Cu	Zn
	含量	<0.10	15.27	5.11	2.35	0.42	0.33	0.0046	<0.0050
	元素	Pb	Mn	As	Cd	Cr	Hg	Ni	REO
	含量	0.0074	0.052	0.19	<0.0050	<0.0050	<0.0050	<0.0050	3.53
路边渣 2	元素	P	Si	Ca	Mg	Fe	Al	Cu	Zn
	含量	<0.10	15.64	0.74	0.051	0.38	0.53	0.0049	<0.0050
	元素	Pb	Mn	As	Cd	Cr	Hg	Ni	REO
	含量	0.0045	0.067	0.013	<0.0050	<0.0050	<0.0050	<0.0050	4.41
路边渣 3	元素	P	Si	Ca	Mg	Fe	Al	Cu	Zn
	含量	<0.10	18.20	3.06	0.18	0.37	0.74	0.0080	0.0099
	元素	Pb	Mn	As	Cd	Cr	Hg	Ni	REO
	含量	0.010	0.12	0.013	<0.0050	0.0056	<0.0050	<0.0050	22.91
沉降池废渣	元素	P	Si	Ca	Mg	Fe	Al	Cu	Zn
	含量	<0.10	11.26	4.70	0.13	0.17	0.44	0.0062	<0.0050
	元素	Pb	Mn	As	Cd	Cr	Hg	Ni	REO
	含量	0.037	0.079	0.25	<0.0050	<0.0050	<0.0050	<0.0050	4.70

表 12-10 液晶显示器用废旧抛光粉样品的检测结果 (%)

元素	REO	S	F	Fe	Si	P	Al_2O_3	CaO	Sr
含量	93.24	0.12	6.09	0.044	1.97	0.034	0.093	0.26	0.021

注：数据来源于包头稀土研究院调研取样检测结果。

按照国家相关标准对稀土抛光粉固废的浸出毒性、腐蚀性和放射性进行了研究。按照《固体废物 浸出毒性浸出方法 水平振荡法》（GB 5086.2—1997）得到的浸出毒性结果见表 12-11。按照《固体废物 腐蚀性测定 玻璃电极法》（GB/T 15555.12—1995）得到的 pH 值为 8.45[15]。

表 12-11 稀土抛光粉固废浸出毒性结果 (mg/L)

浸出元素	F	Cr	Ni	Cu	Zn	As	Se
稀土抛光粉固废	—	<0.010	—	0.014	0.030	<0.010	—
限 值	100	15	5	100	100	5	1

续表 12-11

浸出元素	Be	Ag	Cd	Ba	Hg	Pb	
稀土抛光粉固废	—	—	<0.010	0.19	—	0.040	
限 值	0.020	5	1	100	0.1	5	

注：数据来源于包头稀土研究院检测数据。

依照表中数据和腐蚀性结果，按照《危险废物鉴别标准 浸出毒性鉴别》（GB 5085.3—2007）和《危险废物鉴别标准 腐蚀性鉴别》（GB 5085.1—2007）标准中 pH≥12.5 或者 pH≤2.0 的危险废物指标，属于一般工业废物。由于 pH 值为 8.45 在《城镇污水处理厂污染标准》（GB 18918—2002）中 6<pH<9 的指标内，所以该固废都属于第Ⅰ类一般性工业废物。总比放为 340Bq/kg，该固废为豁免废物。

用稀土抛光粉抛光制品时，将抛光浆注加到制品上，反复抛光，直至失效。稀土抛光粉在使用过程中随着抛光浆被排放，一部分堆放，不可以重复使用。因此，每年生产的抛光粉经过一段时间使用后全部变为抛光粉废粉，原料中的稀土也几乎全部存留于废粉中。据专家介绍，平均每使用 1t 抛光粉，失效后将产生约 3t 固废，其中，稀土几乎全部残留并稀释于固废中。

目前已有部分企业开始回收稀土抛光粉废粉，主要采用硫酸焙烧、碱转化等工艺，但由于工艺不成熟，导致稀土回收率较低，再次产生固体废物，同时引进了水、气的二次污染[16]。因此，研究高效环保的废弃稀土抛光粉回收工艺，使其中的稀土元素得到再利用，具有重要意义和实用价值。

12.4.4 稀土储氢材料固废（金属氢化物电池）[18]

自 20 世纪 60 年代中期发现 $LaNi_5$ 和 Mg_2Ni 等金属间化合物的可逆储氢作用以来，储氢合金及其应用研究得到迅速发展。储氢合金能以金属氢化物的形式吸收氢，是一种安全、经济而有效的储氢方法。金属氢化物不仅具有储氢特性，而且具有将化学能与热能相互转化的性能，从而能利用反应过程中的焓变开发热能的化学储存与输送，有效利用各种废热形式的低质热源。

用在镍氢电池的制造上，它们主要分为 AB_5 和 AB_2 两大类。最常见的是 AB_5 一类，A 是稀土元素的混合物（或者）再加上钛（Ti）；B 则是镍（Ni）、钴（Co）、锰（Mn），或者铝（Al）。目前，用于镍氢电池负极储氢材料的主要是金属（或合金）储氢材料，储氢合金材料在镍氢电池中有着重要地位。

MH-Ni 电池在循环一定次数后容量下降严重从而失效。废旧氢-镍电池中有 33%~42%的镍，10%左右的钴及 10%稀土元素，对废旧氢-镍电池的回收处理不仅有利于缓解镍供需缺口带来的经济压力，而且有利于环境保护，因此回收处理废旧氢-镍电池极具研究开发价值。表 12-12 为不同氢-镍电池化学成分情况。

表 12-12 不同氢-镍电池化学成分表[23] (%)

类 型	Ni	Fe	Co	REO	石墨	有机物	钾	氢和氧	其他
AB_5 纽扣电池	29~39	31~47	2~3	6~8	2~3	1~2	1~2	8~10	2~3
AB_5 圆柱电池	36~42	22~25	3~4	8~10	<1	3~4	1~2	15~17	2~3
AB_5 方形电池	38~40	6~9	2~3	7~8	<1	16~19	3~4	16~18	3~4

注：数据来源于唐艳芬《废旧氢-镍电池中镍和稀土元素的回收处理》。

按照国家相关标准对稀土 MH-Ni 电池固废的浸出毒性、腐蚀性和放射性进行了研究。按照《固体废物 浸出毒性浸出方法 水平振荡法》(GB 5086.2—1997) 得到的浸出毒性结果见表 12-13。按照《固体废物 腐蚀性测定 玻璃电极法》(GB/T 15555.12—1995) 得到的 pH 值为 9.15。

表 12-13 稀土 MH-Ni 电池固废浸出毒性结果 (mg/L)

浸出元素	F	Cr	Ni	Cu	Zn	As	Se
MH-Ni 电池固废	<0.010	<0.010	9.71	<0.010	<0.010	<0.010	<0.010
限 值	100	15	5	100	100	5	1
浸出元素	Be	Ag	Cd	Ba	Hg	Pb	
MH-Ni 电池固废	<0.010	<0.010	<0.010	0.012	<0.010	<0.010	
限 值	0.020	5	1	100	0.1	5	

注：数据来源于包头稀土研究院检测数据。

依照表中数据和腐蚀性鉴别结果，按照《危险废物鉴别标准 浸出毒性鉴别》(GB 5085.3—2007) 和《危险废物鉴别标准 腐蚀性鉴别》(GB 5085.1—2007) 标准中 pH≥12.5 或者 pH≤2.0 的危险废物指标，属于一般工业废物。由于 pH 值为 9.15，超出了《城镇污水处理厂污染标准》(GB 18918—2002) 中 6<pH<9 的指标，所以该固废属于第Ⅱ类一般性工业废物。总 α 比放为 539Bq/kg，总 β 比放为 264Bq/kg，总比放为 803Bq/kg，依据《电离辐射防护与辐射源安全基本标准》(GB 18871—2002)，放射性核素的豁免活度浓度小于 1×10^3 Bq/kg 时，可判断此固废为豁免废物。

稀土 MH-Ni 电池在生产过程中使用了大量的稀土储氢合金做电极，在电池经过长期使用达到使用寿命后，全部形成电池固废，在这个过程中，REO 及其他有价金属元素并没有发生流失，所以，每使用 1t 稀土储氢材料作为电极就会相应的产生 1t 电池电极固废。

目前，对废旧电池的回收处理技术主要分为火法和湿法回收两大类，它们各有利弊。火法冶金方法产生大量的废气和废渣，如果处理不当，仍然会导致二次污染。湿法冶金方法存在着回收产品纯度不高、回收率低及成本昂贵等缺点，虽然没有废气及废渣之忧，但排放的大量污水也有可能造成环境的二次污染[24]。

12.4.5　稀土荧光粉固废

稀土荧光粉在生产及使用过程中均产生废粉。产业化的稀土荧光粉的生产过程中（主要是高温固相反应生产工序）产生的废品约占生产量的20%~25%，即每生产1t合格的荧光粉产品就形成约0.25t不合格废粉。被应用为产品的荧光粉随着产品失效或损毁也成为固废[25]，但这部分固废是随着应用产品流入市场的，较分散，回收难度大。

由于稀土荧光粉生产使用的是纯度很高、价格昂贵的氧化铕和氧化钇等原料，所以，对含荧光粉的废弃产品回收显得十分有必要。稀土荧光粉作为电子产品的重要原材料，广泛应用于等离子液晶屏、半导体发光二极管、手机、电脑和稀土荧光灯等产品中。在这些电子产品老化失效后，一般以固体垃圾形式被废弃，任意废弃或不当处置含稀土荧光粉的固体垃圾，不仅污染环境，而且造成稀土资源的浪费。废旧灯粉的成分分析见表12-14。

由表12-15稀土元素配分表可以看出，废旧灯粉材料中的稀土以Y_2O_3为主，还含有少量Eu_2O_3和Tb_4O_7，回收价值很高。

表12-14　废旧灯粉的成分分析　（%）

样品	Ca	Al	Mg	Fe	Ba	Ni	Zn	Pb	Mn
1	3.11	15.45	1.15	0.09	2.62	—	—	0.18	—
2	11.5	11.77	0.82	0.46	1.78	0.005	0.031	0.20	0.18
3	4.23	3.75	0.24	0.86	1.25	0.006	0.021	1.25	0.14
4	5.64	3.60	0.14	1.18	1.07	—	0.017	1.78	—
5	4.47	4.23	0.14	1.04	1.51	—	0.022	1.71	—
样品	Sb	Sr	Cu	Na	Ti	Hg	K	W	As
1	—	0.54	—	—	—	—	—	—	0.056
2	0.15	0.24	—	—	—	—	—	—	—
3	0.045	0.32	0.05	2.06	0.27	<0.0050	—	—	—
4	0.064	0.26	0.08	1.67	0.44	<0.0050	0.96	0.16	—
5	—	0.18	0.07	2.43	0.42	<0.0050	1.15	—	—

注：数据来源于包头稀土研究院调研采样分析结果。

表12-15　废旧灯粉中稀土配分　（%）

样　品	REO	La_2O_3/REO，CeO_2/REO，Eu_2O_3/REO，Tb_4O_7/REO，Y_2O_3/REO
1	39.21	0.76，7.59，6.38，4.33，80.93
2	19.60	0.79，6.56，6.74，3.98，81.94

续表 12-15

样　品	REO	La_2O_3/REO，CeO_2/REO，Eu_2O_3/REO，Tb_4O_7/REO，Y_2O_3/REO
3	18.04	1.99，5.42，6.29，3.01，83.28
4	11.40	2.37，6.69，5.99，3.97，80.97
5	8.93	0.65，7.02，6.47，3.75，82.11

注：数据来源于包头稀土研究院调研采样分析结果。

按照国家相关标准对稀土荧光粉固废的浸出毒性、腐蚀性和放射性进行了研究。按照《固体废物　浸出毒性浸出方法　水平振荡法》（GB 5086.2—1997）得到的浸出毒性结果见表 12-16。按照《固体废物　腐蚀性测定　玻璃电极法》（GB/T 15555.12—1995）得到的 pH 值为 8.01。依照表中数据和腐蚀性结果，按照《危险废物鉴别标准　浸出毒性鉴别》（GB 5085.3—2007）和《危险废物鉴别标准　腐蚀性鉴别》（GB 5085.1—2007）标准中 pH≥12.5 或者 pH≤2.0 的危险废物指标，属于一般工业废物。由于 pH 值为 8.01 在《城镇污水处理厂污染标准》（GB 18918—2002）中 6<pH<9 的指标内，所以该固废属于第Ⅰ类一般性工业废物。

表 12-16　稀土荧光粉固废浸出毒性结果　（mg/L）

浸出元素	F	Cr	Ni	Cu	Zn	As	Se
稀土荧光粉固废	<0.010	<0.010	0.12	0.060	<0.010	<0.010	<0.010
限　值	100	15	5	100	100	5	1
浸出元素	Be	Ag	Cd	Ba	Hg	Pb	
稀土荧光粉固废	<0.010	<0.010	<0.010	0.47	2.87	<0.010	
限　值	0.020	5	1	100	0.1	5	

注：数据来源于包头稀土研究院监测数据。

按照相关标准对荧光粉固废进行放射性总比放检测，总 α 比放为 621Bq/kg，总 β 比放为 307Bq/kg，总比放为 928Bq/kg，依据《电离辐射防护与辐射源安全基本标准》（GB 18871—2002），放射性核素的豁免活度浓度小于 1×10^3 Bq/kg 时，可判断此固废为豁免废物。

废弃光源的回收利用是各国均感棘手的问题。鉴于含汞废弃光源潜在的对环境和人类的不良影响，各国和各个地区相继出台处置含汞废弃光源的法规。目前只有一些发达国家，如德国、日本等，拥有成熟的废弃荧光灯处理技术，并且开始了商业运作。亚太地区最常使用的方法是把废弃光源和家庭垃圾一起掩埋，从环境角度看这是非常不可取的。对于废旧荧光灯的处理处置，目前国内主要采用与废电池、废家电甚至医疗垃圾等混合焚烧处理，或者随生活垃圾进入了垃圾填埋场，每年释放的汞及化合物量数以百吨计，严重污染土壤和地下水源，慢性毒害人体健康，有关部门正积极规划废灯管、灯泡的回收。

为促进和实现国内废弃荧光灯的资源化处置，国内成立了为数不多的几家灯管回收处理公司。但是，这些公司运营还存在一些难题，如灯管本身的价值很低，回收利用的成本很高，灯管很难集中回收，回收处理收费高等。所以，我国废弃荧光灯的回收还处于艰难的境地，再加上公民环保意识不强，随意丢废荧光灯管，使回收工作更加难以开展。我国废弃荧光灯的回收处理与发达国家还有一定的距离。

12.4.6 稀土催化剂固废

12.4.6.1 石油催化裂化催化剂

随着炼油厂加工的原油日益变重以及重油催化裂化技术的广泛使用，催化裂化装置中的重金属含量也越来越大。在运行过程中，原料油中的镍、铁、钒等重金属会沉积在催化剂上，使催化剂受到污染而中毒，导致催化剂的活性和选择性下降，产品分布和总体收率变差，降低了 FCC 的经济效益[26]。为了保持平衡剂的活性和选择性，减轻重金属污染带来的危害，许多催化裂化生产装置常采用调节新鲜催化剂的补充速率、卸出平衡剂的方法，使系统平衡催化剂的活性和选择性维持一定的水平[27]，从而生成大量废催化剂，其重金属含量高，处理困难，污染性强，对人类生存环境构成严重威胁。失效催化剂成分见表 12-17。

表 12-17 失效催化剂的成分分析 （%）

中石化某催化剂厂平衡剂①										
元素	Fe	Ni	Cu	V	Sb	Ca	Na	La_2O_3	CeO_2	REO
含量	0.85	0.69	0.003	0.18	0.187	0.47	0.20	0.95	2.27	3.22

中石化某炼油厂平衡剂②											
元素	P	Si	Ca	Mg	Fe	Al	Cu	Mn	As	Ni	REO
含量	0.15	15.95	0.20	0.056	0.33	27.13	0.0056	0.068	0.0087	0.16	4.17

①数据来源于某催化剂厂。Zn、Pb、Cd、Cr、Hg 等重金属元素含量均小于 0.0050%。

②数据来源于某炼油厂。Zn、Pb、Cd、Cr、Hg 等重金属元素含量均小于 0.0050%。

按照国家相关标准对石油催化裂化催化剂固废的浸出毒性、腐蚀性和放射性进行了研究。按照《固体废物 浸出毒性浸出方法 水平振荡法》（GB 5086.2—1997）得到的浸出毒性结果见表 12-18。按照《固体废物 腐蚀性测定 玻璃电极法》（GB/T 15555.12—1995）得到的 pH 值为 5.94。依照表中数据和腐蚀性结果，按照《危险废物鉴别标准 浸出毒性鉴别》（GB 5085.3—2007）和《危险废物鉴别标准 腐蚀性鉴别》（GB 5085.1—2007）标准中 pH≥12.5 或者 pH≤2.0 的危险废物指标，属于一般工业废物。由于 pH 值为 5.94 不在《城镇污水处理厂污染标准》（GB 18918—2002）中 6<pH<9 的指标内，所以该固废属于第Ⅱ类一般性工业废物。

表 12-18 石油催化裂化催化剂固废浸出毒性结果 (mg/L)

浸出元素	F	Cr	Ni	Cu	Zn	As	Se
石油裂化催化剂固废	—	<0.010	0.048	0.018	0.68	<0.010	—
限 值	100	15	5	100	100	5	1
浸出元素	Be	Ag	Cd	Ba	Hg	Pb	
石油裂化催化剂固废	—	—	<0.010	0.038	<0.010	<0.010	
限 值	0.020	5	1	100	0.1	5	

注：数据来源于包头稀土研究院检测数据。

对催化剂进行放射性总比放测定，其总 α 比放为 307Bq/kg，总 β 比放为 158Bq/kg，总比放为 465Bq/kg，依据《电离辐射防护与辐射源安全基本标准》（GB 18871—2002），放射性核素的活度浓度小于 1×10^3 Bq/kg 时，可判断此固废为豁免废物。

中石化催化剂分公司石油催化裂化催化剂的生产能力达 14.5 万吨，国内市场占有率达到 2/3。在炼油厂使用催化剂的过程中，FCC 装置使用的催化剂约 50%自然跑损，仅中石化的国内用户卸出的平衡剂量为 4.5 万吨/年。

国内对废催化剂回收利用起步较晚，且由于工艺和设备的问题，我国废催化剂的综合回收利用率较低。从目前废催化剂的处理方式来看，掩埋仍是废催化剂最主要的处理方式，但是掩埋会造成一定的环境污染和资源浪费[29]。几十年的发展，我国的废催化剂工业有了蓬勃的发展，有大量的企业参与到废催化剂回收的行业，其中包括许多的民营企业。但是和国外相比，废催化剂总的回收利用率并不高，设备和技术有所欠缺，同时对废催化剂缺乏系统的研究和相应的回收处理法规。

12.4.6.2 汽车尾气净化催化剂

汽车尾气净化催化剂是控制汽车尾气排放，减少污染的最有效手段。汽车尾气净化催化剂有多种，早期使用普通金属 Cu、Cr、Ni 催化活性差、起燃温度高、易中毒，后来用的贵金属 Pt、Pd、Rh 等做催化剂具有活性高、寿命长、净化效果好等优点，但由于贵金属价格昂贵，很难推广[30,31]。含稀土的汽车尾气净化催化剂价格低、热稳定性好、活性较高、具有较好的抗中毒能力，使用寿命长，引起人们广泛关注。目前，国内外已成功开发了含少量贵金属的稀土基汽车尾气净化催化材料，特别是用于活性涂层的铈锆复合氧化物已成功用于汽车尾气净化器上，催化性能与使用寿命大大提高[32]。

汽车尾气净化催化剂长时间的使用会发生热老化，导致活性组晶粒的长大，甚至发生烧结而催化活性下降，部分也会因中毒降低或丧失活性，最终需要更换新的催化剂。因此，全世界每年不可避免地要更换出相当数量的废催化剂。

三效净化剂是目前汽车尾气净化的主流技术，以堇青石蜂窝陶瓷为载体、活性氧化铝为涂层、涂载贵金属铂、铑、钯的三效汽车尾气净化催化剂已得到广泛应用。

用来生产尾气净化催化材料的稀土所占比重较小，且以铈、镨、镧为主。但近年来应用数量却呈上升趋势，随着稀土催化剂制备技术水平的提高，稀土催化剂在汽车尾气净化器中的应用量将不断增加。因此，汽车尾气净化器中的废催化剂有一定的稀土回收价值。

由于尾气净化器寿命长、分散，且稀土含量低等原因，取样困难，所以未获得这部分稀土固废的进一步信息。

到目前为止，我国对汽车业提出的环保要求主要是节能减排。而对报废汽车的全面、充分回收利用，尤其是对近年来大量使用的汽车尾气净化器的综合回收，还缺乏关注。近年来，我国才大量在新车上使用汽车尾气净化器，因此大部分车辆，特别是家用车，绝大多数正在使用，离报废还有一段时间。因此，汽车尾气净化器的回收产业还没有形成。目前，对于废旧汽车尾气净化器的回收研究还停留在实验室阶段，且以回收贵金属为主，由于尾气净化催化剂中稀土含量低，且以廉价的轻稀土为主，所以人们对废尾气净化催化剂中的稀土回收关注度较低。随着我国汽车工业的不断发展，稀土在汽车尾气净化领域的应用不断延伸、增长，对于废净化器中稀土的回收一定会受到关注。

12.4.7 镧玻璃固废

光学玻璃是用于制造光学仪器的特种玻璃，这类玻璃必须具有一定的光学常数、高度的均匀性、良好的透明性和化学稳定性等。在硼硅酸盐或硼酸盐系统中加入10%~60%的La_2O_3、Y_2O_3、Gd_2O_3等稀土氧化物，可制得高质量的镧系光学玻璃。镧在硼酸盐玻璃中的溶解度特别大（有时可达60%以上）。在玻璃中镧能提高玻璃的折射率，降低色散，还可提高玻璃的稳定性[34]。钇和钆也有相似的作用。因此，利用它们可获得高质量的光学玻璃[35]。

在镧系光学玻璃的生产过程中由于烧制时原料的不均匀、杂质成分带入、灼烧过程产生气泡等原因，会产生不合格的玻璃；在制造各种光学元件时会切割下很多的废玻璃渣。这些不合格、加工后的废玻璃渣和使用后的废旧镧玻璃中都含有10%~60%的镧、钇、钆等稀土元素，还含有部分铌化合物，其回收价值很高。如果作为废弃物处理不仅浪费了大量的稀土资源，而且随意丢弃会对环境造成污染。

废旧镧系光学玻璃含有10%~60%的镧、钇、钆等稀土元素[36]，表12-19为废旧镧玻璃样品的化学分析结果。从表中数据可以看出，镧玻璃废料中除含有大量的稀土元素外，还含有铌等有价元素。

表 12-19 镧玻璃废料中元素含量分析 (%)

样品 1	成分	La_2O_3	Nb_2O_5	ZrO_2	TiO_2	BaO	SrO	SiO_2	B_2O_3
	含量	36.43	9.12	5.90	9.46	10.46	5.96	4.04	15.34
样品 2	成分	La_2O_3	Y_2O_3	Gd_2O_3	Nb_2O_5	ZrO_2	ZnO	SiO_2	B_2O_3
	含量	38.12	5.64	13.81	7.08	6.74	0.72	3.57	19.85

注：数据来源于包头稀土研究院调研采集样品检测结果。

按照国家相关标准对镧玻璃固废的浸出毒性、腐蚀性和放射性进行了研究。按照《固体废物 浸出毒性浸出方法 水平振荡法》（GB 5086.2—1997）得到的浸出毒性结果见表 12-20。按照《固体废物 腐蚀性测定 玻璃电极法》（GB/T 15555.12—1995）得到的 pH 值为 7.08。

表 12-20 镧玻璃固废浸出毒性结果 (mg/L)

浸出元素	F	Cr	Ni	Cu	Zn	As	Se
镧玻璃固废	<2	<0.010	0.024	<0.010	1.69	<0.010	<0.010
限 值	100	15	5	100	100	5	1
浸出元素	Be	Ag	Cd	Ba	Hg	Pb	
镧玻璃固废	<0.010	<0.010	<0.010	0.62	<0.010	<0.010	
限 值	0.020	5	1	100	0.1	5	

注：数据来源于包头稀土研究院检测数据。

依照表中数据和腐蚀性结果，按照《危险废物鉴别标准 浸出毒性鉴别》（GB 5085.3—2007）和《危险废物鉴别标准 腐蚀性鉴别》（GB 5085.1—2007）标准中 pH≥12.5 或者 pH≤2.0 的危险废物指标，属于一般工业废物。由于 pH 值为 7.08 在《城镇污水处理厂污染标准》（GB 18918—2002）中 $6<pH<9$ 的指标内，所以该固废属于第Ⅰ类一般性工业废物。总 α 比放为 563Bq/kg，总 β 比放为 291Bq/kg，总比放为 854Bq/kg，依据《电离辐射防护与辐射源安全基本标准》（GB 18871—2002），放射性核素的活度浓度小于 1×10^3Bq/kg 时，可判断此固废为豁免废物。

据统计，生产过程中镧玻璃固废的产生量占原料量的 25%～30%，即每生产 1t 合格的镧玻璃产品就会产生 0.33～0.43t 的废玻璃。镧玻璃是一个较小的稀土应用领域。近几年，光学玻璃适用范围在不断地扩大，如氧化镧用于制造光导纤维，使光导纤维性能获得改善。这样，随着光学玻璃不断地被使用，产生工艺废料和废旧玻璃也会增多，回收价值也会随之增长。

由于镧玻璃在国内起步较晚，且产量较小，使用分散，所以到目前为止，并没有相关企业回收处理镧玻璃固废，也很少发现有文献记载对镧玻璃废料的综合利用。国外对镧玻璃固废的研究也较少，日本研究人员研究了用沉淀法和溶剂萃取法从光学玻璃中回收稀土，取得了比较好的效果，镧、钇、钆的分离都达到了95%以上。

12.5 放射性物质来源、类型及其对环境的影响[1]

气载放射性废物来源主要是采矿产生的粉尘、扬尘，精矿冶炼产生的含 HCl 和 CO_2的混合气体，湿法分离时逸散的含 HCl、氨气和有机萃取剂的废气以及锅炉燃煤产生的含 SO_2、烟尘的烟气。稀土矿开发利用过程中，向大气环境释入的气载放射性主要有两种途径：一是矿区氡浓度及其子体的污染；二是粉尘随气流的隐弥散。

在稀土资源的开发利用过程中，含放射性的固体废弃物主要有开采后的尾矿、白云鄂博矿酸法生产中的水浸渣、碱法生产中的酸溶渣、铁钍渣，四川矿和离子型矿的酸溶渣等。这些固体废弃物中钍含量及总放射性较高。放射性核素 U^{238}、Th^{232}与稀土矿呈类质同象共生在一起，一般不容易分离，所以稀土矿的采矿、运输、选矿等生产过程的各个环节如果没有按照环境保护的要求严格控制，其生产过程中的各个环节也就成为放射性核素污染环境的途径。冕宁县稀土矿区（牦牛坪—牦牛村—包子村）、哈哈乡牦牛山百丈沟—三岔河—瓦都沟、城厢镇石梯子—吊藤子等地环境放射性水平高于正常水平，并超过国家标准规定的剂量限值要求。尤其是稀土矿区在稀土的采选过程中未按要求对与稀土矿共生的铀、钍等放射性核素加以控制，造成环境放射性污染进一步扩大、扩散、以致恶化。冕宁县稀土矿区所在的瓦维埃河、呷物河及其下游的南河，由于稀土矿选厂的选矿废水和部分尾矿砂直接向河沟排放，其水质也受到了不同程度的放射性污染。

13 稀土废弃物污染防控技术

13.1 国外环境保护政策[37]

13.1.1 美国

美国稀土产业的发展非常注重经济效益和环境保护。如美国最大的稀土矿芒廷帕斯矿由于在国际市场上失去了价格竞争力而勉强维持，后来由于在提取稀土的过程中产生的放射性物质严重污染了地下水，造成当地环境的破坏，受到美国社会各界的指责，该矿于 1998 年停产。

美国根据国际市场稀土的供求状况、结合本国人力和资源的禀赋以及稀土产业开发对环境的影响作出政策调整，实行国内补贴的方式支持稀土产业的开发利用发展。美国最大的稀土矿芒廷帕斯矿在开发之时受到美国政府的资助，无论在产量和技术方面都发展迅速，这使得 20 世纪 50 年代美国成为世界上稀土资源的主要生产国和供应国。

13.1.2 日本

当前日本的稀土产业主要集中在稀土分离产业，即主要以高纯度的稀土氧化物为原料生产高附加值的稀土产品。日本稀土产业布局在国内实行集中化的同时，也将一些资源耗费量大的环节或者低端环节转移到国外，以减轻本国稀土资源的进口和减少稀土产业造成的国内环境的污染。作为矿产资源匮乏的国家，日本始终把稀有矿产资源的储备放在重要位置。鼓励本国企业涉足投资海外矿产资源，在海外矿产资源勘查、融资担保等方面为企业提供一定的支持政策。2009 年，日本经济产业省开始实施“脱稀土”政策，“脱稀土”政策一方面鼓励资源回收利用，另一方面鼓励稀土替代品的研发，以摆脱本国稀土资源的对外依存度。

13.1.3 澳大利亚

澳大利亚的环境保护政策抬高了矿业的成本。在澳大利亚从事采矿业，除了在申请各种准入权证时需要提供环境评价报告证明其满足严格的环保要求并交纳矿山复垦保证金之外，在开采前还需要得到利益相关者的许可。利益相关者包括周边土地所有者、社区居民、原地民等，多元化的利益相关者群体较为分散的结构使得社会监督无处不在。澳大利亚和地方政府专门提供了正式渠道供利益相关方举报企业污染活动。此外，政府更频繁派出专门的检察人员进行巡视，以强化监督效果。严格的环保标准、较高的准入环境门槛、无处不在的社会监督网络，使得澳大利亚进行高污染的矿业生产具有高昂的成本，从而抑制了澳大利亚国内外的企业进行相关投资和生产活动。澳大利亚的这种高准入门槛、高税收和严格的环保标准与社会监督等特点反映出来的矿业政策意图非常明显，即在保证经济增长和就业的情况下，尽可能抑制开发、保护资源和环境，因而稀土的开发利用作为一种高污染的矿业活动也逃脱不了这种政策的限制。从矿业法律上看，对于自然环境与资源的保护仍然排在最高的政策优先级上。唯一一个稀土矿韦尔德山（Mount Weld）开采的产品都要运往马来西亚加工，也证明了这一点。从矿业相关研发活动上看，对于资源的精确定位、保护和高效、环保地提取是重点方向。

13.1.4 对我国稀土环境保护政策的启示

稀土企业有责任、有义务承担起环境保护与治理恢复的社会责任，政府与相关职能部门要加强引导与监管，坚决打击违法开采和各种破坏环境的行为，建立健全稀土开采过程中的环境保护机制，建立健全稀土资源开发与环境保护相协调的长效机制，并制定稀土开采、资源开发与环境保护的法律法规，着力保障生态环境不受损害，促进稀土产业安全与发展。

13.2 国外稀土工业废弃物防控技术

世界稀土矿主要是氟碳铈矿和独居石，其余的稀土资源主要是磷钇矿、离子吸附型稀土矿、铈铌钙钛矿、磷矿石等。俄罗斯、美国、澳大利亚、印度、加拿大、巴西、南非、越南等国拥有稀土矿。20世纪60年代，美国、法国、苏联等发达国家已实现稀土的规模生产，如美国钼公司（Molycope）、澳大利亚莱纳公司是世界著名的稀土生产企业。国外对环保的要求普遍高于我国，如我国稀土工业污染物排放标准规定新建企业氨氮排放限值为15mg/L，而美国密苏比州为2mg/L，澳大利亚原来标准为38mg/L，新修订标准提高到5.0mg/L，日本为10mg/L。我国稀土标准规定新建企业氟化物的排放限值为8mg/L，而印度规定排入内陆地表水限值为2mg/L，泰国排入下水道限值为0.0005%，美国怀俄明州排入河流限值为2.0mg/L，远低于我国标准。因此，国外稀土冶炼分离企业在环保方面的要求比国内高10倍以上，稀土生产运营成本高。

13.2.1 美国钼公司芒廷帕斯工厂

美国钼公司芒廷帕斯工厂的生产受各种环保法案及条例的制约，采取多种技术和管理战略，对环境的影响降到最低，主要包括废水和尾矿的管理。钼公司以芒廷帕斯的氟碳铈矿为原料，主要生产氧化铕、氧化钕、富铈、富镧等稀土化合物。

13.2.1.1 矿物类型及生产历程

美国芒廷帕斯工厂是西半球唯一已经开发的商业化运作的稀土厂。1949 年，在芒廷帕斯发现了稀土矿（氟碳铈矿）。1952 年，美国钼公司开始在芒廷帕斯工厂进行稀土的生产。1998 年，由于废水蒸发池造成的环保问题，钼公司的稀土分离厂停产，开始用库存矿产品生产稀土精矿，产量锐减。2002 年，钼公司氟碳铈矿的采矿作业停止，选矿厂的尾矿坝区在服务了 30 年后关闭。2007 年，钕、镨萃取线自从 1998 年关闭后首次重新恢复使用，第四季度开始生产。目前公司以溶剂萃取方式工业化生产镧、镨钕和钐铕钆富集物，回收率超过 98%。

13.2.1.2 生产工艺

芒廷帕斯矿开采的氟碳铈矿经过破碎与磨矿后，加工成细粉末。经过浮选工艺将氟碳铈矿与其他非目的矿物分离。利用强酸溶液浸氟碳铈精矿，然后用溶剂萃取分离出不同的产品，纯度超过 99%。稀土冶炼分离过程中产生含盐废水。

13.2.1.3 环境保护问题及措施

过去，芒廷帕斯工厂环境污染的主要来源是生产废水以及尾矿湖。1980 年前，工厂利用现场的渗透型表面蓄水池处理废水，利用传统的尾矿坝处理尾矿。以前的处理方式使用氢氧化钠中和废水中的盐酸，造成总溶解固体含量增加，影响了工厂的地下水质量，这是带来的最大影响。据目前工厂报道，受未衬砌的影响，地下水总溶解固体浓度为 10000mg/L。而目前工厂文献记载的总溶解固体本底浓度介于 360~800mg/L，含有可以检测到的钡、硼、锶以及放射性成分。废水和尾矿中的金属以及放射性成分对地下水质量造成潜在的负面影响。钼公司积极治理污染的地下水，地下水拦截井和矿井形成了凹陷的圆锥体，可以拦截并处理污染物。

稀土分离厂的主要副产品之一是盐水。过去，加州芒廷帕斯稀土生产过程中每分钟生产数百升的盐水，排放到生产现场外的池子中，再将水蒸发掉。20 世纪 80~90 年代期间，芒廷帕斯工厂每分钟生产 3200L 的盐水。90 年代，钼公司经历了系列废水管破裂问题，造成了严重的环境影响。这些管道造成的环境影响最终得到补救。

芒廷帕斯工厂的生产受《1977 年联邦采矿安全及健康法案》（2006 年根据矿山改进及新紧急响应法案修改）和《加利福尼亚州职业安全和简况管理条例》的制约。这些法案对矿物提取及加工生产的许多方面提出了严格的健康及安全标准，包括员工培训、操作过程、生产设备以及其他方面等。

除此以外，钼公司工厂还受到大量联邦、州及地方环境法律、法规以及许可的制约，包括员工健康与安全、环境许可、空气质量标准、温室气体排放、水的使用及污染、废水管理、工厂及野生动物保护、放射性物质处理、土壤及地下水污染的治理、土地使用、房产的改造与修复、向环境中排放物质以及地下水的质量及地下水的利用等方面。

钼公司过去及现在均使用危险材料，并且生成危险的、具有天然放射性的废料。芒廷帕斯工厂自1952年生产以来一直受关于有毒行为、自然资源损坏以及其他责任相关的环境法律、法规以及许可的制约。芒廷帕斯工厂目前执行Lahontan地区水质量控制委员会的规定，主要对现场的蓄水，包括地下水监控、萃取及处理等进行监督并进行整改。

钼公司新领导层不希望以过去的模式进行稀土生产，经过五年多辛勤的研发，钼公司科研人员取得革命性突破。钼公司将这些技术应用到芒廷帕斯新工厂，极大降低了稀土生产对环境的影响。钼公司在稀土生产过程中采取的环保技术创新见表13-1。

表13-1 钼公司环保技术措施

工艺	传统方法	技术创新（新工厂）
化学试剂使用	每天需要15~25油罐卡车的化学试剂	回收生产过程中产生的盐水，将其用作原料，在连续闭路循环线路中生产新的化学试剂
发电及使用	需要大量昂贵的当地公用电网发电。供电质量及停电提高了生产成本。现场许多设备使用排放量很高的燃料，如柴油、丙烷以及“船用燃料油”	天然气供热及发电厂提供高质量的电力及蒸汽，提高了系统效率，极大降低生产成本其他燃烧作业使用清洁燃料天然气
新水的使用	需要大量从地下抽取新水，然后被转化为大量废水	废水几乎零排放，生产过程中的水全部循环利用
蒸发池	需要大量使用蒸发池处理生成的废水	回收生产废水，减少4.8万平方米蒸发池的使用
尾矿坝	需要在尾矿坝后方储存采矿尾矿以及生产废水	通过脱去尾矿中的大部分水，形成糊状物。水被回收利用，糊状物逐层放置，短期内形成整体结构，避免尾矿坝的使用
矿石选矿及处理	选矿厂及加工厂，从矿石到溶液过程中的稀土收率仅为50%~55%	与传统工艺相比，钼公司的新工艺提高了系统的整体效率，减少包括二氧化碳在内的空气排放

钼公司新工厂采取了多种技术和管理战略，使对环境的影响降至最低，主要的改进包括废水和尾矿的管理。利用反渗透原理处理和再利用90%的废水，反渗透工艺留下的浓缩的废水进一步生产附加值产品，在生产中再利用或者销售。现场的氯碱工厂利用反渗透剩余物作为原料，生产NaOH、HCl和NaClO，再利用

或销售。但是，对于任何一种再利用技术来说，最后常常都产生浓缩的废水，需要进行处理，而且回收的氯化钠含有机物等杂质，提纯到工业级氯碱难度很大，回收处理成本很高。回收的氯化钠中残留的重金属，要经过沉淀、纳滤工艺去除。该工艺生成的浓盐水在现场的蒸发池内干燥后处理，以降低化学试剂和水的消耗量[38]。

钼公司尾矿坝采用的干堆技术作为地下回填的方法现今被采矿工业广为接受，这种方法在某些应用中替代岩石和水利浆体充填技术，成本较低。过去10年中，这种方法作为矿山回填方法，越来越被大家接受，被证明是表面处理矿山尾矿、煤燃烧副产品以及其他工业废品的有利方法[39]。美国钼公司芒廷帕斯尾矿坝如图13-1所示。

图13-1 美国钼公司芒廷帕斯尾矿坝

13.2.2 澳大利亚莱纳稀土公司

13.2.2.1 *矿物类型及生产历程*

自从1966年进行环形地磁异常的跟踪工作时，就开始开发韦尔德山项目。韦尔德山矿位于距西澳拉弗顿东南35km处，该矿稀土品位高，矿体直径3km，系碳酸岩侵入体，属于独居石。碳酸岩长时间深度风化，使稀土、铌和钽在覆盖层富集。

2000年11月，莱纳公司第一次获得了韦尔德山项目，命名为韦尔德山稀土，收购韦尔德矿业公司后，于2002年4月获得了该项目100%的所有权。通过反循环和金刚石钻孔相结合，确定了JORC标准（澳大利亚矿产储量联合委员会标准）资源。

2007年，开始进行表层土剥离和采矿作业，开采出77.33万吨品位为15.4%

(REO) 的矿石储存在矿山，等待矿山选矿厂的建设。2011 年 5 月 14 日，韦尔德浮选厂首次进料。2013 年 2 月莱纳公司公告，公司已生产出产品，销往客户。莱纳认为他们的矿床氧化钍含量低，经过计算为每 1% REO 含 0.0044%氧化钍。

13.2.2.2 生产工艺

矿石经过混料、破碎和选矿生产稀土精矿。韦尔德选矿厂使用多级浮选工艺，利用不同试剂，将矿石粗选、浮选和精选。所使用的浮选药剂包括：硫化钠（作为捕收剂和 pH 值调节剂）、捕收剂 DQ（含有脂肪酸）、硅酸钠（分离矿泥）、氟硅酸钠（抑制剂）、氢氧化钠（皂化捕收剂，形成皂，皂沫携带稀土）。莱纳选矿工艺流程如图 13-2 所示。

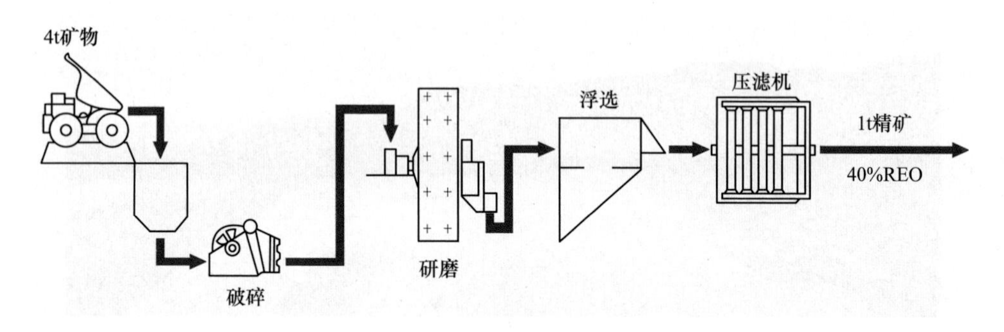

图 13-2 莱纳选矿工艺流程图

莱纳公司马来西亚新材料厂的生产工艺基本套用我国北方矿生产技术，但设备自动化控制水平较高。精矿经过回转窑分解后，利用硫酸浸出生产混合硫酸稀土，该工艺的收率达到 90%以上。混合硫酸稀土经过溶剂萃取，生产单一稀土产品。

马来西亚新材料厂从精矿焙烧工序至稀土萃取分离、沉淀、灼烧全流程监控，大部分物料输送操作在中央控制室完成，外观感觉上完全是一个现代化的清洁生产工厂。莱纳冶金工艺流程如图 13-3 所示。

13.2.2.3 环境保护问题及措施

莱纳公司马来西亚新材料厂位于马来西亚关丹的 Gebeng 工业园区，处理西澳韦尔德矿生产的精矿。在新材料厂向空气、水及土壤排放的废物中，最危险的是排放到土壤中的固体废物，然后是排放到 Balok 河中的废水。按规定使用美国污染控制净化装置，向空气中排放的酸性气体可以控制在一定范围内。

尾矿管理：尾矿中氧化钍的含量为 0.055%、氧化铀 0.003%，放射性分别为 1.8Bq/g 和 0.32Bq/g。澳大利亚矿山与石油部根据《1995 年矿山安全与监督管理条例》制定的非放射性尾矿的标准为 1.0Bq/g。韦尔德尾矿储存厂投入运营后，莱纳公司将负责监控尾矿的放射性。工厂扩建后，每年最多可以处理 17.76 万吨矿石。

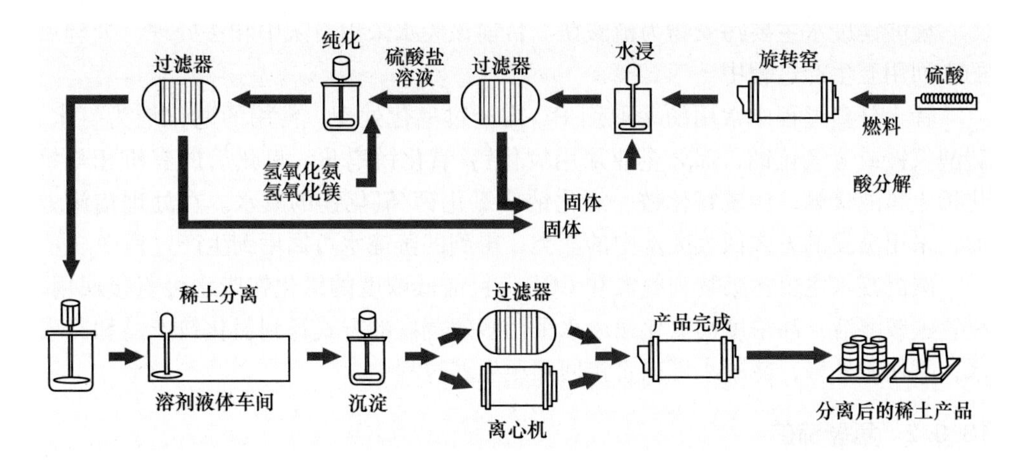

图 13-3 莱纳冶金工艺流程图

水处理厂及蒸发池：水处理方面，工厂共计使用 6 个反渗透装置，每年产生 73.6 万吨的废水，废水中总溶解固体值为 2.3%，用泵排放至蒸发池中。废水储存池占地面积 28 万平方米，平均深度 800mm。

固体、液体废物管理：韦尔德稀土项目主要有两种废弃物，分别是尾矿及萃取废水。尾矿中含有放射性颗粒，被排放至具有防渗漏地下排水装置的尾矿储存区；尾矿区的澄清水开始时不返回至加工厂，但是安装了澄清水返回线路，需要时，启动该线路。

工厂周边安装了地下水监控孔，同时监控地表水，以便对植被影响降至最低。如果达到极限状态，将启动地下水回收计划。

13.3 废水的防控技术

近些年来，国内许多研究院所、稀土企业针对目前存在的含硫和氟的废气、含氟及氨氮、高盐废水、含放射性废渣等环境污染问题，投入了大量的人力、物力进行绿色冶炼分离工艺的研发，取得了一些新的进展，推广了可满足《稀土工业污染物排放标准》（GB 26451—2011）排放限值要求的废水防控技术。

13.3.1 白云鄂博稀土矿

稀土采选工艺废水来源于选矿厂，含有少量浮选药剂和悬浮物，故特征污染因子为 pH 值、化学需氧量、氨氮、悬浮物，包括浓缩废水、浮选废水和尾矿废水。这些废水与生产过程中产生的尾矿一起排入尾矿库，未经处理，在尾矿库经自然澄清后返回选矿流程回用。

白云鄂博稀土精矿酸法冶炼废水主要有萃取转型过程中产生的硫酸镁废水、萃取分离过程中产生的皂化废水以及氯化稀土溶液碳沉过程中产生的碳沉废水。

硫酸镁废水主要污染物为硫酸镁。目前该废水采用石灰中和法处理，处理后的水回用至生产过程中。

稀土分离过程中常用的萃取剂 P_{507}需经过皂化处理，常用的皂化剂为氨水、碳酸氢铵或氢氧化钠，部分企业采用氧化钙/氧化镁皂化。皂化后的有机相与氯化稀土料液接触，生成氯化铵、氯化钠或氯化钙/氯化镁的废水。在处理措施方面，采用蒸发的方式回收废水中的盐类，得到的蒸馏水可回用到生产过程中。

碳沉废水主要污染物为氨氮和 COD。目前低浓度的氯化铵废水可直接回用，配置碳铵溶液；高浓度的氯化铵废水采用多效蒸发的方式得到氯化铵产品和冷凝水，氯化铵外售，冷凝水可以直接回用至生产过程中。

13.3.2 氟碳铈矿

氟碳铈矿的主流冶炼工艺为氧化焙烧-盐酸浸出—液碱转化—盐酸溶出—萃取流程，产品为单一稀土氧化物。

采选工艺中废水主要来源于稀土矿浮选工序产生的尾水，含有少量浮选药剂和悬浮物，经自然降解和静置沉淀后，约 80%回用，其余外排。

冶炼工艺废水主要有碱分解过程产生碱转废水，萃取分离过程的皂化废水以及沉淀过程产生的沉淀废水。

碱转废水中含氟较高，主要采用石灰或电石渣除氟，但除氟效果有限，往往需要结合磷酸盐沉淀工艺形成氟磷酸钙实现深度除氟，同时为了提高固液分离效果，常加入铝盐和铁盐无机絮凝剂，形成吸附能力很强的絮凝氢氧化物沉淀，吸附废水中的含氟沉淀物。现在倾向采用聚合硫酸铁、聚合铝作为简单的铝铁替代品，除氟效果较好。该技术处理过程产生大量含氟沉淀，需集中堆存处理，废水澄清后外排。

萃取皂化废水集中收集，采用隔油池+石灰调节 pH 值+曝气+真空浓缩回收氯化钠。碳沉废水主要含氯化钠，采用真空浓缩回收氯化钠。

13.3.3 离子吸附型稀土矿

目前广泛采用原地浸矿工艺。在原地浸矿采场生产期，由于收液系统不完善，浸矿母液不能全部回收，导致含氨氮及硫酸根的浸矿母液渗漏进入地下水；正常生产期结束后，由于雨水淋溶作用导致矿体中残留母液持续渗漏，特征污染因子为氨氮和硫酸根。

原地浸矿采场的渗漏水可以采用人工注入顶水的方式进行矿块清洗，清洗后的清洗废水收集后，部分作为下一采场的浸矿液配制，部分进行氨氮处理，处理达标后，作为清水清洗的水源加以利用。清洗废水的处理工艺一般为“石灰沉淀+生化组合+氧化”的组合工艺。

根据离子吸附型稀土矿的特点，用盐酸溶解稀土精矿，得到混合氯化稀土料液和沉渣，料液再经净化澄清处理后，采用 P_{507} 联动萃取技术进行分组、分离，得到单一氯化稀土或稀土富集物。工艺过程为：酸溶—萃取—沉淀—灼烧—筛混—包装。废水主要为萃取车间皂化废水和草酸沉淀废水。

萃取车间皂化废水经隔油+石灰中和+絮凝沉淀预处理，确保第一类污染物处理达标；沉淀废水采用真空抽滤的方式进一步回收稀土后与预处理的皂化废水集中送废水处理站，混合后的废水经曝气后送入中和反应塔，加入石灰乳液调节 pH 值、絮凝、固液分离后达标排放。

13.4 废气的防控技术

稀土冶炼生产中的废气净化一般采用冷凝法、吸收法、吸附法、燃烧法和催化法等。目前我国多用吸收法和吸附法两种，其工艺简单、过程设备少、效果较好。

白云鄂博稀土精矿酸法冶炼废气目前采用的治理方法如下：焙烧尾气分为三步进行处理，焙烧窑产生的尾气采用冷却、喷淋吸收法使尾气净化达标排放，得到冷凝酸液和喷淋酸液；这种混合稀酸液采用加热浓缩、分离法处理，得到浓硫酸和含氟液体；含氟液体采用合成法处理，得到效益较好的氟盐。这样不但可使尾气达标排放同时消除了尾气净化废水的污染，还可得到稀土生产使用的浓硫酸和铝冶炼工业需要的冰晶石。

内蒙古工业大学化工学院与包头市英杰化工有限责任公司通过多年合作研究，开发利用稀土焙烧尾气酸制氟化氢铵及粗白炭黑的生产工艺。该工艺能够有效地利用稀土企业排放的尾气酸。

四川矿氧化焙烧尾气通常采用布袋除尘、碱喷淋的方法处理。

13.5 废渣的防控技术

稀土冶炼过程产生的废渣可分为非放射性废渣和放射性废渣。前者可建立渣场（或渣坝）堆放，后者必须建立渣库存放，以避免二次扩散污染环境。目前已有从其中回收生产氯化稀土、硝酸钍和重铀酸铵等产品的工艺。如含氯废气可用烧碱试剂回收氯，制取次氯酸钠产品。

白云鄂博稀土精矿酸法冶炼废渣治理方法：

（1）酸溶钡盐渣的处理。由于稀土冶炼产生的钡盐渣较少，采用氯化钙法将硫酸钡渣转化为氯化钡。该方法生产简单、产生的二次污染小，产品又能回用于稀土生产，既消除了废渣，又能产生较好的经济效益。

（2）含钍废渣的处理。可将现采用的浓硫酸强化焙烧工艺改为低温焙烧工艺，使钍与稀土进入水浸液，再采用伯胺萃取分离技术，使钍与稀土分离，生产硝酸钍或其他钍产品。

包头稀土研究院研究了浓硫酸高温焙烧工艺产生的放射性水浸渣减量化处理工艺。处理后，钍的浸出率达95%，可进一步生产钍产品；渣中稀土浸出率40%~50%，可进一步回收，处理后渣量减少一半。

对于稀土功能材料生产过程中产生的固体废弃物，多属于一般性工业废物，放射性豁免废物，可将其作为二次资源回收其中的有价元素，具体回收工艺随其性质不同而不同，但需关注其回收过程中产生的二次污染，并加以防控。

13.6 稀土生产过程含放射性物质的危害与防控技术[1]

中国疾控中心辐射防护与核安全医学所在1987~2002年的非军事化“稀土铁共生矿矿工吸入钍尘对矿工健康影响与防治措施系列研究”中证明了接尘矿工由于长期吸入较高浓度的含钍稀土矿尘和较高浓度的钍射气寿命缩短子体，会诱发肺癌。中国科学院上海冶金研究所发表的《微量稀土元素的药效及保健作用》显示：稀土元素如果被长期低剂量摄入，可在肝脏中蓄积，导致肝脏形态和病理组织变化，肝细胞损伤，肝代谢紊乱，引起脂肪肝。

稀土冶炼生产过程中产生含钍粉尘、废水、废气和废渣。有的工段、工序属于放射性工作场所，还有氡、钍射气气溶胶、γ射线和α、β表面污染。

13.6.1 我国放射性防治相关政策

根据《中华人民共和国放射性污染防治法》第五章第三十七条的要求，对钍和伴生放射性矿开发利用过程中产生的尾矿，应当建造尾矿库进行储存、处置；建造的尾矿库应当符合放射性污染防治的要求。根据中华人民共和国国家标准《铀、钍矿冶放射性废物安全管理技术》（GB 14585—1993）和《电离辐射防护与辐射源安全基本标准》（GB 18871—2002）规定，含钍的辐射源总放射性比活度高于1×10^3Bq/kg时需要进行处理和防护。

13.6.2 放射性废渣处理[40]

（1）固化法：水泥固化、沥青固化、玻璃固化。

（2）建库堆存：避免生产环境和自然环境受到污染，按照《辐射防护规定》（GB 8703—1988），含天然放射性核素的尾矿砂和废矿石及有关固体废物一般可分为贮存和固化法两类。对于稀土生产中产生的固体废弃物，因其量大且放射性水平低，多用贮存法处理。贮存处理又可分两种，即建坝堆放和建库存放，集中建造放射性固体废物存放坝和存放库，防止对环境的辐射污染。稀土冶炼过程中，白云鄂博矿浓硫酸高温焙烧矿的水浸渣、烧碱法产生的全溶渣、氟碳铈矿氧化焙烧后的酸浸渣和含铀、钍高的离子吸附型矿酸溶渣等固体废物均属于放射性废渣。根据中华人民共和国国家标准《辐射防护规定》（GB 8703—1988）第四条放射物管理 4. 5. 4 款，“放射性比活度 $(2\sim7)\times10^4$Bq/kg 时应建坝存放，比活度大于 7.4×10^4Bq/kg 时，应建库存放。禁止未经许可或不按照许可的有关规定，从事贮存和处置放射性固体废物的活动”。因此，每个地区产生的放射性废渣，应集中建坝、建库贮存，防止对环境辐射污染造成安全隐患。环保和放射性防护设施应当与主体工程同时设计、同时施工、同时投入使用，防止和减少“三废”和放射性物质辐射污染周围环境，保证职工和附近居民身体健康。

（3）减量化、无害化、资源化处理：针对放射性废渣的资源特性，进行相关工艺技术研究，实现放射性废渣的减量化、无害化、资源化。

13. 6. 3 放射性废水治理

放射性废水主要是独居石矿冶炼过程中产出的废水，钍、铀、镭均超标，因此选用中和沉淀法分步治理。

（1）钍和铀的去除：通过向废水中加入碱液调节 pH 值为 7~9，可将废水中钍和铀沉淀析出。其化学反应原理为：

$$Th^{4+} + 4NaOH = Th(OH)_4\downarrow + 4Na^+$$

$$UO_2^{2+} + 2NaOH = UO_2(OH)_2\downarrow + 2Na^+$$

（2）镭的去除：向除钍、铀后的废水中加入 10% $BaCl_2$溶液（在 SO_4^{2-} 存在的条件下），使其生成硫酸钡和硫酸镭的共晶沉淀物，镭被载带而沉淀析出。其化学反应原理为：

$$Ra^{2+} + Ba^{2+} + 2SO_4^{2-} = BaRa(SO_4)_2\downarrow$$

通过上述化学沉淀法处理，可使废水中放射性元素达到排放标准，这在稀土冶炼废水治理中已大量应用，处理设施简单易行，操作方便。

最后在废水中加入聚丙烯酰胺絮凝剂吸附悬浮体和胶体物等而沉降析出，使处理后的废水清亮无害而排放。该法在工业生产中已常用，成熟可行。

14 稀土尾矿综合利用与环境治理技术[1]

14.1 我国稀土尾矿的综合开发利用

稀土尾矿作为一种利用价值巨大的二次资源，对其进行综合回收利用不但可使原来资源枯竭的矿山重新成为新的资源基地，恢复和扩展生产，而且可开辟新型矿物材料及高新材料的科研领域，推动科技进步。在减少资源浪费的同时，又能够防治环境污染，改善生态环境，具有重大的社会和经济效益。以白云鄂博矿为例稀土尾矿资源的综合回收目前主要有：（1）稀土资源的再回收：经1次粗选，3次精选从尾矿中回收稀土精矿。（2）金属铁的再回收：采用反浮—正浮工艺流程从稀土尾矿中回收铁矿物，得到了较高品位的铁精矿。（3）其他有用组分的再回收：稀土尾矿中除含有大量的稀土矿物及铁矿物外，萤石、重晶石、硫、铌等其他有用组分含量也十分丰富，具有一定的回收价值，相关单位和学者已根据其赋存状态及矿物性质做了较多研究。（4）利用稀土尾矿研制建筑材料。

鉴于我国各矿山尾矿在化学组成和物化性质方面差异较大，综合利用工艺必须因地制宜。开展稀土尾矿整体利用的研究是矿山实现少尾和无尾化过程最有效的途径，通过开发高附加值的产品，可以提高产品的市场竞争力。根据我国稀土尾矿的矿石类型及工艺特性，其综合回收利用的发展方向主要在于两个方面：一是采用更先进的选矿技术将尾矿进行再选，最大限度地提高有用矿物的回收率；二是利用稀土尾矿原料，研制各种矿物材料及高新材料，较大程度地提高稀土尾矿的利用率。

14.1.1 白云鄂博稀土尾矿处置现状

中国北方稀土（集团）高科技股份有限公司在内蒙古包头市区和白云鄂博地区分别进行稀土选矿生产。包头市区的北方稀土选矿厂将生产稀土过程中产生的稀土尾矿排放在距离选矿厂较近的包钢大型湿式稀土尾矿库（俗称“稀土湖”）内；位于包头白云鄂博地区的稀土选矿厂采用干堆技术将稀土尾矿堆存在矿区周边尾矿库。

包钢的大型湿式尾矿库距离包头市区12km，距离包钢厂区4km，距包兰铁路200m，距黄河10km。包钢尾矿库于1965年8月投产，是平地型筑坝，尾矿库周长13.6km，占地面积约11km^2。尾矿库由土和混凝土围成，高出地面约30m，堆存近2亿吨尾矿，是中国最大的尾矿库之一。由于包钢尾矿是世界罕见的白云鄂博多金属共生矿的选铁尾矿，选铁时没有综合回收致使大部分共生矿物都排入了尾矿库，稀土回收率仅为10%，绝大部分的稀土和与之共生的钍排入了尾矿库，此外尾矿库的周边集中了一些稀土冶炼和分离厂，多年来这些厂曾把没有处理合格的或没有处理的废水都排入尾矿库，作为它们的排污湖，这样使尾矿库内的水成分更趋于复杂。

根据环境部门对尾矿库周边环境污染调查，主要污染因子是氟和硫酸等，根据近10个月的实地调查，尾矿库内水体的pH值是6，呈酸性；其次尾矿库是平地筑坝，标高1025m，库的设计标高第一期是1045m，最后标高1065m，是一座空中湖泊，下游是包兰铁路和黄河，又在城市的郊区，最主要的任务是防止突发事件，尾矿库的崩堤事故在国内外都已发生过；其三，尾矿库三分之一的表面没有被水覆盖，尾矿粉颗粒极细，其中60%以上粒径在50mm以下，大风季节时有可能随风迁移。

近年来，周边稀土冶炼企业已停止向其中排入废水。库内无水区域种植各种苗木，实现绿色全覆盖，周边土壤实施绿化工程，环境已出现向好局面。

14.1.2　四川牦牛坪稀土矿尾矿处置现状

冕宁县稀土资源储量居全国第二位，主要分布在牦牛坪、三岔河、里庄、南河木洛、南河阴山等地。其中牦牛坪矿床规模居各矿床之首，约占四川探明稀土矿物总量的90%。2008年6月，江西铜业集团公司通过竞争，成为牦牛坪稀土资源矿山整合主体，并于2008年8月成立四川江铜稀土有限责任公司，着手开发牦牛坪稀土矿。

四川省稀土矿远景储量超过400万吨，属于氟碳铈矿，平均品位3%～5%，放射性较小。四川省冕宁县牦牛坪地区稀土选厂众多，每年产生的尾矿在18万吨左右，历年累积尾矿约200万吨。历史遗留小尾矿库较多，较分散，管理不规范。经调查，牦牛坪稀土尾矿中可利用的主要矿物有萤石（CaF_2 13%）、重晶石（$BaSO_4$ 28%）、细粒氟碳铈矿。若按稀土含量为2.5%计算，目前，每年产生的尾矿中含稀土4500t。尾矿库积存的尚有稀土5万吨。四川稀土行业整合后在建的瓦都沟尾矿库位于选矿厂东侧3km瓦都沟内，库容为1959万立方米，有效库容为1469万立方米。库区属沟谷地貌单元，地形较开阔平坦，地形地貌对建筑大坝有利；查明了库区2440m标高以下有无渗漏、断层、泉眼等级分布情况。同时，发现尾矿库岸坡及尾矿坝、拦洪坝、截渗坝岸坡现状稳定性较好；勘察区范围内无明显的断裂构造发育，未见其他较大的崩塌、滑坡、泥石流、地面塌陷等不良地质作用。新建尾矿库已经铺设防渗工程，完成尾矿坝的一部分修筑工程，解决稀土尾矿堆存散乱，对环境污染严重，存在较高的生态环境风险的问题。

14.1.3 山东微山湖稀土矿尾矿处置现状

微山湖矿是山东省唯一的稀土资源生产基地，微山湖矿产资源的资源利用率高，采矿回收率达到95%，选矿回收率达到85%以上。微山湖矿属地下开采，采用充填采矿法，尾矿基本可充填井下，因此环境保护措施较为完善，尾矿处理处置引起的污染较小。

14.1.4 离子型稀土矿尾矿处置现状

以赣州稀土矿为代表的南方离子吸附型稀土矿，历史上曾经采用池浸、堆浸进行采矿，2007 年后全部采用原地浸矿方法采矿。池浸和堆浸产生大量的尾矿，就近堆存在矿山周边的山谷或坡地，绝大多数未进行设计，建设堆存不规范，随意堆放现象严重，引起的环境问题较为突出。

赣州离子吸附型稀土矿尾矿就近排放于采场周边的山坡、山谷平缓地带，直接从山坡高处向低处排尾，一般未作专门设计，形成尾矿堆厚度达 3~15m，由于生产年限较长，现有尾矿堆场与采场的边界模糊，长期的排尾已经形成了大面积的尾矿堆场，绝大部分不规范，拦砂坝和截排水设施不完善。龙南县和定南县先后在矿区修建了各种类型、规模不等的拦砂坝，从一定程度上缓解了水土流失问题。但是大多尾矿库已满，尾矿从拦挡坝溢出，且原有拦挡坝大多使用废土、尾矿堆筑而成，稳固性较差，坝体或者垮塌，或已淤满，基本已经失效。拦砂坝破损的主要原因是坝体单薄、排水系统不良、坝面无块石衬砌防护措施等，逢汛期易被山洪冲毁。由于尾矿堆积区地表为砂质，结构松散，透水性强、保水性差、稳定性差，暴雨情况下，径流量大、汇流时间短，极易形成水土流失，形成冲沟或坡面面蚀，大量的尾矿因水土流失下泄，形成了一定面积的尾矿淤积区。

尾矿的堆放和下泄改变了所在山区、沟谷的原始地形地貌，压占土地，破坏地表植被，形成了更大范围的尾矿堆积区，局部地势较低，占用河道，积水严重，排水不畅，水土流失情况进一步恶化。其次尾矿中植物生长必需的有机质、氮、磷等营养成分含量较低，土壤呈酸性或弱酸性，不利于植被的生长。现有尾矿堆场局部进行了土地整理或人工生态恢复，但大部分依赖自然植被恢复，总体上生态恢复效果差，植被覆盖率不高。

据对龙南和定南的初步统计，龙南足洞矿区堆（池）浸废弃地面积 348.16 万平方米，尾矿堆积量为 478.13 万立方米。定南矿区堆（池）浸废弃地面积 881.11 万平方米，尾矿淤积量为 158.13 万立方米。

20 世纪 60 年代末，首次在世界上发现的离子型重稀土，几乎全部分布在龙南县足洞矿区。1994 年前采用池浸开采，主要挖掘表土层和全风化层中的黏土层，通过离子交换提取稀土资源，对地表植被与地貌造成严重破坏，开采过程中所产生的尾砂堆积成山，高度几米至几十米不等，导致矿区采区内荒漠化，构成严重的水土流失隐患。由于稀土矿开采，破坏土地面积 1054.62km^2，尾砂存放量 3340 万立方米。足洞稀土矿的尾砂及原地浸矿开采稀土后的高岭土矿藏，初步估算达 1.8 亿吨。高岭土的含量按 30%计算，高岭土的资源量 5400 万吨，碎云母含量按 10%计，云母资源量达 1800 万吨。石英砂含量按 50%计，石英砂的资源量达 9000 万吨。

经深入调查研究，稀土尾砂主要由高岭石、埃洛石、云母、石英等四种矿物组成，属于高岭土矿产范畴（瓷土），若能充分利用起来，变“废”为宝，为工业提供了资源，又改善了环境。高岭土具有可塑性、较高的耐火度，好的绝缘性和化学稳定性，广泛用于造纸、耐火材料、橡胶制品、油漆、陶瓷等领域。随着工业的快速发展，瓷土的需求越来越多，一些应用企业竞相争购瓷土原料，因此瓷土矿开发市场行情可观。随着非金属矿产利用的不断提升，碎云母同样用途广泛，在电气工业上做绝缘材料、焊接材料、珠光涂料、化妆品、功能涂料等。碎云母的价格稳中有升，国际上一般干法云母粉为 230~240 美元/吨，湿法云母粉为 535~1400 美元/吨。石英砂也是稀土尾矿中的主要组成矿物，尾砂内提纯出来的石英砂，符合平板玻璃原料的质量要求。如上所述，将尾砂进行可行性试验分离出高岭土、碎云母、石英砂，其潜在价值巨大。

以尾矿为主原料，规划发展陶瓷等产业，用高岭土尾矿制作日用细瓷、建筑陶瓷的坯料和釉料。新研制的坯料与釉料成本低廉，制品性能达到日用细瓷的要求。从产能角度分析，按一条生产线 3 万平方米/天，瓷砖厚度 1~2 厘米/块，满负荷 360 天运行测算，一条生产线瓷土水泵量为 30 万~40 万立方米/年，足洞稀土矿的赋存高岭土尾矿可供 20 条这样的生产线生产 20~30 年。稀土尾砂矿的利用，其生态、社会效益非常明显，且具有巨大的经济价值。

14.2 国外在稀土尾矿开发利用方面的现状

国外稀土尾矿利用工作起步较早，重视其综合利用，注重有价成分的回收，广泛地给稀土尾矿寻找各种不同的利用途径。特别是 20 世纪 70 年代以来，经济发达国家为矿山环境保护制定了一系列的法律法规，使矿山和尾矿场的环境有了很大改善，并在稀土尾矿中回收有价金属与非金属元素、尾矿制作建筑材料、磁化尾矿作土壤改良剂、尾矿整体利用等方面取得了实用性成果。

俄罗斯稀土尾矿用于建筑材料约占 60%，除制造建筑微晶玻璃和耐化学腐蚀玻璃外，还研制生产各种矿物胶凝材料；美国除从废石中回收萤石、长石和石英等用于其他工业外，绝大部分用做混凝土骨料、地基及沥青路面材料。加拿大魁北克矿山将尾矿磨细并添加黏结剂，加压成型后高温制成硅砖[42]。日本有人将稀土尾矿与 10%硅藻土混合成型，并在 1150℃煅烧，研制出轻质骨料[43]。

14.3 稀土矿区尾砂矿环境治理技术

据调查，稀土矿区大量尾砂的剧烈流失，造成山塘、水库淤积、河库抬高，良田淹埋，洪涝灾害频发，极大地制约了农业生产的发展和农民生活水平的提高。尾砂综合治理工程项目的实施有利于推动农村经济的发展。

以江西寻乌县为例，为重建稀土矿区生态环境、恢复植被，县水土保持局与江西省科学院生物资源研究所共同合作开展了寻乌县稀土尾砂堆积场地恢复植被试验及推广应用研究。该试验在查明稀土尾砂的农业理化性质的基础上，采用工程措施与植物措施相结合的方法，在不覆客土的条件下，针对稀土尾砂土壤中不利于植物生长的障碍因子进行改良，并选种适宜该环境的乔、灌、草 13 种，达到当年种植，当年绿化恢复植被的效果，乔木黄檀较适于尾砂种植；果木芙蓉李定植 3 年开始结果；灌木胡枝子和禾本科牧草马唐、狗尾草、雀稗不仅可作为改造尾砂场地的先锋植物，而且由它们组成的灌草区可快速覆盖地面，对改善生态环境有明显效果。另外，“水土流失劣地宁冈芙蓉李引种试验及推广”项目与“稀土尾砂地和采矿迹地治理及其开发利用”项目，也获得了巨大的成功。现在，根据寻乌县种植脐橙特优区优势和广大群众空前的种植脐橙热潮，县水保局在矿区尾砂场地，已进行了脐橙种植的试验示范研究，树体长势良好，各项指标均能达到预期的标准，预计将来在矿区尾砂的治理方面，发动群众自发进行，有很好的引导作用。

15 白云鄂博稀土采选和冶炼工艺环境污染及治理

15.1 采选工艺产排污节点

15.1.1 产排污节点分析

白云鄂博矿采选产排污节点如图 15-1 所示。

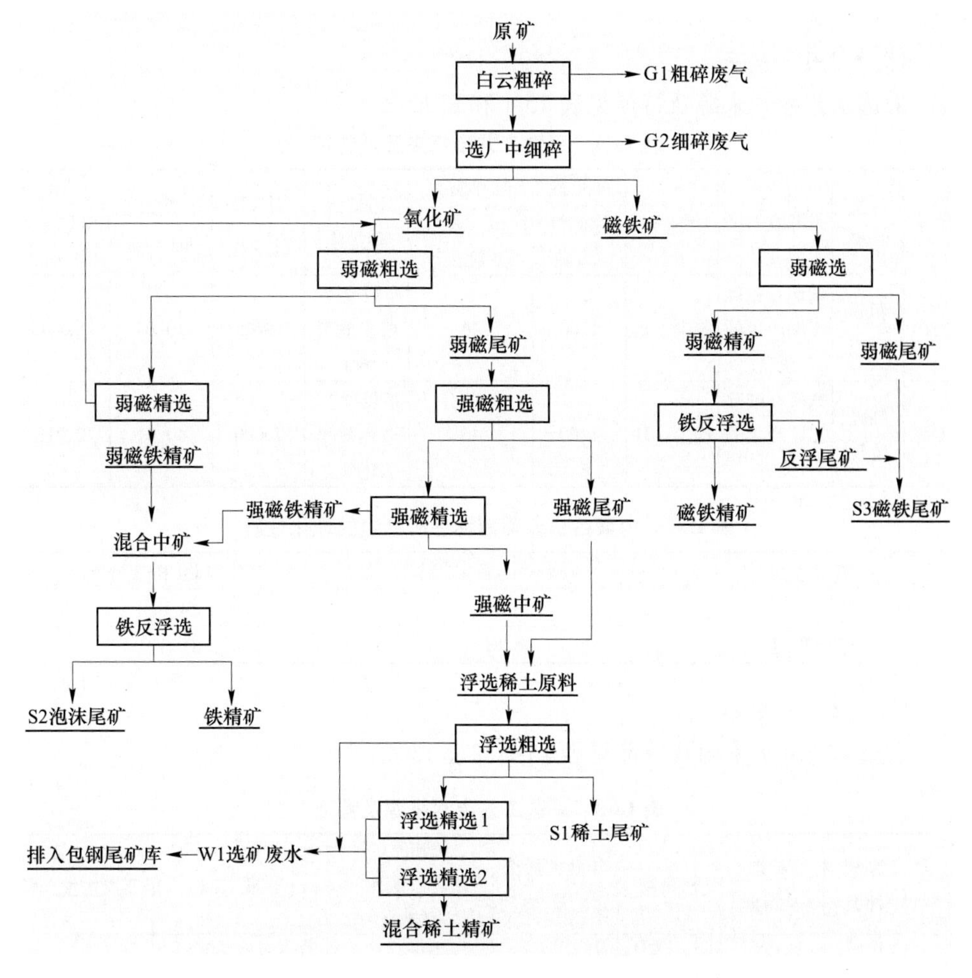

图 15-1　白云鄂博矿采选产排污节点图

15.1.2 特征污染因子

综合分析，采选工艺中废气主要来源于矿石粗碎和选矿中细碎，均为物理加工过程，特征污染因子为 TSP、Th；废水来源于选矿厂，含有少量浮选药剂和悬浮物，故特征污染因子为 pH 值、COD、NH_3-N、SS；固体废物主要为选矿过程中产生的尾矿，特征污染因子为 Th。

15.2 采选工艺排放清单

15.2.1 采选工艺物料及元素平衡

图 15-2 为白云鄂博矿选矿 REO 平衡图，图 15-3 为白云鄂博矿选矿钍平衡图。

15.2.2 采选工艺排放清单

15.2.2.1 废气

采选工艺废气来源及特征见表 15-1 和表 15-2。

表 15-1 采选工艺废气来源及特征

序号	废气种类	来源及特征	污染物	年处理原矿量/万吨	每吨原矿产污（废气）系数/m^3	污染治理措施	烟气量/$m^3 \cdot h^{-1}$	粉尘/$mg \cdot m^{-3}$	Th 相对含量/$mg \cdot m^{-3}$
G1	粗碎废气	铁矿石粗碎工序产生的废气	粉尘、Th	1200	46	布袋收尘，收尘效率99%	69625	10.05	0.0045
G2	细碎废气	铁矿石细碎工序产生的废气	粉尘、Th	1200	46	布袋收尘，收尘效率99%	70000	40.01	0.018

表 15-2 内蒙古白云鄂博稀土矿钍尘的理化性质

测定地点	游离 SiO_2 含量/%	^{232}Th 活度/$Bq \cdot kg^{-1}$
粗碎车间	8.13	1.6×10^3
细碎车间	5.81	2.83×10^3

15.2.2.2 废水

采选工艺废水来源及特征见表 15-3 和表 15-4。

表 15-3 采选工艺废水来源及特征

序号	废水种类	来源及特征	污染物	年处理稀土原矿量/万吨	每吨原矿产污（废水）系数/t	排放去向	年废水量/m^3
W1	选矿废水	选矿厂尾矿水	SS、COD、NH_3-N	270	1.9	直排包钢尾矿库，且从尾矿库取回水	5093363

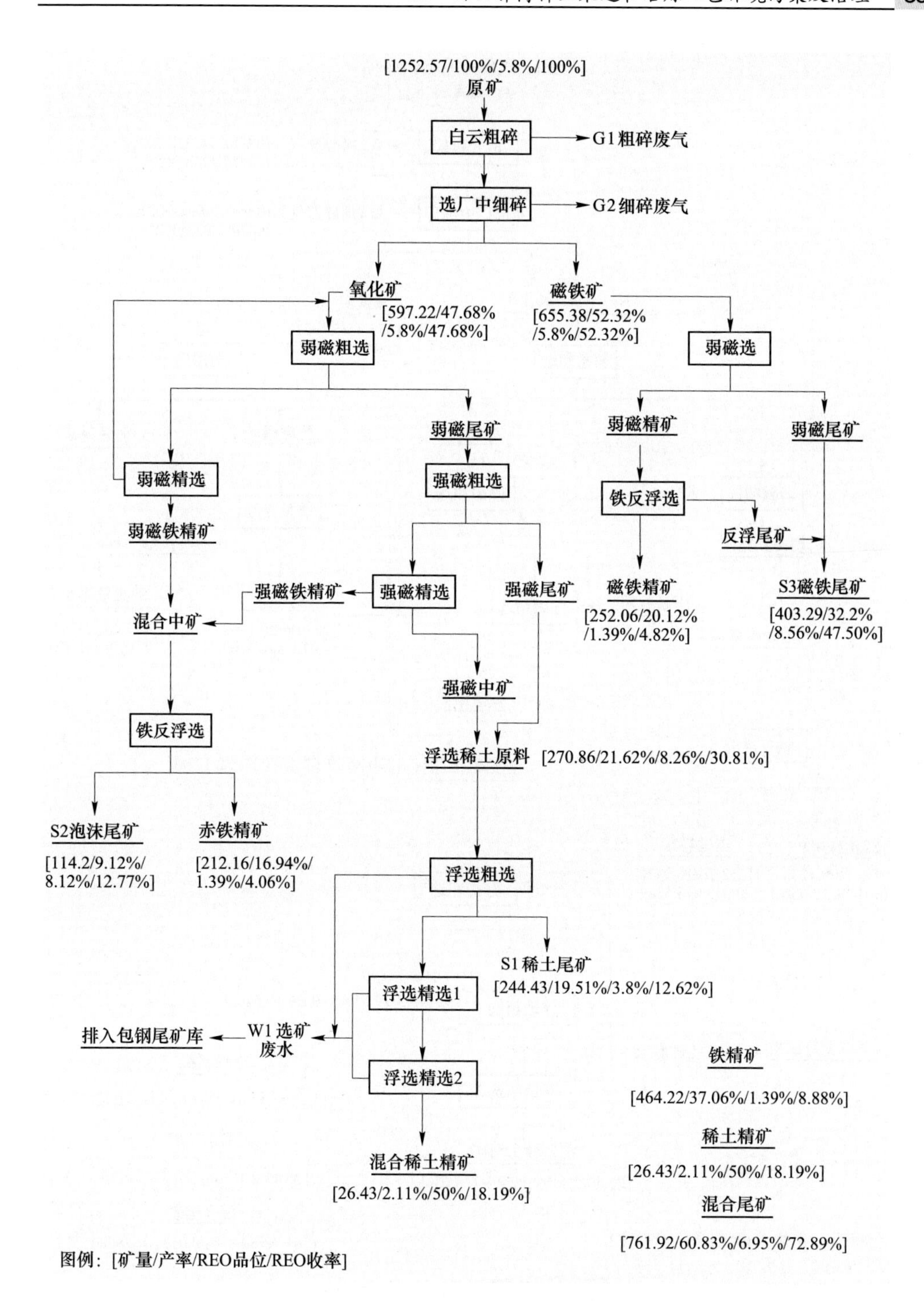

图 15-2 白云鄂博矿选矿 REO 平衡图

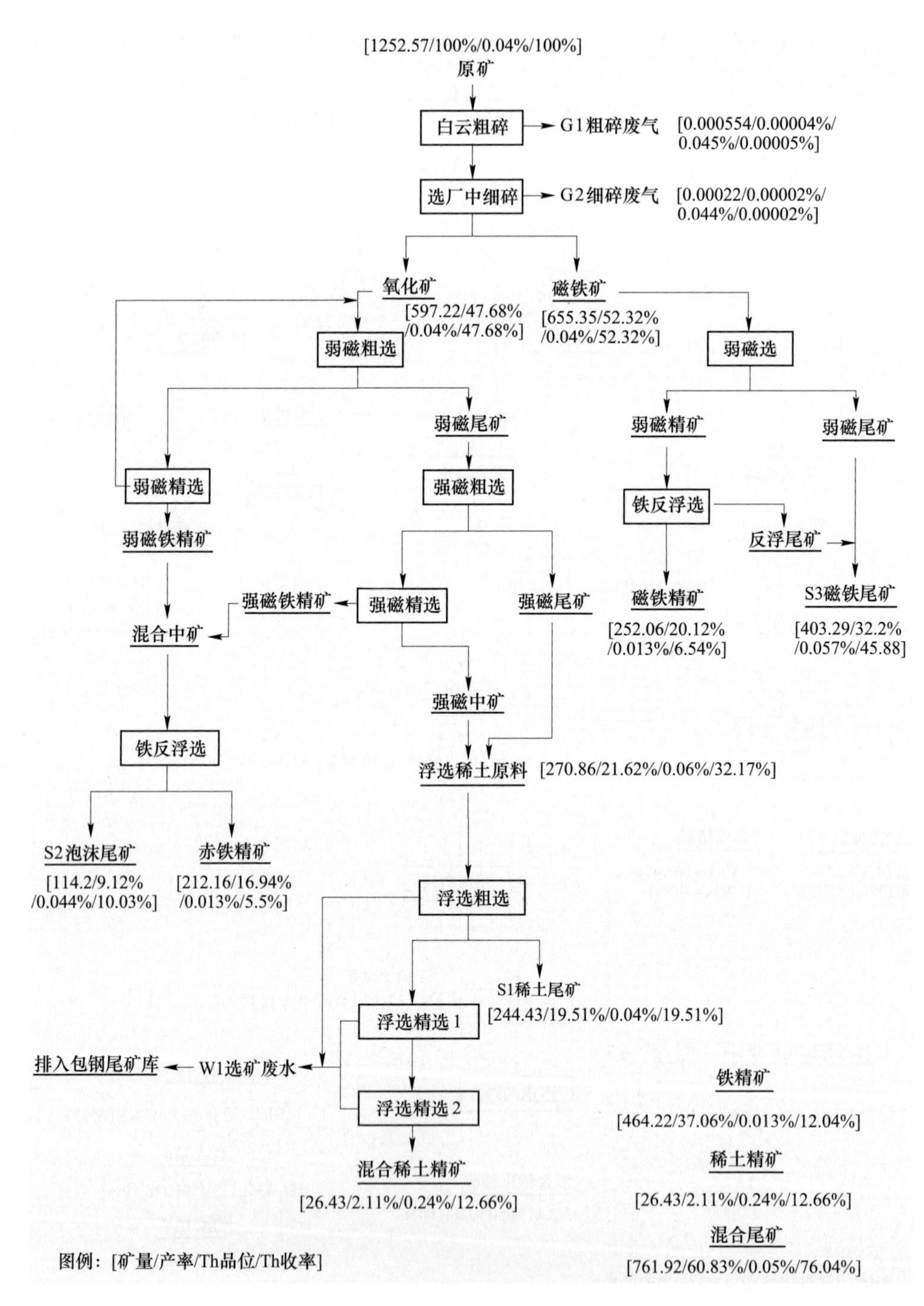

图 15-3 白云鄂博矿选矿钍平衡图

表 15-4 采选工艺废水成分分析 (mg/L)

pH 值	COD	NH_3-N	SS	As	Pb	Cr	Cd	Zn	石油类
7.86	1010	2212	6990	0.007	0.03	0.006	0.009	0.043	0.05

15.2.2.3 废渣

采选工艺废渣来源及特征见表 15-5~表 15-8。

表 15-5 采选工艺废渣来源及特征

序号	固废种类	来源及特征	污染物	年处理稀土原矿量/万吨	每吨原矿产污（尾矿）系数/t	排放去向	年固废量/万吨
S1	稀土尾矿	稀土浮选产生的尾矿	Th	270	0.9	直排包钢尾矿库	244
S2	泡沫尾矿	氧化矿铁反浮选产生的尾矿	Th	270	0.42	直排包钢尾矿库	114
S3	磁铁尾矿	磁铁矿弱磁和反浮产生的混合尾矿	Th	270	1.49	直排包钢尾矿库	403

表 15-6 混合尾矿成分 (%)

REO	Fe	Nb_2O_5	CaF_2	ThO_2
7	14.8	0.14	22.73	0.04

表 15-7 稀选尾矿中的放射性核素含量 (Bq/kg)

样品名称	^{238}U	^{232}Th	^{226}Ra	^{40}K
稀选尾矿	9.4~18.1	609.1~912.1	10.1~18.9	121.3~160.4

表 15-8 稀选尾矿中的放射性比活度 (Bq/kg)

样品名称	α 比活度	β 比活度	总比活度
稀选尾矿	1.15×10^3	1.57×10^3	2.72×10^3

15.3 采选工艺污染治理措施

15.3.1 废气

采选工艺废气主要产生于破碎工序，主要污染物为粉尘。主要破碎两种矿石，一种为磁铁矿，需经过三段闭路式破碎流程，当破碎后的磁铁矿满足粒度大于 13mm 的粒级小于 8%方可入选；另一种矿石为氧化矿，直接两段开路破碎，没有粗碎直接中碎和细碎，当粒度满足同样要求时入选。

目前除尘设备采用高效布袋除尘器，除尘效率可达99%。

15.3.2 废水

浓缩工序的废水是来自矿在进行自然沉降后排出的浓缩溢流，为原料中自带的原水；在搅拌和粗选的过程中，该工序添加了捕收剂和水玻璃两种药剂，同时添加了部分回水；在经过了精选和过滤后，70%左右的水分与产品进行分离，与生产过程中产生的尾矿一起随包钢选矿厂总流程排入尾矿库。

15.3.3 废渣

采选固体废物污染源主要是选矿后的尾矿，排入尾矿库贮存，不排入外环境。包钢尾矿库位于包头市的西南，距包钢厂区4km，该尾矿库1965年8月投产，占地面积10km^2，周长为11.5km，地形北高南低，平均坡度4‰，经过坝体加高，坝体标高1065m，总库容达到2.5亿立方米，服务年限可至2025年。

目前，尾矿库已累计存贮尾矿近2亿吨，蓄水面积4.18km^2，存水1145万立方米，日循环量24万立方米。现尾矿坝体最低标高1050.5m，最低滩高的绝对标高1049.4m，水位标高1047.25m。

目前尾矿坝坝体长约11.5km，其中9.43km为筑坝，其他为尾矿粉筑坝；尾矿坝四周建有排渗明沟，以回收渗漏水和排洪使用。尾矿库靠近坝体的尾矿粉呈细沙状，且尾矿冲积滩裸露面积大，该地区又处于干旱多风地带，尾矿粉细粒随风迁移到库外，尾矿粉坝外侧有随风沙沉积的尾矿。

15.4 冶炼分离工艺

15.4.1 稀土精矿分解工艺

我国稀土工作者从20世纪70年代开始研究白云鄂博稀土精矿的冶炼分离工艺，开发了多种工艺流程，但在工业上应用的只有硫酸法和烧碱法。

15.4.1.1 *烧碱法分解稀土精矿*

该工艺的优点是基本不产生废气污染，投资较小。但由于碱价高，用量大，运行成本高；钍分散在渣和废水中不易回收（酸溶渣总比活度$2.3\times10^5 \sim 3\times10^5$ Bq/kg，含碱废水总比活度4.6×10^5Bq/kg,）；含氟废水量大，难以回收处理；工艺不连续，难以实现大规模生产；对精矿品位要求高。目前，仅有10%的白云鄂博矿采用该工艺处理（在山东境内）。

该工艺主体流程为：稀盐酸洗钙→水洗→烧碱分解→水洗→盐酸优溶→混合氯化稀土溶液。

稀土精矿中钙含量较高，使用盐酸浸出含钙矿物，将其从稀土精矿中分离除去，脱钙工艺过程是用一定浓度的盐酸在 90~95℃下进行的，基本化学反应：

方解石：

$$CaCO_3 + 2HCl = CaCl_2 + H_2O + CO_2\uparrow$$

磷灰石：

$$Ca_5F(PO_4)_3 + 10HCl = 5CaCl_2 + 3H_3PO_4 + HF$$

萤石：

$$CaF_2 + 2HCl = CaCl_2 + 2HF$$

氟碳铈矿：

$$3REFCO_3 + 6HCl = 2RECl_3 + REF_3\downarrow + 3H_2O + 3CO_2\uparrow$$

$$RECl_3 + 3HF = REF_3\downarrow + 3HCl$$

反应后固体为氟化稀土，常温常压下使用碱液将其转化为稀土氢氧化物。碱分解反应方程式如下：

$$3REFCO_3 + 9NaOH = 3RE(OH)_3\downarrow + 3NaF + 3Na_2CO_3$$

$$REPO_4 + 3NaOH = RE(OH)_3\downarrow + Na_3PO_4$$

$$Th_3(PO_4)_4 + 12NaOH = 3Th(OH)_4\downarrow + 4Na_3PO_4$$

$$REF_3 + 3NaOH = RE(OH)_3\downarrow + 3NaF$$

用盐酸溶解得到的稀土氢氧化物，制得混合稀土氯化物，作为下一步萃取分离原料，最终得到单一或混合稀土化合物产品。

$$RE(OH)_3 + 3HCl = RECl_3 + 3H_2O$$

15.4.1.2 硫酸法分解稀土精矿

目前，90%的白云鄂博稀土精矿均采用硫酸法处理。工艺流程为：浓硫酸分解→水浸出→P_{507}萃取转型→混合氯化稀土。

150~300℃时，主要是矿物中的氟碳酸盐、磷酸盐、萤石、铁矿物等与浓硫酸反应。反应方程式如下：

氟碳铈矿：

$$2REFCO_3 + 3H_2SO_4 = RE_2(SO_4)_3 + 2HF\uparrow + 2CO_2\uparrow + 2H_2O$$

独居石矿：

$$2REPO_4 + 3H_2SO_4 = RE_2(SO_4)_3 + 2H_3PO_4$$

副反应，萤石：

$$CaF_2 + H_2SO_4 = CaSO_4 + 2HF\uparrow$$

铁矿物：

$$Fe_2O_3 + 3H_2SO_4 = Fe_2(SO_4)_3 + 3H_2O\uparrow$$

石英：

$$SiO_2 + 4HF \longrightarrow SiF_4\uparrow + 2H_2O\uparrow$$

在此温度区间还存在磷酸脱水转变为焦磷酸，焦磷酸与硫酸钍作用生成难溶的焦磷酸钍的反应：

$$2H_3PO_4 \longrightarrow H_4P_2O_7 + H_2O$$

$$Th(SO_4)_2 + H_4P_2O_7 \longrightarrow ThP_2O_7\downarrow + 2H_2SO_4$$

338℃时硫酸开始分解：

$$H_2SO_4 \longrightarrow SO_3\uparrow + H_2O\uparrow$$

400℃时硫酸铁分解成盐基性硫酸铁，焦磷酸脱水：

$$Fe_2(SO_4)_3 \longrightarrow Fe_2O(SO_4)_2 + SO_3\uparrow$$

$$H_4P_2O_7 \longrightarrow 2HPO_3 + H_2O$$

650℃时盐基性硫酸铁继续分解：

$$Fe_2O(SO_4)_2 \longrightarrow Fe_2O_3 + 2SO_3\uparrow$$

800℃以上时，稀土硫酸盐分解成碱式硫酸盐：

$$RE_2(SO_4)_3 \longrightarrow RE_2O(SO_4)_2 + SO_3\uparrow$$

$$RE_2O(SO_4)_2 \longrightarrow RE_2O_3 + 2SO_3\uparrow$$

在300℃以下，精矿中的氟碳铈矿、独居石、萤石、铁矿石、二氧化硅等主要成分即可被硫酸分解，稀土转化为可溶性硫酸盐，钍转变为难溶的焦磷酸钍。焙烧矿直接用自来水进行调浆，搅拌浸出即可得到稀土硫酸盐溶液；以磷酸盐存在的钍也被分解为可溶性硫酸盐；目前工业上多采用方解石粉（$CaCO_3$）和氧化镁作中和剂。

用P_{507}作萃取剂将硫酸溶液中的稀土全部萃入有机相，然后用盐酸反萃，即可将硫酸稀土溶液转化为氯化稀土溶液。在萃取过程中可从萃余液中排除钙、镁、铁等杂质，并通过控制反萃剂的浓度和流量得到高浓度的氯化稀土溶液，随后对得到的氯化稀土溶液进行分离或直接制成混合氯化稀土、碳酸稀土的产品。

15.4.2 稀土分离提纯工艺

从稀土精矿中提取出来的稀土绝大部分是由各稀土元素组成的混合物，基于各稀土元素的性质差别和用途的不同，通常要将它们彼此分离。

利用每一个稀土元素在两种互不相溶的液体之间的不同分配，可将混合稀土原料中的每一稀土元素逐一分离，这种分离的方法称之为稀土溶剂萃取分离。

溶剂萃取分离是指含有被分离物质的水溶液与互不相混溶的有机溶剂接触，借助于有机溶剂的萃取作用，使一种或几种组分进入有机溶剂，而另一些组分仍留在水溶液，从而达到分离的目的。稀土萃取过程绝大部分是在水溶液中进行的，所以将由水溶液组成的相称为水相，由有机溶剂（萃取剂与稀释剂）组成的相称为有机相。含有萃合物的有机相称为负载有机相，也称萃取液。反之，不含有萃合物的有机相称为空白有机相。

在稀土元素溶剂萃取分离工艺中，萃取过程的主要阶段包括萃取、洗涤和反萃取三个阶段。

萃取原理：

$$P_{507}:HL$$

萃取反应：

$$3HL + RE^{3+} \longrightarrow REL_3 + 3H^+$$

反萃取反应：

$$REL_3 + 3H^+ \longrightarrow RE^{3+} + 3HL$$

皂化反应：

$$HL + NH_3 \cdot H_2O \longrightarrow NH_4L + H_2O$$

皂化萃取反应：

$$3NH_4L + RE^{3+} \longrightarrow REL_3 + 3NH_4^+$$

多年来，在稀土萃取分离生产中，普遍采用的是盐酸体系，而在萃取剂和稀释剂的选择上也基本定型，目前萃取剂主要为 P_{507}、P_{204} 和环烷酸，稀释剂主要为煤油、异辛醇或仲辛醇，在萃取剂的皂化上常用氢氧化钠或氨水、氧化钙和氧化镁等。

白云鄂博稀土冶炼流程如图 15-4 所示。

15.5 冶炼分离工艺产排污节点

15.5.1 产排污节点分析

目前白云鄂博矿的主体分解工艺为浓硫酸高温焙烧法。稀土精矿使用浓硫酸焙烧分解，分解后的焙烧矿用水浸出后，用氧化镁中和。液固分离后的水浸液可用 P_{507} 萃取，使用盐酸反萃，得到氯化稀土的料液；也可以使用碳酸氢铵、碳酸钠、碳酸氢钠沉淀制得混合碳酸稀土，再以盐酸溶解得到混合氯化稀土溶液。该溶液可浓缩结晶得到混合氯化稀土，也可使用 P_{507} 萃取，分离得到单一的氯化稀土溶液，再通过碳沉、浓缩结晶等得到单一的碳酸稀土或氯化稀土，碳酸稀土灼烧后又可得到单一稀土氧化物。

15.5.2 特征污染因子

综合分析，冶炼分离工艺中废气主要来源为稀土精矿焙烧分解中产生的焙烧

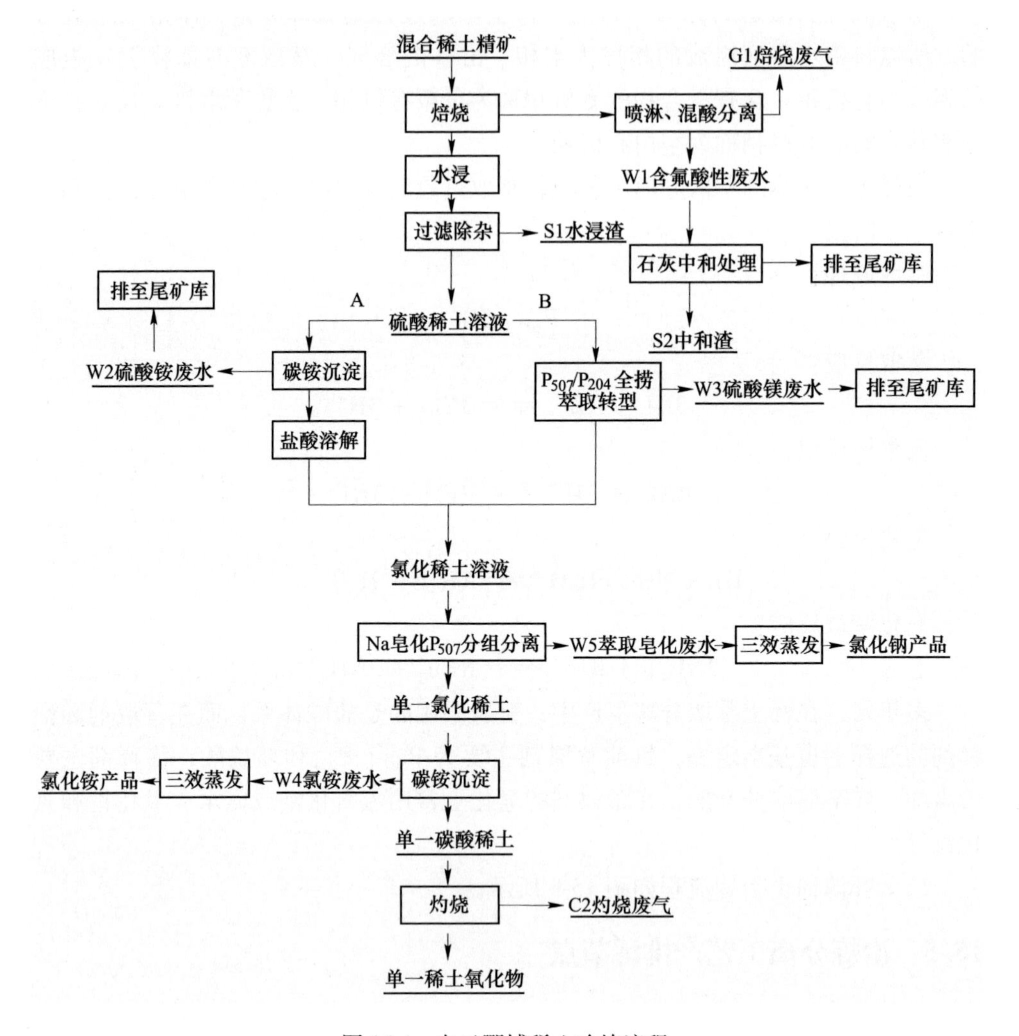

图 15-4　白云鄂博稀土冶炼流程

烟气，废气特征污染因子为烟粉尘、氟化物、SO_2、Th；废水来源主要为混酸浓缩处理含氟酸性废水、转型废水、碳铵沉淀废水、镁皂和钠皂化废水，废水特征污染因子为 F、NH_3-N、COD、全盐量；固体废物主要来源为水浸渣和污水处理中和渣，特征污染因子为 Th。

15.6　冶炼分离工艺污染治理措施

15.6.1　废气

稀土冶炼分离过程中产生的废气主要为精矿焙烧尾气、碳酸稀土灼烧氧化物废气以及工艺生产过程中有机、酸碱等挥发性气体。其中精矿焙烧尾气经过冷激器—混冷塔—多级喷淋后，水相经过蒸发器回收硫酸和氢氟酸，气相排入大气中。

15.6.1.1　精矿焙烧尾气

该尾气来源于稀土精矿浓硫酸高温焙烧工序，主要含有硫酸雾、二氧化硫、氢氟酸、氟硅酸。目前采用的治理措施主要为多级喷淋后酸回收。经过多级喷淋，废气中的硫酸雾、氢氟酸、氟硅酸进入水相中，达到一定浓度以后采用蒸馏塔蒸馏分离硫酸和氢氟酸。得到的硫酸可以回用到工艺中，氢氟酸再经过氟盐生产工序，以氟化物的形式回收作为产品出售。此时尾气中还有二氧化硫，经过脱硫装置后，尾气作为合格气体排入到大气中去。尾气喷淋塔、电除雾器如图 15-5 所示。

酸回收核心工艺包括 WXP 尾气净化工艺及 1.5AP 酸浓缩技术，其主要工艺构成为三个部分：

（1）尾气双级降温、双级净化、双级除雾以保证对污染物高的捕集率和对各种污染物高的净化效率。

（2）酸循环富集形成 40%~50%混酸，以保证回收的技术、经济要求。

（3）40%~50%混酸浓缩分离回收 70%~93%硫酸及 15%~20%含氟酸，以保证回生产使用及二次利用要求。

该工艺可以减少 20 倍以上的净化用水量，回收的主产品硫酸可返回稀土冶炼及深加工工艺，所产生的副产品氟酸可作为氟回收利用的原料。

该工艺的优点是尾气净化效率高，净化尾气所产生的含酸废水直接回收利用，运行成本较低。缺点是投资规模大，设备材料要求特殊，不易操作。

酸回收工艺净化效率一般为 F>98%，SO_2>94%，烟尘>93%，但由于受设备影响和工艺条件的制约，体系连续稳定达标运行难度较大。

15.6.1.2　碳酸稀土灼烧尾气

该尾气来源于碳酸稀土灼烧工序，主要含二氧化碳和水。目前该尾气经过换热回收热量后，直接排入大气。

15.6.2　废水

稀土冶炼过程产生的废水主要为：混酸综合回收时的含氟酸性废水，萃取转型过程中产生的硫酸镁废水、萃取分离过程中的皂化废水以及硫酸稀土溶液碳沉和氯化稀土溶液碳沉过程中产生的碳沉废水。

15.6.2.1　含氟酸性废水

焙烧废气净化所产生的酸性废水来源于精矿焙烧尾气多级喷淋，所含有害物质硫酸根为 80g/L 左右，氟化物 30g/L 左右，采用蒸馏塔蒸馏分离硫酸和氢氟

图 15-5 尾气喷淋塔、电除雾器

酸，得到的硫酸回用于工艺，氢氟酸再经过氟盐生产工艺回收氟化物。该废水经石灰中和后排入尾矿库。

15.6.2.2 转型废水

精矿焙烧后水浸液用 P_{507} 萃取稀土，留下的废水称为转型废水，主要污染物为硫酸镁。该废水以前直接排放至尾矿库。尾矿库封库后稀土企业采用石灰中和法处理，处理后的水中含饱和硫酸钙、镁，回用易产生硫酸钙结晶，导致设备及管路等结垢后运行不正常；采用常规蒸发结晶方法难以处理。

硫酸镁废水处理一直是北方稀土非常重视的问题，由于环保标准及包钢对尾矿坝封库的要求，需要企业生产废水零排放，硫酸镁废水成分复杂，处理困难。目前采用氧化钙一步中和法，将废水中的 Mg^{2+}、SO_4^{2-} 以 $Mg(OH)_2$ 和 $CaSO_4$ 形式沉淀，控制反应 pH 值，得到的回用水中含 CaO 1~2.5g/L；MgO 0~14g/L；SO_4^{2-} 8~15g/L；Cl^- 9~13g/L。

该方法产生的氢氧化镁和硫酸钙的混合渣不能回收利用，只能外排，排渣费用约 160 元/吨，每年仅排渣费用就是较大的负担。处理后的回用水主要含有氯化镁和硫酸镁，这部分含盐废水用于焙烧矿浸出工序，但氯离子的富集和水中溶解油会影响焙烧矿稀土浸出率，需要寻找更经济、更有效、成本更低、钙镁资源可回收利用的工艺处理该转型废水。

包头稀土研究院资源与环境研究所一直在寻找处理转型硫酸镁废水的合适方法，先后研究了草酸分离钙镁法，氧化钙分步中和法以及循环利用氯化钙处理硫酸镁废水的工艺方法，本节将着重介绍后者。以氯化钙溶液为原料，与硫酸镁废水混合，硫酸钙沉淀进入固相，而镁离子不沉淀，以氯化镁形式存在于废水中。将硫酸钙过滤后，再向该氯化镁废水加入适量氧化钙，氧化钙水解释放出氢氧根离子和钙离子，其中的氢氧根离子与镁离子结合生成氢氧化镁沉淀，而钙离子不沉淀，以氯化钙形式存在于废水溶液中。该氯化钙废水一部分可循环作为硫酸镁废水的沉淀剂，其余部分仍可用于焙烧矿水浸工艺。反应如下：

$$CaCl_2 + MgSO_4 \longequal CaSO_4\downarrow + MgCl_2$$

$$MgCl_2 + Ca^{2+} + 2OH^- \longequal Mg(OH)_2\downarrow + CaCl_2$$

该工艺的优点是可以实现钙镁离子的分离，氢氧化镁可回用到中和工序和镁皂工序，实现镁的资源化利用，同时生产纯度较高的硫酸钙产品。得到的氯化钙溶液可以作为处理硫酸镁废水的原料循环利用，多余的氯化钙溶液可用于水浸工序。在处理硫酸镁废水的同时，使硫酸镁废水中的钙、镁离子资源化利用。

15.6.2.3 萃取皂化废水

稀土分离过程中常用的萃取剂 P_{507}需经过皂化处理。常用的皂化剂为氢氧化钠，部分企业采用氧化镁皂化，皂化后的有机相与氯化稀土料液接触，生成氯化钠或氯化镁的废水。在处理措施方面，采用蒸发的方式回收废水中的盐类，得到的蒸馏水可回用到工艺中。

15.6.2.4 碳沉废水

精矿焙烧水浸液用碳酸氢铵沉淀，可得到混合碳酸稀土。产生的废水主要含有硫酸铵。该废水氨氮浓度低、杂质含量高，过去直接排尾矿库。后由于尾矿库封库，且处理成本较高，现该转型工艺已不再使用，即已不再产生此硫酸铵废水。单一氯化稀土溶液用碳酸氢铵沉淀为碳酸稀土过程中会产生大量氯化铵废水。

目前低浓度的氯化铵废水可直接回用于配碳铵，高浓度的氯化铵废水采用多效蒸发的方式得到氯化铵产品和冷凝水。氯化铵外售，冷凝水可以直接回用到工艺中去。蒸发回收工艺，投资虽然较低，但由于能耗高、回收产品市场销路不好，使得治理成本很高。

15.6.2.5 含油废水及氯化稀土溶液中有机物的去除

稀土萃取分离过程中添加的萃取剂和稀释剂等有机物进入稀土冶炼废水，由于该类有机物在水中有一定的溶解度，给深度处理带来一定的困难，导致稀土冶炼废水回用的难度加大。2011 年，颁布实施的《稀土工业污染物排放标准》（GB 26451—2011）中将石油类污染物和化学需氧量的直接排放限值分别规定为 4mg/L 和 70mg/L。即使不考虑废水达标排放，而是全部回用，废水中有机污染物的存在将影响废水的脱盐处理和循环利用效率。随着废水反复循环有机污染物随之循环累积，更将严重影响萃取分离过程及外销产品的质量。此外，萃取剂稀释剂等进入废水和料液中造成了一定程度的浪费。据估算，生产1t稀土氧化物，平均损失约6kg P_{507}和14kg煤油。

考虑稀土冶炼废水的高含盐量、可生化性差的特点，以避免将二次污染物引入氯化稀土料液为原则，包头稀土研究院资源与环境研究所采用粗粒化聚结-吸附联合技术去除废水及料液中有机物。研究成果可以作为去除稀土冶炼废水及氯化稀土料液中有机物的理论依据，同时为废水的脱盐处理做预处理准备，为回收萃取剂及生产无油产品提供技术储备。

粗粒化聚结技术利用油、水两相对聚结材料亲和力相差悬殊的特性，使油粒在材料表面和空隙内形成油膜，不断增大、脱落、聚结成粒径较大的油粒，与水分离。国内外关于粗粒化聚结技术的研究和工程实例多集中在油田采出废水的处理方面，且已比较成熟。相关研究正在向有色冶金行业萃取、萃余废水处理方面转移，去除对象也不局限于油类污染物而转向更广泛的有机污染物。国内应用较成功工程实例有，甘肃金昌市金川集团镍盐有限公司对氯化镍车间（P_{507}作萃取剂）萃余液中有机物的去除和回收试验，油分处理效率达70%~99%；浙江华友钴业股份有限公司钴车间萃取线有机相回收项目，油类污染物去除效率达60%~90%。

吸附材料（如活性炭、树脂等）目前已广泛应用于废水中有机污染物的去除。活性炭对水溶性有机物（如酚类、苯类及石油类化合物等）具有很强的吸附能力，而且对生物法及其他方法难以去除的有机物（如染料、表面活性物质、除草剂、胺类化合物以及各种人工合成的有机化合物）都有较好地去除效果。吸附树脂对含有芳环、分子量较高的有机物以及水溶解度较低的疏水性有机物有很好的吸附处理效果。在树脂吸附法处理有机工业废水方面，中国工程院张全兴院士持续十年在该领域展开研究，先后从吸附机理、化学修饰等角度开创了吸附树脂对苯、酚、苯胺、硝基苯类等有毒有机废水的治理技术以及治理印染废水、含油废水相关技术。

此外，在氯化稀土料液去除有机物方面，尚少有文献报道。甘肃稀土新材料股份有限公司分别采用碳酸铈滤饼吸附料液中油分，以及降低沉淀剂中有机杂质含量的方法降低碳酸铈产品中油含量。包头和发稀土公司将料液和沉淀剂通过丙龙纤维吸附-JU洗涤剂淋洗的方法制得无油碳酸稀土产品。目前，包头地区多数稀土企业在无油碳酸稀土产品生产方面，采取普通纤维棉过滤，或者采取盐酸溶解后重新碳沉的方法。

水中油污染物存在状态：尽管含油污水的来源很多，但一般是水包油（O/W）的分散体系。其分散的状态与油、乳化剂、水的性质及其生成条件有关。一般认为，油类在水中主要以五种状态分布：

（1）浮油。这种油在水中分散颗粒较大，油粒径一般大于100μm，静置后能较快上浮，以连续相的油膜漂浮在水面，用一般重力分离设备即能去除。

（2）分散油。油在水中的分散粒径为 10~100μm，以微小油珠悬浮于水中，不稳定，静止一定时间后往往形成浮油，这一状态的油也较易除去。

（3）乳化油。油珠粒径小于 10μm，一般为 0.1~2μm。往往因水中含有表面活性剂使油珠形成稳定的乳化液。乳化油的稳定性取决于废水的性质及油滴在水中的分散度，分散度愈大愈稳定。由于表面活性剂降低了体系表面自由能，使体系界面总能量保持在较低的水平，同时还由于双电层和同性电荷的存在使含油乳化废水较难分离。要达到分离的目的，必须压缩胶体双电层厚度，为油水分离创造条件。

（4）溶解油。以分子状态分散于水体中，形成稳定的均相体系，粒径一般小于几微米。油和水形成均相体系，非常稳定，用一般的物理方法无法去除。但由于油在水中的溶解度很小（5~15mg/L），所以在水中的比例仅约为 0.5%。

（5）固体附着油。吸附于废水中固体颗粒表面的油。

废水中的油类多数以几种状态并存，极少以单一的状态存在。一般需采用多级处理方法，经分别处理后才能达到排放标准。

含油污水处理的难易程度随其来源及油污的状态和组成不同而有差异。其处理方法按原理可分为物理化学法（气浮、吸附、粗粒化、膜分离法等）；化学法（凝聚、化学氧化法、电化学法等）；生物化学法（活性污泥、生物滤池等）。

下面介绍几种国内外常见的处理方法：

（1）气浮法。通常采用的主要是加压溶气浮选法去除乳化油。因为空气微泡由非极性分子组成，能与疏水性的油结合在一起，带着油滴一起上升，上浮速度可提高近千倍，所以油水分离效率很高。常在含油污水中加入絮凝剂，还会进一步提高油水的分离效果。目前该法已被广泛应用于油田废水、石油化工废水、食品油生产废水等的处理，但动力消耗较大，构造复杂，维修保养困难。

（2）吸附法。吸附法是利用多孔吸附剂对废水中的溶解油进行或物理吸附（范德华力）或化学吸附（化学键力）或交换吸附（静电力）来实现油水分离。常用的吸附剂有活性炭、活性白土、磁铁砂、矿渣、纤维、高分子聚合物及吸附树脂等。活性炭是一种优良的吸附剂，在污水处理中，活性炭对油的吸附是三种吸附过程的共同作用，活性炭的表面积可高达 5×10^5 ~ $2.5\times10^6 m^2/kg$，吸附处理后的出水油含量可在 5mg/L 以下。但由于活性炭的吸附容量有限（对油一般为 30~80mg/g），成本较高，再生困难，所以一般只用于含油废水的深度净化处理。

（3）粗粒化法。利用油水两相对聚结材料亲和力的不同来进行分离，主要用于分散油的处理。此法的技术关键是粗粒化材料的选择。许多研究者认为材质表面的亲油疏水性是主要的，而且亲油性材料与油的接触角小于 70°为好。常用的亲油性材料有蜡状球、聚烯系或聚苯乙烯系球体或发泡体等。粗粒化法可以把

5~10μm 粒径以上的油珠完全分离，无需外加化学试剂，无二次污染，设备占地面积小，基建费用较低。但对悬浮物浓度高的含油污水，聚结材料易堵塞。

（4）膜分离方法。膜分离法是 S. Sourirajan 所开拓并在近 50 多年迅速发展起来的分离技术，用超滤法处理原油废水以及结合盐析用反渗透法处理乳状液废水的研究已有不少报道，若采用反渗透和超滤联合处理，则在除油的同时还可降低化学需氧量。膜分离技术的关键是膜组件的选择。在分离过程中极易由浓差极化等原因造成膜污染，而使通量降低，膜的使用寿命短，膜清洗困难，操作费用高。

（5）絮凝法。就是用絮凝剂除油的方法。常用的无机絮凝剂是铝盐和铁盐，特别是近年来出现的无机高分子凝聚剂具有用量少、效率高的特点。虽然无机絮凝剂法的处理速度快，但药剂较贵，污泥生成量多。有机高分子凝聚剂的研究发展很快，但目前有机高分子絮凝剂在含油污水处理方面的应用主要是用作其他方法的辅助剂。

（6）生物法。含油污水经过隔油、浮选等方法处理后，出水油含量一般仍高达 20~30mg/L，若废水中存在溶解性有机物，则化学需氧量也很高，达不到国家规定的排放标准，尚需进行二级处理。二级处理主要采用活性污泥法和生物滤池法。生物处理法近年来已有不少改进，新的发展包括曝气塔、深井曝气、纯氧曝气以及循序间歇式生物处理等，这些方法都不同程度地提高了对含油污水的处理效率。

（7）电化学法。以金属铝或铁作阳极电解处理含油污水的方法，主要适用于机加工工业中冷却润滑液在化学絮凝后的二级处理。国内外使用较多的是小间隙（1mm）高流速旋转电极装置，但此种方法存在着阳极钝化问题。电絮凝法具有处理效果好、占地面积小、操作简单、浮渣量相对较少等优点，但是它存在阳极金属消耗量大、需要大量盐类作辅助药剂、耗电量高、运行费用较高等缺点。

根据上述几种含油污水处理方法的特点，结合稀土冶炼废水含盐量高、可生化性差的特征，以避免二次污染源的引入和有机物回收利用为原则对含油污水进行处理。

包头稀土研究院采用改性纤维球过滤、粗粒化聚结-吸附联合技术去除稀土料液及稀土冶炼废水中的有机物。研究结果表明：改性纤维球对浮油、固体附着油和较大粒径的分散油去除效果好。稀土料液或稀土冶炼废水经改性纤维球过滤后，总油含量为 6~20mg/L；粗粒化聚结法对小粒径的分散油去除效果好，经粗粒化聚结设备处理后，稀土冶炼废水或稀土料液中总油含量可降至 5~10mg/L；而吸附法对以溶解状态存在的油污染物有较好的处理效果。经处理后出水总油含量可降至 5mg/L 以下。采用上述工艺处理稀土料液或稀土冶炼废水，油含量基本达到要求。

纤维球过滤—粗粒化聚结除油装置如图 15-6 所示。

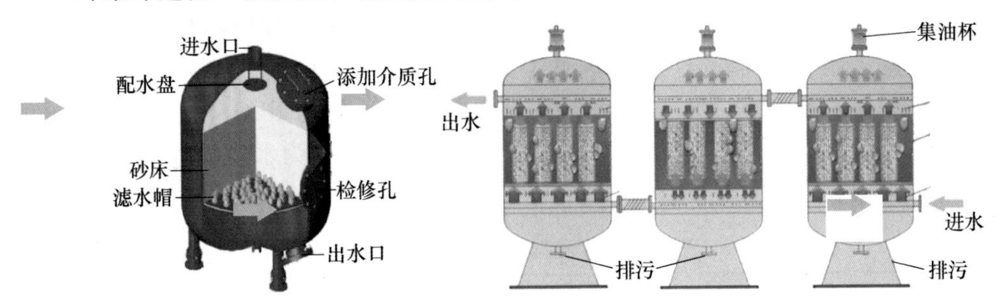

图 15-6　纤维球过滤—粗粒化聚结除油装置

15. 6. 3　废渣

稀土冶炼过程中产生的废渣主要为精矿浓硫酸焙烧—水浸过程中产生的放射性水浸渣，以及废水中和排放过程中产生的中和渣。水浸渣存放在内蒙古包头放射性废物库。中和渣主要成分为氟化钙和硫酸钙，对环境无危害，可以作为一般性工业废料处理。

水浸渣：稀土精矿浓硫酸焙烧后，水浸焙烧矿，经板框过滤，所得到的渣为水浸渣。该渣中含有不溶的硫酸钡、硫酸钙、磷酸铁、焦磷酸钍等物质，该渣具有放射性，目前存放于包头放射性废物库。

内蒙古包头放射性废物库是全国第一批经国家环保局规划，内蒙古建设厅和包头市人民政府批准建设的城市放射性废物库，1985 年建设，1986 年投入运行。该库是全国唯一具有贮存废放射源、放射性废弃物和稀土放射性废渣功能的放射性废物库。该放射性废物库的扩建工程于 2009 年投入使用，预计服务期 30 年。内蒙古包头放射性废物库库区占地面积 28. 2 万平方米，稀土废渣库库容为 22 万立方米。放废库由稀土废渣东库区、西库区和废放射源库（管理区）三部分组成。废物库到 2008 年已实际使用 22 年，共贮存稀土放射性废渣 43. 57 万吨。库址北靠乌拉山，南临河套平原，位于山前的阶地上，主要用于贮藏放射性水平较高的稀土废渣。废渣埋藏区位于圐圙沟的东西两侧台地上，相对比高 17～20m，上层为 1. 6～2m 的轻亚松土，下面为数十米厚的砂砾石层，废渣被处置在砂砾石层中，用二次合金渣（遇水后性质同水泥）进行底部防渗透处理。废渣为稀土生产产生的水浸渣（比活度总 α 为 $0.9\times10^5 \sim 4\times10^5$ Bq/kg，总 β 为 1.4×10^4 Bq/kg）。

在白云鄂博矿现行采选工艺流程中，钍主要富集在稀土精矿中。现行的稀土精矿浓硫酸高温焙烧-水浸中和工艺中钍在各工序走向：精矿焙烧工序稀土的分解率可达 98%，在水浸 pH>1 的条件下，钍以难溶性钍盐的形式（一般认为是焦磷酸钍）存在于水浸渣中，含量为0.25% ThO_2左右，放射性强度为1.5×10^5Bq/kg。如果通过处理，能够让渣中大部分的钍浸出，二次浸渣的放射性强度低于7.4×10^4Bq/kg，就可以实现渣坝存；若低于1.0×10^3Bq/kg，则可直接排放。

渣中主要含有P、F、Si、Ca、Mg、Ba、Fe、ThO_2和REO等，还有微量的Zn、As、Pb、Cd、Cr、Al、Sc等，约占0.8%。表15-9为水浸渣和中和渣的主要组成数据表。

表15-9 水浸渣和中和渣的主要组成 （%）

元素	P	F	Si	CaO	MgO	Ba	Fe_2O_3	ThO_2
水浸渣	5.66	0.16	0.93	12.60	1.31	1.94	15.81	0.28
中和渣	0.20	0.34	2.73	—	—	—	1.07	<0.005
元素	REO	Al	Sc	Zn	As	Pb	Cr	Cd
水浸渣	4.12	0.25	0.0033	0.013	0.0078	0.44	0.012	<0.001
中和渣	0.42	—	—	—	—	—	—	—

包头稀土研究院研究了白云鄂博矿浓硫酸高温焙烧水浸渣无害化处理工艺，采用酸溶液将水浸渣中REO、Th、Fe等溶出，浸出液错流循环浸出使用；循环浸出液经伯胺萃取，硝酸反萃制成硝酸钍产品；萃钍余液经碱回调出$Fe(OH)_3$产品；通过该工艺处理，可实现废渣中Fe、REO和放射性Th元素溶出，REO溶出率达60%左右，ThO_2溶出率大于95%，Fe溶出率大于90%，二次废渣重量减少到原渣的50%以下，二次废渣ThO_2质量分数小于等于0.05%，放射性比活度小于7.4×10^4Bq/kg。工业试验结果ThO_2含量由水浸渣0.27% ThO_2变为二次渣0.041% ThO_2，放射性活度由1.5×10^5Bq/kg降低至6.4×10^4Bq/kg，其中α放射性活度为2.15×10^4Bq/kg，β放射性活度为4.25×10^4Bq/kg。该工艺在实现废渣资源综合回收利用同时解决了环保问题。

16　四川氟碳铈稀土矿采选和冶炼环境污染及治理

四川省稀土矿矿区主要有冕宁县牦牛坪稀土矿区、德昌县大陆乡稀土矿区、冕宁县里庄羊房沟矿区、冕宁木洛矿区及冕宁三岔河矿区。目前在开采的矿区主要为牦牛坪矿区和大陆乡矿区。

四川氟碳铈精矿冶炼工艺为氧化焙烧—盐酸浸出—液碱转化—盐酸溶出—萃取流程，产品为单一稀土氧化物。以牦牛坪稀土矿作为典型矿区，进行详细介绍。

16.1　采选工艺产排污节点

16.1.1　产排污节点分析

氟碳铈稀土矿采选产排污节点如图 16-1 所示。

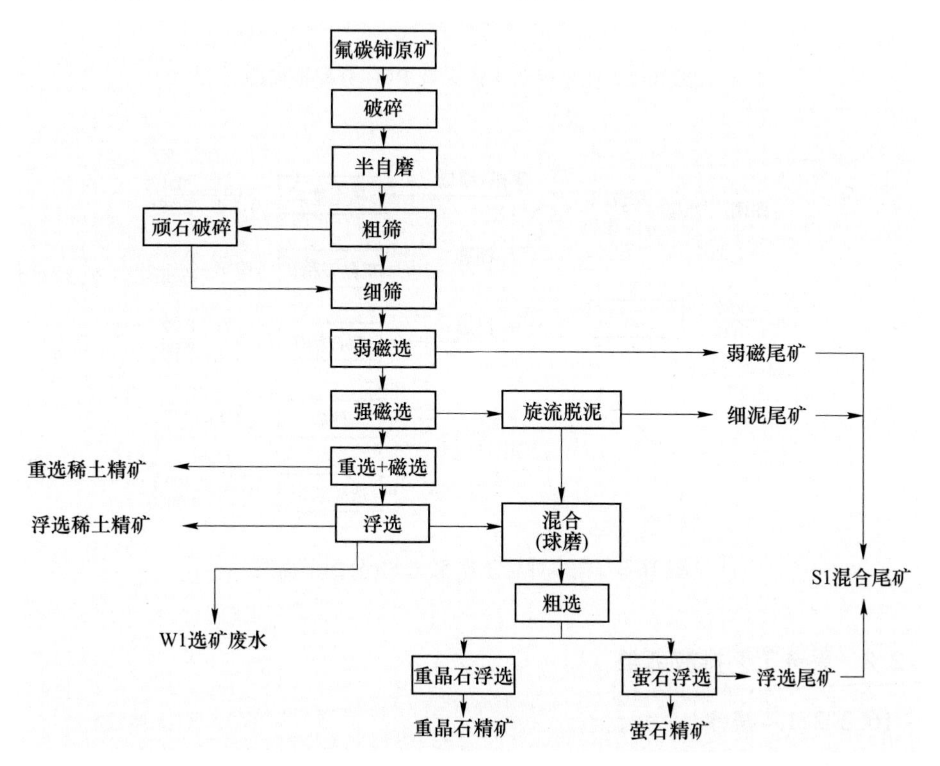

图 16-1　氟碳铈稀土矿采选产排污节点图

16.1.2 特征污染因子

综合分析，采选工艺中废水主要来源于选矿厂，含有少量浮选药剂和悬浮物，故特征污染因子为 COD、SS、Pb；固体废物主要为选矿过程中产生的尾矿，特征污染因子为 Pb。

16.2 采选工艺排放清单

16.2.1 采选工艺物料及元素平衡

牦牛坪稀土矿采选 REO、Pb、Th 分配平衡如图 16-2~图 16-4 所示。

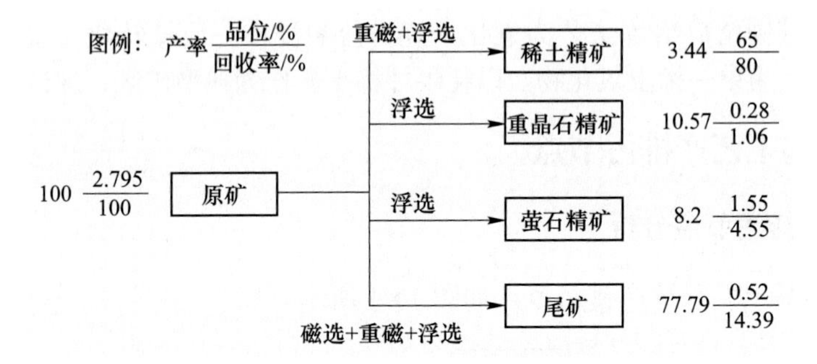

图 16-2 牦牛坪稀土矿采选 REO 分配平衡图

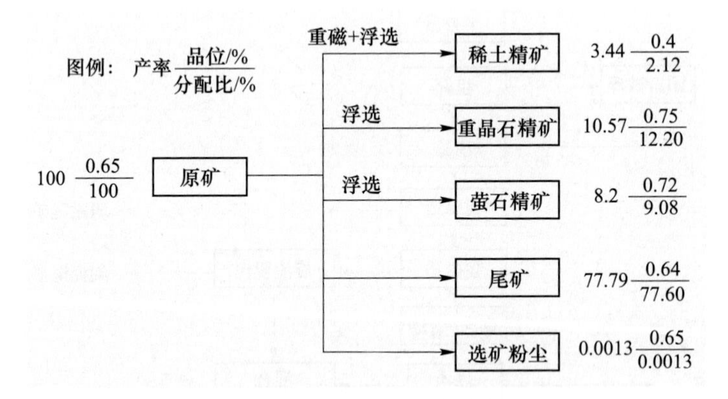

图 16-3 牦牛坪稀土矿采选 Pb 分配平衡图

16.2.2 采选工艺排放清单

16.2.2.1 废水

废水来源及特征见表 16-1。

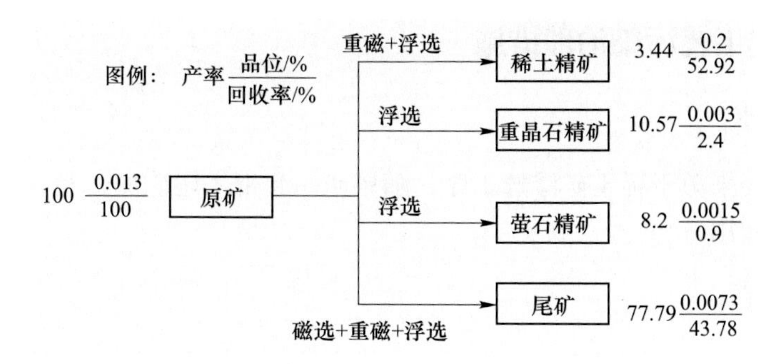

图 16-4 牦牛坪稀土矿采选 Th 分配平衡图

表 16-1 废水来源及特征

序号	废水种类	来源及特征	污染物	年处理稀土原矿量/万吨	每吨原矿产污（废水）系数/t	排放去向	年废水量/m^3
W1	选矿废水	选矿厂尾矿水	SS、COD、Pb	135	0.7	直排尾矿库	945000

废水排放浓度见表 16-2。

表 16-2 废水排放浓度 (mg/L)

PH 值	COD	NH_3-N	SS	Pb
7.66	11	1.5	80	0.512

16.2.2.2 废渣

废渣来源及特征见表 16-3 和表 16-4。

表 16-3 废渣来源及特征

序号	固废种类	来源及特征	污染物	年处理稀土原矿量/万吨	每吨原矿产污（尾矿）系数/t	排放去向	年固废量/万吨
S1	尾矿	氟碳铈稀土原矿选矿产生的尾矿	Pb	135	0.78	直排瓦都沟尾矿库	105

表 16-4 尾矿成分 (%)

成分	REO	Pb	CaF_2	CaO	TiO_2	P_2O_5	MnO
含量	0.52	0.64	3.65	2.5	0.025	2.47	0.32
成分	Fe	$BaSO_4$	Mo	MgO	Al_2O_3	SiO_2	其他
含量	0.024	14.31	0.014	0.13	9.52	39.23	26.65

16.3 采选工艺污染治理措施

16.3.1 废水

废水主要来源于稀土矿浮选工序，随尾矿一起带入尾矿库，经自然降解和静置沉淀后可回用。

16.3.2 废渣

采选固体废物主要是选矿后的尾矿，排入尾矿库堆存，不排入外环境。

瓦都沟尾矿库位于选矿厂东侧3km处，库底最低标高为2314m，尾矿堆积坝至标高2450m，总坝高136m；总库容2313万立方米，有效库容1823万立方米，可为矿山服务24.3年。瓦都沟尾矿库总占地面积为86万平方米。

尾矿库防渗采用HDPE土工膜防渗，HDPE土工膜渗透系数较小，小于1×10^{-10}cm/s。为防止对下游的污染，在坝下游约700m处设置一高8m、长72m的截渗坝，坝体土石方量2000m^3，形成蓄水库容4000m^3。截渗坝整个库区均采用与尾矿库相同的防渗结构。截渗坝下游设渗水回水泵站，泵站标高2266m，将所截渗水均泵回尾矿库内，再由尾矿库回水设施回至选矿厂重复利用。

16.4 氟碳铈稀土矿冶炼分离工艺

氟碳铈矿的化学分子式为$REFCO_3$或$RE_2(CO_3)_3 \cdot REF$，是稀土碳酸盐和稀土氟化物的复合化合物，其中以轻稀土元素为主，铈占稀土元素的50%左右。氟碳铈稀土精矿产品的品位为70% REO左右，精矿中含氟6%~7%，钍含量与白云鄂博矿相近。目前，应用广泛的是氧化焙烧—稀盐酸优先浸出非铈稀土—碱分解二氧化铈富集物工艺。工艺主要包括焙烧工序、酸浸工序、萃取工序、沉淀工序和灼烧工序等。主要工序概述如下。

16.4.1 精矿焙烧

冕宁氟碳铈稀土精矿$RE_2(CO_3)_3 \cdot REF_3$（以下简写为$REFCO_3$），在回转窑中焙烧，分解释放出CO_2并产生大量微孔，有利于酸的渗透从而提高REO的浸出率。同时，矿中的三价铈被氧化成为四价，可实现含铈稀土和非铈稀土分离，其氧化分解反应如下：

$$2REF_3 \cdot RE_2(CO_3)_3 = RE_2O_3 + 3REOF + REF_3 + 6CO_2\uparrow$$

$$2CeF_3 \cdot Ce_2(CO_3)_3 + 3/2O_2 = 3CeO_2 + 3CeOF_2 + 6CO_2\uparrow$$

16.4.2 酸浸

16.4.2.1 盐酸酸浸

在稀盐酸浸取过程中Ce^{4+}不容易浸出，绝大部分保留在酸浸渣中，仅少部分

Ce^{3+}进入浸取液，而其他非铈稀土进入浸取液，从而得到少铈氯化稀土溶液。浸取反应如下：

$$RE_2O_3 + 6HCl = 2RECl_3 + 3H_2O$$

控制一定条件，REOF 在盐酸浸取的过程中也可形成 $RECl_3$，其中的 F 与铈结合而留存于渣中不被浸出。酸浸时加入催化剂，利用氟的优先络合原理，使溶液中的铈与氟离子生成氟化铈而进入渣，三价稀土进入溶液。从而提高固态物中铈的纯度，降低溶液中铈的含量。

16.4.2.2 除杂浓缩

少铈氯化稀土溶液中含有铁、钍等少量杂质，以氯化物形式存在。

调 pH 值使铁、钍沉淀成铁钍渣与稀土分离：

$$FeCl_3 + 3NaOH = Fe(OH)_3\downarrow + 3NaCl$$

$$ThCl_3 + 3NaOH = Th(OH)_3\downarrow + 3NaCl$$

铁钍渣属低放废物，逆流洗涤并经压滤后送专门的库房暂存。洗涤废水送真空蒸发浓缩。

少铈氯化稀土溶液加入 Na_2S 除铅：

$$PbCl_2 + Na_2S = PbS\downarrow + 2NaCl$$

铅渣属危废，逆流洗涤并经压滤后送专门的库房暂存。洗涤废水送真空蒸发浓缩。

经过浓缩后的少铈氯化稀土溶液中加入少量氯化钡后充分搅拌，再加入少量硫酸中和形成钡渣。钡渣属放射性废物，逆流洗涤并经压滤后送专门的库房暂存。洗涤废水送真空蒸发浓缩。

经浓缩除杂后的少铈氯化稀土溶液进入萃取工段。盐酸浸取后的铈富集物经烘干后作为铈富集物产品出售，或经碱分解-盐酸优溶工艺回收部分稀土，出售富铈渣，工艺流程见图 16-5。

16.4.3 萃取分离

采用 P_{507}（在反应式中以 HA 表示）作为萃取分离稀土元素的萃取剂，主要包括有机溶剂的皂化反应、稀土元素的萃取反应及反萃取反应。

皂化反应：

$$NaOH + (HA)_2 \longrightarrow NaHA_2 + H_2O$$

萃取反应：

$$3NaHA_2 + RECl_3 = RE(HA_2)_3 + 3NaCl$$

反萃取反应：

$$RE(HA_2)_3 + 3HCl = RECl_3 + 3(HA)_2$$

萃取产生的皂化废水和萃余液经除油后蒸发浓缩回收氯化钠。

16.4.4 碳沉

分离后得到的单一氯化稀土溶液加入碳酸钠，使之沉淀生成碳酸稀土。

$$2RECl_3 + 3Na_2CO_3 + xH_2O = RE_2(CO_3)_3 \cdot xH_2O \downarrow + 6NaCl$$

碳沉反应废水主要含氯化钠，采用蒸发浓缩方法回收。碳酸稀土沉淀经逆流洗涤、离心分离后灼烧，洗涤废水进废水站经处理后外排。

16.4.5 灼烧

灼烧设备普遍采用推板窑（辊道窑）和回转窑。固态碳酸稀土产品进入推板窑（辊道窑），通过灼烧后生成氧化稀土产品；铈富集物进入回转窑烘干后外售。

碳酸稀土的灼烧反应：

$$RE_2(CO_3)_3 \cdot xH_2O = RE_2O_3 + 3CO_2 \uparrow + xH_2O$$

$$Ce_2(CO_3)_3 + 1/2O_2 = 2CeO_2 + 3CO_2 \uparrow$$

铈富集物的烘干：

$$Ce(OH)_4 = CeO_2 + 2H_2O$$

16.4.6 氯化钠回收

萃取和碳沉过程中产生大量的氯化钠废水。经蒸发浓缩生成氯化钠作为副产品外售。

16.5 冶炼分离工艺产排污节点

16.5.1 产排污节点分析

氟碳铈矿冶炼分离产排污节点如图16-5所示。

16.5.2 特征污染因子

废气来源主要为氧化焙烧尾气，特征污染因子为F。

废水来源主要为碱转废水、萃取车间皂化废水和沉淀废水，废水特征污染因子为COD、氨氮、氟化物、含盐量。

废渣来源主要为除杂产生的铅渣、钡渣、铁钍渣及除氟渣，废渣特征污染因子为Pb、F、Th、Ra。

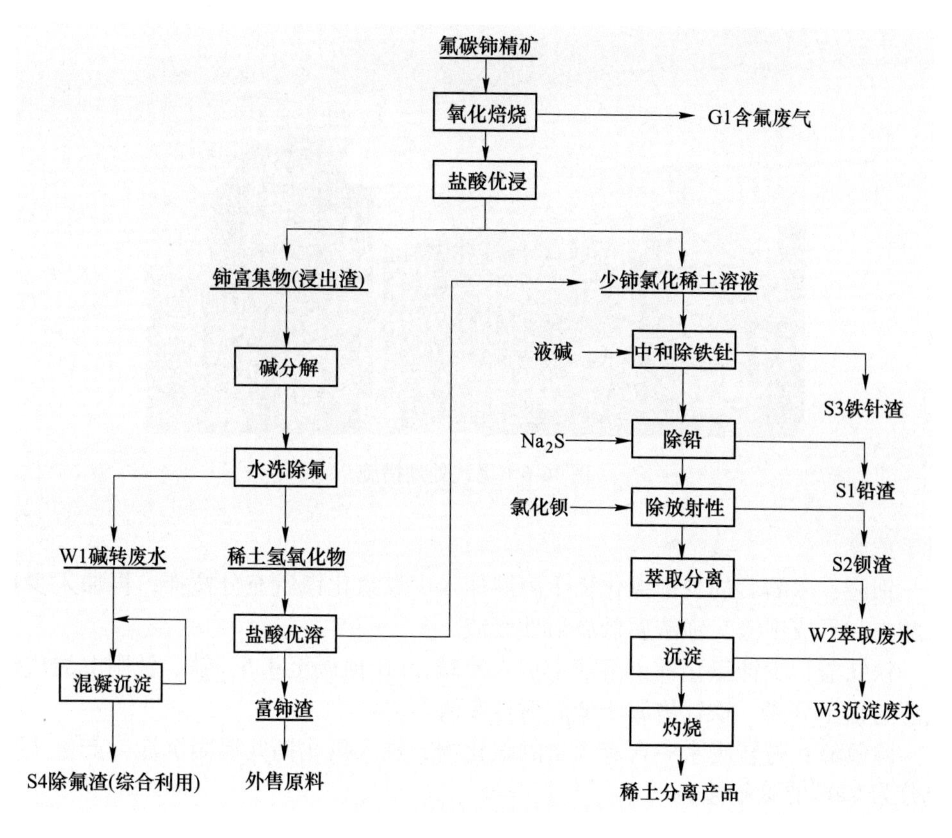

图 16-5 氟碳铈矿冶炼分离产排污节点图

16.6 冶炼分离工艺排放清单

16.6.1 冶炼分离工艺污染治理措施

16.6.1.1 废气

氧化焙烧回转窑产生的焙烧尾气主要含烟尘和氟化物，一般采用旋风+布袋除尘，然后经碱吸收除氟处理。

尾气处理措施如图 16-6 所示。

16.6.1.2 废水

碱转废水中含氟较高，一般加氯化钙生成除氟渣（主要成分为氟化钙）。

萃取废水先集中收集，采用隔油池+石灰调节 pH 值+曝气+真空浓缩回收氯化钠。沉淀车间母液及洗涤废水主要含 NaCl，真空浓缩回收氯化钠。

16.6.1.3 废渣

铅渣：少铈氯化稀土溶液中加入 Na_2S 除铅后产生铅渣，其主要成分为 PbS，

图 16-6 尾气处理措施

属于危废。

钡渣：浓缩后的少铈氯化稀土溶液加入少量氯化钡后充分搅拌，再加入少量硫酸中和形成钡渣。钡渣属低放射性废渣。

铁钍渣：少铈氯化稀土溶液中加入液碱，pH 值调至4.5，铁、钍则沉淀成铁钍渣与稀土分离。铁钍渣属于低放射性废渣。

除氟渣：碱转废水中含有大量的氟化物，加入氯化钙并混凝沉淀，产生主要成分为 CaF_2的除氟渣。

16.6.2 冶炼分离工艺排放清单

16.6.2.1 废气

废气种类及特征见表 16-5。

表 16-5 废气种类及特征

序号	废气种类	来源及特征	污染物	年处理 REO 量/t	每吨 REO 产污（废气）系数/m^3	污染治理措施
G1	含氟废气	氧化焙烧回转窑	烟尘、F	3000	16000	重力沉降+布袋+两级碱洗

废气产生浓度见表 16-6。

表 16-6 废气浓度

序 号	废气种类	烟尘/$mg \cdot m^{-3}$	F 相对含量/$mg \cdot m^{-3}$
G1	含氟废气	4500	19

16.6.2.2 废水

废水种类及特征见表 16-7。

表 16-7　废水种类及特征

序号	废水种类	来源及特征	污染物	年处理REO量/t	每吨REO产污（废水）系数/t	污染治理措施
W1	碱转废水	优溶渣碱转过程中的母液及洗水	氟化物	3000	8.7	调酸+氯化钙混凝沉淀
W2	萃取废水	皂化废水	COD、NH_3-N、pH 值、含盐量	3000	5.1	隔油+石灰中和+曝气吹脱+真空浓缩
W3	沉淀废水	沉淀母液及洗水	氯化盐（NaCl）	3000	17.9	真空浓缩

废水产生浓度见表 16-8。

表 16-8　废水浓度　（mg/L）

序号	pH 值	氟离子	悬浮物	石油类	化学需氧量	总磷	总氮
W1	6~9	500	70	5	80	3	45
W2	0.5~2	20	120	10	1500	9	50
W3	6~9	8	50	4	70	1	30
序号	氨氮	总锌	总镉	总铅	总砷	总铬	六价铬
W1	25	1.5	0.08	0.5	0.3	1	0.3
W2	35	3	1	15	2	5	1
W3	15	1	0.05	0.2	0.1	0.8	0.1

16.6.2.3　废渣

废渣来源及特征见表 16-9 和表 16-10。

表 16-9　废渣来源及特征

序号	固废种类	来源及特征	污染物	年处理REO量/t	每吨REO产污（废渣）系数/t	污染治理措施
S1	铅渣	少铈氯化稀土沉淀除铅	Pb	3000	0.005	危废渣库堆存
S2	钡渣	氯化钡与镭的共沉淀渣	Ra	3000	0.003	放射性渣库堆存
S3	铁钍渣	铁钍的碱沉淀渣	Th	3000	0.006	放射性渣库堆存
S4	除氟渣	碱转废水的沉淀渣	F	3000	0.2	综合利用

表 16-10　废渣成分　（mg/kg）

序号	固废种类	Cd	Pb	F	Th	U
S1	铅渣	7.89	3753	4700	668	2203
S2	钡渣	—	—	14500	—	—
S3	铁钍渣	0.172	638	22900	1007	3158
S4	除氟渣	0.695	531	155000	3985	1530

17 离子吸附型稀土矿开采和冶炼环境污染及处理

离子吸附型稀土矿床（也称为风化壳淋积型稀土矿床）是我国最早（20 世纪 60 年代末）发现的一类独特而又普遍存在的稀土资源，也是目前已经大规模开采的非矿物型稀土资源，主要分布在我国以江西为代表的南方七省区，包括江西、广东、福建、湖南、广西、云南、浙江。在该类矿床中，有多种类型的稀土存在，包括离子态、类质同相固体分散态和矿物态。其中最为主要的是以离子形式被一些黏土矿物吸附而稳定存在的稀土，称之为离子态稀土。但其含量极低，一般在 1‰左右，高的可以达到 3‰，多数在万分之几。典型离子型矿山如图 17-1 所示。

图 17-1　典型离子型矿山

2008 年国内探明的离子型稀土矿共计 805 万吨，其中江西 283 万吨，占 36%；其余部分广东 33%、福建 15%、广西 10%、湖南 4%、云南 2%。国家每年下达的南方离子型稀土矿产品生产指令性计划中，江西省均占 50%以上，离子型稀土冶炼分离规模约占全国离子型稀土矿冶炼分离规模的 60%。

本章以赣州为例说明离子吸附型稀土矿的开采和冶炼工艺及污染源特征。

赣州保有离子型稀土资源 45. 69 万吨，居全国第一。查明的离子型稀土资源主要分布在赣县、信丰、龙南、定南、全南、安远、寻乌、宁都等八个县。赣州中重稀土矿山 20 座，年采选能力 496 万吨；轻稀土矿山 6 座，年采选能力 90 万吨；中钇富铕稀土矿山 62 座，年采选能力 686 万吨。

赣州稀土矿山年生产能力约 1.2 万吨，约占全国同类矿山的 50%；稀土分离规模达每年 4.16 万吨。江西省稀土分离骨干企业 17 家，离子型稀土矿年分离能力 4 万吨。江西还具备年处理 3 万吨稀土废料的能力，每年可回收稀土氧化物约 9000t。

由于矿体赋存分散，管理难度大，开采进入的技术、资金门槛低等客观因素，南方稀土矿存在无证开采、超越采矿权证范围开采、禁采区保护区开采、池浸工艺开采等现象。另外，离子型稀土分离产能严重过剩，国家分离配额指标不足实际分离能力的 1/3。冶炼分离企业生产工艺技术基本相同，各项生产技术经济指标也差别不大，同处国内先进水平。分离企业根据企业具体情况，均采用了模糊-联动工艺、无氨皂化、有机溶料、双溶剂萃取、南北稀土精矿混合进料等先进技术。产品实收率在 93%~95%之间，有的企业甚至超过 96%。企业环保设施都比较健全，三废达标排放合格率均大于 98%，但是，环保设施投资很大，能耗和运行费用高，占成本的比重很高。

17.1　开采工艺产排污节点

17.1.1　产排污节点分析

矿区建矿之初均为池浸或堆浸工艺，1995~2007 年慢慢发展到原地浸矿工艺。现普遍采用的原地浸矿工艺与过去池浸工艺相比具有产量大、速度快、不开挖山体、不产生尾砂等显著的优点，因而在各离子型稀土矿山都在积极地推广使用这一工艺。原地浸矿工艺始于 1995 年，矿山综合效益较好，生产规模有明显提高。

现有原地浸矿采矿工艺过程主要包括两个阶段：

（1）注液浸矿。将硫酸铵溶液作浸矿剂进行浸矿作业，将浸矿液通过注液孔注入原地浸矿采场，使得浸矿液与原地浸矿采场中的稀土矿进行交换，在此过程中，原地浸矿采场母液回收量较少，主要作用为使离子型稀土交换到浸矿液中。

（2）加注顶水。矿体中的稀土矿注液浸取完成后，需要对矿体进行加注顶水处理，加注顶水不再添加硫酸铵和硫酸，而是使用母液车间沉淀工序上清液直接注入注液孔中，将矿体中的稀土母液顶出；当从收液巷道里收集的液体稀土含量低于可回收程度后，停止注水，加注顶水完成。

原地浸矿工艺产排污节点如图 17-2 所示。

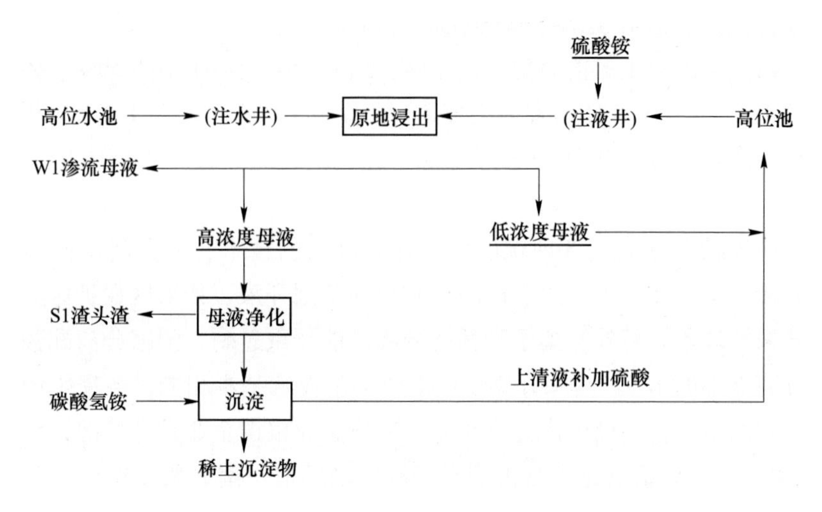

图17-2 原地浸矿工艺产排污节点图

17.1.2 特征污染因子

综合分析，在原地浸矿采场生产期，由于收液系统不完善，浸矿母液不能全部回收，导致含氨氮及硫酸根的浸矿母液渗漏进入地下水；且正常生产期结束后，由于雨水淋溶作用导致矿体中残留母液持续渗漏，故特征污染因子为 NH_3-N 和 SO_4^{2-}。

17.2 原地浸出工艺排放清单

17.2.1 原地浸出工艺水平衡及元素平衡

17.2.1.1 水平衡

现氧化稀土年生产规模以200t的原地浸矿矿山为例，每天生产用水量约为 $800m^3$，其中补充新水量为 $200m^3$，回收水量 $600m^3$；生活生产用水水源为山泉水。采用原地浸矿工艺，废水全部回用不外排。由于原地浸矿采场未进行防渗工程，收液效果不能保证，因此约20%~30%的浸矿液渗漏。

17.2.1.2 氨氮平衡

裸脚式原地浸矿工艺氨氮平衡以龙南足洞矿区年200t母液处理车间作为标准进行详细分析。200t母液处理车间每年需要的硫酸铵使用量为1600t，碳酸氢铵每年使用量为1200t。

A 氨根的添加量

根据硫酸铵和碳酸氢铵的分子量计算氨氮的加入量。

硫酸铵［$(NH_4)_2SO_4$］的分子量为132，其中氨根离子分子量为36，铵的添加量为（1600×36）/132＝436.36t/a。

碳酸氢铵（NH_4HCO_3）的分子量为79，其中氨根离子分子量为18，铵的添加量为（1200×18）/79＝273.42t/a。

因此，矿区氨根总加入量为709.78t/a。

B 氨根的转移消耗

（1）与稀土交换消耗。RE为17种元素的总和，17种元素的相对原子质量从44～174，结合矿石的原矿稀土元素配分，该矿RE的相对原子质量约为132。

该矿年产品折合稀土氧化物（REO，相对分子质量148）200t，由此可计算出物质的量为1.35×10^9mol。

按照离子等价交换原理，RE^{3+}与NH_4^+交换时物质的量的比为1∶3，故交换到原地浸矿矿山中铵的物质的量为4.05×10^9mol。

根据与稀土交换的铵的物质的量，可以计算出直接用于稀土交换消耗的铵的量为72.97t/a。约占原地浸矿工艺铵总加入量的10.28%。

（2）与矿体中其他元素交换的消耗量。铵在浸矿过程中除了和稀土元素金属进行交换外，还会和Al、Fe等金属进行交换，因此也会消耗一部分铵。

矿区除杂渣的产生量为16t/a，其中主要是$Al(OH)_3$、$Fe(OH)_3$沉淀，由于当地Fe含量较少，分析认为除杂渣以$Al(OH)_3$为主，Al^{3+}与NH_4^+交换时物质的量的比为1∶3，故交换到原地浸矿矿体中的氨根量为11.08t/a。约占原地浸矿工艺铵总加入量的1.56%。

C 土壤吸附量

在原地浸矿过程中，浸矿液会流经土壤，而土壤在浸矿液流经土壤时会对浸矿液中的氨根离子产生吸附作用，使得大量的铵根离子吸附在土壤的表面和孔隙中。原地浸矿过程土壤对铵的吸附量尚难以准确定量计算。参考矿块淋洗试验的数据，认为200t/a母液处理规模土壤中最终残留氨氮量应为88.03t。

D 原地浸矿采场生产期间渗漏量

服务期为1年的原地浸矿采场生产期包括注液和加注顶水，总时间约为7个月（230天），其中母液回收率为75%，因此有25%的母液渗漏进入地下水，生产期间的母液氨氮浓度约为1000mg/L，因此生产期间的渗漏量约为65.15t，约占原地浸矿工艺铵总加入量的9.18%。

E 原地浸矿采场雨水淋溶可渗漏量

根据氨氮平衡测算，矿体在生产期结束后矿块内仍存留大量的游离态NH_4^+，该部分氨氮会随着雨水的淋溶而逐渐渗漏到外环境系统中。其最大可渗漏量为472.55t，约占原地浸矿工艺铵总加入量的66.58%。

综上所述，200t/a母液处理规模原地浸矿采场氨氮平衡见表17-1。

表 17-1 200t/a 母液处理规模原地浸矿采场氨氮平衡表

车间规模/$t \cdot a^{-1}$	氨氮加入量/t		氨氮消耗吸附量/t		氨氮渗漏量/t	
200	硫酸铵	436.36	产品消耗	72.97	生产期	65.15
	碳酸氢铵	273.42	杂质消耗	11.08	雨水淋溶	472.55
			土壤吸附	88.03		
小　计	709.78		172.08		537.70	

17.2.1.3　硫酸根平衡

对硫酸根的去向进行分析，200t/a 母液处理车间年使用硫酸铵 1600t，其中硫酸根约为 1163.64t。硫酸根的具体去向有以下两个：

（1）随浸矿液进入矿体后，吸附在原地浸矿采场内的土壤上，这部分硫酸根约为 968.38t，约占 83.22%。

（2）生产期的原地浸矿采场的母液回收率约为 75%，因此其余的硫酸根随着母液渗漏进入原地浸矿采场的下层土壤及地下水，生产期母液中硫酸盐平均浓度约为 3000mg/L，所以生产期渗漏量约为 195.27t，占 16.78%。

17.2.1.4　母液渗漏浓度估算

A　正在生产的母液处理车间的母液水质监测结果

母液处理车间母液水质特征因子监测结果见表 17-2。

表 17-2　母液处理车间母液水质特征因子监测结果

名　称	pH 值	氨氮/$mg \cdot L^{-1}$	硫酸盐/$mg \cdot L^{-1}$
关西矿区母液池	4.28	582	240
	4.24	571	240
	4.26	586	240
黄沙矿区母液池	3.92	493	1.01×10^3
	3.91	507	1.01×10^3
	3.93	473	1.01×10^3
细坑母液池	4.52	544	15.9
	4.5	521	16
	4.51	550	16
坳背塘母液池	3.97	1.11×10^3	101
	3.96	1.06×10^3	101
	3.97	1.09×10^3	100
来水坑母液池	4.05	1.26×10^3	107
	4.04	1.33×10^3	108
	4.01	1.25×10^3	107

B 试验矿块母液浓度

根据对试验矿块的母液水质监测，母液中硫铵浓度变化在 0.1%～0.5%之间，其中氨根离子的浓度约在 270～1350mg/L 之间，硫酸盐浓度约为 1460～3650mg/L。其中最高浓度 0.5%基本出现在注液生产的中期，最低浓度均出现在生产期的末尾，详见表 17-3。

表 17-3 试验矿块母液水质特征因子监测结果

名 称	序号	pH 值	氨氮/mg·L^{-1}	硫酸盐/mg·L^{-1}
龙南足洞试验矿块	1	4.26	19.18	2429
	2	4.21	485.5	5024
	3	4.22	745.8	3551
	4	4.28	832.3	4076
	5	4.43	881.6	4140
	6	4.41	868.3	3265
定南岭北试验矿块	1	4.17	352.5	3509
	2	4.27	813.9	4579
	3	6.75	727.5	4324
	4	4.4	667.2	4201
	5	4.31	590.3	2906
	6	4.63	261.8	1722

综合实验测定的数据，并结合矿山生产实际确定原地浸矿采场渗漏的水质参数。原地浸矿采场母液渗漏量为 300m^3/t（REO），母液中氨氮的浓度在生产期取 1000mg/L，硫酸盐的浓度为 3000mg/L；雨水淋溶期氨氮浓度为 500mg/L，硫酸根的浓度为 1500mg/L；淋溶结束后氨氮浓度取 15mg/L，硫酸盐浓度取 50mg/L，详见表 17-4。

表 17-4 原地浸矿采场渗漏的水质主要污染物

时 期		渗漏浓度/mg·L^{-1}	
		氨氮	硫酸根
离子型稀土矿区	生产期	1000	3000
	雨水淋溶期	500	1500
	淋溶结束后	15	50

17.2.2 开采工艺排放清单

17.2.2.1 废水

废水来源及特征见表 17-5 和表 17-6。

表 17-5　废水来源及特征

序号	废水种类	来源及特征	污染物	年处理 REO 量/t	每吨 REO 产污（废水）系数/t	排放去向	年废水量/m^3
W1	渗流水	母液渗漏	NH_3-N、SO_4^{2-}	9780	300	外环境	2934000

表 17-6　废水成分

时　期		废水成分/mg·L^{-1}	
		氨氮	硫酸根
离子型稀土矿区	生产期	1000	3000
	雨水淋溶期	500	1500
	淋溶结束后	15	50

17.2.2.2　废渣

废渣来源及特征见表 17-7。

表 17-7　废渣来源及特征

序号	固废种类	来源及特征	污染物	年处理 REO 量/t	每吨 REO 产污（废渣）系数/t	排放去向	年固废量/t
S1	渣头渣	母液除杂产生的除杂渣经处理后的尾渣	Pb	9780	0.05	建材综合利用	489
渣头渣成分/%			Pb			0.52	

现有矿区各车间按预期年生产规模 9780t 计算主要污染源及污染物渗漏量，年渗漏水量为 2.93×10^6t，年氨氮渗漏总量为 2934t（生产期）。

17.3　原地浸矿工艺污染治理措施

17.3.1　废水

原地浸矿的污染主要表现为渗漏水氨氮超标（实际上是不规范操作引起的）。其产生主要原因：一是母液回收率低，使大量含氨氮的母液流入地下水体；二是盲目地增大氨氮注入总量，即人为提高注液浓度。当前生产中每吨 REO 耗量为 8t 硫铵左右。

原地浸矿采场的渗漏水可以采用人工注入顶水的方式进行矿块清洗，清洗后的清洗废水收集后，部分作为下一采场的浸矿液配制，部分进行氨氮处理，处理达标后，作为清水清洗的水源加以利用。清洗废水的处理工艺一般为"石灰沉淀+生化组合+氧化"的组合工艺。

17.3.2　废渣

母液经过除杂工艺产生除杂渣，每生产 100t 碳酸稀土，除杂渣的产量约为

8t，全部外卖到渣处理车间。除杂渣经过处理后产生渣头渣，渣头渣的产量约为5t，全部外卖给建材企业。

17.4 离子吸附型稀土矿冶炼分离工艺

将离子型稀土精矿用盐酸溶解，得到的料液净化后采用 P_{507} 联动萃取分离技术得到单一氯化稀土或稀土富集物。

萃取分离后的单一氯化稀土料液加入沉淀剂草酸或碳酸氢钠，得到单一草酸（碳酸）稀土或稀土富集物固体。

灼烧后，得到单一氧化稀土或稀土富集物。

工艺过程为：酸溶—萃取—沉淀—灼烧—筛混—包装，附属工艺还有皂化及配制工序。

17.4.1 酸溶除杂

将稀土精矿用盐酸溶解完全后，过滤，酸溶渣送往酸溶渣暂存库暂存。

氯化稀土溶液送往萃取工序。主要化学反应式：

$$RE_2O_3 + 6HCl = 2RECl_3 + 3H_2O$$

17.4.2 萃取分离

萃取分离工艺包括萃取剂配制、皂化、萃取及反萃取。

萃取剂配制：将磺化煤油与 P_{507} 萃取剂按体积比为 1∶1 混合得到的空白有机相进行皂化。主要化学反应：

$$NaOH + H_2A_2 = NaHA_2 + H_2O$$

P_{507} 萃取：用皂化好的有机溶剂采用萃取分离技术萃取氯化稀土溶液，得到负载有机相（$RE(HA_2)_3$）。主要化学反应：

$$3NaHA_2 + RECl_3 = RE(HA_2)_3 + 3NaCl$$

盐酸反萃取：用盐酸反萃取负载有机相中的稀土，产出各种单一稀土氯化物料液。主要化学反应：

$$RE(HA_2)_3 + 3HCl = RECl_3 + 3H_2A_2$$

17.4.3 沉淀

沉淀剂有两种：草酸及碳酸钠。

以萃取产出的各种单一稀土氯化物溶液为原料，草酸为沉淀剂，将各稀土元素从液态转化成固体沉淀，并洗涤、离心甩干，得到合格的各单一稀土草酸盐。主要化学反应：

$$2RECl_3 + 3H_2C_2O_4 = RE_2(C_2O_4)_3 + 6HCl$$

以萃取产出的单一的镧系氯化稀土料液及富钇稀土氯化稀土料液为原料，纯碱为沉淀剂，将稀土元素从液态转化为固体沉淀，用水洗涤，离心甩干，得到合格的单一稀土碳酸盐。主要化学反应：

$$2RECl_3 + 3Na_2CO_3 = RE_2(CO_3)_3 + 6NaCl$$

沉淀母液（沉淀废水）送废水处理站进行处理。

17.4.4 灼烧

稀土草酸盐及稀土碳酸盐，在一定的温度下灼烧转化成单一稀土氧化物。主要化学反应：

$$2RE_2(C_2O_4)_3 + 3O_2 = 2RE_2O_3 + 12CO_2\uparrow$$

$$2RE_2(CO_3)_3 = 2RE_2O_3 + 6CO_2\uparrow$$

17.5 冶炼分离工艺产排污节点

17.5.1 产排污节点分析

离子型矿冶炼分离产排污节点见图17-3。

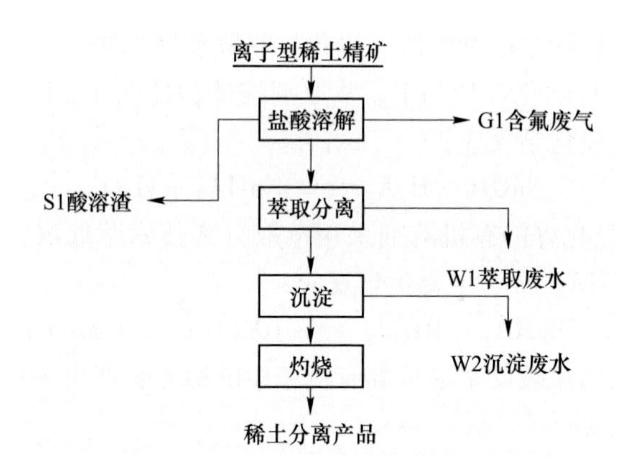

图17-3 离子型矿冶炼分离产排污节点图

17.5.2 特征污染因子

废气来源主要为酸溶废气、盐酸入库废气和配酸废气，特征污染因子为HCl。废水来源主要为萃取皂化废水和沉淀废水，特征污染因子为COD、含盐量。废渣来源主要为酸溶渣，特征污染因子为U。

17.6　冶炼分离工艺排放清单

17.6.1　冶炼分离工艺污染治理措施

17.6.1.1　废气

各工艺环节蒸发逸散产生的 HCl 气体，主要采用酸雾净化吸收塔进行处理。

17.6.1.2　废水

萃取皂化及洗涤废水先集中收集，采用隔油池+石灰调节 pH 值+石灰中和絮凝沉淀，确保第一类污染物达标处理后与其他废水混合。沉淀母液及洗涤废水先冷却回收草酸稀土，再集中送废水处理站采用真空抽滤的方式进一步回收稀土，之后通过澄清过滤塔与处理后的萃取废水于中和反应塔中混合。混合后的废水加入石灰乳液调节 pH 值，污水形成大颗粒矾花，混凝沉淀，进入污泥沉淀池，固液分离降低废水中悬浮、沉淀物，经多级澄清池的澄清后废水达标排放。

17.6.1.3　废渣

废渣为酸溶渣，是稀土矿盐酸溶解后的过滤残渣。其主要成分为 SiO_2、Fe_2O_3、Al_2O_3 和少量稀土并富集铀钍，酸溶渣属于低放射性废物。

17.6.2　冶炼分离工艺排放清单

17.6.2.1　废气

废气种类和特征见表 17-8。

表 17-8　废气来源及特征

序号	废气种类	来源及特征	污染物	年处理 REO 量/t	每吨 REO 产污(废气)系数/m^3	污染治理措施
G1	含 HCl 废气	高浓度盐酸使用工序，挥发性强	HCl	2360	2400	两级碱喷淋处理，处理效率 85%~90%

废气排放浓度见表 17-9。

表 17-9　废气浓度

序　号	废气种类	HCl/$mg \cdot m^{-3}$
G1	含 HCl 废气	25

17.6.2.2　废水

废水种类和特征见表 17-10。

表 17-10 废水来源及特征

序号	废水种类	来源及特征	污染物	年处理 REO 量/t	每吨 REO 产污（废水）系数/t	污染治理措施
W1	萃取皂化废水	皂化废水	pH 值、含盐量	2360	15	石灰中和
W2	草酸沉淀废水	草酸沉淀母液及洗水	COD、pH 值、含盐量	2360	25	石灰中和

废水产生浓度见表 17-11。

表 17-11 废水浓度

序 号	废水种类	COD/$g \cdot L^{-1}$	pH 值	含盐量/$g \cdot L^{-1}$
W1	萃取皂化废水	—	2~5	150
W2	草酸沉淀废水	1.5~2.3	<1	1~7

17.6.2.3 废渣

废渣产生浓度见表 17-12 和表 17-13。

表 17-12 废渣来源及特征

序号	固废种类	来源及特征	污染物	年处理 REO 量/t	每吨 REO 产污（废渣）系数/t	污染治理措施
S1	酸溶渣	离子型稀土矿经盐酸溶解后的不溶渣，低放废物	U	2360	0.06	放射性渣库堆存

表 17-13 废渣放射性

序 号	固废种类	剂量放射性/$\mu Sv \cdot h^{-1}$
S1	酸溶渣	10~13.13

18 稀土尾矿区生态修复[1]

稀土开采过程中留下来的采空区堆积了大量的废石废渣，随着外部环境的影响，容易产生崩塌、塌陷、地压、泥石流等地质灾害，植被的破坏造成水土流失，矿山基本建设、废石零乱堆积导致生态环境的恶化，环保形势严峻压力大。

18.1 主要生态修复技术

18.1.1 植物修复技术

18.1.1.1 植物固化技术

植物固化技术（phytostabilization）也称原地惰性化技术（inactivation）或是植物恢复技术（phytorestoration）。它是一种实地的固化技术，该技术首先用土壤添加剂使土壤中污染物形成难溶的化合物，使其迁移活性降低，然后通过种植耐重金属的植物在污染的表层形成绿色覆盖层，以减少污染物在土壤剖面的淋滤，使得表层土壤避免因地表径流的侵蚀作用引起污染物的扩散。植物固化技术的主要目的不是将土壤中的污染物剔除出去，而是通过土壤添加剂和植物的双重作用来控制污染物的迁移和扩散，降低重金属污染物的生物可获得性和植物对重金属污染物的吸收，从而防止污染物对环境和人类健康产生不良的影响。

18.1.1.2 植物萃取技术

植物萃取技术（phytoextration）是指利用金属积累植物和超积累植物将土壤中的金属提取出来，富集并搬运到植物根部可收割部位和地上茎叶部位的过程。植物萃取技术的实质是利用植物将土壤中的有毒金属提取出来，转移并富集到植物地上可收割部位，从而减少土壤中污染物的质量，使金属离子从铝硅酸盐介质转移到碳型介质中的过程。当植物中的碳氧化成二氧化碳后污染物的质量大大减少，处理方便，如植物中重金属的含量较高，燃烧后的废弃物还可循环使用。稀土尾矿区不同植物地不同重金属表现出的转移和富集能力各不相同。在冕宁牦牛坪稀土尾矿区采集了 10 种植物和相应的土壤样品，测定了 Pb、Zn、Cu、Cd 的含量。在调查的 10 种植物中除土荆芥外，其他植物向地上部位转移 Pb 和 Zn 的能力都较强（TF>1），尽管对 Pb 和 Zn 的富集能力都很弱，但是在一定意义上可用于植物提取方式的污染土壤修复。苦蒿表现出了很强的向地上部转移 Cu 的能力（TF = 2.24），其他 9 种植物对 Cu 的转移系数值均小于 1；而 10 种植物对 Cd 的转移系数均小于 1。这些转移系数小于 1 的植物，能够从土壤中吸收重金属，并且把它们固定在根部，限制重金属向地上部位转移，适合重金属污染的植物固定，可减少重金属对生态环境的毒害作用。实验结果除土荆芥外，其他9种植物都对Pb和Zn有较强的转移能力。苦蒿对Cu和醉鱼草对Cd有较强的吸收富集能力，为重金属污染土壤的植物修复提供依据。

18.1.1.3　复垦修复技术

尾砂堆场浆砌石边坡复垦难度较大，复垦以边坡稳定和水土保持为主，主要复垦为草地，结合生态的自我修复功能和人工恢复措施，提高治理成效；池浸、堆浸采场平台可复垦为灌草地，立地条件较好的可复垦为灌木林地；尾砂堆场平台复垦为灌木林地或灌草地，尾砂淤积区易积水的区域应选择耐水性植物物种；原地浸矿采场复垦尽量结合周边景观情况，开展林地植被恢复，若注液孔周边堆存有表土的，复垦前应将表土回填；滑坡区复垦以地表稳定和水土保持为主，修筑拦砂坝后主要复垦为草地；工业场地经地表工矿构筑物尽量拆除，母液收集池可作为矿山复垦的储水池，以解决复垦浇水问题。

18.1.2　废矿区植物品种选择与栽植技术

平坦地段适宜种植速生耐寒的桉树，桉树生长速度快，组培苗种植后2个月即可达到1m左右。叶雀稗、鳊豇豆、胡枝子较适宜在桉树间套种；废矿区边坡适宜栽植复合型的草本植被；桉树林间套种草、灌植物；以沼液为主要肥源促进林下植被生长。香根草类是根系发达，耐旱性很强且植丛高大的禾本科植物，极其适合在稀土矿废矿区种植。桉树林间套种宽叶雀稗等植被当年即可覆盖地表防止水土流失，提高土壤肥力取得较好的绿化效果。

18.1.3　菌群修复技术

可通过“土壤—微生物—植物”复合系统的功能改善和提高土壤质量。开采后稀土矿土、堆填区采用有机质填埋和植物修复措施，并对修复过程中的土壤肥力、理化特性和细菌群落变化进行了测定和分析。结果表明，通过有机质填埋、引入野生草本植物和种植农作物，可有效地改良稀土矿区土壤，明显地提高土壤的有机质浓度和肥力，从而修复退化的生态系统，恢复其农业生产力。采用稀释平板法，分离稀土矿区DNA，生态修复前后的土壤细菌，发现生态修复后土壤细菌数量明显上升，土壤细菌多态性有所增加。

选用适当的植物种类组合以构建群落来恢复或重建植被生态修复措施对土壤微生物与土壤肥力因子的作用，关系到植物的生长发育和植物群落的构建与演化，从而直接关系到生态修复的效果。通过对稀土矿区开采前采矿后和生态修复后的土地证明有机质、有效氮、速效磷和速效钾等指标及一些物理性质的分析的结果表明，生态修复后土壤有机质、有效氮、速效磷和速效钾等项指标均超过或明显超过修复前的水平，土壤物理性质也得到改善，这与土壤细菌数量增加和细菌多态性上升的趋势完全吻合。

18.2 稀土原地浸矿造成的生态风险及健康风险评估

稀土原地浸矿带来的问题归纳起来主要有以下三个方面：引发和加剧地质灾害的发生、对山体植被的破坏、对水质造成污染。原地浸矿工艺可能引发和加剧的地质灾害类型为山体滑坡、崩塌，进而可能诱发泥石流。

18.2.1 稀土原地浸矿造成的生态风险

18.2.1.1 山体滑坡

（1）在采矿过程中，大量的浸矿液注入到山坡地表以下的残坡积层和全风化层中，使得松散层的内部结构力、力学强度和承载力大大降低，加之大量的浸矿液使得坡体的自重加大很多，使得山坡发生裂缝，当坡体向下滑动的分力大于矿石的内聚力和摩擦力之和时，滑坡就会发生。

（2）矿体的赋存条件亦决定了其可能引发和加剧滑坡地质灾害的可能性，全风化层与半风化、未风化基岩的接触面即为滑坡体的滑动面，当注入的浸矿液从透水性较好的全风化层下渗至透水性差的基岩面时，其运移受阻，集存于滑面处，大大降低了滑面的摩擦阻力，加剧了滑体的下滑。

（3）降雨的影响因素，含有浸矿液的山体，往往因自重加大后下滑力使山坡上出现大小不等的裂缝，暴雨时或持续强降雨将会沿裂缝下渗，从而引发和加剧滑坡的发生。

（4）原地浸矿所布设的网格状注液浅井，随着时间的推移，可能会形成不同程度的坍塌，从而诱发滑坡的发生。且发生滑坡的可能非常之大，有隐蔽性和长期性，给防治与监测带来很大的难度

18.2.1.2 对山体植被的破坏

在原地浸矿生产过程中，对植被的破坏方式主要有以下几点：

（1）由于需要开挖网格状的注液井和集液沟，开挖注液井和人工踩踏也要破坏山体地面约 1/3 的植被。

（2）浸矿所用的硫酸铵溶液溶度为 3%，浸泡时间约 150~400 天，由于浓度大、时间长，浸矿溶液侧渗和毛细管作用使植物根系受损，地表的很多草本植物枯死，对植被造成较为严重的破坏。

（3）如若发生滑坡，由于滑坡体在水平和垂直方向上的位移，会破坏山体的完整性，使得注液井和集液沟等地表工程遭到不同程度的损坏，大量的浸矿剂外流，也可能对植被形成较为严重的破坏。

18.2.1.3 可能造成的水质污染

原地浸矿工艺可能造成的水质污染有以下三个方面：

（1）原地浸矿之后，残留在含矿风化带中的浸矿液硫酸铵，随着风化带内所含水、大气降雨下渗的地表水在风化带的运移，会将含矿风化带中残留的稀土带入下游的地表水体或下方地势较低的山体含水地层中，从而对地表水体以及地下水水质造成污染。

（2）原地浸矿需要注入大量的浸矿剂（比池浸、堆浸所用的量都要大），矿体中残留的浸矿剂成分也较高，使环境水中的稀土及电解质含量增加，产生的废水氨氮含量已超过了农作物生长所适宜含量的4~6倍。

（3）如若发生滑坡，由于滑坡体在水平和垂直方向上的位移，会破坏山体的完整性，使得液井和集液沟，地表工程遭到不同程度的损坏，使得大量的浸矿剂外流，从而造成水质污染。

18.2.2 稀土与人类健康

18.2.2.1 适量的稀土元素对动植物生长的影响

适量的稀土元素对植物生长具有广泛的促进作用，对动物机体功能有调节作用，对人体有抑制肿瘤的作用。有研究者[44]对癌症死亡率与土壤重稀土元素含量的等级相关进行分析，结果表明胃癌死亡率与重稀土元素有关，重稀土元素含量越高，胃癌死亡率一般越低，反之胃癌死亡率一般越高。但是，有研究者提出，对一个体重60kg的成年人，每日从食物中摄入的稀土不应超过36mg；也有人提出，重稀土区和轻稀土区成人居民的稀土摄入量为每天6.7mg和6.0mg，怀疑出现了中枢神经系统检测指标异常。稀土元素为人体非必需微量元素，镧离子与钙离子相近似，对人体骨骼有很高的亲和性，可能取代骨中的钙离子，势必对骨骼钙磷代谢产生影响。研究者以每天每千克体重2mg的低剂量硝酸镧灌胃饲养大鼠6个月后，对镧在骨中蓄积引起的骨结构变化进行了研究，提示大鼠长期摄入低剂量硝酸镧可导致在骨中蓄积，引起骨微结构改变。稀土中毒已成为食品安全的新问题。

18.2.2.2 健康风险评估

土壤是人类赖以生存的物质基础，是生态系统的重要组成部分，矿产资源开发力度的加大所带来的重金属生态污染日趋严重。矿产资源的开发过程不可避免的直接导致重金属元素向生态环境释放和迁移。这类污染由于其特有的物理、化学、生物性质和土壤自然环境的不同一旦发生便很难消除，它能在土壤中不断累积。当污染程度超过土壤环境容量阈值时，便会对作物的生长、品质、产量等造成明显危害，而且这些重金属元素还可能通过作物吸收富集作用进入食物链，从而对人体产生潜在的健康风险。以川西最大的稀土矿山尾矿坝区域为研究对象，对当地土壤重金属污染现状及农产品的人体健康风险评价进行研究。

通过对四川冕宁县牦牛坪稀土矿区尾矿坝附近农田土壤重金属污染情况的调

查，运用内梅罗污染指数法和地质累积指数法对尾矿坝区域土壤重金属污染现状进行了评估。

从重金属空间分布分析结果来看，整个尾矿坝区域四种不同栽种方式土壤8种重金属含量虽然均存在不同程度的波动，但总体都随距离的增加，含量逐渐降低。在海拔方面，油菜中除Cu元素与海拔位置呈负相关外，其余7种重金属元素均呈现正相关规律；水稻土壤中除Ni元素与海拔位置呈负相关外，其余7种重金属元素均呈现正相关规律；大麦土壤中Cu元素和Ni元素与海拔位置呈正相关，其余6种呈负相关；玉米土壤中除Pb和Zn元素与海拔位置呈正相关，其余6种元素呈负相关。

通过蒙特卡罗模拟方法对尾矿坝区域人群的健康风险进行了暴露评估，从影响日均暴露剂量的各影响因子敏感度分析结果来看，化学致癌物质和非致癌化学物质两类元素中都得出农产品的重金属富集系数对日平均暴露量的敏感性最强。通过进一步对各元素风险的计算可以看出，7种重金属元素中Pb、Cu、Cr、Cd四种风险商均大于1，存在暴露风险，其中Pb和Cd元素的商值最大达22和9以上，暴露风险远高于其他5种元素。采用基于蒙特卡罗方法的水晶球软件对研究区域四种农产品食用途径的健康风险进行了评估，绘制出了4种农产品通过食用途径的化学致癌风险概率和化学非致癌风险概率分布图，真实直观地反映出了农产品中各重金属元素的风险分布水平。

在Cd、As、Pb、Cr这4种化学致癌元素中Cr总的终生致癌风险均值和总年致癌风险均值分别达4.07×10^{-3}和5.82×10^{-5}，分别超过了国际辐射防护委员会制定的3.5×10^{-3}和5.0×10^{-5}水平标准，Cd、As、Pb三种元素风险均值都低于此标准；而对建设环境部和瑞典环境保护局提出的人体健康危害最大可接受年非致癌风险标准1.0×10^{-6}和最大可接受终生非致癌风险水平7.0×10^{-5}，可以看出Cd、As、Pb、Cr、Hg、Cu、Zn 7种元素均未出现超标现象，说明长期食用该区域农产品的居民非致癌风险水平在可接受范围内，但Cd和Cr仍是7种重金属元素中风险水平最高的，值得研究区域相关管理部门的高度重视。

18.2.2.3 对茶叶的影响[45]

稀土元素对茶树生长和茶叶品质有系列影响。茶树对轻稀土（La，Ce，Y和Nd等）具有较强的生物富集作用，茶树各部位稀土总量大小为：根>茎>老叶>成熟叶>叶柄>芽头，其中茶树叶片中的稀土含量与其老嫩度呈显著的正相关。据报道，我国居民膳食摄入稀土含量均值为0.133mg/d，而通过饮茶摄入稀土的含量估算为0～0.1129mg/d，均远小于文献报道的稀土日允许摄入量（1.2～57.6mg/d），稀土元素饮食暴露水平很低。

国家卫计委于2017年4月14日发布《食品中污染物限量》（GB 2762—2017）中规定：不再为包含茶叶在内的植物性食品设置稀土限量标准；联合国粮

农组织（FAO）和世界卫生组织（WHO）等都未对任何稀土元素予以评价；欧盟、日本、美国、澳大利亚、新西兰等国家和地区也没有相关标准。

以中国工程院院士、茶学专家陈宗懋为代表的茶界科研专家多年论证及实验证明：我国整体茶叶中的稀土含量处于人体日允许摄入稀土含量正常范围内且偏低，因此日常饮用合格茶叶产品并不会因为稀土含量而对人体造成伤害。

19 生态变化及防范措施

19.1 采选生产引起的生态变化

生态环境的主要影响因子为地形地貌及植被、土地利用的变化等。

19.1.1 地形地貌变化

原有丘陵消失，被采坑取代。在开采的同时，兴建对应的排土场，随着废石的堆置，原有地貌发生了变化，被各种废石堆积形成的山丘而取代，并将形成山丘地貌。

19.1.2 水文地质环境的破坏

露采工程的矿床排水疏干会形成一定范围的降水漏斗，破坏局部地区水文地质环境。

19.1.3 土地利用类型变化

地表裸露的工业用地。草原减少，矿山工业用地增加。

19.1.4 对动、植物的影响

植被影响主要是矿区开采、各分类排土场以及其他占地而减少的植被，将使当地牲畜生存条件发生一定变化。

19.1.5 水土流失

矿山开采过程中，地表形态、植被遭到破坏，露天采矿大量岩石堆放，在工程区存在水土流失隐患。

待矿山进入深凹开采后，可在边帮土层厚处播撒草籽，培育草皮，减少水土流失。

19.2 生态环境治理与保护

围绕矿区开发建设和生产过程中造成的环境影响，应坚持“预防为主，全面规划，综合防治，因地制宜，加强管理，注重效益”的水土保持方针，布设各项水土保持防治措施，并与主体拟建工程同时设计、同时施工、同时投产使用，实现生态与生产建设协调发展。

19.2.1 工程措施

19.2.1.1 露天采矿场边帮削坡措施

在露天采矿场边帮采取分级削坡措施，由山上向下逐层处理浮石、危石、松散岩堆，保持采场边帮平整、稳定。

19.2.1.2 矿山洒水防尘措施

在矿山生产运行期间，分别对爆堆、道路路面、倒装站和排土场工作面采取不间断洒水防尘作业。

19.2.1.3 采矿场剥离岩石分类集中堆放

在剥离岩石排土场，利用矿山专用自卸汽车运输，将各种岩石剥离物采用分层塔式结构分类集中堆放。

19.2.1.4 采矿场地下涌水综合利用

在采坑底部汇水处将采坑地下涌水集中疏通到集水坑抽送至工业场地高位水池存储，综合利用。

19.2.2 生物措施

19.2.2.1 工业场地绿化

工业场地绿化以恢复地表植被为重点，厂区空闲地块采取林草配置绿化，草坪内种早熟禾，四周布设宽30~60cm侧柏绿篱。绿化树种本着“适地适树适草”的原则，选择较为适宜的乔木林。北方如新疆杨、榆、樟子松、油松等；灌木林沙棘、柠条、山古、丁香等；草种紫花苜蓿、沙打旺、披碱草、早熟禾等。

19.2.2.2 尾矿库环境治理

尾矿库及周边环境治理主要包括尾矿库坝体及周边抑尘、喷灌等项设施建设，复土种草、绿化，恢复草原生态环境。

19.2.2.3 废岩排土场恢复植被

排土场内堆置的废岩排土场采取恢复植被措施。

19.2.2.4 复垦

复垦主要包括采场、排土场及其工业场地。采取边开采、边复垦的生态保护措施，对矿山周围适当育林。

19.3 土地复垦

随着矿山的开采，对采场边帮进行覆土，创造恢复植物的生存条件，可将预先培育的植物进行移植或播撒草种，有计划的分期进行土地复垦工程。

露天矿占用土地复垦的目的一方面对资源进行二次开发和利用，另一方面保护环境、维护排土场的稳定，防止雨水的冲刷。土地是不可再生的资源，是人类赖以生存的基础，土地复垦是一项迫切而艰巨的任务。

19.3.1 土地复垦的基本步骤和要求

（1）表土的采集、储存和复用。首先将露天矿开采范围内表土剥离，堆放在一定的地方储存，供复土使用，或在排土场、工业场地等有土壤资源的地方采集，供复土时使用。

（2）按合理的顺序进行排弃、回填，复土时要按岩石的种类、性能和块度的大小分层堆置。

（3）场地准备。场地整备后有良好的稳定性，控制地表水源，以免水土流失。

（4）场地铺垫表土。

19.3.2 土地复垦方式

（1）山坡、河滩地带复垦。矿山开采及选厂基本建设过程中，将适宜的土源运到山坡、河滩地带堆置，加以平整即可耕种。

（2）排土场、采空区复垦。将矿山的排土场或采空区平整修坡后，上覆可耕土。

（3）尾矿库复垦。尾矿需进行土壤改良，上覆一层土或施以肥料即可耕种。

随着废石的堆放，稳定排土场边坡，以减少滑坡和水土流失量；及时对排土场平台进行复土绿化，植物可选择耐旱草本植物。

进行全面的复垦工作，恢复工业场地为草原或林地；排土场进行全面立体绿化；采坑可用作水库或作其他矿区排土场。

以赣州龙南离子型稀土矿为例，通过采取地表稳固、整地工程、植被工程等措施来恢复矿山生态环境，目前龙南县足洞矿区，废弃矿区已经有450多亩矿山经过“复绿”，种植上了桉树、草皮等植被，取得了一定的生态效益。赣南稀土矿山开采利用过程中造成植被破坏、泥沙流、滑坡、崩塌及土壤、水体污染等严重环境问题。但近年来，龙南县在稀土矿区环境治理和废弃矿山尾砂库复垦等方面做了大量工作，所取得的经验被称为“龙南模式”，对于赣南矿山生态修复有着重要的示范作用和指导意义。

19.3.3 龙南矿实例[1]

19.3.3.1 生态恢复前龙南开采稀土矿造成的主要环境问题

（1）侵占耕地、破坏植被，造成水土流失。龙南开采稀土矿共计31年，产稀土2.8万吨，完成产值13.6亿元。但在1994年以前，同其他县一样采用被称为“搬山运动”的池浸工艺，使3315亩山地寸草不生，矿业废渣达2200万立方米，万余亩山地荒芜，造成严重水土流失。流失的泥沙又毁坏8000余亩植被，400多亩农田，河流淤塞高1m以上，汇洪能力急剧下降，水旱灾害频繁。1994年采用原地浸矿法以后情况有根本好转，但新的环境问题是注液孔密集分布造成“瘌痢头”山，如果废液收集有漏洞，也会造成水和土壤污染。

（2）大量弃土尾砂堆集诱发多种地质灾害。个别矿区堆积高度在10m以上，坡度达35°~60°，1998年洪水造成巨大灾难。崩塌、滑坡，1998年某矿区滑坡规模达10万立方米，交通中断7天。矿区已发生崩塌、滑坡96处，规模数十万立方米以上者多次。

（3）水土污染。有害元素主要为Pb、Cd等，尾砂库废水含Pb高达14mg/L，Cd 0.024mg/L。矿区及下游水中氨氮和硫酸根含量也常常超标，由此造成3万余人饮用水困难，4000多亩农田减收或绝收，400多亩良田变成荒滩。

19.3.3.2 龙南县矿山土地复垦

龙南县实施矿山土地复垦总体技术路线是采取地形测量、专项环境地质测量、山地工程、岩土物理性质及水化学性质测试等手段，进行矿山地质环境综合勘察工作；运用环境地质学、环境工程学、岩土工程学、园林学等有关理论进行分析，对尾砂堆和露采场采取阶梯放坡、拦挡、植被恢复，设立拦挡坝、截水沟等综合处理措施，消除崩塌、滑坡、泥砂流地质灾害的发生机制；对矿区固定后的尾砂地实行修平整理、覆土保护和综合利用。

（1）因地制宜，整体考虑，综合治理方案。矿山环境地质综合勘察测绘比例尺1∶500~1∶1000，面积包括采空矿山水土流失区域，进行工程力学试验。综合利用遥感信息技术，进行资源开发地植被污染和土地破坏的信息调研，开发废弃地土壤监测，监测土壤养分。

（2）土地复垦的准备工作。平复整理需要复垦的尾砂地，依地形采取人造小平原，或人造梯田的方式。对于平整好的土地先施基肥，再上盖10cm左右黄土，在上面种草植树，同时地面布置排水沟。对于被流砂压埋的农田，要先清理淤沙，使农田尽量恢复原貌。这种方法原则上也适用于原地浸取采矿终止以后的矿山。

（3）植被重建应草类先行，乔、灌、草混交，可适当引进外地优良品种，以提高林草成活率。物种选择耐旱、耐瘠、耐蚀，生存能力强，有固氮能力，根系发达，生长速度快，能形成稳定的植被，并优先选择当地优势物种。目前，稀土矿山尾砂堆常用草种包括香根草、百喜草、胡枝子和狼尾。将生态治理与土地资源的高效利用结合，开展植被工程设计，兼顾经济效益和生态效益矿区废弃地一般交通便利，为经济林农业开发和管理等提供了交通条件，结合废弃地的情况，种植经济果木林等。如尾砂中含有少量的稀土微量元素，就利于脐橙等的生长；NH_4^+ 丰富，适合桉树生长。

（4）土地复垦的生物物种选择。龙南稀土矿区复垦土地采用多种生物物种，如足洞矿区建设了象草、经济林、蚕桑三个种植基地，整体布局是“山顶栽松，坡面布草，台地种桑，沟谷植竹”。龙南县水保局实施，由江西农业大学主持的试验项目，投资150万元，在尾砂地上种植百喜草、狗尾草等草本植物，主要作用是固砂、培育土壤和增加有机质；之后种植经济作物，有桑、松、杉、杨梅、梨、桃、板栗等。复垦区竹林一般长得相当好，因为花岗岩是富硅岩石，利于竹子生长。有的地方还种蔬菜，效果也不错。多样性的生物群落有利于生态平衡和防治病虫害，其经济收益能调动当地百姓和矿工家属绿化矿区的积极性。

（5）整顿矿山秩序，加强综合管理。矿区土地复垦是综合性工作，比如植物生长需要良好的水环境，龙南在矿区下游设立总污水处理厂，使污水处理达标后排放，计划建立稀土尾砂陶瓷厂，“吃掉”那些尾砂。

（6）龙南县规定：严格控制生产规模，每年下达限产计划；取缔非法灼烧稀土窑，改进工艺，减少灼烧废气污染；建立填报《环境影响报告书》制度；矿山法人代表在签订《矿山环境责任状》时，缴交一定量环境治理保证金。龙南县专门成立“稀土生产经营领导管理小组”，对于违反有关规定的行为严查严办。

龙南县稀土矿1970年被发现，该县在开采中注意环境保护，创造了“原地浸取法”，1994年开始在赣南推广，被称为“龙南模式”。在采空矿山的复垦方面，龙南县做了很大努力，采用多种生物物种，建设种植基地，采取“山顶栽松，坡面布草，台地种桑，沟谷植竹”的整体布局，取得较好的生态经济效益。

19.4 绿化

为减少对生态环境的破坏，在可绿化工业场地种植乡土树种，以改善环境和空气。对于采场和排土场应做到边开采、边绿化复垦，采取全面复垦工作，恢复和重建该区域的生态系统并进行环境监测。

参考文献

[1] 中国科学院国家科学图书馆区域信息服务部，江西省科学院科技战略研究所．离子型稀土产业战略情报分析报告［R］. 2014（3）：180~198.

[2]《采矿手册》编辑委员会．采矿手册（第六卷）［M］. 北京：冶金工业出版社，1991：330~439.

[3] 罗丽萍．四川采矿．2017.

[4] 徐光宪．稀土（中册）［M］. 北京：冶金工业出版社，1995：164~196.

[5] 颜世宏，李宗安，赵斌，等．我国稀土金属产业现状及其发展前景［J］. 稀土，2005，20（2）：81~86.

[6] 王亚军，刘前，索全伶，等．稀土氟化物的沉淀方法及组成研究［J］. 稀土，2000，21（1）：14~18.

[7] 董素霞，邓彦夫．影响熔盐电解稀土金属中碳含量因素的研究［J］. 江西有色金属，2001，15（2）：23~26.

[8] 杜继红，奚正平，鞠鹤，等．稀土熔盐电解用的惰性阳极的研制［J］. 稀土，2001，22（1）：65~67.

[9] 成维，李宗安，陈德宏，等．锂热还原-真空蒸馏联合法制备高纯金属镧工艺研究［J］. 稀有金属，2011，35（2）：781~785.

[10] 林河成．稀土生产中废渣的处置［J］. 上海有色金属，2008，29（4）：6~11.

[11] 张晓东，许涛．废旧钴基合金材料的资源综合利用［J］. 稀土，2009，30（2）：98~101.

[12] 王晶晶，马莹，许涛，等．钐钴磁性材料废料综合利用技术研究［J］. 稀土，2015，36（5）：66~70.

[13] 扬眉，刘颖，涂铭旌．烧结钕铁硼永磁高性能化的关键及途径［J］. 磁性材料与器件，2002，33（1）：32~34.

[14] 黄邵东，刘铃声，李学舜，等．光学玻璃抛光用稀土抛光粉的制备［J］. 稀土，2002，23（6）：46~49.

[15] 许涛，于亚辉．稀土抛光粉固体废粉资源特性研究［J］. 中国资源综合利用，2010，28（5）：22~25.

[16] 刘晓杰，于亚辉，许涛，等．碱焙烧法从稀土抛光粉废渣中回收稀土［J］. 稀土，2015，36（4）：75~80.

[17] 刘晓杰，于亚辉，许涛，等．一种从抛光粉废渣中制取氧化稀土的方法［P］. 中国：ZL201310063829. 1.

[18] 李慎兰．合金元素计量比对稀土储氢合金性能的影响研究［D］. 沈阳：中国科学金属研究所，2009.

[19] 林河成．稀土储氢合金粉的生产及应用［J］. 粉末冶金工业，2002，12（6）：34~38.

[20] Jiang L，Li G X，Xu L Q，et al. Effect of Substitution Mn for Ni on the Hydrogen Storage and

Electrochemical Properties of $ReNi_{2.9-x}Mn_xCo_{0.9}$ Alloys [J]. International Journal of Hydrogen Energy, 2010 (35): 204~209.

[21] Kohno T , Yoshida H, Kanda M. Hydrogen Storge Properties of $La(Ni_{0.9}M_{0.1})_3$ Alloys [J]. Journal of Alloys and Compounds, 2000 (3): L5~L7.

[22] Shen X Q, Chen Y G, Tao M D, et al. The Structure and 223K Electrochemical Properties of $La_{0.8-x}Mg_{0.2}Ni_{3.1}Co_{0.25}Al_{0.15}$ ($x=0.0\sim0.4$) Hydrogen Storage Alloys [J]. International Journal of Hydrogen Energy, 2009 (34): 2661~2669.

[23] 唐艳芬. 废旧氢-镍电池中镍和稀土元素的回收处理 [D]. 沈阳: 沈阳理工大学, 2008.

[24] 王晶晶, 许涛, 马莹. 废镍氢电池的资源化利用可行性研究 [J]. 环境污染与防治, 2015, 37 (7): 25~27.

[25] 秦玉芳, 许涛, 马莹, 等. 一种从荧光粉废粉中回收稀土的方法 [P]. 中国: ZL201511015195. 8.

[26] 赵永兴, 刘凤立. 催化剂磁分离系统在催化裂化装置上的应用 [J]. 科技信息, 2006, 9: 15.

[27] 赵海军, 王凌梅, 韩长虹, 等. FCC 催化剂的分离再生回用技术展望 [J]. 石油与天然气化工, 2006, 35 (6): 455~458.

[28] 郝代军, 卫全华. 磁分离技术用于回收被重金属污染的 FCC 催化剂 [J]. 石油炼制与化工, 2001, 3: 12~17.

[29] 秦玉芳, 许涛, 马莹, 等. 废催化剂中稀土资源的回收与综合利用 [J]. 稀土, 2014, 35 (1): 76~81.

[30] 左乐. 负载型稀土催化剂催化净化烹饪油烟技术 [D]. 长沙: 湖南大学, 2008.

[31] 闫慧君. CeO_2 及其复合氧化物的制备与光催化性能研究 [D]. 哈尔滨: 哈尔滨工程大学, 2008.

[32] 龙志奇, 崔梅生, 朱兆武, 等. 铈锆复合氧化物的应用、制备工艺进展和市场展望 [C] //. 2006 年第二届中国锆铪行业大会文集. 96~102.

[33] 樊国栋, 冯长根, 张昭, 等. 镨改性铈锆固溶体的制备与表征 [J]. 稀土, 2001, 28 (4): 9~13.

[34] 汤志平. 高折射率、低色散环保镧系光学玻璃, TZLaF5 [P]. 中国专利: CN101973704A, 2011.

[35] 龚桦, 赵昕, 于晓波, 等. 铈掺杂钆镓铝石榴石相玻璃陶瓷的光学及光谱参数 [J]. 光谱学与光谱分析, 2010, 30 (1): 128~132.

[36] 袁金秀, 许涛, 刘晓杰, 等. 从镧系光学玻璃废料中回收氧化镧 [J]. 稀土, 2015, 36 (5): 81~86.

[37] 韩港. 国外稀土产业安全政策及其启示 [J]. 中国国情国力, 2016 (1): 70~72.

[38] Weber R J. Rare earth elements: a review of production processing, recycling, and associated environment issues [R]. US EPA Region, 2012.

[39] Johnson J M, Vialpando J, Lee C. Paste tailings management alternative-study results for Moly-

corp' s Lanthanide group operations in Mountain Pass, Clifornia [J] Mining Engineering, 2005, 57 (2): 50~56.

[40] 李春龙，徐广尧. 关于包头钍资源战略储备的剖析 [J]. 稀土，2014, 35 (4): 115~118.

[41] 廖海清，徐月和，于长江，等. 典型地区稀土开发与生产环境风险评估与监管技术研究 [R]. 北京：中国环境科学研究院，2015: 342~344.

[42] Yagi sheiichi. Japan kokai 7793421. 1976.

[43] 张淑会，薛向欣，刘然，等. 尾矿综合利用现状及其展望 [J]. 矿冶工程，2005, 25 (3).

[44] 曾昭华，曾雪萍. 中国胃癌与土壤环境中化学元素的相关性 [J]. 青海地质，1999, 8 (1): 67~72.

[45] 彭传燚，李大祥，宛晓春. 茶叶中稀土元素的研究进展 [J]. 食品安全质量检测学报，2015, 6 (4): 1199~1204.

[46] http: //www. nhfpc. gov. cn/sps/s3594/201704/ee3109697fa24ee4bb7a1030c924f406. shtml.

索　　引

G

H

J

K

L

M

N

P

Q

R

S

T

W

X

Y

Z